D1620771

Spezielle Zoologie

Georg Thieme Verlag Stuttgart

Vinzenz Ziswiler

Wirbeltiere

Band II: Amniota
80 Abbildungen, 71 Tabellen

Georg Thieme Verlag Stuttgart 1976

Prof. Dr. phil. Vinzenz Ziswiler
Zoologisches Museum der Universität Zürich

CIP-Kurztitelaufnahme der Deutschen Bibliothek

Ziswiler, Vinzenz
Wirbeltiere: spezielle Zoologie.
Bd. 2. Amniota.
    ISBN 3-13-528801-3

© 1976 Georg Thieme Verlag, D-7000 Stuttgart 1, Herdweg 63, Postfach 732 – Printed in Germany – Satz
und Druck: Kaufmann, Lahr

ISBN Thieme: 3 13 528801 3
ISBN dtv: 3 423 04194 3

Vorwort

Im systematisch-zoologischen Schrifttum fehlt bis heute eine Spezielle Zoologie in jenem weiten Bereich zwischen den vereinzelten Darstellungen ausgewählter Tierklassen und den großen, kompendiösen Handbuchreihen.

Dieses Buch soll eine übersichtliche, verläßliche und konzentrierte Informationsquelle für alle jene sein, die entweder in Zusammenhang mit einer bestimmten biologischen Fragestellung oder zur Ergänzung ihres biologischen Allgemeinwissens sich in der Vielfalt der Wirbeltiere zurechtfinden oder die das Wesen einer bestimmten Gruppe erfassen möchten.

Wer ein solches Buch schreiben will, läuft Gefahr, übertrieben zu generalisieren und zu kategorisieren. Bezogen auf unser Thema heißt dies, daß allzuoft versucht wird, das Allgemeine und Gemeinsame einer Tiergruppe überzubetonen und das Spezielle, Besondere zu vernachlässigen. Daraus resultieren vage und generalisierte Vorstellungen von den einzelnen Wirbeltierklassen, man spricht von ,dem Fisch', ,dem Amphibium' und ,dem Säugetier', denkt an Tabellenmerkmale wie „ein Hinterhauptshöcker – zwei Hinterhauptshöcker", „Herzkammerseptum – kein Herzkammerseptum" oder „homoitherm – poikilotherm" und übersieht dabei, daß es, vielleicht abgesehen von den Vogelfedern, kein einziges Exklusivmerkmal gibt, das nur für eine Tierklasse und für alle ihre Angehörigen verbindlich ist. Es gehört zu meinem Hauptanliegen, zu zeigen, daß es ,das Reptil' und ,den Vogel' überhaupt nicht gibt, und daß die heutige Vielfalt der Organismen das momentane Endprodukt eines der großartigsten Naturphänomene, der Evolution, darstellen, deren Wirkung dahin geht, Organismen hervorzubringen, die – im Rahmen ihrer genetischen und entwicklungsphysiologischen Potenz – sich gegenüber ihrer belebten und unbelebten Umwelt zu behaupten vermögen und die imstande sind, ihre neu erworbenen Eigenschaften einer nächsten Generation weiterzugeben.

Was den evolutionistisch orientierten Systematiker interessiert und beeindruckt, ist einerseits die ungemein vielfältige Divergenz, mit der die einzelnen Arten einer bestimmten Tiergruppe sich verschiedensten Lebensbedingungen anpassen konnten, und andererseits wie Formen unterschiedlichster Herkunft – in Anpassung an bestimmte Bedingungen – in Konvergenz ähnliche Strukturen oder Funktionen entwickeln konnten. Dem Leser einen Eindruck von diesen für das Leben auf unserer Erde so maßgebenden Vorgängen und Phänomenen zu geben, erachtete ich als eine besonders reizvolle Aufgabe.

Daß eine Systematische Zoologie zum allergrößten Teil eine Kompilation aus dem gewaltigen Wissensgut darstellt, das andere erschlossen und zusammengetragen haben, braucht hier kaum hervorgehoben zu werden, der Rahmen und vor allem das Postulat der Übersichtlichkeit erlauben es auch nicht, daß Autoren in größerem Umfang zitiert oder umfangreichere Literaturangaben gemacht werden können. Bei den Zeichnungen, die größtenteils ebenfalls auf Vorlagen anderer beruhen, haben wir uns bemüht, nach Möglichkeit die Originalpublikation zu finden und zu benützen und nicht Nachzeichnungen in Hand- und Lehrbüchern. In den Kapiteln über Vögel und Reptilien sind zahlreiche, z. T. unveröffentlichte Forschungsresultate unserer Forschungsabteilung integriert. Diese Forschungstätigkeit wurde unterstützt durch den Schweizerischen Nationalfonds zur Förderung der wissenschaftlichen Forschung.

Im Literaturverzeichnis beschränken wir uns auf die allerwichtigsten neueren Lehr- und Handbücher, einige Monographien sowie Bestimmungsbücher und populärwissenschaftliche Werke.

Die Zeichnungen stammen zu ca. 90% von Sabine Schroer, Zürich, zu ca. 10% von Vreni Bärlocher, Zürich. Sehr zu Dank verpflichtet für die kritische Durchsicht meines Manuskriptes bin ich meinen Kollegen Prof. Dr. GEORG HAAS (Jerusalem), Dr. CAESAR CLAUDE (Zürich), sowie meiner Assistentin, Fräulein DOMINIQUE HOMBERGER.

Zürich, Herbst 1975   VINZENZ ZISWILER

Inhaltsverzeichnis

Vorwort V

Klasse Reptilien (= Kriechtiere) *Reptilia* 279
Diagnose 279
Herkunft 279
Evolutive Differenzierung 285
Grundzüge der Reptilienorganisation 285
  Skelett 285
  Muskulatur 294
  Fortbewegung 297
  Integument 299
  Verdauungssystem 307
  Ernährung 317
  Atmungssystem 321
  Kreislaufsystem 325
    Blut 327
    Körpertemperatur und Aktivität 327
  Urogenitalsystem 328
  Nervensystem 332
  Sinnesorgane 333
  Endokrines System 339
  Entwicklung 340
  Fortpflanzung 343
  Verhalten 345
Verbreitung 346
Systematik der Reptilien 349
  Taxonomische Merkmale 349
  Verwendete Systemvorschläge 351
  Systemübersicht 351
    Ordnung Schildkröten *Testudines* (= *Chelonia*) 351
    Ordnung Krokodile *Crocodylia* 357
    Ordnung Brückenechsen *Rhynchocephalia* 359
    Ordnung Schuppenkriechtiere *Squamata* 359

Klasse Vögel *Aves* 372
Diagnose 372
Herkunft 372
Evolutive Differenzierung 375
Grundzüge der Vogelorganisation 376
  Skelett 377
  Muskulatur 383
  Fortbewegung 384
  Integument 384
  Verdauungssystem 391
  Ernährung 397
  Atmungs- und Luftsacksystem 397
    Lauterzeugung 397

Kreislaufsystem 399
  Blut und blutbildende Organe 399
  Lymphgefäßsystem 399
Urogenitalsystem 401
Nervensystem 403
Sinnesorgane 406
Endokrines System 412
Entwicklung 413
Fortpflanzung 416
Verhalten 423
Vogelzug 423
Verbreitung 427
Systematik der Vögel 431
  Taxonomische Merkmale 432
  Verwendete Systemvorschläge 437
  Systemübersicht 437
    Ordnung Strauße *Struthiones* 437
    Ordnung Nandus *Rheae* 438
    Ordnung Kasuarvögel *Casuarii* 438
    Ordnung Kiwis *Apteryges* 439
    Ordnung Madagaskarstrauße *Aepyornithes* 440
    Ordnung Steißhühner *Crypturi* 441
    Ordnung Pinguine *Sphenisci* 441
    Ordnung Röhrennasen *Tubinares* 443
    Ordnung Seetaucher *Gaviae* 445
    Ordnung Lappentaucher (= Steißfüße) *Podicipedes* . . 445
    Ordnung Ruderfüßer *Steganopodes* 446
    Ordnung Schreitvögel *Gressores* 448
    Ordnung Flamingos *Phoenicopteri* 448
    Ordnung Gänsevögel *Anseres* 450
    Ordnung Kranichvögel *Grues* 451
    Ordnung Möwen-Watvögel *Laro-Limicolae* 451
    Ordnung Hühnervögel *Galli* 455
    Ordnung Raubvögel *Falcones* 458
    Ordnung Kuckucksvögel *Cuculi* 458
    Ordnung Tauben *Columbae* 461
    Ordnung Papageien *Psittaci* 462
    Ordnung Eulen *Striges* 466
    Ordnung Ziegenmelker *Caprimulgi* 466
    Ordnung Mausvögel *Colii* 468
    Ordnung Segler und Kolibris *Macrochires* 468
    Ordnung Trogone *Trogones* 468
    Ordnung Rackenvögel *Coraciae* 470
    Ordnung Spechte *Pici* 470
    Ordnung Sperlingsvögel *Passeres* 470

Klasse Säugetiere *Mammalia* 482
Diagnose 482
Herkunft 482
Evolutive Differenzierung 484

Grundzüge der Säugetierorganisation 486
  Skelett 486
  Muskulatur 496
  Fortbewegung 497
  Integument 499
  Verdauungssystem 505
  Ernährung 519
  Atmungssystem 521
  Kreislaufsystem 523
    Lymphgefäßsystem 527
    Blut 528
  Urogenitalsystem 528
  Nervensystem 534
  Sinnesorgane 538
  Endokrines System 543
  Entwicklung 544
  Placenta 546
  Fortpflanzung 548
  Verhalten 549
Verbreitung 554
Systematik der Säugetiere 560
  Taxonomische Merkmale 560
  Verwendete Systemvorschläge 562
  Systemübersicht 562
  Unterklasse Prototheria 562
    Ordnung Kloakentiere Monotremata 562
  Unterklasse Beuteltiere Metatheria (= Marsupialia) . . . 564
    Ordnung Beutelratten Didelphida 565
    Ordnung Opossummäuse Caenolestia 566
    Ordnung Marderbeutler Dasyuria 566
    Ordnung Nasenbeutler Peramelia 566
    Ordnung Zehenbeutler Phalangeria 568
  Unterklasse Mutterkuchentiere Eutheria (= Placentalia) . 568
    Ordnung Insektenfresser Insectivora 570
    Ordnung Gleitflieger (= Pelzflatterer) Dermoptera . . 571
    Ordnung Fledertiere Chiroptera 571
    Ordnung Herrentiere Primates 574
    Ordnung Zahnarme Edentata (= Xenarthra) 577
    Ordnung Schuppentiere Pholidota 580
    Ordnung Hasentiere Lagomorpha 582
    Ordnung Nagetiere Rodentia 583
    Ordnung Wale, Delphine Cetacea 584
    Ordnung Raubtiere Carnivora 594
    Ordnung Robben Pinnipedia 595
    Ordnung Röhrenzähner Tubulidentata 599
    Ordnung Elefanten Proboscidea 600
    Ordnung Schliefer Hyracoidea 604
    Ordnung Seekühe Sirenia 604
    Ordnung Unpaarhufer Perissodactyla 605
    Ordnung Paarhufer Artiodactyla 606
Wichtige fossile Säugetierordnungen 609

Anhang 617

Erdgeschichtliche Tabelle 617
  Großepochen der Lebensgeschichte 617
Zoogeographische Grundbegriffe 618
  Teilgebiete 618
  Zoogeographische Regionen 619
  Arealbegriff 621
  Klima-Vegetationsgürtel 622
  Großlebensräume 622
Systematik und Taxonomie 622
  Aufgabe 622
  Klassifikationsprinzip 623
  Nomenklatorisches Beispiel 624

Literatur 625

Tiernamenverzeichnis 629

Sachverzeichnis 645

Inhaltsübersicht von Band I

Die Wirbeltiere *Vertebrata* 1

Stellung und Herkunft 1
Älteste bekannte Wirbeltiere *Ostracodermi* 1
Großgliederung 3

Klasse Kieferlose *Agnatha* 4

Diagnose 4
Herkunft 4
Evolutive Differenzierung 4
Grundzüge der Organisation 5
  Skelett 5
  Muskulatur 6
  Fortbewegung 6
  Integument 7
  Verdauungssystem 7
  Atmungssystem 10
  Kreislaufsystem 11
    Lymphgefäßsystem 11
    Blut 12
  Urogenitalsystem 12
  Nervensystem 14
  Sinnesorgane 16
  Endokrines System 17
  Entwicklung 18
  Fortpflanzung 19
Systematik der rezenten Agnatha 20
  Unterklasse Schleimaale Inger *Myxini* 22
  Unterklasse Neunaugen *Petromyzones* 22

Paläozoische Gnathostomata 23

Acanthodii 23
Placodermi 24

Klasse Knorpelfische *Chondrichthyes* 27

Diagnose 27
Herkunft und Phylogenie 27
Grundzüge der Knorpelfischorganisation 27
  Skelett 28
  Muskulatur 33
  Fortbewegung 34
  Integument 35
  Verdauungssystem 37
  Ernährung 41
  Atmungssystem 41
  Kreislaufsystem 44
    Blut 46
  Urogenitalsystem 46
  Nervensystem 47
  Sinnesorgane 51
  Endokrines System 53
  Entwicklung 54
  Fortpflanzung 57
Verbreitung 57
Systematik der Knorpelfische 59
  Taxonomische Merkmale 59
  Verwendete Systemvorschläge 59
  Systemübersicht 61
  Unterklasse Plattenkiemer *Elasmobranchii* 61
    Ordnung Haie *Selachii (= Pleurotremata)* 62
    Ordnung Rochen *Rajiformes (= Hypotremata)* 65
  Unterklasse Chimaeren *Holocephali* 72

Klasse Knochenfische *Osteichthyes* 74

Diagnose 74
Herkunft 74
Evolutive Differenzierung 75
Grundzüge der Knochenfischorganisation 75
  Skelett 76
  Muskulatur 87
  Fortbewegung 89
  Integument 89
  Verdauungssystem 96
  Ernährung 104
  Atmungssystem 105
  Kreislaufsystem 111
    Lymphgefäß-System 113
    Blut 113
  Urogenitalsystem 114
  Nervensystem 117
  Sinnesorgane 120

Endokrines System 129
Entwicklung 130
Fortpflanzung 134
Wanderungen 141
Verbreitung 144
Systematik der Knochenfische 148
Taxonomische Merkmale 149
Verwendeter Systemvorschlag 149
Systemübersicht 150
Unterklasse Strahlenflosser *Actinopterygii* (= *Acanthopterygii*) . 150
Überordnung Flösselfische *Polypteri* 150
Ordnung Flösselhechtverwandte *Polypteriformes* (= *Brachyopterygii*) . 150
Überordnung Knorpelganoiden *Chondrostei* 151
Ordnung Störe *Acipenseriformes* 151
Überordnung Knochenganoiden *Holostei* 153
Überordnung Eigentliche Knochenfische *Teleostei* 153
Ordnung Tarpune *Elopiformes* 155
Ordnung Knochenzüngler *Osteoglossiformes* 155
Ordnung Nilhechte *Mormyriformes* 157
Ordnung Aalartige *Anguilliformes* 157
Ordnung Heringsfische *Clupeiformes* 160
Ordnung Lachsfische *Salmoniformes* 160
Ordnung Walköpfige Fische *Cetomimiformes* 166
Ordnung Sandfische *Gonorhynchiformes* 167
Ordnung Karpfenfische *Cypriniformes* 167
Ordnung Welse *Siluriformes* 172
Ordnung Barschlachse *Percopsiformes* 173
Ordnung Froschfische *Batrachoidiformes* 176
Ordnung Schildfische *Gobiesociformes* 176
Ordnung Anglerfische *Lophiiformes* 176
Ordnung Dorschfische *Gadiformes* 177
Ordnung Ährenfischartige *Atheriniformes* 178
Ordnung Schleimköpfe *Beryciformes* 183
Ordnung Petersfische *Zeiformes* 184
Ordnung Glanzfische *Lampridiformes* 185
Ordnung Stichlingsfische *Gasterosteiformes* 186
Ordnung Schlangenkopffische *Channiformes* 188
Ordnung Kiemenschlitzaale *Synbranchiformes* 188
Ordnung Panzerwangen *Scorpaeniformes* 188
Ordnung Flughähne *Dactylopteriformes* 189
Ordnung Flügelroßfische *Pegasiformes* 193
Ordnung Barschartige *Perciformes* 193
Ordnung Plattfische *Pleuronectiformes* 206
Ordnung Kugelfischverwandte *Tetraodontiformes* 209
Unterklasse Fleischflosser *Sarcopterygii* 210
Ordnung Quastenflosser *Crossopterygii* 214
Ordnung Lungenfische *Dipnoi* 215

Klasse Amphibien (= **Lurche**) *Amphibia* 219
Diagnose 219
Herkunft 219
Evolutive Differenzierung 222
Grundzüge der Amphibienorganisation 223

Skelett 223
Muskulatur 227
Fortbewegung 229
Integument 229
Verdauungssystem 234
Ernährung 237
Atmungssystem 238
Kreislaufsystem 241
  Lymphgefäßsystem 245
  Blut 245
Urogenitalsystem 246
Nervensystem 249
Sinnesorgane 249
Endokrines System 252
Entwicklung 254
  Neotenie 256
Fortpflanzung 259
Verhalten 263
Verbreitung 264
Systematik der Amphibien 265
  Taxonomische Merkmale 267
  Verwendete Systemvorschläge 268
  Systemübersicht 268
    Ordnung Blindwühlen *Gymnophiona (= Caecilia)* 269
    Ordnung Schwanzlurche *Urodela (= Caudata)* 269
    Ordnung Froschlurche *Anura (= Salientia)* 271

Literatur *1*

Tiernamenverzeichnis *5*

Sachverzeichnis *18*

Klasse Reptilien (= Kriechtiere) *Reptilia*

Diagnose

Kleine bis sehr große poikilotherme Wirbeltiere mit unterschiedlicher Gliedmaßenausbildung. Schädel kompakt, kapselförmig oder zu einer Spangenkonstruktion aufgelöst, Unterkiefer aus mehreren Knochen bestehend, primäres Quadrato-Articulargelenk, nur **ein Occipitalcondylus.** Epidermis trocken, meistens **beschuppt** oder **beschildert**, drüsenarm; äußerste Epidermisschichten werden durch regelmäßige Häutung abgeworfen. Echte Bezahnung; Herz mit zwei Vorkammern und einem Ventrikel, der durch ein **Septum unvollständig** getrennt ist; (Ausnahme bei Crocodylia); linker und rechter Aortenbogen persistieren; Niere als Metanephros. Telolecithale Eier mit Schale, **Amnion** als zusätzliche Embryonalhülle.

Herkunft

Die frühesten gesicherten Fossilnachweise von Reptilien stammen aus dem Mittleren und Oberen *Karbon;* gewichtige Indizien sprechen dafür, daß diese Frühreptilien bereits vollständig terrestrisch lebten und daß ihre Embryonen von einem Amnion umgeben waren. Vermittelnde Fossilfunde zwischen den steinkohlezeitlichen Amphibien und Reptilien fehlen, so daß man über die Herkunft der Reptilien wenig Konkretes weiß, hingegen sind eine Vielzahl von Theorien darüber aufgestellt worden, ob die Reptilien *monophyletisch* oder *polyphyletisch* von den Amphibien oder eventuell sogar direkt von fischähnlichen Ahnen abzuleiten seien (vgl. Theorien von OLSON (1947), WATSON (1954), PARRINGTON (1958), JARVIK (1959), GOODRICH (1961), KUHN-SCHNYDER (1961, 1962), CRUSAFONT-PAIRO (1962), ROMER (1964), REIG (1967) und CARROLL (1969).

Am wenigsten Widerspruch finden gegenwärtig folgende Annahmen: Alle Reptilien sind von Amphibien abzuleiten, jedoch nicht monophyletisch. Vieles deutet darauf hin, daß zwei oder drei Amphibiengruppen unabhängig voneinander die Erreichung der Reptilienstufe gelang.

Die fossil nachgewiesenen Reptilien aus dem Karbon gehören drei Hauptgruppen an, den Captorhinomorpha, Pelycosauria und den Diadectidae. Während die Diadectidae mit ihrem Brechgebiß als spezialisierter Seitenzweig betrachtet werden, von dem keine Deszendenten ins Erdmittelalter gelangten, gelten die Captorhinidae als Ahnen der erdmittelalterlichen Hauptmenge der Reptilien und die Pelycosaurier allgemein als Ahnen der säugetierähnlichen Reptilien.

Captorhinomorpha und Pelycosauria entstammen möglicherweise den mittelkarbonischen Anthracosauria. Die früher oft als Ahnformen der Reptilien dargestellten labyrinthodonten Seymouriamorpha und Microsauria hingegen werden heute eher als spezialisierte Amphibiengruppen betrachtet, ohne nähere Beziehungen zur nächst höheren Wirbeltierklasse.

Im Oberkarbon und im Perm erlebten die Reptilien eine *erste große Radiationswelle* (Abb. 61). In der aus dem Perm bekannten Reptilienfauna finden sich bereits Vertreter der meisten großen Reptilienstammgruppen (Abb. 63), wie sie sich anhand der Konfiguration der **Schläfenfenster** gut auseinanderhalten lassen. Unter den *synapsiden* Reptilien sind es die Pelycosaurier (mit den bis 3 m langen *Edaphosaurus* und *Dimetrodon*, die gekennzeichnet waren durch einen enormen Rückenkamm, der von stark verlängerten Spinalfortsätzen gestützt war), die von den Pelycosauriern abzuleitenden Therapsida, die sich bereits im Perm zu verschiedenen Ernährungstypen, wie den fleichfressenden, mittelgroßen Theriodontia, den räuberisch lebenden Cynodontia, den pflanzenfressenden Tritylodontoidea und Dicynodontia, im Ganzen in mindestens 9 Großgruppen, aufsplitterten, von welchen einige zu den Ahngruppen der erdmittelalterlichen Säugetiere weiterführen. Oft wird noch eine weitere permische Reptilgruppe, die fischfressenden Mesosaurier, zu den synapsiden Reptilien gestellt. **Anapside** Vertreter aus dem Perm sind die Cotylosauria, die in dieser Zeit ihre größte Formenvielfalt erreichten. Im Oberen Perm treten alsdann die ersten Proganochelydia in Erscheinung, die als Ahngruppe für die Schildkröten in Frage kommen.

Von den **diapsiden** Reptilien sind im Perm zwei Gruppen der Lepidosauria, die Eosuchia, die wahrscheinlich in die Ahnenreihe der Squamata gehören, und vereinzelte Rhynchosauridae, die man als früheste Rhynchocephalia betrachtet, bekannt.

Die **euryapsiden** Reptilien des Perms sind schließlich die Araeoscelidia, die Affinitäten zu den Plesiosauriern und Nothosauriern des Erdmittelalters zeigen.

Im Perm noch nicht mit Sicherheit nachgewiesen sind Vertreter der ebenfalls *diapsiden Archosaurier* und der *parapsiden Ichthyopterygier*, diese treten in der folgenden Epoche, der Trias, erstmals auf (Abb. 63).

Im frühen Erdmittelalter, der Triaszeit, erleben innerhalb der euryapsiden Reptilien die Placodontia, Bewohner seichter Meere, mit kurzem Hals und paddelförmigen Extremitäten, die sich von Mollusken ernährten *(Placodus)* und die Nothosauria, mittelgroße aquatile Fischfresser mit sehr langem Hals und Paddelextremitäten, eine Blütezeit und starben zu Ende der Trias aus. Eine andere, ebenfalls euryapside Gruppe, die Plesiosaurier, erreichte ihre größte Entfaltung in der Jurazeit; sie verschwanden in der Oberkreide. Die Plesiosaurier stellen eine Weiterentwicklung des Nothosauriertyps dar, sie waren größtenteils riesige, bis 12 m lange Meeresbewohner mit Paddelextremitäten und sehr langem Hals, der bei *Elasmosaurus* die doppelte Rumpflänge erreicht und ca. 60 Wirbel umfaßt. Der euryapside Zustand der Nothosaurier und Plesiosaurier (= Sauropterygia) einerseits und der Placodontia andererseits wurde wahrscheinlich in konvergenter Entwicklung erreicht; die *euryapsiden Reptilien* bilden deshalb *keine Verwandtschaftsgruppe*. Kein euryapsides Reptil erreichte die Erdneuzeit. Von den *diapsiden Lepidosauria* treten im frühen Mesozoikum nur die bereits in der Unteren Trias aussterbenden Eosuchia und die Rhynchosauriden, Ahnen von *Sphenodon*, in Erscheinung. Die ersten modernen Echsen (Squamata) tauchten erst im Oberjura auf und begannen mit ihrer Entfaltung, die bis in die Gegenwart andauert. Von den Squamata divergieren die Schlangen, deren früheste Vertreter erst zu Ende des Erdmittelalters nachgewiesen sind und die als modernste Reptilien ihre Hauptentwicklung im Tertiär durchmachen.

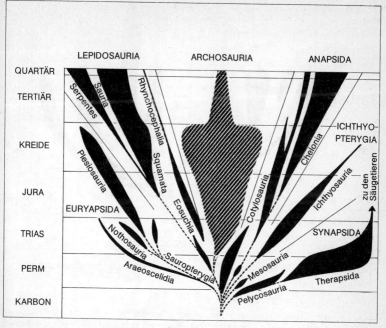

Abb. 61 Stammesgeschichtliche Beziehungen der Reptiliengroßgruppen (nach *RO-MER*)

Die dominierende Gruppe des Mesozoikums werden die erstmals in der Unteren Trias auftretenden **Archosaurier** (Abb. 62) der zweiten Großgruppe *diapsider* Reptilien. Ihre Basisgruppe sind die im Trias zur Blüte gelangenden Thecodontia. Ein exklusives Merkmal der Thecodontia und der von ihnen abzuleitenden Archosauria sind die *thecodonten* (in einer Grube sitzenden) Zähne. Sechs mächtige Stammgruppen nehmen von den Thecodontiern ihren Ursprung, die Vogelbecken- (Ornithischia) und Echsenbecken- (Saurischia) tragenden Saurier, oft als Dinosaurier zusammengefaßt, die Flugsaurier (Pterosauria), die Krokodile (Crocodylia), die leichtknochigen Coelurosaurier mit extrem entwickelten Laufbeinen und kleinen Vorderextremitäten, sowie die Klasse der Vögel. Mit Ausnahme der Vögel, deren Blütezeit im Tertiär liegt, gelangen alle diese Gruppen im mittleren und späteren Mesozoikum zu reicher Entfaltung, alle aber, mit Ausnahme eines Teils der Krokodile (Eusuchia), sterben zu Ende der Kreidezeit aus.

Die beiden Großgruppen der teilweise endothermen Dinosaurier (Abb. 63), die Ornithischia und die Saurischia, unterscheiden sich vor allem im Becken, das bei den ersteren vierstrahlig angelegt ist, mit separatem Postpubis, das parallel zum Ischium verläuft, und einem schmalen, nach cranial gerichteten Fortsatz des Iliums, und bei den letzteren dreistrahlig, ohne nach caudal gerichteten Postpubisfortsatz und mit einem gedrungenen Ilium versehen. Während die Ornithischia oft auf vier massiven Säulenbeinen einhergehen, neigen die Saurischia zur Bipedie; sie besitzen meistens kräftige Hinterbeine, während die Vorderextremitäten zur Reduktion

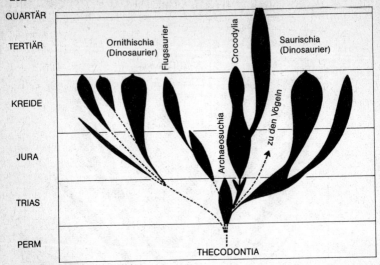

QUARTÄR

TERTIÄR   Ornithischia (Dinosaurier)   Flugsaurier   Crocodylia   Saurischia (Dinosaurier)

KREIDE   Archaeosuchia   zu den Vögeln

JURA

TRIAS

PERM   THECODONTIA

Abb. 62   Stammesgeschichtliche Beziehungen innerhalb der Archosauria (nach *RO-MER*)

neigen. Beide Großgruppen von Dinosauriern werden je in mehrere Unterordnungen und zahlreiche Familien unterteilt. Während sich die Ornithischier praktisch ausschließlich zu Pflanzenfressern entwickelten, enthalten die Saurischier teils Pflanzenfresser, teils fleischfressende Räuber. Zur Saurischierprominenz gehören u. a. die quadrupeden, oft aquatilen und pflanzenfressenden Sauropoda, welche die größten aller Dinosaurier, *Diplodocus* und *Brontosaurus,* hervorgebracht haben. Der längste bisher ausgemessene *Diplodocus* war rund 26 m lang. Zur anderen Großgruppe, den Theropoda, gehören vor allem die Carnosauria, bipede riesige Raubsaurier mit Dolchgebiß und langen Krallen. Die jurassischen Formen, *Allosaurus* und *Tyrannosaurus,* waren mit 10–15 m Körperlänge die größten räuberischen Landwirbeltiere aller Zeiten.

Abb. 63   Beispiele paläozoischer und mesozoischer Reptilien, mit Größenangabe in m, Angabe der Ordnung, Unterklasse und des Zeitalters. a *Captorhinus* (0,35), Anapsida, Cotylosauria, Oberkarbon; b *Ophiacodon* (4), Pelycosauria, Synapsida, Perm; c *Dimetrodon* (3,5), Pelycosauria, Synapsida, Oberperm; d *Lycaenops* (0,5), Therapsida, Synapsida, Oberperm; e *Macroplata* (6), Plesiosauria, Euryapsida, Unterjura; f *Ichthyosaurus* (6), Ichthyosauria, Ichthyopterygia, Jura; g *Hypsilophodon* (1,5), Ornithischia, Archosauria, Kreide; h *Stegosaurus* (10), Ornithischia, Archosauria, Kreide; i *Triceratops* (7), Ornithischia, Archosauria, Oberkreide; k *Ornithosuchus* (1), Saurischia, Archosauria, Obertrias; l *Allosaurus* (10), Saurischia, Archosauria, Oberjura; m *Diplodocus* (26), Saurischia, Archosauria, Kreide; n *Dimorphodon* (1,2), Pterosauria, Archosauria, Unterjura; o *Pteranodon* (8 m Spannweite), Pterosauria, Archosauria, Oberkreide (nach *ROMER* u. Mitarb., *COLBERT, DE BEER, KNIGHT, FENTON, WILSON*)

Aus dem Archosaurierstamm heraus entstanden, unabhängig voneinander, zwei Evolutionslinien, die zu aktiv flugfähigen Formen führten, jene der **Vögel** und jene der **Flugsaurier** (Pterosauria). Wie die Vögel erreichten die Flugsaurier eine starke Pneumatisation der Knochen. Die Tragflächenbildung beruht bei ihnen auf der Ausbildung von Flughäuten, ähnlich jenen der Fledermäuse. Als hauptsächlichstes Spannelement für die Flughaut diente der extrem vergrößerte 5. Fingerstrahl. Die Funde von Flugsauriern stammen aus marinen Sedimenten, so daß man annehmen kann, daß sie zu ihrer Zeit etwa die Rolle der Möven oder der Sturmvögel einnahmen. Man unterscheidet zwei Unterordnungen von Flugsauriern, die Rhamphorhynchodea der Jurazeit, kleine, oft geschwänzte und gut bezahnte Flugsaurier von geringer Größe (ca. 60 cm Spannweite), und die Pterydactyloidea, meist schwanzlose, oft zahnlose Formen mit nach hinten gerichtetem Schädelkamm, mit Spannweiten bis zu 7 m.

Die letzte der großen Stammgruppen der Archosaurier bildet die *Krokodilverwandtschaft*. Aufgrund der Wirbelkonstruktion lassen sich 4 Unterordnungen unterscheiden, die zu verschiedenen Epochen erfolgreich waren. Die Archaeosuchia und Protosuchia waren kleine triassische Krokodilgruppen mit amphicoelen Wirbeln, die Mesosuchia mit platycoelen Wirbeln erreichten große Formenvielfalt während Jura- und Kreidezeit; eine ihrer Nebenlinien führte zu den procoelen Eusuchia, zu welchen auch die rezenten Krokodile gehören.

Bei den anapsiden Reptilien des Erdmittelalters sterben gegen Ende der Trias die Cotylosaurier aus, während die ersten gesicherten Vertreter der *Schildkrötenverwandtschaft* (Chelonia) aus dem Jura nachgewiesen sind. Die Aufspaltung der Schildkröten in die beiden Großgruppen der Pleurodira und Cryptodira läßt sich bereits im mittleren Jura belegen.

Eine Reptiliengruppe, deren Beginn, Blütezeit und Ende sich ganz innerhalb des Mesozoikums abgespielt hat, sind die **parapsiden** Ichthyopterygia. Die zu ihnen gehörenden Ichthyosaurier haben eine *vollständige Fischgestalt* erreicht mit torpedoförmigem Körper, zu Flossen umgewandelten Extremitäten, zusätzlicher Schwanz- und Rückenflosse. Die Ichthyosaurier waren sehr schnelle, marine Fischfresser, die bis zu 3 m lang werden konnten.

Wie aus Abb. 61, 62 und Tab. 60 hervorgeht, starben ein großer Teil der mesozoischen Reptilgruppen gegen Ende der Kreidezeit aus, so die Ichthyosaurier, Dinosaurier, Pterosaurier und Plesiosaurier. Wir erleben hier eine ähnliche *Zäsur der Evolutionsgeschichte*, wie sie sich auch bei den Säugetieren manifestiert, reiche Entfaltung während der Kreidezeit, im Übergang zum Tertiär jäh abbrechend. Viele Theorien über die Ursachen dieses Massenaussterbens während des Übergangs vom Erdmittelalter zur Erdneuzeit wurden bereits aufgestellt, doch konnte bisher keines dieser Phänomene befriedigend gedeutet werden, gibt es doch neben den ausgestorbenen Reptilgruppen auch solche, deren Übergang zwischen den beiden Zeitaltern lückenlos erfolgt. So ist für die Schlangen, die Echsen und die Schildkröten je eine kontinuierlich progressive Entwicklung aus dem Mesozoikum bis in die Gegenwart belegt und auch bei den aus dem Archaeosaurierstamm entsprossenen Vögeln ist die Entfaltung von der Kreidezeit bis zur Gegenwart eine kontinuierliche, ebenso für die modernen Krokodile, deren Formenvielfalt erst im späteren Tertiär Einbußen erleidet. Bei den Rhynchocephalia dürfen wir die einzig überlebende Brückenechse als einen Durchbrenner der im frühen und mittleren Mesozoikum mäßig erfolgreichen Rhynchosaurier betrachten, der sich wahrscheinlich nur dank seinem sehr isolierten Vorkommen bei Neuseeland in die Gegenwart retten konnte. Die synapsiden Reptilien schließlich, die als solche bereits gegen Ende der Trias verschwinden, erreichten die Gegenwart über ihre erfolgreichen Abkömmlinge, die Säugetiere.

Evolutive Differenzierung

Die Entwicklung einer hornigen *Körperbedeckung*, die bei großer Leichtigkeit zugleich maximalen Schutz vor Austrocknung und mechanischer Beanspruchung bietet, die Erfindung eines *Amnions*, das eine Embryonalentwicklung im Ei außerhalb des Wassers ermöglicht, und die *Verbesserung des Blutkreislaufs* durch weitgehende Trennung der Herzkammer ermöglichte den Reptilien nicht nur die meisten Biotope der terrestrischen Erdoberfläche zu erschließen, sondern erlaubte es mehreren Gruppen, wieder ins Wasser zurückzukehren, und anderen, den Luftraum zu erobern.

Der durchschlagende Erfolg dieser konstruktiven Verbesserungen äußert sich in den verschiedenen Radiationswellen, die die Reptilien im Perm und während des Erdmittelalters durchmachten. Die Reptilien waren *die dominierenden Landwirbeltiere des Erdmittelalters*. Harte Konkurrenten entstanden den Reptilien in der zweiten Hälfte des Mesozoikums durch die endothermen Vögel und Säugetiere, die ihnen zwar die Vormachtstellung nahmen, sie aber doch nicht in ihrer Gesamtheit zu verdrängen vermochten. Wenn sich einige Reptiliengruppen gegenüber ihren Konkurrenten behaupteten, so konnten sie dies dank Spezialisierung, z. B. auf extreme Panzerung (Schildkröten, Krokodile), auf bestimmte Formen des Beuteerwerbs (Giftapparat und thermorezeptorische Beuteortung bei Schlangen) oder auf spezielle Biotope (z. B. Leben in extremen Trockengebieten).

Grundzüge der Reptilienorganisation

Skelett

Der **Schädel** der Reptilien unterscheidet sich generell von jenem der Amphibien durch das Vorhandensein eines einzigen Hinterhaupthöckers (Condylus occipitalis), durch massive Knochenelemente, die beinahe vollständige Ossifikation sowie die viel geringere Abflachung . Der Schädel ursprünglicher Reptilien gleicht aber noch stark dem Kapselschädel primitiver Amphibien. Ausgehend von diesem primitiven Zustand haben die verschiedenen Gruppen ihren Schädel im Laufe der Phylogenese stark abgewandelt. Nach ROMER (1956) betrifft diese divergente Entwicklung vor allem folgende Bereiche:

Modifikation der dermalen Elemente durch Reduktion, Vergrößerung oder Verschmelzung; Veränderung der Schädelproportionen; die Tendenz zur Entwicklung von Schläfenöffnungen und teilweisen Reduktion der sie begrenzenden Schläfenbrücken; Umstrukturierung der Ansatzstellen der Schläfenmuskulatur; Änderungen in der Gaumenstruktur, der Occipitalregion und in der Ossifikationsweise der Schädelkapsel.

Die enorme Divergenz in bezug auf den Schädelbau innerhalb der Reptilien macht es unmöglich, hier einen generalisierten, detaillierten Reptilienschädeltyp zu beschreiben. Auf die wesentlichsten Besonderheiten der Schädeltypen einzelner Gruppen gehen wir im systematischen Teil näher ein.

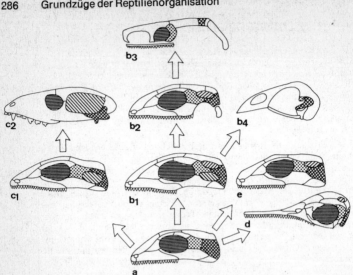

Abb. 64 Schläfenfenster am Schädel von Reptilien und höheren Tetrapoden. a anapsid, z. B. Schildkröten (Chelonia); b1 diapsid, z. B. Brückenechse (primitiver Lepidosaurier) oder Krokodil (Abkömmling der Archosaurier); b2 abgeleitet diapsid, untere Schläfenbrücke ausgefallen, z. B. moderne Echsen (Sauria); b3 abgeleitet diapsid, beide Schläfenbrücken ausgefallen: Schlangen (Serpentes); b4 abgeleitet diapsid, obere Schläfenbrücke ausgefallen: Vögel (Aves) als Abkömmlinge der diapsiden Archosaurier; c1, c2 synapsid: säugetierähnliche Reptilien (Theromorpha) und Säugetiere (Mammalia); d parapsid, z. B. Ichthyosaurier; e euryapsid: Sauropterygia und Placodontia; Horizontalraster: Augenhöhle; Punktraster: Postorbitale; Kreuzraster: Squamosum; Diagonalraster n. links unten: oberes Schläfenfenster; Diagonalraster nach rechts unten: unteres Schläfenfenster

Für die Deutung der Phylogenie und das Verständnis der Radiation innerhalb der Reptilien sind vor allem die Verhältnisse der **Schläfenregion** und die Tendenz zur **Kinetisierung** (Beweglichkeit der Oberkieferelemente gegenüber der Hirnkapsel) bedeutungsvoll. Reptilien können in der Schläfenregion keine *(anapsid)*, eine *(synapsid, parapsid, euryapsid)* oder zwei *(diapsid)* Öffnungen, Schläfenfenster genannt, besitzen (Abb. 64, 65).

Anapside kompakte *Kapselschädel* (Abb. 65 B) besitzen die Chelonia und die permischen Cotylosaurier. Dieser anapside Schädel repräsentiert den Urtyp des Reptilienschädels. Bei den frühmesozoischen Reptilien treten alsdann bereits alle heute bekannten Typen von Schläfenfensteranordnungen auf. Es sind dies

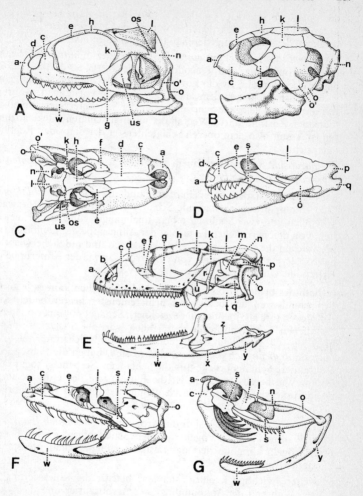

Abb. 65 Reptilienschädel. **A** Brückenechse *(Sphenodon punctatus);* **B** Schildkröte *(Lepidochelys);* **C** *Alligator,* von oben; **D** Doppelschleiche *(Amphisbaena);* **E** Schwarzleguan *(Ctenosaura),* **F** Netzpython *(Python reticulata);* **G** Gabunviper *(Bitis gabonica);* **a** Praemaxillare, **b** Septomaxillare, **c** Maxillare, **d** Nasale, **e** Praefrontale, **f** Lacrimale, **g** Jugale, **h** Frontale, **i** Postfrontale, **k** Postorbitale, **l** Parietale, **m** Prooticum, **n** Squamosum, **o** Quadratum, **o'** Quadratojugale, **p** Supraoccipitale, **q** Basioccipitale, **r** Epipterygoid, **s** Ectopterygoid (= Transversum), **t** Pterygoid, **u** Parasphenoid, **w** Dentale, **x** Angulare mit Angularfortsatz, **y** Articulare mit Articularfortsatz, **z** Surangulare mit Coronoidfortsatz, **os** = oberes Schläfenfenster, **us** = unteres Schläfenfenster (nach *ROMER, JOLLIE, BELLAIRS, LIST, PHISALIX)*

– der *synapside* Schädel, Pelycosauria und Therapsida, mit einer *einzigen unteren Öffnung,* nach dem Aussterben der Pelycosaurier Exklusivmerkmal der zu den Säugetieren führenden Stammlinie,

– der *euryapside* Schädel mit *einem Schläfenfenster* in *mittlerer Höhe* bei den Sauropterygia und Placodontia. Wie KUHN-SCHNYDER (1967) nachweisen konnte, ist die Euryapsidie der Placodontier eine echte, d. h. sie ist direkt aus dem anapsiden Zustand entstanden, während das mittelhoch gelegene Schläfenfenster der Sauropterygier von einem diapsiden Zustand durch Wegfall der unteren Schläfenbrücke abzuleiten ist, somit also dem oberen Schläfenfenster der diapsiden Reptilien entspricht,

– der *parapside* Schädel mit einem *sehr hoch gelegenen Schläfenfenster* für die Ichthyosaurier typisch,

– der *diapside* Schädel mit einem *oberen* und einem *unteren Schläfenfenster.* Der ursprünglich diapside Schädel (Abb. 65 A, C) wurde wahrscheinlich von zwei Stammgruppen, unabhängig voneinander, erworben, von den permischen Eosuchia, der Ahngruppe der Lepidosaurier, zu welchen die Squamata, die Brückenechsen und möglicherweise die Sauropterygia gehören, und von den Archosauria, der Ahngruppe der Krokodile, Dinosaurier, Flugsaurier und Vögel.

Innerhalb der beiden Großgruppen diapsider Reptilien kam es je zu Reduktionstendenzen der beiden die Schläfenfenster begrenzenden Knochenbrücken (oft als Jochbogen bezeichnet). Schädel mit einer oder zwei ausgefallenen Schläfenbrücken bezeichnen wir als *abgeleitet diapsid* (Abb. 65 E - G). Innerhalb der Lepidosauria, von welchen nur die Brückenechsen *ursprünglich diapsid* verblieben sind, haben die Echsen (Sauria) die untere Schläfenbrücke und die Schlangen (Serpentes) sogar beide verloren. Wie bereits erwähnt, ist die Euryapsidie der erdmittelalterlichen Sauropterygier ebenfalls durch Wegfall der unteren Schläfenbrücke in Konvergenz zu den Eidechsen entstanden.

Innerhalb der Archosaurier sind die Krokodile *ursprünglich diapsid* geblieben, während bei den Vögeln die obere Schläfenbrücke fehlt. Bei den meisten Vögeln kommuniziert das riesige vereinigte Schläfenfenster zudem mit der Augenhöhle.

Eine weitere wichtige Evolutionstendenz betrifft die Kinetisierung des Schädels. Während die Abkömmlinge der Archosaurier und die Schildkröten akinetische Schädel besitzen, bei welchen das Quadratum und der Oberkiefer fest mit der Schädelbasis verwachsen sind, *(Monymostylie),* besteht innerhalb der Squamata, der Hauptgruppe der Lepidosaurier, die Tendenz, diese Teile gegenüber dem Schädel beweglich zu machen. Das Quadratum des kinetischen Schädels verliert seine feste Verbindung zum Schläfenbein und ist somit nach oben, zum Schläfenbein, und nach unten, zum Unterkiefer hin, je an einem Gelenk beteiligt. Alle heutigen Squamata präsentieren diesen *streptostylen* Typ des Quadratums. Innerhalb der Squamata (Abb. 65) ging die Kinetisierung mehr oder weniger weit, indem weitere Elemente des Oberkiefers und des Gesichtsschädels gegenüber dem Neurocranium beweglich wurden. Ihren höchsten Stand erreicht die Schädelkinetik bei den proteroglyphen und solenoglyphen Schlangen, bei welchen sämtliche Teile des Oberkiefers und des Gesichtsschädels aufgelöst sind in spangenförmige, gegeneinander bewegliche Elemente (Abb. 65 G).

Völlig andere Wege nahm die Schädelentwicklung bei den synapsiden, säugetierähnlichen Reptilien. Hier läßt sich im Laufe der Höherentwicklung während des frühen Erdmittelalters eine zunehmende Verkleinerung des Quadratums und seine Umkonstruktion zu einem Gehörknöchelchen verfolgen, unter gleichzeitiger Entwicklung eines sekundären Kiefergelenks zwischen Dentale und Squamosum.

Um eine weitgehende Trennung des Luftwegs vom Nahrungsweg zu erreichen, zeigen nicht nur die säugetierähnlichen Reptilien, sondern auch die Schildkröten und Krokodile die Tendenz, zwischen Mundhöhle und Nasenraum einen sekundären Gaumen einzuschieben. Der Unterkiefer der Reptilien ist komplexer als jener der Amphibien. Er besteht in der Regel aus dem enchondral verknöcherten Articulare, das mit dem Quadratum das Kiefergelenk bildet, und meistens 6 dermalen Elementen, Dentale, Spleniale, Angulare, Supraangulare, Präarticulare und Coronoid. Diese Elemente können oft zu zweit oder zu dritt verschmelzen. Die Dentalia sind bei den einen Formen fest verwachsen, bei anderen, vor allem bei den meisten Squamata, sind sie nur über Bänder verbunden und dadurch frei gegeneinander beweglich.

Der *Zungenbeinapparat* dient in erster Linie als Aufhängestruktur für die oft sehr bewegliche Zunge und Stützgerüst für den Larynx. In seinem Grundaufbau besteht er normalerweise aus dem Zungenfortsatz (Proc. entoglossus), der weit in die Zunge hineinreicht, paarigen, nach dorsal reichenden Hyoidhörnern, sowie einem oder zwei Paaren nach hinten gerichteter Branchialhörner. Der Ossifikationsgrad und die Anordnung dieser Elemente sind bei den einzelnen Gruppen sehr verschieden. Drei Paar Hörner, deren hinterstes verknöchert ist, besitzen die Brückenechsen. Bei einigen Echsen besteht die Tendenz, das hinterste Paar der Branchialhörner zu reduzieren, bei Agamen und Leguanen mit Halskrausen hingegen ist es gut ausgebildet und dient zum Aufstellen dieser Krause. Der Zungenfortsatz ist am größten bei den Chamaeleons, kleiner bei den Eidechsen und stark reduziert bei den Schlangen. Der Zungenbeinapparat der Krokodile ist reduziert zu einer Platte, von der nur noch die 1. Branchialhörner hervortreten. Die vorderen Elemente des Schildkröten-Zungenbeinapparates sind verkürzt, während die beiden Paare von Branchialhörnern sehr kräftig ausgebildet sind. Der Larynx wird gestützt durch paarige Arytaenoidknorpel und einen ringförmigen Cricoidknorpel.

Bei den Reptilien, als meistens langgestreckten, terrestrischen Tieren, ist die *Gliederung* der **Wirbelsäule** in einzelne Abschnitte noch deutlicher als bei den Amphibien. Stets lassen sich mehrere Halswirbel mit kurzen

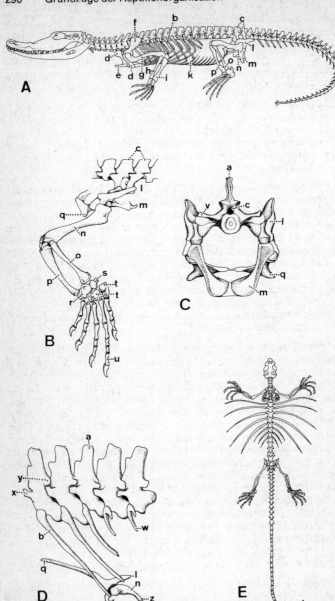

Rippen, die nie das Brustbein erreichen, oder gar ohne Rippen von den
Rumpfwirbeln unterscheiden (Abb. 66 A). Neben dem kopfnächsten
Wirbel, dem Atlas, hat auch der zweitvorderste, der Axis, eine spezielle
Ausgestaltung erreicht, wie bei den Vögeln und Säugetieren. Der Atlas,
der mit dem Condylus occipitalis des Schädels artikuliert, besteht beim
adulten Reptil nur noch aus seinen Wirbelbogen (Basidorsale und Basi-
ventrale). Sein Wirbelkörper hat sich losgelöst und ist mit dem zweiten
Halswirbel, dem Axis, verschmolzen; als Gelenkzapfen ragt er in den Atlas hinein. Bei Brückenechsen, Krokodilen und Chamaeleons liegt zwischen Schädel und Atlas noch ein kleiner Knochen, der Proatlas, der oft
als Rudiment eines zusätzlichen ehemaligen Wirbels betrachtet wird.
Meistens sind alle Wirbel des Rumpfes mit Rippen versehen, so daß eine
Unterteilung in Thoracal- und Lumbalwirbel wenig sinnvoll erscheint
(Ausnahme Krokodile). Im Gegensatz zu den Amphibien besitzen die
beintragenden Reptilien *zwei Sacralwirbel* und meistens eine größere Anzahl Schwanzwirbel. Diese Schwanzwirbel besitzen oft noch Rudimente
von Rippenfortsätzen. Die Anzahl der Wirbel liegt zwischen 30 bei
Schildkröten und an die 400 bei Schlangen.

Einige Reptilien, so die Brückenechse und einige Sauria, sind in der Lage,
den Schwanz abzuwerfen *(Autotomie)*. Zu diesem Zweck sind einige
Schwanzwirbel des mittleren Schwanzabschnitts quer durch eine nicht
ossifizierte Trennebene für den Schwanzabwurf vorbereitet.

Die Wirbel primitiver Reptilien leiten sich wahrscheinlich von embolo-
meren Amphibienwirbeln ab, bei welchen die Intercentra reduziert werden und die Pleurocentra sukzessive allein den Wirbelkörper bilden. Diese ursprünglichen Wirbel waren amphicoel, während sie bei den meisten
späteren und heutigen Reptilien procoel sind. Schildkröten besitzen zum
Teil opisthocoele Wirbel, Geckos und die Brückenechse amphicoele Wirbel, während die Wirbel im Schwanz der Krokodile sogar bikonvex sind.
Wie bei den übrigen höheren Tetrapoden artikulieren die Wirbel miteinander über nach vorn (Präzygapophyse) und nach hinten (Postzygapophyse) gerichtete Fortsätze der Neuralbogen. Bei beinlosen Echsen und
Schlangen ist eine zusätzliche Gelenkverbindung entwickelt worden:

Abb. 66 Skelett der Reptilien. **A** Krokodil; **B** Becken und linke Hinterextremität eines
Varans *(Varanus)*; **C** Becken eines Krokodils *(Crocodylus)* von hinten; **D** Beckenre-
gion und Rudiment der Hinterextremität der Boaschlange *Trachyboa boulengeri*; **E**
Flugdrache *(Draco volans)*, mit extrem verlängerten Rippen zum Ausspannen der
Flughaut; **a** Dornfortsatz, **b** Vertebralsegment einer Rippe, **c** Kreuzwirbel, **d** Coracoid,
e Episternum, **f** Scapula, **g** Humerus, **h** Radius, **i** Ulna, **k** Bauchskelett, **l** Ilium, **m**
Ischium, **n** Femur, **o** Fibula, **p** Tibia, **q** Pubis, **r** Fußwurzelknochen (Verschmelzung
von Tibiale, Intermediale und 1 Centrale), **s** Fibulare (= Calcaneum), **t** Metatarsale, **u**
Phalange, **v** Schwanzrippe, **w** Lymphapophyse, das Lymphherz umfassend, **x** Präzygapophyse, **y** Postzygapophyse, **z** Klaue (nach *CLAUS u. GROBBEN, BELLAIRS,
OWEN*)

zwei weitere, an der Basis der Neuralbogen nach vorn vorspringende Fortsätze (Zygophene), ragen in zwei Gelenkflächen (Zygantra) an der Basis des Neuralbogens des nächstvorderen Wirbels. Dies erhöht offenbar die laterale Beweglichkeit des Axialskeletts. Bei einigen Formen haben Wirbelfortsätze Spezialfunktionen übernommen. So dringen bei den eierfressenden Schlangen, *Dasypeltis* (Abb. 75 B) und *Elachistodon*, Wirbelfortsätze durch die Speiseröhre und helfen mit bei der Zertrümmerung von Eischalen. Bei den permischen Pelycosauriern dienten riesige Neuralfortsätze als Träger für einen segelartigen Rückenkamm. Bei den Schildkröten sind die Spinalfortsätze der Rumpf-, Kreuz- und cranialen Schwanzwirbel stark verbreitert und bilden mit den Rippen und den dermalen Knochenplatten zusammen den knöchernen Anteil des Rückenschildes.

Bei primitiven Reptilien sind die *Rumpfrippen*, ähnlich wie bei den Amphibien, mit zwei Köpfen, Capitulum und Tuberculum, versehen, die am Wirbelkörper bzw. an den Transversalfortsätzen des Neuralbogens artikulieren. Bei höheren Reptilien ändern sich die Artikulationsverhältnisse, oder es wird nur ein Gelenkkopf ausgebildet. So besitzen die Brückenechse, die Schlangen und viele Echsen Rippen mit nur einem Kopf, der wahrscheinlich durch Verschmelzung von Capitulum und Tuberculum entstanden und mit dem Centrum gelenkig verbunden ist. Die Rippen der Schildkröten sind zweiköpfig; in der Rumpfregion sind sie sehr groß und bilden einen wichtigen Teil des Rückenschildes, in der Beckenregion sind sie kleiner, und in der Schwanzgegend verschmelzen sie teilweise mit den Wirbeln. Wie die meisten Archosaurier besitzen auch die Krokodile zweiköpfige Rippen. Wie die Vögel, so besitzen Krokodile und Brückenechse Hakenfortsätze (Procc. uncinati) an den Rumpfrippen.

Meistens sind die vorderen Brustrippen mit einem Sternum verwachsen. Bei der Brückenechse und vielen Sauria nehmen die hinteren Rippen ventral Kontakt auf mit dem Parasternum, das zwischen dem Sternum und dem Beckengürtel liegt. Kein Sternum besitzen die Schildkröten und die Schlangen, bei den letzteren nehmen die Rippen Kontakt mit den Bauchschildern auf. Ausgeprägte Abdominalrippen besitzen *Sphenodon* und die Krokodile. Riesige Brustrippen, die lateral ausgebreitet werden können und die zum Ausspannen einer seitlichen Flughaut dienen, besitzt die zu *Gleitflug* befähigte Agame *Draco volans* (Abb. 66 E, 68 C). Einen ähnlichen Flugmechanismus besaß der triassische *Kuehniosaurus*.

Entsprechend ihrer sehr verschiedenen Fortbewegungsweise besitzen die Reptilien teilweise stark abgewandelte **Extremitätengürtel** und **Extremitäten**. Wesentlichstes Element des *Schultergürtels* ist die Scapula mit ihrer dorsalen Platte, der Suprascapula, die stets knorpelig bleibt. Sie bildet, zusammen mit dem anliegenden Coracoid, das dem Procoracoid der Amphibien entspricht, die Gelenkpfanne für die Vorderextremität. Auch beim Procoracoid sind die Randzonen knorpelig. Am vorderen Rand von Scapula und Coracoid liegt oft eine stabförmige Clavicula. Beide

Claviculae treffen medial zusammen und berühren gleichzeitig die T-förmige Verlängerung des Sternums, das Episternum. Das Cleithrum fehlt allen rezenten Amnioten. Eine Sonderentwicklung hatte der Schultergürtel der therapsiden Reptilien durchgemacht. Bei ihnen wurde das echte Coracoid gefördert und das Procoracoid reduziert, ferner persistierte bei ihnen das Cleithrum, das andeutungsweise noch als kleiner Knochenvorsprung an der Scapula der Monotremata vorkommt, am längsten. Den Krokodilen fehlen Schlüsselbeine, den Chamaeleons Schlüsselbeine und Episternum. Bei Echsen mit Beinreduktion tritt ebenfalls eine starke Reduktion der Schultergürtelelemente auf, bei sämtlichen Schlangen ist der Schultergürtel total verschwunden.

Den aberrantesten Schultergürtel besitzen die Schildkröten. Bei ihnen ist das Schulterblatt stabförmig und bildet einen Winkel, dessen einer Schenkel mit dem vordersten Brustwirbel, und dessen anderer sich mit dem Skelett des Bauchpanzers verbindet. Das Coracoid ist ebenfalls stabförmig und nach hinten gerichtet. Claviculae und Episternum sind zu Teilen des Bauchpanzers geworden.

Der Beckengürtel ist über das Ilium mit zwei Sacralwirbeln des Axialskeletts verbunden (Abb. 66 B, C). In der Regel (Ausnahme Krokodile) sind die drei Beckenelemente Ilium, Ischium und Pubis an der Gelenkgrube (Acetabulum) für die Hinterextremität beteiligt. Bei quadrupeden Formen, z. B. bei den Eidechsen, ist das Ilium ein kleiner Knochen, bei Formen mit Bipedie wird es stark nach cranial vergrößert. Bei den Abkömmlingen der Archosaurier (Krokodile, Vögel) fehlt der Boden des Acetabulums, es bildet sich dort ein Foramen obturatorium. Bei den Schildkröten und den Abkömmlingen der Lepidosaurier (Brückenechse und Sauria) ist das Acetabulum nicht durchbrochen, dafür findet sich ventral eine Fenestra puboischiadica, und im Pubis, außerhalb des Acetabulums, ein Foramen nervi obturatorii, die Durchtrittstelle des N. obturatorius. Bei den Krokodilen beteiligt sich das Pubis nicht am Acetabulum, es bildet nach vorne auch keine Symphyse, sondern nimmt Kontakt mit den hinteren Bauchrippen auf. Bei den beinlosen Echsen ist das Becken nie vollständig reduziert, unter den Schlangen sind nur noch bei den Typhlopidae, Leptotyphlopidae, Aniliidae und Boidae Beckenrudimente vorhanden. Bei den meisten Reptilien sind Vorder- und Hinterextremitäten sehr ähnlich aufgebaut. Primitive Reptilien hatten stämmige und kurze Gliedmaßen wie die ursprünglichen Amphibien. Diese hoben den Körper noch wenig vom Boden ab und erlaubten nur ein unbeholfenes Schiebekriechen.

Bei den evoluierten Reptilien zeigt sich allgemein die Tendenz, die Gliedmaßen länger werden zu lassen, um den Körper mehr vom Boden anzuheben, wieder andere förderten die Hinterextremitäten, die zu Rennbeinen entwickelt wurden (Abb. 68 A, B). Vorder- und Hinterextremitäten sind in der Regel *fünfstrahlig*, die Zahl der Phalangenglieder variiert zwischen 2 und 5. Die Anzahl der Carpalia ist ursprünglich 10 *(Sphenodon* und einige Chelonia), ist aber oft reduziert (Krokodile).

Eine interessante Besonderheit des Hinterfußes ist die Erscheinung, daß das Fußgelenk seine stärkste Biegung zwischen den beiden Reihen der Tarsalia und nicht zwischen den Tarsalia und den Unterschenkelknochen erreicht. Einige Echsen zeigen als Neuerwerb eine Kniescheibe (Patella).

Bei den Seeschildkröten ist die Vorderextremität zu einem Paddel umgewandelt, wobei Ober- und Unterarm extrem verkürzt sind und das zwischen ihnen liegende Ellbogengelenk versteift ist. Die Phalangen sind zudem in einem zusammenhängenden Handteller zusammengefaßt. Innerhalb der Squamata sind alle Schlangen beinlos, bei einigen Formen mit Beckenrudimenten sind innerhalb des Körpers noch Reste von Gliedmaßenknochen, z. B. von Femur und Tibia bei Boaschlangen (Abb. 66D), möglich. Die Gliedmaßenreduktion fängt meistens bei einer Reduktion der distalen Glieder an und endet mit dem Verlust der proximalen Elemente.

Muskulatur

Die *Rumpfmuskulatur* erfuhr eine besondere Förderung in bezug auf ihre Aufgabe, zusammen mit der Wirbelsäule den Körper vom Boden abzuheben und die Atembewegungen zu unterstützen (Abb. 67).

In der Regel ist die epaxonische Rumpfmuskulatur weniger entwickelt als die hypaxonische.

Die epaxonische Muskulatur, bei den Urodelen noch durch den einheitlichen M. dorsalis trunci repräsentiert, wird bei den Reptilien in einzelne selbständige Muskelstränge aufgeteilt. Der wichtigste ist der M. longissimus dorsi, der zwischen den Spinal- und Transversalfortsätzen der Wirbel liegt und sich in den Schwanz hinein fortsetzt. Zur epaxonischen Muskulatur gehören ferner die verschiedenen Portionen des M. transversospinalis, zwischen den Rumpfwirbeln liegend, der M. iliocostalis, von der Flanke zum Rumpf führend, sowie die für die Bewegung des Kopfes wichtigen M. longissimus cervicocapitis und M. spinalis capitis. Die epaxonischen Rumpfmuskeln sind in erster Linie für Bewegungen der Wirbelsäule in Vertikalrichtung verantwortlich (Abb. 67A,B). Bei Schildkröten sind die epaxonischen Rumpfmuskeln, in Zusammenhang mit dem Rückenpanzer, fast vollständig reduziert, bei Schlangen sind sie hingegen stark entwickelt, da sie der Fortbewegung dienen.

Die hypaxonische Muskulatur ist bei den Reptilien, die praktisch an allen Rumpfwirbeln kräftige Rippen tragen, viel ausgeprägter als bei den Amphibien mit ihren reduzierten Rippen. Die ursprünglichen drei Bauchmuskelschichten der Amphibien sind hier in eine verwirrende Zahl von Teilmuskeln aufgegliedert. So ist der M. obliquus externus in eine äußere (Supracostalmuskeln) und eine innere Schicht (Intercostalmuskeln) unterteilt. Der M. obliquus internus bildet die Subcostalmuskeln.

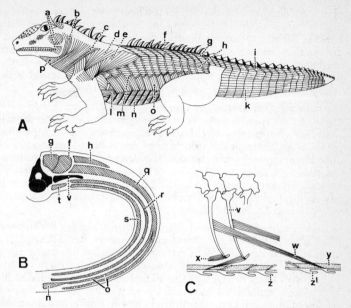

Abb. **67** Muskulatur der Reptilien. **A** Oberflächliche Muskeln der Brückenechse *(Sphenodon punctatus);* **B** Schematischer Querschnitt durch den Rumpf eines Reptils; **C** Muskulatur zum Aufrichten der Bauchschilder bei einer Natter *(Natrix),* **a** Insertionsstellen des Adductor mandibulae externus, **b** Depressor mandibulae, **c** Sphincter colli, **d** Trapezius, **e** Latissimus dorsi, **f** Longissimus dorsi, **g** Transversospinalis, **h** Iliocostalis, **i** epaxonische Schwanzmuskulatur, **k** hypaxonische Schwanzmuskulatur, **l** Pectoralis, **m** Hakenfortsatz der Rippen (Proc. uncinatus), **n** Rectus superficialis, **o** Obliquus externus, **p** Intermandibularis, **q** Intercostalis externus, **r** Intercostalis internus, **s** Transversus abdominis, **t** Subvertebralis, **u** Rectus, **v** Rippe, **w** obere Rippen-Hautmuskeln (M. costo-cutaneus), **x** untere Rippen-Hautmuskeln, **y** Eigenmuskelschicht der Schilder, **z** Ventralschilder (Gastrostega), **z'** laterale Bauchschilder (nach *NEAL u. RAND, ROMER u. NISHI, BELLAIRS, UNDERWOOD)*

Der M. transversus persistiert als dünne Schicht zwischen den Rippen und der M. rectus abdominis zieht vom Schulter- zum Beckengürtel. Schließlich unterstützt der M. subvertebralis, als Antagonist zur epaxonischen Muskulatur, die Bewegungen der Wirbelsäule. Die hypaxonische Muskulatur kann in bis zu 8 Schichten aufgegliedert werden *(Sphenodon).* Hauptfunktion dieser Muskeln ist die Bewegung des Brustkorbs bei Atembewegungen und die Unterstützung der Baucheingeweide.

Bei den Krokodilen werden Bauch- und Brustraum durch einen zwerchfellartigen Muskel getrennt, der bei den Atembewegungen mitwirkt. Bei den Schildkröten sind die Bauchmuskeln praktisch vollständig zurückgebildet. Rückziehmuskel des Schildkrötenkopfs ist der M. sternocleido-mastoideus, der vom Squamosum zum Bauchpanzer führt. Die differenzierteste Rippenmuskulatur besitzen die Schlangen. Hier sind nicht nur die einzelnen Rippen durch Muskelzüge verbunden, sondern es bestehen muskuläre Verbindungen zwischen den einzelnen Rippen und den Bauchschildern oder den Seitenschuppen, und schließlich sind auch die Schilder untereinander durch Muskeln verbunden (Abb. 67 C).

Die *Gliedmaßenmuskeln* der einzelnen Reptilgruppen haben entsprechend der oft spezialisierten Fortbewegungsweise recht unterschiedliche Anordnungsverhältnisse erreicht. Im Prinzip entspricht die Muskelkonfiguration der Extremitäten jedoch jener der höheren Tetrapoden. Nach ihrer Homologisierbarkeit mit den dorsalen und ventralen Muskeln der Fischflossen werden auch bei den Tetrapodenextremitäten dorsale und ventrale Muskeln unterschieden. Die Gliedmaßenmuskeln besitzen dabei zwei Hauptfunktionen, die Fixierung der Gliedmaßen im Stehen sowie ihre Vor- und Rückwärtsführung.

In Zusammenhang mit ihrem teilweise hochentwickelten Beißapparat ist die *Kiefermuskulatur* der Reptilien, besonders der Squamata, vielfältig differenziert. Dennoch hat sich die Muskelanordnung im Kieferbereich als relativ konservativ erwiesen, verglichen etwa mit der evolutiven Entwicklung der Giftapparate. Die Kiefermuskulatur hat sich deshalb als ein verläßliches Indiz für die verwandtschaftliche Beurteilung größerer Gruppen und für die Aufdeckung von Konvergenzähnlichkeiten (z. B. des Giftapparates der proteroglyphen und solenoglyphen Schlangen) erwiesen. Nach ihrer Innervation werden die Kiefermuskeln in zwei Gruppen eingeteilt, die entweder durch den N. trigeminus oder durch den N. facialis versorgt werden. Trigeminus-innervierte Muskeln sind:

1. die M.-constrictor-internus-dorsalis-Gruppe, die die Schädelkapsel mit dem Pterygoidkomplex, ausnahmsweise auch mit dem Quadratum, verbindet,

2. die M.-adductor-mandibulae-Gruppe, die von den Ersatzknochen der Schädelkapsel und vom Quadratum zum Unterkiefer ziehen. Hauptmuskeln dieser Gruppe sind

   a) M. adductor mandibulae externus, zwischen dem Maxillar- und dem Mandibularast des N. trigeminus liegend. Von seinen drei Schichten ist die oberflächliche taxonomisch bedeutsam. Teil dieser Superficialisschicht ist nämlich der für die Bündelung bestimmter Squamatengruppen so wichtige M. levator anguli oris,

   b) M. adductor mandibulae internus, zwischen dem Mandibular- und Ophthalmicusast des N. trigeminus gelegen, und

   c) M. adductor mandibulae posterior, der hinter dem Mandibularast des N. trigeminus liegt,

3. der M. constrictor ventralis trigemini, der die beiden Unterkieferhälften miteinander verbindet.

Wichtige Muskeln, die durch den N. facialis innerviert werden, sind:

M. depressor mandibulae und M. cervico-mandibularis, die den Articularfortsatz des Unterkiefers mit dem Hinterschädel bzw. dem Hals verbinden, der M. sphincter colli und der ebenfalls die Unterkieferhälften verbindende M. intermandibularis facialis.

Fortbewegung

Die rezenten vierfüßigen Reptilien, die z. T. sehr schnell *gehen* oder *rennen* können, bewegen sich im Prinzip noch nach der Art der Landsalamander. Die proximalen Elemente der Gliedmaßen, Oberarm und Oberschenkel, stehen horizontal vom Körper ab, die mittleren Elemente, Unterarm und Unterschenkel, stehen senkrecht, und die Füße bilden horizontale Auflageflächen. Bei der Fortbewegung werden gleichzeitig eine Vorderextremität und die gegenüberliegende Hinterextremität vorgeschoben, wobei Unterarm und Unterschenkel der beiden anderen Extremitäten als Drehachsen und ihre Gelenke als Drehpunkte wirken. Gleichzeitig führt die Körperachse Schlängelbewegungen aus.

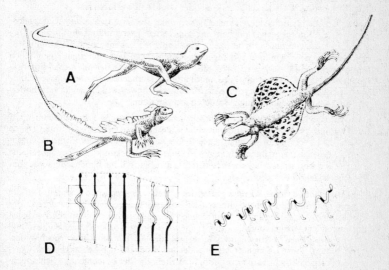

Abb. **68** Fortbewegung bei Reptilien. **A** quadrupedes Rennen beim Halsbandleguan *(Crotaphytus)*; **B** bipedes Rennen bei einem Basilisk *(Basiliscus)*; **C** Fliegender Drache *(Draco volans)* beim Gleitflug; **D** „Handharmonika"-Vorwärtsbewegung einer Schlange, der dem Grund aufliegende Körperabschnitt ist schwarz, der bewegte weiß eingezeichnet; **E** Fortbewegung nach Seitenwinderart bei einer Hornviper *(Cerastes)*, dem Grund aufliegende Körperstellen sind schwarz, die abgehobenen weiß eingezeichnet, mit punktierter Linie sind die künftigen, mit ausgezogener Linie die verbleibenden Körperabdrücke im Sand angedeutet (nach *SNYDER, GRAY, MOSAUER, GROSSMANN)*

Von einigen Echsen ist bekannt, daß sie in der Lage sind, mit aufgehobenem Schwanz und aufgestrecktem Vorderkörper auf den Hinterbeinen zu rennen (Abb. 68 A, B). Einige Wüstenformen (z. B. *Palmatogecko*) besitzen Hände und Füße, die mit »Schwimmhäuten« versehen sind, die ein Einsinken im Sand verhindern sollen. Viele Echsen können große Sprünge ausführen, wobei der Abstoß, der durch die Hinterbeine erfolgt, oft zusätzlich durch Schwanzbewegungen unterstützt wird. Zahlreiche Formen können ausgezeichnet *klettern*, sie besitzen meistens lange Krallen und oft einen Greifschwanz. Die vollendetsten Kletterer sind die Geckos und einige Anolisarten, die sich an glatten, senkrechten Wänden festhalten und bewegen können. Ihre große Haftfähigkeit verdanken sie vorne verbreiterten Zehen und Fingern, die auf der Unterseite mit einer speziellen Lamellenstruktur (Abb. 70 a) versehen sind. Die arboricolen Chamaeleons haben den ausgeprägtesten Greifschwanz, ihre Hände und Füße sind zu Greifklammern umgebildet.

Grabende Reptilien führen entweder mit schaufelförmig verbreiterten Händen und Füßen ihre Arbeit aus, oder – wenn ihre Beine reduziert sind oder fehlen – schlängeln sich durch den Untegrund, dabei wird der hintere Körperabschnitt meistens durch Anpressen der Körperwindungen an die Gangwände verankert, dann stößt der Kopf vor, der Hinterkörper wird nachgezogen und wieder verankert. Oft ist der Schwanz (Wühlschlangen) mit speziellen Verankerungsvorrichtungen, wie Dornen und Widerhaken, versehen oder schildartig verbreitert.

Einige Reptilien sind ausgezeichnete *Schwimmer*. Echsen *(Sphenodon,* Galapagos-Meerechse, Warane usw.) pflegen mit angelegten Extremitäten durch Schwanzantrieb zu schwimmen. Oft besitzen diese Formen Rückenkämme als Stabilisatoren. Schlangen schwimmen schlängelnd; Seeschlangen besitzen einen eigentlichen abgeplatteten Ruderschwanz. Krokodile verwenden als Steuerhilfen die Hinterextremitäten, deren Zehen mit Schwimmhäuten verbunden sind. Die Wasserschildkröten schließlich, deren starrer Körper keinerlei Beweglichkeit zeigt, verschaffen sich Antrieb mit paddelförmig gestalteten Extremitäten.

Kein rezentes Reptil kann aktiv *fliegen*, doch haben einige Formen einen mehr oder weniger perfekten Gleitflug entwickelt. Neben dem bereits erwähnten *Draco volans* (Abb. 68 C) gibt es gleitfliegende Geckoniden *(Ptychozoon* und *Mimetozoon).* Ferner ist von Baumschlangen *(Dendrophis)* bekannt, daß sie durch die Luft pfeilen können, wobei sie sich durch Einwölbung ihrer Bauchseite aerodynamische Vorteile verschaffen.

Die bemerkenswerteste Fortbewegungsart ist jene der beinlosen Formen. Die am meisten praktizierte Fortbewegungsweise ist das *Schlängeln.* Dabei beschreibt der Körper eine Anzahl seitlicher Windungen, die durch einen rhythmischen Ablauf alternierender Muskelkontraktionen in den einzelnen Körpersegmenten zustande kommt. Bei dieser Fortbewegungsweise muß der Körper am Untergrund Widerstand finden, sonst ist keine Ortsveränderung möglich, wie Schlangen auf Glasplatten belegen. Die Verankerungsmöglichkeiten, die der geschmeidige Schlangenkörper dabei sucht, können allerdings sehr minim sein. Bei Schlangen, die durch den Sand schlängeln, entsteht an der Rückseite jeder Außenbiegung ein kleiner Sandwall, der der entsprechenden Windung den nötigen Widerstand für die Vorwärtsbewegung bietet. Besonders schlanke, lange Schlangen können mit Schlängelbewegungen hohe Geschwindigkeiten erreichen, wenn die Unterlage genügend Widerstand bietet. Auch kletternde Schlangen bewegen sich oft nach dem Schlängelprinzip.

Ein anderes Bewegungsprinzip für Schlangen stellt die *„Handharmonikabewegung"* (Abb. 68 D) dar. Diese wird bei der Fortbewegung in Gängen oder beim

Klettern demonstriert. Dabei suchen wenige Windungen Verankerungskontakt, während sich der restliche Körper ausstrecken kann. Eine spezielle Fortbewegungsart extrem wüstenbewohnender Vipern und Klapperschlangen ist das *Seitenwinden,* ein im Detail schwierig zu erfassender Mechanismus. In der Ausgangsstellung liegt dabei der Schlangenkörper zur allgemeinen Fortbewegungsrichtung schräg nach hinten gerichtet. Dann hebt die Schlange Kopf und Vorderkörper und beschreibt damit eine Schwenkung im rechten Winkel zur Ausgangsstellung. Der Kopf wird alsdann einen „Schritt" weiter vorn in der Bewegungsrichtung wieder aufgelegt. Unmittelbar hinter dem Kopf wird der Körper in eine Schleife, parallel zur Ausgangsstellung sukzessive nach hinten fortschreitend abgelegt, wobei der jeweilige sich vorwärts bewegende Körperabschnitt vom Boden abgehoben wird, so daß eine nach Seitenwinderart sich vorwärts bewegende Schlange eine Reihe schräg nach hinten zur Fortbewegungsrichtung verlaufende Körpereindrücke ohne Zwischenverbindung hinterläßt.

Schlangen mit gedrungenem Körperbau können mittels Seitenwinden beträchtliche Geschwindigkeiten erreichen, so die Klapperschlange *Crotalus cerastes,* mit über 3 km/h.

Eine weitere Fortbewegungsweise ist schließlich das *Kriechen* mit ausgestrecktem Körper. Diese Methode wird vor allem bei gedrungenen Schlangen, wie Vipern und Riesenschlangen, beobachtet. Diese gleichmäßige Fortbewegung des Körpers kommt durch Bewegungen der Bauchschilder zustande, die serienweise aufgerichtet, auf den Grund gestemmt und alsdann angezogen werden, so daß die betroffenen Körpersegmente ein kurzes Stück vorgeschoben werden (Abb. 67 C). Aus diesen Teilbewegungen resultiert eine kontinuierliche Vorwärtsbewegung des ganzen Körpers. Diese Fortbewegungsart wird vielfach auch angewandt, wenn Schlangen durch Gänge kriechen. Weitere Fortbewegungsmöglichkeiten resultieren durch Kombination der hier erwähnten Grundtechniken.

Integument

Die **Epidermis** der Reptilien unterscheidet sich im wesentlichsten von jener der Amphibien durch einen viel stärkeren Verhornungsgrad, die Ausbildung spezieller Hornstrukturen, wie Schuppen und Schilder, und ihre relative Trockenheit.

Schuppen (Abb. 69 A) sind Epidermisfalten, die meistens schräg oder umgelegt auf der Körperoberfläche liegen, so daß man von einer Oberseite und einer Unterseite sprechen kann. Die Oberseite einer Schuppe ist meistens stärker verhornt als die Unterseite. Schuppen sind in Längs-, Quer- oder Transversalreihen angeordnet. Die Form der Schuppen ist mannigfaltig. Sie können klein und körnerartig sein wie bei der Brückenechse, oder dachziegelartig übereinanderliegende Lamellen bilden wie bei vielen Schlangen, bei welchen sie oft noch gekielt sind. Größere Hornplatten bezeichnet man als *Schilder* (Abb. 69 A). Spezielle Hornbildungen (Abb. 70) sind die Hörner am Kopf bestimmter Schlangen und Chamaeleons, die bei vielen Echsen, z. B. bei Leguanen, auftretenden Kämme und Kragen sowie die Schwanzrassel der Klapperschlangen, die aus einer Reihe gegeneinander beweglicher Horntüten besteht. Zahlreiche, vor allem kletternde Reptilien, besitzen lange Krallen.

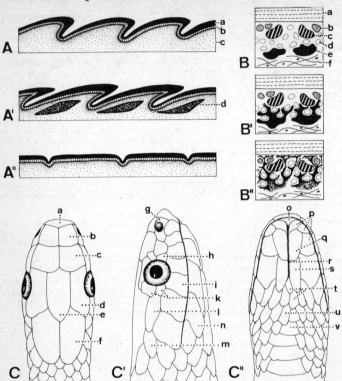

Abb. **69** Integument der Reptilien. **A** Schuppen, **A'** Schuppen mit eingelagerten Knochenplättchen. **A''** Schilder, **a** Stratum corneum der Epidermis, **b** Stratum germinativum der Epidermis, **c** Corium, **d** Hautknochenplatten; **B–B''** Schematische Darstellung des Farbwechsels bei der Siedleragame *(Agama agama),* der Farbwechsel von orange (B) über hellbraun (B') zu schokoladebraun (B'') beruht in erster Linie auf der Verteilung der Pigmentgranula in den Fortsätzen der Melanophoren, **a** Epidermis, **b** Lipophor (gelb), **c** Lipophor (rot), **d** Guanophor (weiß), **e** Melanophor, **f** Bindegewebe des Coriums; **C–C''** Kopfbeschilderung einer Schlange, **a** Rostrale, **b** Internasale, **c** Praefrontale, **d** Supraoculare, **e** Frontale, **f** Parietale, **g** Nasale, **h** Praeoculare, **i** Supralabiale, **k** Postoculare, **l** Praetemporale, **m** Posttemporale, **n** hinteres Infralabiale, **o** Mentale, **p** vorderste Infralabialia, **q** vorderer Kinnschild, **r** Kinngrube, **s** hinterer Kinnschild, **t, u** Gulare, **v** erster Ventralschild (nach *BOAS, HARRIS, PETERS*)

Abb. **70** Spezielle Epidermisstrukturen bei Reptilien. **a** Unterseite des Fußes des Tokee *(Gekko gekko),* **b** Aufsicht und Schnitt durch die Schwanzrassel einer Klapperschlange *(Crotalus),* **c** Büschelbrauenotter *(Bitis cornuta),* **d** Wassernatter *(Erpeton tentaculatum),* **e** Blattnasennatter ♀ *(Langaha nasuta),* beim ♂ ist der Nasenfortsatz wesentlich kleiner, **f** Dreihornchamaeleon *(Chamaeleo jacksonii),* **g** *Moloch horridus,* **h** Kragenechse *(Chlamydosaurus kingii)* (nach *WARNER* [Foto], *GARMAN, FITZSIMONS, JAN u. SORDELLI, GUIBE, RITTER, BELLAIRS, HARRISON*)

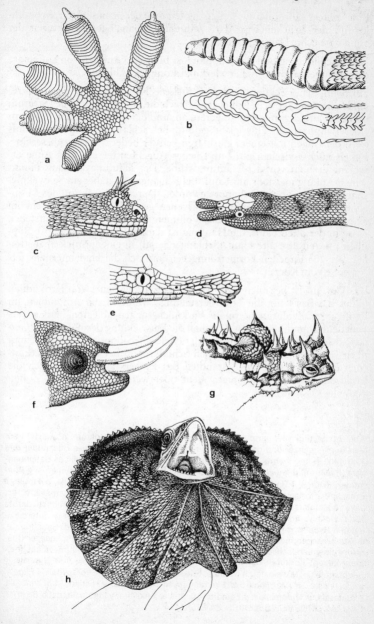

Eine weitere Hornbildung stellen die *Eizähne* der Schildkröten, Krokodile und der Brückenechse dar, während die analogen Strukturen der Squamata echte Dentingebilde sind.

Die Beschilderung und Beschuppung ist für viele Gruppen von Squamata ein wichtiger taxonomischer Merkmalskomplex (Abb. 69 C).

Für Schuppenkriechtiere und die Brückenechse ist die periodisch eintretende *Häutung* typisch. Dabei spaltet sich die äußere Schicht des Stratum corneum von der inneren, jüngeren, ab, und der Zwischenraum wird mit einer lymphartigen Flüssigkeit gefüllt. Bei Schlangen, deren Epidermis auch die Augen mit einem glasklaren Fenster bedeckt, dringt diese Flüssigkeit auch zwischen altes und neues Augenfenster ein; das Auge erscheint deshalb vor der Häutung trübe. Der Häutungsvorgang nimmt seinen Anfang meistens am Kopf. Bei Schlangen ist dabei ein Schwellmechanismus des Kopfes bekannt geworden. Durch Kontraktion des M. jugularis werden die inneren Jugularvenen gestaut, dadurch entsteht im Kopf ein Blutüberdruck und das Volumen vergrößert sich. Es entstehen Risse in der alten Haut, die Häutung ist damit eingeleitet. Beinlose Reptilien pflegen ihre alte Haut (Schlangenhemd) in einem Stück abzustreifen, bei quadrupeden Formen hingegen löst sich die Haut meistens fetzenweise vom Körper.

Das **Corium** ist bei allen Reptilien gut entwickelt, jenes von Krokodilen bildet die Basis für die Lederherstellung. Während die Amphibien im Laufe ihrer Evolution dermale Verknöcherungen ablegten, haben verschiedene Stammlinien von Reptilien die Entwicklung dermaler *Knochenpanzerungen* gefördert (Pareiasaurier, viele Thecodontia). Unter den heutigen Reptilien besitzen neben den Schildkröten, bei welchen Hautknochen einen wesentlichen Bestandteil des Panzers ausmachen, auch die Krokodile und viele Squamata mehr oder weniger ausgedehnte Zonen dermaler Ossifikation.

Abb. 71 Schildkrötenpanzer. **A** Sagittalschnitt einer Landschildkröte, **A'** Aufsicht auf den Rückenpanzer und das Skelett von unten, **a** Epidermisanteil des Rückenpanzers (Carapax), **b** knöcherner Anteil des Rückenpanzers, **c** Epidermisanteil des Bauchpanzers (Plastron), **d** knöcherner Anteil des Bauchpanzers, **e** Scapula, **f** Humerus, **g** Phalangen, **h** Ulna, **i** Radius, **k** Ilium, **l** Pubis, **m** Ischium, **n** Femur, **o** Tibia, **p** Fibula, **q** Proscapularfortsatz (= Mesoscapulum), **r** Coracoid, **s** Carpalia, **t** Metacarpalia, **u** Tarsalia, **v** Metatarsalia; **B** knöcherner Anteil des Bauchpanzers einer Karettschildkröte (*Eretmochelys imbricata*), **a** Epiplastron (= Clavicula), **b** Entoplastron (= Interclavicula), **c** Hyoplastron (= modifizierte Bauchrippe), **d** Hypoplastron (mod. Bauchrippe), **e** Xiphiplastron (mod. Bauchrippe); **C** Rückenpanzer (Carapax), **D** Bauchpanzer (Plastron) einer Landschildkröte; Doppellinien: Konturen der Hornschilder (m–y); ausgezogene Linien: Konturen der Knochenplatten, **a–e** wie Legenden zu B, **f** Nuchale, **g** Peripherale (= Marginale), **h** Neurale, **i** Costale (= Pleurale), **k** Suprapygale, **l** Pygale, **m** Cervicale, **n** Marginale, **o** Pleurale, **p, q** Vertebrale, **r** Gulare, **s** Humerale, **t** Pectorale, **u** Abdominale, **v** Femorale, **w** Anale, **x** Axillare, **y** Inguinale (nach *BREHM, CLAUS u. GROBBEN, BELLAIRS, ZANGERL*)

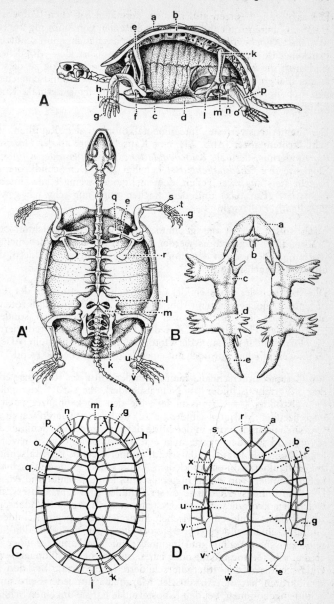

Die Krokodile besitzen außer einem dermalen Knochen (Palpebralknochen) im oberen Augenlid auch 7 bis 8 Reihen von V-förmig angeordneten *Haut-Knochenplatten* (Gastralia), die die Bauchregion schützen. Die Brückenechse besitzt sogar 25 Reihen von Gastralia. Möglicherweise sind auch die Knochenplatten der Schildkröten homolog zu diesen Gastralia. Bei einigen Gruppen der Sqamata, z. B. den Blindschleichen, finden sich unter den Schuppen der Epidermis feine dermale Knochenschuppen (Abb. 69 A).

Der bemerkenswerteste Integumentalkomplex der Reptilien ist der **Schildkrötenpanzer** (Abb. 71), eine Kapselbildung, an der *Hornschilder* der Epidermis, dermale *Knochenplatten*, die *Wirbelsäule, Rippen* sowie Elemente der *Gliedmaßengürtel* beteiligt sind. Der Schildkrötenpanzer besteht stets aus zwei Teilen, dem mehr oder weniger gewölbten *Rükkenpanzer* (Carapax) und dem flachen oder nur schwach gewölbten *Bauchpanzer* (Plastron).

Nach außen hin ist der gesamte Panzer mit Hornschichten bedeckt. Während des Wachstums werden die älteren Hornschilder nicht abgeworfen, sondern sitzen den jüngeren, ausgedehnteren Schildern, die von unten nachwachsen, auf.

Die Konturen der Hornschilder decken sich nicht mit jenen der darunter liegenden Knochenplatten (Abb. 71 C). Bei den Weichschildkröten (Trionychidae) ist der Knochenpanzer nicht mit Hornschildern, sondern mit einer derben Haut bedeckt. Bei den Lederschildkröten reduzieren sich die Hornschilder im Laufe der Ontogenese, so daß die adulten Tiere später im wesentlichen nur noch mit einer derben Haut bedeckt sind.

Am Carapax unterscheidet man die in der Mitte des Rückens verlaufenden 5 Vertebralschilder (= Neuralschilder), die sie flankierenden je 4 Pleuralschilder (= Costalschilder), die den Rückenpanzer nach außen begrenzenden Marginalschilder (je 12) und den unpaaren Cervicalschild (= Nuchalschild), vorn in der Mitte der Randzone. Die Schilder des Plastrons sind sämtlich paarig angelegt, man unterscheidet von vorn nach hinten folgende Paare: Gularschild, Humeralschild, Pectoralschild, nach außen flankiert von einem kleinen Axillarschild, Abdominalschild, nach außen flankiert von einem Inguinalschild, Femoralschild und Analschild. Die Anordnungsverhältnisse dieser Schilder sind sehr konservativ, Abweichungen von diesem Grundsystem betreffen das Vorhandensein einer zusätzlichen Schildreihe zwischen Pleural- und Marginalschildern, den Supramarginalschildern (bei *Macrochelis*), einer verbindenden Schilderreihe zwischen Axillar- und Inguinalschild (alle Familien außer Trionychidae und Testudinidae) oder eines zusätzlichen Schildpaares vor den Gularschildern, den Intergularschildern (Pleurodira). Bei den Carettschildkröten hat die Anzahl der Marginalia auf jeder Seite um einen Schild zugenommen, bei den Kinosternidae hat sie um einen Schild abgenommen.

Die Knochenplatten des Carapax sind in Längsreihen angeordnet. Die mediane, unpaare Reihe beginnt vorne mit einem Nuchale, dem in der Regel 8 Neuralia und 2 Suprapygalia folgen; sie endet nach hinten mit einem Pygale. Nach außen wird die mediane Reihe flankiert durch je 8 Costalia. Die Randbegrenzung schließlich übernimmt je eine Reihe von 11 Peripheralia (Marginalia), die zwischen dem Nuchale und dem Pygale verlaufen. Das Plastron beginnt vorne mit dem paarigen Epiplastron, gefolgt vom unpaaren Entoplastron, dem wieder drei paarige Elemente, Hyoplastron, Hypoplastron und Xiphiplastron folgen. Auch die Anordnungsverhältnisse dieser Knochenplatten sind konservativ. Abweichungen vom Grundschema betreffen das Vorhandensein eines zusätzlichen Praeneurale und nach außen anschließenden Praecostalia sowie eines zusätzlichen Plattenpaars, das Mesoplastron, zwischen Hyoplastron und Hypoplastron. Ferner kann die Anzahl der Peripheralia um eines vermindert sein bei gleichzeitigem Ausfall des Entoplastrons (Kinosternidae), oder die Zahl der Randknochen ist um eine erhöht (Carettschildkröten).

Die Knochenelemente des Carapax entstehen ausschließlich durch Hautverknöcherung. Ihre mittlere Reihe, die Neuralia, verschmelzen im Laufe des Wachstums mit den Spinalfortsätzen der Wirbel, während deren Rippen mit den Costalia verwachsen. Bei den Trionychidae, Cheloniidae und Kinosternidae ist diese Verwachsung mit den Rippen auch im adulten Zustand nur unvollständig. Im Gegensatz zum Carapax sind die Knochenelemente des Plastrons aus Teilen des Innenskeletts hervorgegangen. Das Epiplastron entsteht aus den Claviculae, das Entoplastron aus dem Episternum, während Hyoplastron, Hypoplastron und Xiphiplastron umgewandelte Bauchrippen sind. Die mediane Verschmelzung der paarigen Elemente ist bei den Cheloniidae und Trionychidae, auch bei ausgewachsenen Tieren, unvollständig (Abb. 71 B).

Bei jungen Schildkröten, aber auch bei wenigen Gruppen im Adultzustand sind Bauch- und Rückenpanzer nur durch eine Haut verbunden. Bei der Mehrzahl der Schildkröten jedoch verwächst im Laufe der Zeit der Bauchpanzer im Bereich des Hyo- und Hypoplastrons mit den Marginalia des Rückenpanzers. Die Bauchplatte besitzt oft zwischen Hyoplastron und Hypoplastron ein quer verlaufendes Scharniergelenk, das erlaubt, den vorderen Teil des Bauchpanzers hochzuziehen und damit die Kopföffnung zu verschließen. Einige Formen können auf ähnliche Weise auch die hintere Panzeröffnung abschließen.

Im Gegensatz zu den Amphibien ist das Integument der Reptilien *drüsenarm*. Die wenigen Drüsen produzieren entweder Stinkstoffe zur Abwehr von Feinden oder Duftstoffe zur Erkennung von Artgenossen oder Anlockung von Geschlechtspartnern. Krokodile besitzen Moschusdrüsen am Rumpf und in der Kloakengegend, deren Sekret eine Rolle beim Paarungsverhalten spielt, ferner eine Reihe von Drüsen unbekannter Funktion auf der Mittellinie des Rückens. Bei zahlreichen Echsen sind Femoral- und Analporen bekannt, Ausführöffnungen von Drüsen, die in der Dermis liegen. Diese Drüsen kommen meistens in beiden Geschlechtern vor, sind aber im männlichen Geschlecht stärker entwickelt. Die Aktivität dieser Drüsen nimmt während der Fortpflanzungszeit zu, so daß man annehmen kann, daß ihre Sekrete ebenfalls eine Rolle im Fortpflanzungsverhalten spielen. Bei einigen Schlangen, z. B. der Ringelnatter und der Würfelnatter, kommen Kloakaldrüsen vor, deren Sekret einen unangenehmen Geruch verbreitet und zur Abwehr von Feinden dient. Andere Schlangen besitzen Duftdrüsen (Nuchodorsaldrüsen) in der Nackengegend. Duftdrüsen sind auch bei Schildkröten bekannt, z. B. an der Unterkieferkante oder in der seitlichen Randzone der beiden Panzerhälften.

An der **Färbung** der Reptilien können echte Pigmente und Lichtbrechungseffekte beteiligt sein. Chromatophoren liegen in der Dermis, ihre Pseudopodien können aber bis ins Stratum germinativum der Epidermis reichen. Bei Eidechsen sind 4 Sorten von Chromatophoren bekannt: Melanophoren, Guanophoren, Lipophoren und Allophoren, die in verschiedenster Kombination auftreten können. Die Allophoren, die bei einigen Reptilien vorkommen, enthalten rote, gelbe oder violette Pigmente, die im Gegensatz zu den Lipochromen der Lipophoren nicht alkohollöslich sind. Im Prinzip entsprechen sich bei Reptilien und Amphibien die Lageverhältnisse der Chromatophoren zueinander.

Grüne Pigmente sind selten, sie sind nur bei einigen Baumschlangen nachgewiesen. Sonst entstehen Grüneffekte durch Kombination von Interferenz-Blau mit gelben Pigmenten.

Von zahlreichen Reptilien sind *Farbwechselerscheinungen* bekannt. Krokodile, viele Echsen und Schlangen haben physiologisch aktive Melanophoren. Wenn die Melaningranula in die Pseudopodien diffundieren, so erscheinen die Tiere dunkel bis schwarz, wenn sich die Granula im Zentrum der Melanophoren konzentrieren, so wird das Tier aufgehellt und die Farbwirkung der anderen Chromatophoren tritt in Erscheinung. Unter den Echsen sind vor allem die Chamaeleons, einige Leguane und Agamen (Abb. 69 B) zu intensivem und vielfältigem Farbwechsel befähigt, wobei verschiedenste, teils artspezifische Steuerungsmechanismen entwickelt wurden.

Bei den Anolisformen wird der Farbwechsel rein hormonal gesteuert. Das Intermedin bewirkt Dispersion, das Adrenalin Konzentration der Melaningranula. Verschiedenartigste Mechanismen wirken beim Farbwechsel der Krötenechsen (*Phrynosoma*) zusammen. Konzentration der Melaningranula kann gleichsinnig gefördert werden durch nervösen Reiz, Adrenalinwirkung sowie direkten Einfluß von hoher Temperatur und Dunkelheit. Dispersion wird allein durch Hormoneinfluß (Intermedin) sowie wiederum direkt durch niedere Temperatur oder starkes Licht bewirkt.

Bei den Chamaeleons wird der Farbwechsel ausschließlich durch nervöse Impulse gesteuert. Die Färbung der Chamaeleons ist zwar ebenfalls lichtabhängig, doch wirkt das Licht nicht direkt auf die Chromatophoren, sondern auf Lichtrezeptoren und von diesen über das autonome Nervensystem zu den Farbstoffzellen.

Verdauungssystem

Die **Mundöffnung** der Reptilien wird wie bei den Amphibien nicht durch bemuskelte Lippen begrenzt. Bei den Schildkröten sind die Kieferränder mit einem schnabelähnlichen Hornüberzug versehen. Solche Hornüberzüge sind auch von ausgestorbenen Reptilien bekannt.

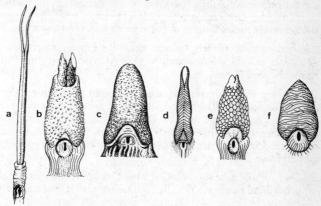

Abb. **72** Reptilienzungen **a** Varan *(Varanus monitor);* **b** Südchinesische Schleiche *(Ophisaurus harti);* **c** Indische Schönechse *(Calotes versicolor),* eine Agame; **d** Eidechse *(Tachydromus);* **e** Skink *(Nesia);* **f** Schlangenschleiche *(Dibamus)* (nach SMITH)

Die Reptilien**zunge** ist normalerweise höher entwickelt als jene der Amphibien, an ihrem Aufbau sind, neben dem Hypoglossussystem, dem Drüsenwall und der Geniohyoideus-Muskulatur, zusätzliche laterale Komponenten des Mandibularbogens beteiligt. Die Zungen der Krokodile und Schildkröten sind nicht vorstreckbar und wenig entwickelt. Bei den Squamata ist die Zungenentwicklung weiter fortgeschritten (Abb. 72). Während viele Agamen und Leguane kurze, fleischige Zungen besitzen, sind diese bei den meisten andern Formen, im besonderen bei den Schlangen, lang, schmal, vorne gespalten, außerordentlich beweglich und können oft in eine Scheide zurückgezogen werden. Die Zungen der meisten Squamata spielen eine wichtige Rolle bei der Aufnahme und dem Transport von Geschmackspartikeln zum Jacobsonschen Organ.

Die spezialisierteste Zunge besitzen die Chamaeleons. Diese wurmförmige Zunge kann den Rumpf des Tieres an Länge übertreffen und besitzt vorne einen mit klebrigem Sekret befeuchteten Kolben, an welchem die Beute haften bleibt. Beim Beutefang nähert sich das Chamaeleon ungefähr auf Zungenlänge der Beute, öffnet leicht den Mund, schiebt relativ langsam sein stabförmiges Zungenbein durch drehende Bewegung der Zungenbeinhörner nach vorn und läßt dann mit hoher Geschwindigkeit die zwei vorderen Zungendrittel vorschnellen (Abb. 75 A, S. 318). Dieses Vorschnellen kommt durch Kontraktion der Zungeneigenmuskulatur zustande, während für das Rückziehen der M. hyoglossus zuständig ist.

Die Mund- und Schlunddrüsen entsprechen in ihrer Anordnung bereits denjenigen der übrigen Amniota. Neben einer Gaumendrüse, die homolog zur Intermaxillardrüse der Amphibien ist, besitzen die meisten Reptilien Zungen-, Unterzungen- (= Mandibulardrüsen) und Lippendrüsen. Die Sekretion dieser Drüsen ist teilweise mukös, teilweise serös.

Die bemerkenswertesten **Drüsen** sind die Lippendrüsen, die bei den Squamata gewaltige Drüsenpakete im Bereich des Ober- und Unterkieferrandes bilden können.

Die Oberen Lippendrüsen umfassen von vorn nach hinten: die Rostraldrüse, die äußere Nasendrüse, die obere Seitendrüse, die Hardersche Drüse und die Parotisdrüse (= Duvernoysche Drüse); die Unteren Lippendrüsen setzen sich zusammen aus der außen liegenden, unteren äußeren Seitendrüse und der zwischen den Unterkieferästen plazierten Mandibulardrüse.

Alle bei Reptilien bekannten **Giftdrüsen** stellen modifizierte Teile dieses Lippendrüsenkomplexes dar. Bei den höher entwickelten Schlangen sind besonders die Drüsen des Oberlippenkomplexes entwickelt und teilweise zu Giftdrüsen umfunktioniert, bei primitiven Schlangen (Boidae) überwiegen die Unterlippendrüsen, ebenso bei den Sauria. Die Giftdrüsen der Krustenechsen *(Heloderma)* sind modifizierte Unterlippendrüsen.

Mit Ausnahme der Schildkröten sind alle Reptilien bezahnt. Neben den Marginalzähnen auf Prämaxillare, Maxillare und Dentale, besitzen zahlreiche Formen Gaumenzähne auf den dermalen Elementen des Gaumendachs: Vomer, Pterygoid und Palatinum.

Wie bei den Säugetieren bestehen diese **Zähne** aus zwei Komponenten, einem ektodermalen Schmelzüberzug und dem mesodermalen Odontoblastensystem.

Die Gestalt der Zähne richtet sich nach der Ernährungsweise. Viele Formen zeigen *Homodontie* mit zahlreichen gleichförmigen, oft kegelförmigen Zähnen. Übergänge zur *Heterodontie* (Abb. 65 G, 73 D) (wenige,

---

Abb. **73**   Bezahnung bei Reptilien. **A–A"** Zahnbefestigung, **A** thecodont, **A'** acrodont, **A"** pleurodont, **a** Zahn, **b** Knochensockel, **c** Zementverbindung; **B** Zähne und Ersatzzähne einer Galapagos-Meerechse *(Amblyrhynchus cristatus)*; **C** Kugelzähne des Krokodilteju *(Dracaena guianensis)*; **D** heterodonte Bezahnung des Afrikanischen Dornschwanzes *(Uromastix acanthinurus)*; **E** Unterkieferzahn der Skorpion-Krustenechse *(Heloderma horridum)*, **d** Giftrillen; **F** Längsschnitt und entsprechende Querschnittlagen durch einen solenoglyphen Giftzahn einer Klapperschlange *(Crotalus)*, **e** Giftkanal, **f** Pulpahöhle, **g** Mündung des Giftkanals, **h** Maxillare (nach *EDMUND, ANTHONY, KLAUBER)*

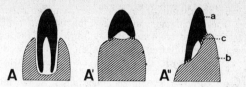

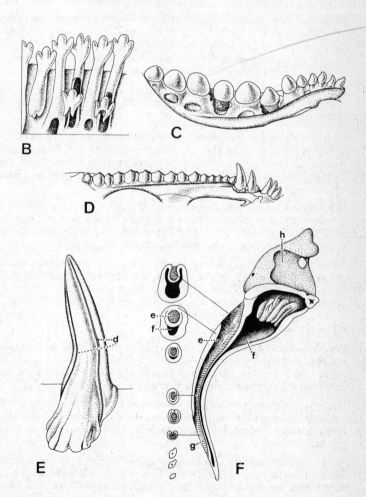

spezialisierte Zähne) sind die *Proterodontie,* die Vergrößerung der vorderen Zähne (Riesenschlangen) oder die *Opisthodontie,* die Vergrößerung
der hintersten Zähne (verschiedene Colubriden). Eine extreme Heterodontie zeigen die evoluierten Giftschlangen (Elapidae und Viperidae) mit
wenigen verlängerten Giftzähnen.

Der häufigste Zahntyp ist der zu einer feinen Spitze ausgezogene, oft
leicht nach hinten gebogene Spitzzahn (Abb. 65 F), der zum Festhalten
der Beute dient. Daneben sind Meißelzähne mit quer oder längs gestell-
ter Schneide, Zähne mit Höckern oder feiner Zackung sowie Mahlzähne
mit Kronenbildungen (Scheltopusik, Krokodilteju) bekannt (Abb. 73 B,
C). Zähne können sekundär zu Zahnleisten verwachsen (verschiedene
Agamidae). Eigentliche Fangzähne haben die Krokodile entwickelt.

Bei allen rezenten Reptilien, mit Ausnahme der Krokodile, ist der Zahn
mit seiner knöchernen Unterlage synostotisch über ein Paradentalgewebe
verbunden.

Steht der Zahn auf der Oberkante des betreffenden Kieferknochens, so
bezeichnet man diese Stellung als *akrodont,* steht er auf einem seitlichen
Absatz, so spricht man von *pleurodonter* Stellung (Abb. 73 A). Diese
Zahnstellung gilt als wichtiges taxonomisches Kriterium für die Charakterisierung einzelner Echsengruppen.

Die Zähne der Krokodile ragen mit der Wurzel in eine tiefe Alveole, mit
der sie über eine Zementschicht verbunden sind. Diese Zahnstellung
heißt *thecodont* (Abb. 73 A). Die Zähne können zeitlebens ersetzt werden; der Ersatz erfolgt nach drei verschiedenen Modalitäten.

Bei den Echsen, mit Ausnahme der Varane und Krustenechsen, entsteht
der neue Zahn unterhalb und zungenwärts des funktionierenden Zahns
(Abb. 73 B). Bei den Varanen, Krustenechsen und allen Schlangen wird
der neue Zahn zwischen den funktionierenden Zähnen angelegt. Er
schiebt sich im Laufe des Wachstums nach vorne und ersetzt den vor
ihm liegenden Zahn.

Bei den Krokodilen erscheint der Ersatzzahn an der Basis der funktionierenden Zähne und entwickelt sich in der Pulpahöhle. Wenn er seine definitive Größe erreicht hat, sitzt ihm noch die Krone seines Vorgängers
auf, dessen Wurzel gänzlich resorbiert wurde.

Das genaue Studium dieser Zahnersatzmodalitäten ermöglichte die Aufdeckung wichtiger Evolutionstrends innerhalb der Reptilien. Die bemerkenswertesten Strukturen im Mundbereich von Reptilien sind die **Giftapparate.**

Ein Giftapparat umfaßt Giftdrüsen, ihre Ausführungssysteme, Giftzähne
für die Übertragung des Giftes und Elemente des Kieferskeletts und der
Kiefermuskulatur. Nur zwei Echsen, die Krustenechse *(Heloderma horridum)* und das Gilatier *(Heloderma suspectum)* haben einen Giftapparat
entwickelt. Alle Marginalzähne dieser Echsen sind als Giftleitapparat

ausgebildet, sie sind an ihrer Vorderseite und teilweise auch an ihrer Hinterseite mit tiefen Giftrinnen ausgerüstet (Abb. 73 E). Die längsten Giftzähne finden sich im mittleren Kieferabschnitt. Die großen, etwa 25 mm langen Giftdrüsen liegen seitlich am Unterkiefer (Abb. 74 C). Die Giftdrüse gliedert sich in ca. 5 Lappen, von welchen jeder einen kurzen Giftkanal an die Basis der in der Nähe liegenden Mandibularzähne entläßt. Für die Entleerung der Giftdrüse wurde keine spezielle Muskulatur entwickelt, so daß das Gift beim Biß nur langsam ins Beutetier eindringt. Die Krustenechsen kompensieren diesen Nachteil dadurch, daß sie ihr Opfer längere Zeit festhalten, bis die Giftwirkung eingetreten ist.

Dem Giftapparat aller Schlangen ist gemeinsam, daß die giftsezernierenden Drüsen stets aus dem Oberlippendrüsenkomplex stammen. In allen übrigen am Giftapparat beteiligten Strukturen und Anordnungen unterscheiden sich einzelne Gruppen von Giftschlangen dermaßen voneinander, daß angenommen werden muß, daß Giftapparate zwei oder mehrere Male unabhängig voneinander entstanden sein müssen.

Vorstufen zu einem Giftapparat finden sich bereits bei den aglyphen Schlangen (Abb. 74 A1). *Aglyphe* Zähne besitzen keine Spezialeinrichtungen für eine Giftübertragung, hingegen zeigen mehrere Formen aglypher Schlangen bereits eine ausgeprägte Tendenz zur Proterodontie *(Cyclocorus, Heterolepis, Stegonotus)* oder Opisthodontie *(Macropisthodon, Rhadinaea, Liophis, Heterodon, Xenodon)*, d. h, es wurden vorne und hinten im Kiefer große Zähne entwickelt, die tiefe Wunden schlagen und damit das Eindringen von Speichel in die Wunde fördern.

Bei einigen aglyphen Schlangen unterscheidet sich der hinterste Teil der Oberlippendrüsen, die *Duvernoysche Drüse,* durch einen mehr oder weniger großen serösen Anteil und in der Art ihrer Sekrete von hoher Toxizität von der vorderen, mukösen Lippendrüse. Die Duvernoysche Drüse ist zu einer Giftdrüse geworden, die ihr Gift über einen Kanal in der Nähe der verlängerten hinteren Zähne entläßt. Je nach dem Verhältnis der mukösen und serösen Elemente in der Duvernoyschen Drüse lassen sich mindestens vier Drüsentypen unterscheiden, die möglicherweise als frühe Stufen auf dem Weg zu verschiedenen, höher evoluierten Giftapparaten betrachtet werden können.

Die höheren *(glyphodonten)* Giftschlangen verfügen über spezialisierte Giftzähne mit Einrichtungen für den Gifttransport. Bei den rezenten glyphodonten Schlangen lassen sich mindestens *drei Systeme* von Giftapparaten unterscheiden, von welchen jedes mit großer Wahrscheinlichkeit unabhängig von den anderen aus aglyphen Vorstufen evoluiert wurde.

Der *proteroglyphe* (Abb. 74 A3) Giftapparat stellt eine Weiterentwicklung des proterodonten Zustandes dar, indem die ohnehin verlängerten Zähne im vorderen Oberkieferbereich mit Giftrinnen versehen wurden. Innerhalb der proteroglyphen Giftnattern (Elapidae) läßt sich eine aufsteigende Differenzierungsreihe dieses Giftapparates verfolgen.

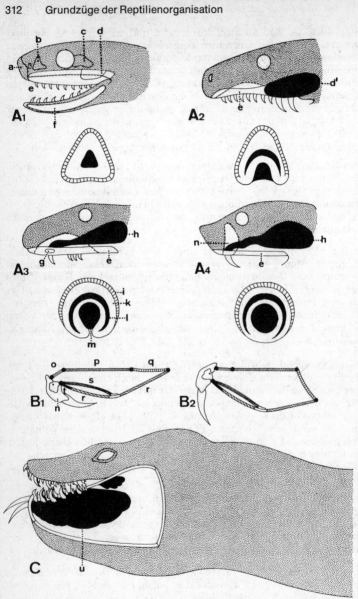

Der primitivste Elapide, die Fidschinatter *Ogmodon,* besitzt über die ganze Länge des Maxillare eine von vorn nach hinten kleiner werdende Reihe von Giftzähnen mit einer vorderen Giftrinne. Bei *Glyphodon* und *Denisonia* hat sich in der vorderen Maxillarhälfte ein einzelner großer Giftzahn mit vorderer Giftrinne entwickelt, im hinteren Maxillardrittel gibt es noch fünf winzig kleine Rinnenzähne.

Bei den Kobras der Gattung *Naja* wird die Rinne des vordersten Zahns zu einem fast geschlossenen Giftkanal, und im hinteren Maxillarabschnitt finden sich nur noch 1–2 winzige Zähnchen. Bei den Korallenschlangen (*Micrurus*) und den Seeschlangen der Gattung *Laticauda* ist nur noch der große vordere Giftzahn erhalten, ebenso bei der Ringhalskobra *(Hemachatus)*. Mit dieser Tendenz zur Entwicklung eines einzelnen, vergrößerten und mit einer nahezu geschlossenen Giftrinne versehenen Zahns geht eine Verkürzung des Maxillare im vorderen Drittel einher. Bei allen proteroglyphen Schlangen verschiebt sich der Giftzahn gegenüber dem Gesichtsschädel nicht.

Die Giftdrüse der proteroglyphen Schlangen liegt unmittelbar hinter der Augenhöhle. Sie besteht aus etwa 6 Lappen und reicht in der Regel nur bis in den Bereich des Mundwinkels, eine Ausnahme bilden die Bauchdrüsenottern *(Maticora),* deren Giftdrüsen das ganze vordere Körperdrittel dominieren können.

Das Gift aus den einzelnen Drüsenlappen sammelt sich in einer zentralen Zisterne, die in den einzigen Ausführgang mündet, der den Drüsenkomplex an seinem rostralen Ende verläßt und direkt vor den Giftzahn führt.

Wie alle Giftschlangen, haben auch die proteroglyphen Schlangen eine Kompressormuskulatur für die Giftdrüse entwickelt. Da bei diesen Schlangen ein M. levator anguli oris fehlt, entwickelt sich der M. adductor externus posterior zur Kompressormuskulatur, indem er sich in zwei Portionen aufgliedert, von welchen die eine die Drüse von innen und hinten je nach Differenzierungshöhe zunehmend umfaßt.

Der *opisthoglyphe* Giftapparat (Abb. 74 A2) wie er bei einigen Dipsadidae und den Homalopsidae entwickelt wurde, geht auf eine Vorstufe

---

Abb. **74** Giftapparate. **A1–A4** Anordnung der Giftdrüsen und Giftzähne mit zugehörigem Zahnquerschnitt, **A1** aglyph (Rattenschlange, *Ptyas mucosus),* alle Drüsen sind eingezeichnet; **A2** opisthoglyph (Katzennatter, *Telescopus),* **A3** proteroglyph (Kobra, *Naja),* **A4** solenoglyph (Viper, *Vipera);* **B1, B2** Aufrichtemechanismus der solenoglyphen Giftzähne, (B1) angelegt, (B2) aufgerichtet; **C** Lage der Giftdrüsen im Unterkiefer der Krustenechsen *(Heloderma);* gestrichelte Linie: Konturen des Maxillare; **a** Rostral- (= Prämaxillar-) drüse, **b** Nasaldrüse, **c** Hardersche Drüse, **d** Duvernoysche Drüse, **d'** histologisch modifizierter Anteil der Oberlippendrüse, **e** Oberlippendrüse, **f** Unterlippendrüse, **g** Salzdrüse der zu den Giftnattern gehörenden Seeschlangen, **h** Giftdrüse, **i** Schmelz, **k** Dentin, **l** Pulpahöhle, **m** Giftrinne bzw. Giftkanal, **n** Maxillare, **o** Praefrontale, **p** Frontale, Parietale, Squamosum, **q** Quadratum, **r** Pterygoid, **s** Ectopterygoid, **t** Palatinum, **u** Giftdrüse von *Heloderma* (nach *BELLAIRS, KLAUBER, FAHRENHOLZ, BOGERT u. DEL CAMPO)*

opisthodonter aglypher Schlangen zurück. Hier erhielten im Verlauf der Evolution ein *(Malpolon, Tomodon)* oder zwei *(Miodon, Aproterodon)* stark verlängerte Zähne im hintersten Bereich des Maxillare Giftrinnen, während die vorderen Maxillarzähne, die keine Rinnen aufweisen, mit zunehmender Differenzierungshöhe reduziert wurden. Während die Eidechsennatter *(Malpolon)* noch viele kleine vordere Maxillarzähne besitzt, gibt es bei *Tomodon* noch deren 5, bei *Miodon* noch 2, während sie bei *Aproterodon* ganz fehlen. Auch hier wurde, Hand in Hand mit der Zahnreduktion, der vordere Abschnitt des Maxillare verkürzt.

Auch bei den opisthoglyphen Schlangen ist der caudalste Teil des Oberlippendrüsenkomplexes zur Giftdrüse geworden. Diese hebt sich als kompakter, großvolumiger Drüsenkörper von der restlichen Drüse ab. Er entläßt sein Gift über einen oder zwei Giftkanäle an der Vorderseite der Basis der Giftzähne. Vielfach durchläuft der Giftkanal eine akzessorische Drüse mit Schleimproduktion, bevor sie zum Giftzahn führt.

Zwei grundverschiedene Mechanismen der Giftdrüsenkompression treten bei den opisthoglyphen Schlangen auf. Bei den giftigen Vertretern der Homalopsidae, Natricidae und Colubridae erfolgt die Kompression durch die modifizierten Portionen des M. adductor externus posterior. Bei den opisthoglyphen Dipsadidae, wie Xenodontinae und Lycodontinae, hingegen ist, wie bei den Eidechsen, ein M. adductor externus anterior vorhanden, der als M. levator anguli oris bezeichnet wird. Dieser M. levator anguli oris ist hier zu einem Kompressor der Giftdrüse umgestaltet, während der M. adductor externus posterior rein adduktorische Funktionen ausübt. Diese völlig verschieden gestaltete Kompressionsmuskulatur der Giftdrüsen spricht als wichtiges Argument dafür, daß die opisthoglyphen Schlangengruppen keine einheitliche Verwandtschaftsgruppe sein können.

Der vollkommenste Giftapparat ist der *solenoglyphe* (Abb. 74A₄) der Viperidae. Die solenoglyphen Schlangen besitzen vorne am Oberkiefer je einen stark verlängerten Giftzahn mit einem geschlossenen Giftkanal, der an der Vorderseite des Zahns, kurz vor dessen Spitze, in einer feinen Längsspalte nach außen mündet (Abb. 73 F). Phylogenetisch und ontogenetisch lassen sich diese Röhrenzähne von Rinnenzähnen ableiten.

Eine weitere Besonderheit des solenoglyphen Systems besteht darin, daß der Giftzahn mit seiner Unterlage, dem Maxillare, in Ruhestellung nach hinten geklappt ist, während er in Beißstellung aufgerichtet werden kann. Die Beweglichkeit des Maxillare und des ihm aufsitzenden Giftzahns wird durch Bewegung und Drehung einer ganzen Reihe von spangenartigen Oberkiefer- und Gaumenknochen sowie des Quadratums ermöglicht (Abb. 74B). Das Quadratum ist das wesentlichste Element dieses Mechanismus. Wenn Zahn und Maxillare in Ruhestellung nach hinten geklappt sind, liegt das Quadratum beinahe waagerecht im Schädel. Sein hinteres Ende zieht über das Pterygoid, das Palatinum und das zu den beiden letzteren parallel verlaufende Ectopterygoid das Maxillare an

seiner unteren Ansatzstelle nach hinten, während es mit seinem Vorder-
ende über Squamosum, Parietale, Frontale und Präfrontale das Maxillare an der oberen Ansatzstelle nach vorne drückt. Dadurch wird das
ganze Maxillare an der oberen Ansatzstelle so gedreht, daß der Zahn
sich nach hinten legt. Beim Aufrichten des Zahns dreht sich das Quadratum in beinahe senkrechte Stellung, so daß es mit seinem oberen Ende
die obere Spangenreihe zurückzieht und mit dem unteren Ende die untere Spangenreihe nach vorne drückt, wodurch es zu einer Aufrichtung
von Maxillare und Giftzahn kommt.

Der Aufrichtemechanismus für den Giftzahn funktioniert nicht zwangs-
läufig beim Kieferöffnen, sondern die Schlange kann, beispielsweise zum
Verschlingen der Nahrung auch die Kiefer aufreißen, ohne daß sich dabei ihre Zähne aufrichten.

Die Giftdrüsen der Viperiden lassen sich wiederum vom caudalsten Abschnitt der Oberlippendrüse ableiten, der hier zu einem riesigen, selb-
ständigen Drüsenkomplex geworden ist, umgeben von einer festen Bin-
degewebshülle. Diese Drüsen sind intensiv gekammert und entlassen je
einen langen Gang, der an der Innenseite der Oberlippendrüse verläuft,
zum Giftzahn. Da die solenoglyphen Zähne ebenfalls regelmäßig ersetzt
werden, kann der Gang auch hier nicht direkt mit der Röhre des Zahns
Kontakt aufnehmen, sondern er entläßt sein Gift in unmittelbarer Nähe
der oberen Röhrenöffnung am Zahn. Extrem lange Giftdrüsen, die sich
weit in den Körper hinein erstrecken, besitzen die Genera *Atractaspis*
und *Causus*.

Als Kompressor der Giftdrüse funktioniert bei den solenoglyphen
Schlangen der M. levator anguli oris, wie bei den opisthoglyphen Dipsadidae.

Wie bei allen anderen hochentwickelten Giftschlangen ist das Maxillare
der solenoglyphen Viperiden extrem verkürzt, so daß es nur noch einen
kurzen Sockel für den Giftzahn bildet. Dieses verkleinerte Maxillare läßt
sich mit dem hinteren Abschnitt des sehr langen Maxillarknochens ur-
sprünglicherer Schlangen homologisieren, so daß man dazu neigt, die Viperiden von opisthoglyphen Vorfahren abzuleiten. Nach der Kompressormuskulatur zu schließen, kämen dabei als nächste Verwandte der Viperiden einzelne Vertreter der Dipsadidae wie Lycodontinae und Xenodontinae in Frage.

Einige Elapiden wie die Speikobra *(Naja nigricollis)* sind in der Lage,
einem Angreifer Gift entgegenzuspucken. Das Gift wird dabei durch
Muskeldruck und unterstützt durch ein kräftiges Luftausstoßen aus den
vorne liegenden Giftzahnöffnungen gezielt 2–3 m weit verspritzt.

Auf die Wirkung der Schlangengifte gehen wir im Abschnitt Ernährung
näher ein.

Mund und **Schlund** der große Beutestücke verschlingenden Reptilien
sind gewaltig dehnbar, am stärksten bei den Schlangen, die beim

Schlingakt ihre Kiefer aushängen können, und unter diesen wiederum die eierfressenden Schlangen, die in der Lage sind, Eier zu verschlingen, deren Durchmesser jenen des Kopfes bei weitem übertrifft (Abb. 75B). Der **Oesophagus** ist längsgefaltet und sehr stark dehnbar. Die Lamina epithelialis, die ihn auskleidet, besteht entweder aus einem Cilienepithel (Schlangen), einem Plattenepithel (die meisten Schildkröten) oder trägt verhornte Papillen (Meeresschildkröten).

Der **Magen** ist bei langgestreckten Formen, wie bei Schlangen und vielen Echsen, lang und spindelförmig. Bei Formen mit gedrungenerem Körperbau zeigt er Kurvaturen, ähnlich einem einfachen Säugetiermagen (Schildkröten), oft gliedert sich ein deutlicher Pylorusabschnitt vom übrigen Magen ab. Die ausgeprägteste Magengliederung zeigen die Krokodile. Diese besitzen einen Hauptmagen, der in Form und Aufbau stark dem Muskelmagen der Vögel gleicht und einen deutlich abgesetzten Pylorusabschnitt. Die Auskleidung des Magens umfaßt zwei Drüsentypen, die langen, schlauchförmigen Fundusdrüsen, verantwortlich für die teilweise (Schlangen) sehr starke Salzsäureproduktion und die mehr bläschenförmigen Pylorusdrüsen, die Schleim produzieren. Der **Dünndarm** verläuft bei langgestreckten Formen relativ gerade, während er bei Formen mit gedrungenem Körper (Schildkröten, Krötenechsen) gewunden ist. Die Länge variiert zusätzlich in Abhängigkeit von der Ernährungsweise, die relative Länge erreicht jedoch nie die bei pflanzenfressenden Vögeln oder Säugetieren bekannten Werte.

Relative Darmlängen, in % der Körperlänge:

Brückenechse 70, Grüner Leguan 28, Krötenechse 280, Pythonschlange 175, Blindschlange *(Typhlops)* 28, Sumpfschildkröte 900, Nilkrokodil 180.

Gewöhnlich ist der magennächste Abschnitt in seinem Durchmesser etwas vergrößert. Er wird bis zur Einmündungsstelle der Gallen- und Pankreasgänge als Duodenalabschnitt bezeichnet, wobei es allerdings nur bei Schildkröten und Krokodilen zur Ausbildung einer Duodenalschlinge kommt. Eine Unterteilung des restlichen Dünndarms in ein Ileum und ein Jejunum ist nicht gerechtfertigt.

Die Darmschleimhaut kann im Duodenalabschnitt ein differenzierteres Relief, z. B. Zottenbildung, aufweisen als im caudalen Dünndarmabschnitt, wo sich die Schleimhaut in Längsfalten oder Zickzack-Längsfalten legt. Im Dünndarmepithel sind normalerweise Becherzellen, Panethsche Zellen, enterochromaffine Zellen und Lieberkühnsche Krypten vorhanden.

Der **Enddarm,** der meistens gestreckt in die Kloake überführt, besitzt einen sehr viel größeren Durchmesser als der Dünndarm. An der Grenze der beiden Abschnitte kommt es meistens zur Ausbildung eines Darmblindsacks, der bei Schildkröten sehr groß sein kann.

Die **Kloake** (Abb. 77E), die nicht nur den Darminhalt aufnimmt, son-

dern auch Harn und Genitalprodukte, ist, wie bei den Vögeln, auf differenzierte Weise gekammert, in ein *Coprodaeum* unmittelbar an den Enddarm anschließend, ein *Urodaeum*, in welches die Harn- und Ge-
schlechtswege münden und das öfters eine als Harnblase dienende Aus-
sackung besitzt, und ein *Proctodaeum*, die Übergangszone zur Kloakenspalte, die bei allen Reptilien, außer den Krokodilen, quer liegt.

Die **Leber** ist in der Regel groß und beträgt 1–6% des Körpergewichts.
Bei den langgestreckten Reptilien, insbesondere bei den Schlangen, ist sie
kompakt und langgezogen, bei den übrigen massig und viellappig. Histologisch ist die Leber aus einem massiven zweischichtigen Muralium aufgebaut, in welchem Sinusoide liegen; sie entspricht also dem niederen
Vertebratentyp. Die Anordnung der von der Leber wegführenden Gänge
ist, je nach Gruppe, variabel. In der Regel sind mindestens zwei Lebergänge (Ductus hepatici) vorhanden, die sich mit den Ductus cystici aus
der Gallenblase zu einem Ductus choledochus vereinigen, der normalerweise separat von den Pankreasgängen in den Dünndarm führt. Eine
Gallenblase ist in der Regel vorhanden. Bei den Varanen können einzelne Lebergänge, unter Umgehung des D. choledochus, direkt in den Darm
münden.

Die Form des **Pankreas** ist, im Gegensatz zu den Verhältnissen bei Vögeln und Säugetieren, bei welchen das Organ in seiner Gestalt durch seine Lage zwischen den Duodenalschenkeln einheitlich determiniert ist,
recht vielfältig. Es ist bei den Krokodilen lang und kompakt, bei den
Riesenschlangen lang und gelappt und bei der Ringelnatter kurz und kugelig. Bei den Schlangen sitzt die Milz unmittelbar dem Pankreas auf und
nimmt intensiven Gewebekontakt mit dem endokrinen Pankreasanteil
auf. Bei den Sauria ist die Bauchspeicheldrüse mindestens in zwei deutliche Abschnitte unterteilt. Der vordere Lappen steht wiederum mit der
Milz in Verbindung; er kann bisweilen in die Leber eindringen und sich
an die Pfortader anlehnen. Bei einigen Schildkröten legen sich beide Pan-
kreasabschnitte zu einem Ring vereinigt um die Pfortader.

Die Langerhansschen Inseln, die in der ganzen Drüse vorkommen, treten
gehäuft im cranialen Abschnitt auf. Bei den Schlangen unterscheidet man
große, mit bloßem Auge sichtbare Massierungen als primäre Inseln, kleinere als sekundäre Inseln. Als Exklusivität lassen sich bei Reptilien auch
Inselzellen im Inneren der Milz feststellen.

Das exokrine Pankreasgewebe gliedert sich in drüsenförmige Abschnitte,
die bei Lacertiden tubulös, bei den Schlangen hingegen alveolär strukturiert sind. Bis zu vier Gänge verbinden das Pankreas mit dem Dünndarm.

Ernährung

Reptilien sind vorwiegend fleischfressende Schlinger, nur innerhalb der Sauria
und Chelonia sind einige Formen zu vegetabilischer Ernährung übergegangen.

Beutetiere werden teils optisch (Krokodile, viele Echsen) teils geruchlich oder, von einigen Viperiden, mit speziellen Thermorezeptoren geortet. Meistens spielen verschiedene Sinnesorgane bei dieser Ortung zusammen. Außerordentlich vielfältig sind die von den einzelnen Arten praktizierten Mechanismen des Beutefangs. Meistens wird auf die Beute gelauert, oder sie wird angeschlichen und alsdann mit einem Sprung oder durch Vorschnellen des Kopfes gepackt. Chamaeleons schleichen Insekten an und fixieren sie mit den unabhängig voneinander beweglichen Augen. Aus einer bestimmten Distanz schnellen sie blitzschnell ihre Zunge hervor (Abb. 75 a) (s. S. 307).

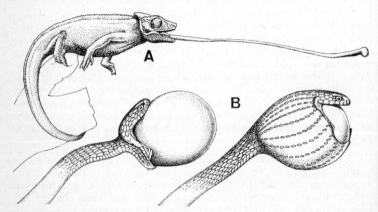

Abb. 75   Freßverhalten von Reptilien. **A** Chamaeleon beim Ausschleudern der Zunge; **B** Eierschlange *(Dasypeltis)* beim Schlingakt

Die ungiftigen Schlangen packen ihre Beute und verschlingen sie entweder lebend, oder sie töten sie vorher durch Umschlingen mit dem Körper. Die höher entwickelten Giftschlangen verabreichen dem Beutetier ihren Giftbiß und lassen es los bis der Tod eingetreten ist. Erst dann wird mit dem Verschlingen begonnen.

Schlangengifte sind Gemische von Proteasen, Cholinesterasen, Ribonucleasen, Hyaluronidasen mit nichtenzymatischen Proteinen, wie das Crotamin der Klapperschlangen, die eines der wirksamsten Gifte besitzen. Die Mischverhältnisse dieser einzelnen Komponenten, ihr Molekulargewicht und damit auch ihre Wirkungsweise kann recht unterschiedlich sein. Hochmolekulare Komponenten, wie man sie in den Giften der Viperidae findet, diffundieren wesentlich langsamer im Körper des Beutetiers und werden in erster Linie durch das Lymphsystem transportiert, während die Gifte der Elapidae ein kleineres Molekulargewicht besitzen und deshalb leicht über die Blutbahn an jede beliebige Stelle des Körpers gelangen.

Bestimmte Komponenten des Giftes sind an und für sich nicht toxisch, doch fördern sie die Giftwirkung durch eine entsprechende Beeinflussung des Gewebes, z. B. durch Veränderung der Permeabilität der Interzellularsubstanz.

Schlangengifte können folgende Wirkungen auf den Organismus haben:
– Neurotoxische Effekte auf Zentralnervensystem, peripheres Nervensystem und Sinnesorgane,

– Störungen im Blut- oder Gaszirkulationssystem,
– Veränderungen an den Blutgefäßwänden mit Entstehung von Oedemen und Haematomen,
– Verhinderung der Blutkoagulation oder, im Gegenteil, starke Koagulation,
– Zerstörung der Erythrozyten,
– generelle Gewebsnekrose.

Allgemein gilt, daß bei den Giftnattern (Elapidae) Neurotoxine überwiegen, während bei den Viperiden die gewebs- und zellnekrotische Wirkung vorherrscht. Dazu muß aber gesagt werden, daß kein Schlangengift nur eine Wirkung zeigt, sondern daß immer zwei oder mehrere Wirkungskomponenten auftreten. Auf die Systematik der Schlangen bezogen läßt sich feststellen, daß teilweise innerhalb größerer Gruppen ähnliche Symptome nach dem Biß auftreten, daß sich aber andererseits innerhalb einzelner Gattungen die Giftwirkung von Art zu Art, ja sogar von Subspezies zu Subspezies, ändern kann.

Die Wirkung der Schlangengifte variiert nicht nur in bezug auf die systematische Zugehörigkeit einer Schlange, sondern sie kann sich auch mit deren Alter ändern. Schließlich reagieren auch die Beutetiere unterschiedlich auf ein bestimmtes Gift, so soll 1 g Gift einer Indischen Kobra, intravenös injiziert, 20000 kg Pferd, 10000 kg Mensch, 8300 kg Maus, aber nur 1250 kg Hund zu töten vermögen. Über die Tödlichkeit der einzelnen Gifte geben Versuche mit Mäusen oder Ratten, welchen man die Gifte intravenös oder intraperitoneal injiziert, eine Ahnung. Dabei errechnet man die letale Dosis LD_{50} pro kg Mäusesubstanz, d. h. jene Menge Gift pro kg Beutetier, die in einer bestimmten Zeit 50% der Tiere zu töten vermag.

Die LD_{50} mg Gift/kg Maus beläuft sich für die in Tab. 56 genannten, als sehr giftig bekannten Schlangen auf folgende Werte (nach BELLAIRS):

Tabelle 56   **Wirkung der Schlangengifte**

	mg Trockengift pro Biß	LD_{50} mg/kg
Viperidae		
Kettenviper *(Vipera russelli)*	130–250	0,82
Puffotter *(Bitis arietans)*	130–200	3,68
Texasklapperschlange *(Crotalus atrox)*	230	3,71
Tropische Klapperschlange *(Crotalus durissus)*	35	0,3
Kupferkopf *(Agkistrodon contortrix)*	52	10,5
Buschmeister *(Lachesis muta)*	280–450	5,93
Elapidae		
Korallenschlange *(Micrurus fulvius)*	2– 6	0,97
Tigerotter *(Notechis scutatus)*	70	0,04
Indische Kobra *(Naja naja)*	170–325	0,4
Krait *(Bungarus caeruleus)*	10	0,09
Grüne Mamba *(Dendroaspis angusticeps)*	80	0,45
Ruderschwanz-Seeschlange *(Enhydrina schistosa)*	7– 20	0,01

Aus dieser Übersicht ergibt sich generell, daß die Elapiden die wirksameren Gifte besitzen, daß aber die Vipern mit ihrem vollkommeneren Giftapparat größere Giftmengen zu injizieren vermögen. Die in der Tabelle zum Ausdruck kommende Giftigkeit ist nicht unbedingt korreliert mit der Gefährlichkeit der betreffenden Formen für den Menschen. So sind die Seeschlangen wenig beißfreudig und besitzen zudem kurze Rinnenzähne, die dem Menschen wenig schaden können. Bei der Bewertung der Gefährlichkeit spielt ferner die Aggressivität der Schlangen eine Rolle. In der Regel sind Viperiden ruhiger und weniger beißlustig als die Elapiden, die mit äußerster Aggressivität ihre Territorien oder Gelege verteidigen können. Die eher trägen Viperiden hingegen können dann gefährlich werden, wenn sie als meist nächtliche Mäuse- und Rattenvertilger die Nähe menschlicher Behausungen aufsuchen, vor allem in Gebieten, in welchen die Bevölkerung barfuß zu gehen pflegt. Weitaus am meisten Giftschlangenbisse mit tödlichem Ausgang werden in Südostasien registriert, nämlich über 30 000 im Jahr, wobei der größte Teil auf das Konto der Kobra geht, im tropischen Südamerika sterben alljährlich etwa 2500 Menschen an Schlangenbissen, während im viel dünner besiedelten Afrika, wo ebenfalls sehr giftige Schlangen vorkommen, nur etwa 500 Personen Schlangen zum Opfer fallen. In Australien, dem an Giftschlangen reichsten Land, das aber dünn besiedelt ist und dessen Bevölkerung über Bißprophylaxe intensiv unterrichtet ist, werden jährlich nur 6 Todesfälle gemeldet.

Über die Giftwirkung der opisthoglyphen Schlangen ist viel weniger bekannt, da diese mit ihren hinten liegenden Zähnen dem Menschen selten gefährlich werden und deshalb mit weniger Interesse untersucht wurden. Immerhin weiß man, daß diese Gifte das gleiche Wirkungsspektrum haben wie jene der proteroglyphen und solenoglyphen Schlangen, und daß ihre Toxizität in einigen Fällen nicht hinter jener der Vipern- und Elapidengifte zurücksteht. Auch die dem Mundspeichel bestimmter aglypher Schlangen beigemischten Giftanteile aus dem hinteren Abschnitt der Oberlippendrüse können tödlich wirken, wenn man sie injiziert. So sterben Mäuse und Ratten innerhalb 30 Minuten, wenn man ihnen Speichel der harmlosen Rattenschlange *(Ptyas mucosus)* oder der Fischernatter *(Natrix piscator)* unter die Haut spritzt. Das Gift der Krustenechsen *(Heloderma)* ist von höchster Toxizität, die letale Dosis für den Menschen beträgt 5 mg, es enthält Neurotoxine, Myelotoxine und Cytotoxine.

Schlangen pflegen ihre Beute ganz zu verschlingen, wobei mit dem Schlingakt am Kopf begonnen wird. Beim Schlingakt wird das Beutetier durch alternierende Vor-Rück-Bewegungen der gegeneinander frei beweglichen Unterkieferhälften in den Schlund geschoben.

Schildkröten, Krokodile und manche Echsen pflegen größere Beutetiere zu zerreissen. Krokodile nehmen dabei ihre Hinterbeine, Schildkröten die Vorderbeine zu Hilfe. Einen besonders interessanten Schlingakt zeigen die Schnappschildkröten, die das Maul sehr schnell aufreißen und so einen Sog erzeugen, mit dem die Beute in den Schlund gelangt.

Zwei hauptsächliche Formen des Trinkens wurden entwickelt. Landschildkröten und Schlangen trinken saugend, während Echsen Flüssigkeit auflecken.

Die aufgenommene Nahrung gelangt schnell in den Magen, wo sie in der Regel sehr hohen Salzsäurekonzentrationen ausgesetzt wird. Nur Hornteile wie Hufe und Federn sind unverdaulich und werden von Zeit zu Zeit ausgewürgt, während Knochen aufgelöst werden.

Extreme Nahrungsspezialisten sind die Eierschlangen (Abb. 75B), die Schneckennattern, die Termiten fressenden Typhlopidae und Leptotyphlopidae, die Kleinsäuger bevorzugenden Vipern oder die Tange fressenden Meeresleguane von Galapagos. Vielfach findet ein grundlegender Diätwechsel während der Ontogenese statt. So fressen frisch geschlüpfte Krokodile in erster Linie Insekten und andere Wirbellose, während sie nach einem bestimmten Alter nur noch Wirbeltiere fressen.

Die meisten Reptilien sind mittelmäßig auf die Nahrung spezialisiert, d. h., sie haben eine Vorzugsnahrung, können aber ohne weiteres auf andere Nahrung umstellen. So nehmen zahlreiche fischende *Natrix*arten auch Amphibien oder kleine Säugetiere, oder vorzugsweise vogelfressende Baumschlangen halten sich auch an Reptilien und kleine Baumsäugetiere. Vorwiegend pflanzenfressende Formen können normalerweise auch auf animalisches Futter umstellen, etwa Landschildkröten, die von Pflanzen auf Insekten und Mollusken übergehen, oder der amerikanische Wüstenleguan *Dipsosaurus dorsalis,* der normalerweise fast ausschließlich Pflanzen frißt, sich aber mit Insekten und anderen Reptilien oder Kot von anderen Wüstentieren behelfen kann.

Omnivor im animalischen Bereich sind zahlreiche Colubriden und Echsen, die einfach alles fressen was sich bewegt, so vertilgt die amerikanische Schwarznatter etwa zu gleichen Teilen Säugetiere, Vögel, Reptilien, Amphibien und Insekten, während die Smaragdeidechse kleine Säugetiere, Vögel, Reptilien, Amphibien sowie praktisch alle Arthropoden und Mollusken frißt, die in ihrem Lebensraum vorkommen.

Atmungssystem

Reptilien atmen zur Hauptsache über *Lungen.* Bei Schlangen und vielen Echsen sind die Bronchen sehr kurz, bei vielen Schildkröten hingegen ist die Trachea kurz und verzweigt sich bereits weit vorn zu den Bronchen. Luftröhre und Bronchen können bisweilen sehr lang und gewunden sein.

Normalerweise sind die Lungen zwei sackförmige Gebilde, bei Formen mit langgestrecktem Körper ist meistens *ein Lungenflügel reduziert.* Höher entwickelte Schlangen haben den linken Lungenflügel zu einem winzigen Rudiment zurückgebildet, bei den primitiven Schlangen (Boidae) ist er hingegen erst um 25–50% der Länge reduziert. Auch bei den verschiedenen Echsen mit langem Körper ist der linke Lungenflügel in der Regel kürzer als der rechte. Nur die Amphisbaenia reduzierten den rechten Lungenflügel.

Langgestreckte Formen haben einen schlauchförmigen persistierenden Lungenflügel. Bei einigen Schlangen (z. B. Typhlopidae und Viperidae) ist die Lunge in ihrer ganzen Länge von der Trachea begleitet, deren Lumen mit dem Lungeninnern kommuniziert *(Tracheallunge)* (Abb. 76G). Die voluminösesten Lungen besitzen die Schildkröten, sie können den größten Teil des Rückenschildes ausfüllen. Den Wasserschildkröten und aquatilen Schlangen dienen die Lungen zusätzlich als Schwebeorgane (Abb. 76 E).

Als Wirbeltiere mit dominierender Lungenatmung haben die Reptilien verschiedenste Wege zur *Vergrößerung* der *respiratorischen Oberfläche* eingeschlagen. Eine einfach strukturierte Lunge besitzt *Sphenodon* (Abb.

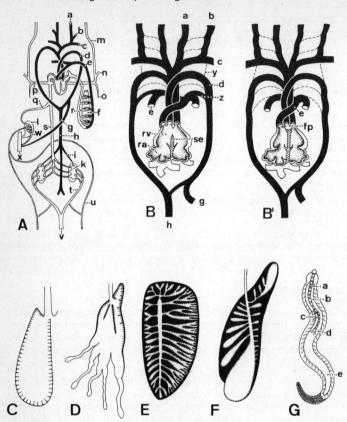

Abb. 76   Kreislauf- und Respirationssystem der Reptilien. **A** wichtigste Arterien und Venen (Varan), **a** Arteria carotis externa, **b** A. c. interna, **c** A. subclavia, **d** linker Aortenbogen, **e** A. pulmonalis, **f** Lunge, **g** A. mesenterica (oft parallel zu einem 2. Eingeweidegefäß, der A. coeliaca, verlaufend), **h** Aorta descendens, **i** A. renalis, **k** Niere, **l** Leber, **m** Vena jugularis, **n** V. subclavia, **o** V. cardinalis posterior, **p** V. cardinalis communis (= Ductus Cuvieri), **q** V. hepatica, **r** V. pulmonalis, **s** V. cava posterior, **t** V. portae renis, **u** V. abdominalis, **v** V. caudalis, **w** V. portae (heparis), **x** Darm; **B, B'** Herz und herznahe Gefäße einer Schildkröte (B) und eines Krokodils (B'), **a–x** wie unter A, **y** Ductus caroticus, **z** Ductus arteriosus (= D. Botalli), **rv** rechter Ventrikel, **ra** rechtes Atrium, **se** Septum, **fp** Foramen panizzae; schwarz: Arterien; weiß: Venen; **C–G** Lungentypen; **C** Brückenechse *(Sphenodon);* **D** Chamaeleon *(Chamaeleo);* **E** Meeresschildkröte *(Caretta);* **F** Varan *(Varanus);* **G** Seeschlange *(Distira);* **a** Trachea, **b** Tracheallunge, **c** Herz, **d** Bronchiallunge, **e** Lungensack (nach *ORR, GOODRICH, MILANI, MARCUS)*

76 C); sie umfaßt noch einen großen, ungegliederten Hohlraum, und das respiratorische Epithel bildet nur ein niedriges wabenförmiges Relief. Bei den meisten Echsen ist die Lunge im cranio-medialen Teil intensiv gekammert, während der caudolaterale Abschnitt zu einem ungegliederten Luftsack geworden ist, der als Reservoir dient. Dadurch können diese Reptilien ähnlich wie die Vögel atmen, d. h., die Atemluft durchströmt die respiratorische Zone auf dem Hin- und Rückweg. Die Luftsäcke erlauben es manchen Reptilien auch, sich im Imponier- oder Abwehrverhalten aufzublähen. Einige Echsen, z. B. Chamaeleons (Abb. 76 D) und einige Agamen besitzen eine Vielzahl nach hinten abgehender Luftsäcke. Viel kompaktere, parenchymatöse Lungen besitzen Leguane, Varane (Abb. 76 F) und Schildkröten. Bei ihnen dringen die Bronchen tief in den Lungenkörper ein und verzweigen sich in zahlreiche Bronchuli, die in intensiv gekammerten alveolenähnlichen Hohlräumen endigen. Neben diesen alveolären Zonen besitzen Leguane und Varane aber noch einen oder zwei größere Luftsäcke. Die am stärksten alveolarisierte Sacklunge besitzen die Schildkröten.

Auch die Lunge der Krokodile ist gekammert. Das Lungengewebe besteht zur Hauptsache aus Bindegewebe mit einem ausgeprägten Kapillarnetz. Neben dem Bindegewebe finden sich auch zahlreiche Muskelfasern nicht nur in der äußeren Lungenwand, sondern auch im Kammersystem. Sie verleihen der Lunge eine gewisse *Eigenbeweglichkeit*.

Einige wasserbewohnende Reptilien haben *akzessorische Respirationsorgane* entwickelt. So besitzen zahlreiche Wasserschildkröten Aussackungen der Kloakenwand, die ein respiratorisches Epithel enthalten und die über die Analöffnungen mit Atemwasser versorgt werden. Wasserschlangen betreiben zu einem gewissen Grad Mundhöhlenatmung, und bei einigen Seeschlangen und Lederschildkröten ermöglichen unter der Epidermis liegende Kapillarnetze Hautatmung.

Der *Kehlkopf* (Larynx) besteht in seiner Grundkonstellation *(Sphenodon)* aus einem paarigen Arytaenoidknorpel und einem ringförmigen Cricoidknorpel. Bei vielen Squamata sind sie zu einem Ring verwachsen, der von querliegenden Öffnungen durchbrochen ist. Vielfach ragt von der Ventralseite des Larynxrings ein Knorpelfortsatz nach vorne, der als Ansatzstelle für die Muskulatur dient. Bei Chamaeleons gehen vom Zungenbein paarige Fortsätze ab, die den Kehlsack stützen, während der Cricoidknorpel Verschlußfunktionen für den Kehlsack übernimmt. Bei den Schildkröten bildet das Cricoid eine massive, verlängerte Röhre, der die Arytaenoidknorpel als kleine dreieckige Platten aufsitzen. Bei den Krokodilen schließlich ist das Cricoid ein ventral sehr dünner Ring, auf dem die Arytaenoidknorpel als bogenförmige Spangen liegen.

Die Stimmritze der Schlangen liegt auf der Zungenscheide, diejenige der Echsen hinter der Zungenansatzstelle. Bei vielen Formen ist die Ritze mit einem Kehldeckel verschließbar.

Einige Reptilien können *Töne* erzeugen. Im einfachsten Fall können sie zischen und fauchen; diese Laute entstehen dadurch, daß mit hohem

Druck Luft aus den Lungen oder den Luftsäcken an der Stimmritze vorbeigepreßt wird. Andere Formen wie Gekkos, Krokodile und Schildkröten sind stimmbegabt. Bei den Gekkos bildet die Schleimhaut Stimmbänder, die die Vorder- und die Hinterseite des Cricoidknorpels verbinden, bei den Krokodilen ragt ein Vorsprung des Arytaenoidknorpels ins Lumen des Larynx, an dem eine stimmbandähnliche Membran befestigt sein kann. Viele Schlangen können den Kehlkopf während des Schlingaktes so vorziehen, daß der Weg der Atemluft nicht unterbrochen wird.

Wie die Säugetiere atmen die meisten Reptilien durch Kompression und Dilatation der Lungen, die in einem geschlossenen Pleuroperitonaealraum liegen, der mit Hilfe der Rippenmuskeln vergrößert oder verkleinert wird. Krokodile besitzen zudem eine *zwerchfellähnliche Membran,* die den Lungenraum von der Bauchhöhle trennt und mit einem speziellen Rückziehmuskel versehen ist. Mit diesem Muskel kann die hinter dem Pleuralraum gelegene Leber, die wie ein Pumpenkolben wirkt, nach hinten gezogen und nachher wieder durch Kontraktion der Abdominalmuskeln nach vorn gepreßt werden. Ein anderes System von Thoracalatmung haben die Schildkröten entwickelt, deren Rippen unbeweglich mit dem Panzer verschmolzen sind. Für die Exspiration sind hier zwei breite ventrale Muskelbänder verantwortlich, die die Eingeweide gegen die Lunge pressen, bei der Inspiration ziehen zwei andere Muskelbänder in die Flankengegend die Peritonaealwandung nach rückwärts und vergrößern so das Lumen des Lungenraums. Die Atembewegungen der Schildkröten und einiger Echsen werden zudem durch die für Reptilien exklusive Eigenmuskulatur der Lunge unterstützt.

Neben den erwähnten Formen der Thoracalatmung, die immer mit einer Volumenveränderung der Lunge einhergeht, gibt es bei einigen Echsen *(Uromastyx, Chamaeleo)* und bei Wasserschildkröten Mundhöhlenatmung, vergleichbar jener der Amphibien, bei der der Mundhöhlenboden bei geöffneten Nasenöffnungen abgesenkt und die eingesogene Luft bei geschlossenen Nasenöffnungen durch Anheben des Mundbodens in die Lungen gepreßt wird.

Die Intensität des Gasaustausches variiert bei den wechselwarmen Reptilien mit der Außentemperatur. So registriert man bei amerikanischen Wüstenleguanen 9 Atemzüge pro Minute bei einer Kloakentemperatur von 32°C, hingegen 59 Atemzüge bei einer Kloakentemperatur von 44°C.

Größere Formen haben im allgemeinen eine geringere Atemfrequenz als kleinere, so haben Riesenschlangen bei optimaler Umgebungstemperatur eine Atemfrequenz von 2–3 pro Minute, während kleinere Schlangen unter ähnlichen Bedingungen 12–15 Atemzüge ausführen.

Schließlich richtet sich die Atemgeschwindigkeit stark nach dem Aktionszustand eines Tieres. So führt eine ruhende Karettschildkröte an der Wasseroberfläche alle 15–25 Min. einen Atemzug aus, während sie in Bewegung jede halbe Minute aus- und einatmet.

Bei aquatilen Reptilien konnten sehr lange Tauchzeiten registriert werden, so kann ein Mississipialligator bis 6 Stunden unter Wasser verharren, bei marinen Schildkröten wurden Tauchzeiten bis zu 90 Minuten gemessen.

Sumpfschildkröten, Lederschildkröten und Wasserschlangen, die über Organe für den Gasaustausch im Wasser verfügen, können mehr oder weniger unbeschränkte Zeit unter Wasser verbleiben.

Kreislaufsystem

Das Reptilienherz ist konstruktiv gegenüber dem Amphibienherz dadurch verbessert, daß es durch eine Trennwand *(Septum)* in zwei Kammern aufgeteilt wird, wobei die Trennung allerdings noch nicht vollständig ist (Abb. 76B). Dadurch wird eine bessere Separierung des vom Lungenkreislauf ins Herz gelangenden arteriellen Blutes vom venösen Blut aus dem Körperkreislauf erreicht, wobei es aber immer noch zu einer teilweisen Vermischung kommt. Immerhin wird dadurch die Effizienz des Reptilienkreislaufs gegenüber jenem der Amphibien wesentlich erhöht. Einzig die Krokodile besitzen ein vollständiges Septum (Abb. 76B), doch kann bei ihnen eine geringfügige Blutvermischung durch eine Öffnung zwischen dem rechten und linken Aortenbogen, dem Foramen panizzae, stattfinden.

Bei einigen Echsen ist die Tendenz zur Trennung der Blutströme weiter entwickelt worden, indem ein zusätzliches unvollständiges Septum den Ventrikel transversal zum Hauptseptum in eine venöse und eine arterielle Bucht aufgliedert.

Außer bei der Brückenechse gibt es am Reptilienherz keinen Conus arteriosus mehr, auch besteht eine Tendenz zur Reduktion des Sinus venosus, ausgenommen bei den Schildkröten.

In den rechten Vorhof münden die großen Körpervenen, in den linken die Lungenvenen. Der Arterienstamm entspringt, äußerlich gesehen, in der Gegend der rechten Herzkammer, in Wirklichkeit aber führen die Lungenarterie und der linke Aortenbogen das Blut aus der rechten Kammer weg, während der rechte Aortenbogen aus der linken Kammer austritt.

Der praktisch ausschließlich arterielles Blut führende, rechte *Aortenbogen* ist bei den Reptilien zum maßgebenden Versorgungsgefäß des Kopfes und des Körpers geworden; von ihm zweigt nicht nur das Gefäß für die Kopfversorgung ab, die Carotis primaria, die sich nachher in die Carotiscommunis-Äste, die Stammgefäße der inneren und äußeren Carotiden aufzweigt, sondern auch die Arteria subclavia und die Coronargefäße.

Generell sind, wie bei den Amphibien, der 3. (Kopfgefäße), 4. (rechte und linke Aorta) und der 6. (Lungenarterien) Kiemenbogen erhalten. Bei der Brückenechse und bei Echsen sind der 3. und 4. Aortenbogen jeder Seite noch durch einen *Ductus caroticus* verbunden. Bei der Brückenechse und einigen Krokodilen und Schildkröten kommunizieren die Lungenarterien des 6. Aortenbogens noch über einen Ductus arteriosus mit den Aortenwurzeln (Abb. 76B).

Die Carotiden, die, wie bereits erwähnt, aus einem einzigen Carotidenstamm vom rechten Aortenbogen entspringen, zeigen in ihrer Anordnung konstante Verhältnisse, einzig bei den Krokodilen bildet sich die linke Carotis interna im Laufe der Ontogenese zurück. Große Variabilität herrscht in den Verzweigungsverhältnissen der ebenfalls vom rechten Aortenbogen entspringenden Arteriae subclaviae. Bei den Schildkröten bilden diese mit dem Carotidenstamm ein gemeinsames Stammgefäß (A. brachiocephalica), bei den Krokodilen entspringt die rechte A. subclavia der linken Carotis communis. Die Herzgefäße *(Coronararterien)*, die entweder vom rechten Aortenbogen oder von der A. brachiocephalica abgehen, sind ein Neuerwerb der Reptilien.

Der linke Aortenbogen, der mehr venöses Blut aus dem rechten Ventrikel abführt, ist meistens schwächer ausgebildet. Vor seiner Vereinigung mit dem rechten Bogen zur Rückenarterie (Aorta dorsalis = Aorta descendens) entläßt er drei wichtige Bauchgefäße, die A. gastrica, die zum Magen führt, die A. coeliaca, die zum hinteren Magenabschnitt, dem vorderen Dünndarm sowie zu Pankreas und Leber führt, sowie die A. mesenterica, die den hinteren Dünndarm, den Enddarm und die Kloake versorgt. Die Anordnungs- und Verzweigungsverhältnisse dieser Baucharterien variieren innerhalb der Reptilien (Abb. 76 A).

Die Aorta dorsalis entläßt die Renal- und Genitalarterien; in der hinteren Rumpfregion teilt sie sich auf in die Aa. iliacae, welche die Hinterextremitäten versorgen, und in die Schwanzarterie.

Das Venensystem (Abb. 76 A) der Reptilien unterscheidet sich im Grundplan weniger von jenem der Amphibien. Die vordere Cardinalvene (V. cardinalis anterior) und die hintere Hohlvene (V. cava posterior) führen Blut aus dem Kopf- und Vorderextremitätengebiet, bzw. aus dem Körper in den rechten Vorhof. Die vorderen Cardinalvenen empfangen Blut aus der Kopfregion über äußere und innere Jugularvenen, von den Vordergliedmaßen über die Vv. subclaviae und aus dem Körper über die Vertebralvenen, die Rudimente der hinteren Cardinalvenen darstellen. Das hintere Venensystem zeigt große Ähnlichkeit mit jenem der Amphibien, doch bestehen auch hier einige gruppentypische Differenzen.

Auch bei den Reptilien läßt sich eine zunehmende *Reduktion* des *Nierenpfortadersystems* feststellen, indem immer mehr Gefäße von der Nierenpfortader direkt in die hintere Hohlvene führen, unter Umgehung des Nierenkapillarsystems. Infolge der untergeordneten Bedeutung der Hautatmung wurde ferner die V. cutanea reduziert und dafür wurden die Lungenvenen verstärkt. Bei Squamaten mit einseitiger Lungenreduktion wurde die entsprechende Lungenvene ebenfalls reduziert.

Die Rückflußverhältnisse für das Blut aus den Hinterextremitäten und dem Schwanz variieren. Bei den Nicht-Squamaten können die Vv. iliacae und die V. caudalis entweder in die V. portae renis münden und ihr Blut nach Passage des Nierenkapillarsystems über die V. cava posterior zum Herzen führen, oder die Gefäße der Hinterbeine und des Schwanzes kommunizieren mit der ventralen Abdominalvene, wobei das Blut von dort über das Leberpfortadersystem und die Lebervene zum Herzen gelangt. Bei den Squamata führt die ventrale Abdominalvene nur Blut aus der hinteren Körperwand zur Leber. Die V. cava posterior der Reptilien ist wie jene der Amphibien aus Abschnitten der V. subcardinalis und aus den Vv. vitellinae entstanden.

Die *Herzschlagfrequenz* der Reptilien variiert stark nach der Körpertemperatur. Sie beträgt z. B. bei der Buchstabenschildkröte *Pseudemys scripta* bei 3°C (in Kältestarre) 3 Pulsschläge/min, bei 20°C 15, im Bereich der optimalen Temperatur von 27°C 32, bei 30°C 70 und bei 38°C 93 Pulsschläge/min. Im Bereich der Optimaltemperatur hat man folgende Pulsfrequenzen gemessen: Sumpfschildkröten 16–36, Krokodile 22–47, Smaragdeidechsen 60–66, Ringelnatter 23–43.

Die Pulsschlagfrequenz ist allerdings nur ein bedingter Maßstab für die Zirkulationsintensität des Blutes, die ebensosehr von der *relativen Herzgröße* abhängt. Diese beträgt in Prozenten der Körpergewichts bei Krokodilen 1,5–2,5, bei der Krustenechse 0,81, beim Grünen Leguan 1,9, bei der Königsriesenschlange 3,1, bei der Wassermokassinschlange 6,6, bei der Schnappschildkröte 2,6 und bei der Geierschildkröte 7.

Blut

Die geformten Blutbestandteile sind ähnlich denjenigen der Amphibien. Die *Erythrocyten* sind oval und kernhaltig, nur kleiner und zahlreicher als bei jenen. Ihre Länge liegt in der Regel zwischen 15μ und 25μ, ihre Breite zwischen 5μ und 14μ. Die größten Erythrocyten besitzen die Schlangen. Die Erythrocytendichte differiert zwischen 150000 (Schnappschildkröte) und 2 Millionen (Mauereidechse).

Ferner sind *Lymphozyten*, alle Arten granulierter *Leucocyten*, *Monocyten* und zelluläre *Thrombocyten* nachgewiesen.

Körpertemperatur und Aktivität

Metabolismus und äußere Aktivität der Reptilien sind von der *Umgebungstemperatur* abhängig. Neben der optimalen Umgebungstemperatur hat jede Form ihre typische Temperatur-Aktivitätsspanne. Unterhalb dieser Spanne verfällt das Tier in Kältestarre. Bei tagaktiven Tieren liegt die obere Grenze der Temperatur- Aktivitätsspanne etwa bei dem Punkt, oberhalb welchem die Tiere Schutz suchen und sich verkriechen.

Obwohl der optimale Körpertemperaturbereich bei vielen Reptilien relativ hoch liegt, (Landschildkröten um 30°C, Teju-Echsen um 40°C, Leguane um 35°C), kann sie bei Bewohnern kälterer Zonen auch relativ niedrig liegen (*Sphenodon* um 10°C). Der Umfang der Aktivitäts-Temperaturspanne ist an die Gegebenheiten des Lebensraumes angepaßt. Sie umfaßt z. B. für die in der feuchten Mangrovezone lebende Bänderschwanzameive nur einen Bereich von 35°–39° C, während sie für den wüstenbewohnenden Berberskink von 12°–32°C reicht.

Einige Reptilien zeigen bescheidene Ansätze zur Temperaturregulation. So ist bei einigen Schlangen und Echsen bekannt, daß sie ein Temperaturgefälle zwischen Kopf und Körper aufrecht erhalten können. Von einigen Varanen und Riesenschlangen weiß man ferner, daß sie in der Lage sind, durch ihren Metabolismus die Körpertemperatur wesentlich über der Umgebungstemperatur zu halten. Reptilien gemäßigter oder kalter Zonen verbringen die kalte Jahreszeit in *Kältestarre*, oft gemeinschaftlich an geschützten Stellen, z. B. im Wurzelwerk von Bäumen. Süßwasserschildkröten können die kalte Jahreszeit auf dem Grund von Gewässern überdauern, wobei sie ihren bescheidenen Sauerstoffbedarf durch Haut- und Kloakenatmung decken. Sämtliche Lebensvorgänge von Reptilien in Kältestarre laufen stark verlangsamt ab.

Urogenitalsystem

Das Urogenitalsystem unterscheidet sich in verschiedenen Entwicklungstendenzen von jenem der Amphibien, so mußten verbesserte Mechanismen zur Regelung des Wasserhaushaltes entwickelt werden und die Trennung von Harn- und Geschlechtswegen wurde weiter gefördert. Die Adultniere der Reptilien ist wie jene aller Amnioten ein **Metanephros.** Frühembryonal wird zuerst eine Vorniere (Pronephros) angelegt. Diese ist aber nur kurze Zeit funktionstüchtig und wird alsdann durch ein Mesonephros ersetzt, dessen Funktionen zu Ende der Embryonalzeit vom Metanephros übernommen werden. Im Situs flankieren die Nachnieren die Wirbelsäule im hinteren Rumpfgebiet. Es sind meistens längliche Gebilde, die weniger kompakt sind als Säugetiernieren und die bei Schlangen stark gelappt sein können. Bei Schlangen und langgestreckten Echsen sind die beiden Nieren oft ungleich groß. Histologisch zeichnen sich die Nieren durch relativ kleine Glomeruli aus, die dem Körper wenig Flüssigkeit entziehen, so daß auf lange Tubuli für die Rückresorption von Wasser verzichtet werden kann. Insbesondere fehlen den Nephronen die Henleschen Schleifen. Einige Schlangen und Echsen haben die Glomeruli total reduziert. Bei einigen Schlangen und Eidechsen sind die hinteren Abschnitte der Nierenkanälchen bei den ♂♂ modifiziert, da sich dort sezernierende Zellabschnitte befinden, die ein Sekret abgeben, das der Spermaflüssigkeit beigemischt wird (Abb. 77B).

Ähnlich wie bei den Amphibien werden die Glomeruli von Kapillaren der Arteria renalis gebildet, deren Blut nachher vom Kapillarsystem der hinteren Hohlvene (V. cava posterior) übernommen wird. Die Nierenpfortader (V. portae renis), die Blut aus dem Schwanz und teilweise aus den Hinterextremitäten empfängt, bildet ein Kapillarsystem im Bereich der Tubuli und gibt Blut ebenfalls an die Gefäße der hinteren Hohlvene ab.

Die Anordnung der Nephrone, von welchen sich in der Niere von Gekkos ca. 2000 befinden, während die Kreuzotter deren 15000 besitzt, erfolgt nach zwei Prinzipien. Bei der *serialen* Anordnung (Abb. 77C1), wie sie sich in den Nieren der Echsen und Krokodile findet, gruppieren sich die Nierenläppchen serial um den Ureter, von welchem parallel Sammelkanälchen in die Zone zwischen je zwei Läppchen abgehen. Die von den Glomeruli wegführenden Harntubuli wiederum münden in die interglobulären Sammelkanälchen. Parallel zum Ureter verläuft die A. renalis, die in jedes Läppchen Verzweigungen, die Intraglobulärarterien, entläßt, von welchen wiederum die Glomeruli abzweigen. Beim *radiären Typ* (Abb. 77 C2) gruppieren sich die Läppchen um ein zentrales Nierenbecken. Die A. renalis bildet ein sphärisches Gefäßnetz, das das Nierengewebe in einen Rinden- und einen innen gelegenen Markteil gliedert. Im Rindenteil liegen die Glomeruli, während der Markteil vorwiegend aus den zentral dem Nierenbecken zustrahlenden Sammelkanälchen besteht. Radiär angeordnete Nephrone besitzen u. a. die Geckos und die Schildkröten.

Die Ableitung von der metanephridialen Adultniere übernimmt ein *sekundärer Harnleiter,* Ureter, der in die Kloake mündet (Abb. 77 A). (Der Ureter entsteht embryologisch aus einem terminalen Auswuchs des Wolffschen Ganges, dem Uretersproß.) Bei den Schildkröten und vielen Echsen liegt gegenüber der Mündungsstelle der Ureters eine Harnblase, bei Krokodilen, Amphisbaeniden, Schlangen und Waranen fehlt diese.

Die Stickstoffausscheidungen der Reptilien umfassen Ammoniak, Harnstoff oder Harnsäure in artspezifischen Anteilen. Ammoniak und Harnstoff sind wasserlöslich und ihre Entfernung aus dem Körper bildet keine Schwierigkeiten, solange dem Organismus genügend Wasser für die Ausschwemmung zur Verfügung steht. Bei Formen, die in Trockengebieten leben, besteht hingegen die Gefahr schädlicher Konzentrationen dieser Exkretionsstoffe und eine Störung der zellosmotischen Verhältnisse; wohl aus diesem Grund scheiden solche Formen vermehrt unlösliche Harnsäure aus, die als breiige Masse dem Kot beigemischt wird.

Bei extrem aquatilen Schildkröten und den Krokodilen bestehen mehr als 75% der Stickstoffausscheidungen aus Ammoniak, bei amphibisch lebenden Schildkröten wird etwa zu gleichen Teilen Ammoniak, Harnstoff und Harnsäure ausgeschieden, während extreme Landschildkröten zu 90% Harnsäure produzieren. Alle Schlangen und Echsen scheiden zwischen 80 und 98% Harnsäure nebst kleineren Anteilen von Harnstoff und Ammoniak aus.

Die **Gonaden** sind stets paarig (Abb. 77 A), doch liegen sie bei Schlangen und beinlosen Echsen oft hintereinander.

Die *Hoden* sind kugelig oder bohnenförmig und meistens, entsprechend dem Fortpflanzungszyklus der einzelnen Formen, starken jahreszeitlichen Größenunterschieden unterworfen. Die *Ovarien* sind bei Schlangen und Echsen sackförmige Gebilde mit einem mit Lymphe gefüllten Inneren, während sie bei Krokodilen, Schildkröten und der Brückenechse kompakte Körper mit einer inneren Markzone aus Bindegewebe und mit Blut- und Lymphgefäßen sind.

Normalerweise finden sich Eier verschiedenen Reifegrades in Follikeln, die die reifen Eier durch Platzen ausstoßen. Zum mindesten bei den viviparen Squamaten produzieren die Ovarien Gelbkörper, deren hormonale Wirkung noch wenig erforscht ist.

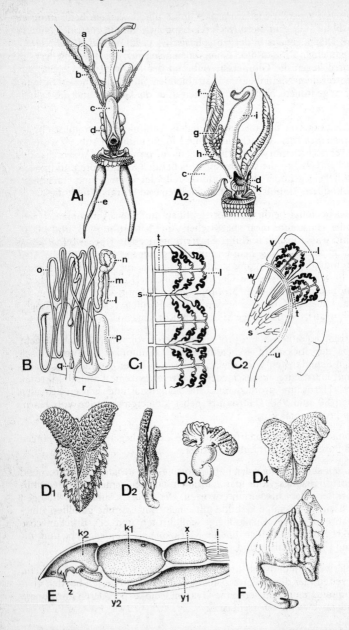

Entsprechend der Ausbildung einer Nachniere mit sekundärem Harnleiter sind die Ausführwege für Geschlechts- und Harnprodukte getrennt bis zur Kloake. Im männlichen Geschlecht persistieren einige Ductuli efferentes des Mesonephros und dienen dem Spermientransfer von den Tubuli seminiferi der Hoden zum Wolffschen Gang, der nun als ausschließlicher Samenleiter funktioniert. In Hodennähe ist der Wolffsche Gang oft verdickt und stark gewunden und kann als Nebenhoden bezeichnet werden, er verläuft zwischen Hoden und Kloake gestreckt und wird als Ductus deferens bezeichnet. Auch der Wolffsche Gang ist entsprechend der Fortpflanzungsperiodik großen Dimensionsänderungen unterworfen.

In einigen Fällen kommunizieren Ductus deferens und Ureter jeder Seite kurz vor der Mündung in die Kloake. Sämtliche Reptilien haben eine innere Befruchtung, deshalb sind bei allen Formen, mit Ausnahme der Brückenechse, im männlichen Geschlecht *Kopulationsorgane* ausgebildet. An Kopulationsorganen entstanden zwei verschiedene Typen, den einen, unpaaren Typ, der charakteristisch ist für die Schildkröten und Krokodile, bezeichnet man als *Penis* (Abb. 77F), den andern, der paarig ist und bei den Echsen und Schlangen vorkommt, als *Hemipenis* (Abb. 77D).

Der Penistyp ist einem primitiven Säugerpenis vergleichbar. Er besteht aus zwei Leisten aus erektilem Gewebe (Corpora cavernosa) an der ventralen medialen Wand des Urodaeums, nahe der Blasenöffnung gelegen, und einem davor gelegenen spongiösen Vorsprung, der Glans penis. Bei der Erektion werden die vorderen Abschnitte der beiden Leisten mit Blut gefüllt und treten mit der Glans penis zusammen aus der Kloake. Die Corpora cavernosa formen dabei eine Rinne für das Ejakulat.

Der Typ des Hemipenis der Squamata besteht aus zwei sackartigen Gebilden, die in Ruhestellung unmittelbar beim Kloakenausgang liegen. Jeder dieser Säcke besitzt eine Grube für die Ableitung des Spermas. Bei der Erektion wird der Hemipenis durch Zusammenwirken mehrerer

---

Abb. 77 Urogenitalsystem der Reptilien. **A1, A2** Urogenitalsystem einer männlichen (A1) und einer weiblichen (A2) Smaragdeidechse *(Lacerta viridis);* a Hoden, b Samenleiter (= Wolffscher Gang), c Harnblase, d Nachniere, e Hemipenis, f Eileiterkammer, g Ovar, h Eileiter, i Enddarm, k Kloake; **B** Harnableitungssystem einer Natter *(Natrix);* l Nierenkörperchen, m Halsstück, n Tubulus contortus, o Tubulus rectus, p stark erweitertes Schaltstück (Geschlechtssegment mit sekretorischer Funktion beim ♂'), q Sammelkanal, r Ureter; **C1** Typ der Serialniere (Schlangen), **C2** Typ der Radialniere (Echsen); s Sammelkanal, t Interlobulararterie, u Subcorticalarterie, v Rindenzone, w Markzone; **D1–D4** Hemipenes von Schlangen, **D1** Colubridae (Brasilianische Glattnatter, *Cyclagras gigas),* **D2** Viperidae (Gabunviper, *Bitis gabonica);* **D3** Boidae (Königsboa, *Boa constrictor);* **D4** Elapidae (Speikobra, *Naja nigricollis);* **E** Enddarm und Kloake eines Krokodils; x Coprodaeum, k1 entodermale Kloake (Urodaeum), k2 ektodermale Kloake (Proctodaeum), y1 Coelom, y2 Coelomkanal mit Mündung in die Kloake, z Penis; **F** Penis eines Sumpfkrokodils *(Crocodylus palustris)* (nach *MARTIN, SAINTANGE, GAMPERT, INOUYE, VELLARD, DOUCET, MOENS, BOLK)*

Muskelzüge ausgestülpt, teilweise auch durch Blutfüllung der in ihm liegenden Blutsinus. Bei der Kopulation dringt nur ein Hemipenis in die weibliche Kloake ein. Die Struktur dieser Hemipenes variiert stark und dient als wichtiges diagnostisches Merkmal für einzelne Gruppen. Bei Schlangen können die Hemipenes zylindrisch, konisch, kugelig, runzelig, mehr oder weniger tief gefurcht oder sogar gespalten sein. Bei der unterirdisch lebenden Natter *Prosymna* sind die Hemipenes wurmförmig und so lang wie der Schwanz. Die Hemipenes der Echsen können kurze Stummel bilden oder wiederum je gespalten sein. Die äußere Oberfläche dieser Kopulationsorgane ist meistens mit Leisten und Dornen besetzt.

Geschlechtsunterschiede können mehr oder weniger ausgeprägt sein. Allgemein gilt, daß die ♀♀ der Schildkröten, Schlangen und Chamaeleons größer sind als die ♂♂, während bei den meisten Echsen die ♂♂ größer sind. Bei vielen Schlangen und Süßwasserschildkröten haben die ♂♂ längere Schwänze. Riesenschlangen ♂♂ besitzen ausgeprägtere Reste der Hintergliedmaßen. Der Bauchpanzer der ♂♂ der Landschildkröten ist nach innen gewölbt, bei den ♀♀ flach oder leicht nach außen gebogen. Bei vielen Echsen bestehen auffällige Farb- und Strukturunterschiede im Integument. Unter Eidechsen (Smaragdeidechse) sind die ♂♂ oft bunter gefärbt als die ♀♀. Bei Blindschleichen und zahlreichen Schlangen bestehen generelle Helligkeitsunterschiede in der Hautfarbe, schließlich sind bei manchen Schildkröten die Augen der ♂♂ rot und bei den ♀♀ braun. Die Männchen zahlreicher Chamaeleons, Agamen und Leguanen besitzen auffällige Hornauswüchse, Hörner, Leisten und Kämme oder Kehlsäcke, die bei den ♀♀ fehlen oder schwächer ausgebildet sind.

Nervensystem

Die **Hirngliederung** entspricht jener primitiver Wirbeltiere, mit der typischen Längsgliederung in Vorderhirn, Zwischenhirn, Mittelhirn, Hinterhirn (Abb. 10 D, S. 30). Vom Gehirn der Amphibien unterscheidet es sich in erster Linie durch ein mäßig vergrößertes Kleinhirn sowie ein relativ größeres und differenzierteres *Großhirn*. Beide Strukturen erreichen aber nie jene relative Größe, wie sie für Vögel und Säugetiere typisch ist. Stets gut ausgebildet sind die beiden Riechlappen, die bei den Schildkröten vom übrigen Vorderhirn deutlich abgesetzt sind, während sie bei den anderen Reptilien kontinuierlich an das Großhirn anschließen. Bei einigen Formen sind sekundäre Riechlappen ausgebildet, welche nervöse Impulse aus dem Bereich des Jacobsonschen Organs empfangen. In seinem histologischen Aufbau unterscheiden sich die Reptilienhemisphären von jenen der Amphibien durch eine Vergrößerung der nervenzellenführenden Schichten im Bereich der Hemisphärenbasis (Corpus striatum), wo ein mächtiges Neostriatum die ursprünglichen Anteile Archi- und Paläostriatum überlagert, und im Bereich des Hemisphärendachs, wo (Ausnahme Echsen) erstmals ein im Umfang noch bescheidenes Neopallium auftritt. Das *Zwischenhirn* spielt wie bei allen Wirbeltieren eine wichtige Rolle bei der Koordination metabolischer Vorgänge; zudem ist es auslösendes Zentrum für Verhaltensvorgänge im Zusammenhang mit der Temperaturregulation.

Parietalorgan und Epiphyse sind gut ausgebildet. Sehr gut entwickelt ist das *Mittelhirn* mit dominierenden Sehhügeln, in welchen praktisch sämtliche Fasern des Nervus opticus enden. Bei den Schlangen sind die Sehhügel, ähnlich wie bei Säugetieren, in die Vierhügelplatte geteilt. Das erste Paar dieser Körper enthält die Sehzentren, während das hintere Paar als Zentrum für die Integration der Hörimpulse dient. Bei allen Reptilien ist das *Mittelhirndach* das wichtigste Koordinationszentrum und übernimmt die Funktionen des Säugetiercortex. Das *Kleinhirn* ist relativ klein bei Echsen und der Brückenechse, größer bei Schlangen und am besten entwickelt bei Krokodilen und Schildkröten. Die seitlichen Flügel des Kleinhirns sind stets klein.

Die im verlängerten Rückenmark von Vögeln und Säugetieren vorkommende Brücke (Pons) ist bei Reptilien noch nicht vorhanden. Wie Vögel und Säugetiere besitzen Reptilien 12 Paare von *Hirnnerven*, haben also einen N. accessorius (XI) und einen N. hypoglossus (XII). Bei einigen Formen ist allerdings noch die Basis des N. vagus mit jener des N. accessorius verschmolzen. Das Rückenmark und das Gebiet der Spinalnerven der Reptilien ist, wie bei den Vögeln und Säugetieren, gekennzeichnet durch eine Trennung der sensiblen und motorischen Fasern, wobei sensible Fasern nur durch die dorsale Wurzel und motorische Fasern nur durch die ventrale Wurzel treten. Das autonome Nervensystem besteht zur Hauptsache aus 2 Nervensträngen, die entlang der Körperachse verlaufen. Krokodile besitzen zusätzlich einen weiteren Nervenstrang, der parallel zur Dorsalarterie verläuft.

Sinnesorgane

Gegenüber jenen der Amphibien sind die Luftwege der Reptilien verlängert, oft unter Entwicklung eines sekundären Gaumens. So mündet die äußere Nasenöffnung in ein Vestibulum, dem eine größere *Riechkammer* folgt, die oft ausgebuchtet ist. Von hier aus führt der Nasopharyngealgang über die Choanen in die Mundhöhle. In der Regel ist nur das Dach der Riechkammer mit einem *Riechepithel* versehen. Die am intensivsten gegliederte Riechkammer besitzen die Krokodile. Alle Reptilien, mit Ausnahme der Krokodile, besitzen ein Jacobsonsches Organ *(Vomeronasalorgan)* (Abb. 78 A). Bei Schildkröten steht das Jacobsonsche Organ, wie bei den Amphibien, mit den Nasengängen in Verbindung und ist schwach entwickelt. Bei der Brückenechse ist es relativ groß und in seitlichen Aussackungen der Nasopharyngealgänge gelegen. Bei Squamata bildet es Einstülpungen im Gaumenbereich. Bei Schildkröten und bei der Brückenechse funktioniert das Jacobsonsche Organ in erster Linie *geschmacksrezeptorisch*. Bei den Squamata mit ihren weit vorstreckbaren, gespaltenen Zungen ist es zu einem *akzessorischen Riechorgan* geworden (Ausnahme Chamäleons).

Der **Tast-, Temperatur-** und Schmerzsinn der Reptilien ist noch wenig erforscht. Es steht fest, daß Reptilien zu allen diesen Empfindungen fähig

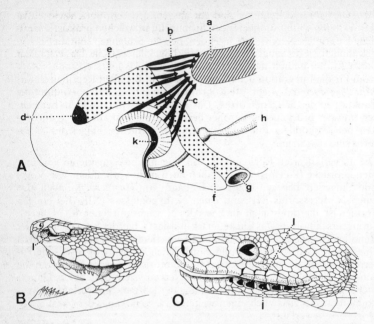

Abb. **78** Geruchs- und Temperatursinnesorgane bei Reptilien. **A** Längsschnitt durch den Kopf eines späten Schlangenembryos; **a** Bulbus olfactorius des Gehirns, **b** Riechnerv, **c** Vomeronasalnerv, **d** Nasenvorhof, **e** Nasenkammer, **f** Nasengaumengang, **g** innere Nasenöffnung, **h** Hardersche Drüse, **i** Tränengang, **k** Vomeronasalorgan (Jacobsonsches Organ); **B** Lage des Grubenorgans beim Buschmeister *(Lachesis muta)*, Crotalidae, **l** Grubenorgan; **C** Anordnung der Grubenorgane bei der Gartenboa *(Corallus enydris)* (nach *BELLAIRS, WEST, HUTCHISON*)

sind. Bei verschiedenen Formen wurden nicht nur freie Nervenendigungen sondern auch *Tastkörperchen* nachgewiesen.

Bei Klapperschlangen und anderen Grubenottern sind seit längerer Zeit paarige, zwischen Auge und äußeren Nasenöffnungen gelegene **Grubenorgane** (Abb. 78B) bekannt. Mit diesen Grubenorganen können Wärmequellen, in erster Linie warmblütige Beutetiere, geortet werden. Temperatursensitive Regionen sind auch in der Kieferregion einiger Riesenschlangen (Abb. 78C) bekannt. Das Grubenorgan besteht aus einer Vertiefung, die mit einem Sinnesepithel ausgekleidet ist und von einer durch den N. trigeminus innervierten Membran in eine äußere und eine innere Kammer geteilt wird. Die Grubenorgane sind besonders empfindlich auf Infrarot. Schlangen können damit auch Objekte lokalisieren, die kälter als sie selbst sind.

Die **Gleichgewichtsorgane** (Abb. 79) sind bei den Reptilien ähnlich ausgebildet wie bei den Amphibien. Hingegen unterscheidet sich das Innenohr im Bereich des Sacculus beträchtlich von jenem der Amphibien. Die
Lagena, welche bei den Amphibien nur eine leichte Ausbuchtung der
ventralen Wand des Sacculus darstellt, ist bei den Reptilien zu einem
Schneckengang verlängert, der die Macula lagenae und die Papilla basilaris enthält. Die Basilarpapille bildet den eigentlichen **Schallrezeptor,**
die Funktion der Macula lagenae hingegen ist noch nicht klar. Bei den
Krokodilen verläuft der Schneckengang (Ductus cochlearis) leicht gewunden, bei den übrigen Reptilien noch gestreckt. Wie bei den Anuren
enthalten die endolymphatischen Gänge kalksezernierende Drüsen. Diese
sind besonders ausgeprägt bei den Gekkonidae und einigen anderen Squamata. Das Mittelohr variiert stark innerhalb der einzelnen Reptiliengruppen. Den *Schlangen fehlen Trommelfell, Mittelohr* und Eustachische
Röhren, hingegen ist ihr Innenohr in typischer Weise ausgebildet. Das
proximale Ende der Columella befindet sich wie üblich an der Fenestra

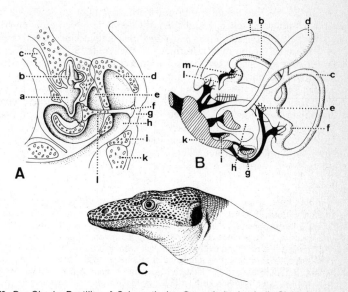

Abb. **79** Das Ohr der Reptilien. **A** Schematischer Querschnitt durch die Ohrregion einer Schildkröte, **a** Sacculus, **b** Utriculus, **c** Endolymphsack, **d** Mittelohrhöhle, **e** Perilymphraum, **f** Extracolumella, **g** Trommelfell, **h** Eustachische Röhre, **i** Quadratum, **k**
Articulare, **l** Stapes; **B** Innenohr einer Eidechse; **a, b, c,** oberer, seitlicher und hinterer
Bogengang, **d** Endolymphsack, **e** Papilla neglecta, **f** hintere Ampulle mit Cristahügel,
g Basilarpapille, **h** Sacculus mit Macula sacculi, **i** Macula lagenae, **k** Ganglion, **l** obere Ampulle mit ihrer Crista, **m** seitliche Ampulle mit ihrer Crista; **C** Ohröffnung mit
Trommelfell bei einem Varan (nach *ROMER, SHUTE u. BELLAIRS*)

ovalis, während das distale Ende, das normalerweise mit dem Trommelfell in Verbindung steht, am Quadratum artikuliert. Das bewegliche Quadratum der Schlangen ist nicht nur in der Lage, Erschütterungen des Untergrundes, sondern, zum mindesten bei einigen Arten, auch Schallschwingungen zu übertragen. Das Trommelfell der übrigen Reptilien liegt entweder offen an der Oberfläche (Abb. 79 C) oder es ist mit Haut bedeckt. Bei Echsen mit grabender Lebensweise läßt sich häufig eine Tendenz zur Reduktion des Mittelohrs feststellen.

Für die meisten Reptilien ist der **Sehsinn** der dominierende Sinn. Außer bei den Schlangen beruht die Nahakkomodation auf einer Kontraktion der Ciliarmuskeln, welche den Ciliarkörper gegen die Peripherie der elliptischen Linse pressen. Dadurch wird die vordere Fläche der Linse stärker gekrümmt. Als Besonderheit ist der Ciliarmuskel quergestreift, seine Bewegung erfolgt also willkürlich. Bei den Schlangen erfolgt die Nahakkomodation ähnlich wie bei den Amphibien, bei welchen die Linse durch Kontraktion des Vorziehmuskels verschoben wird, außerdem wird die Iris kontrahiert (Abb. 80 D).

Die Brückenechse, Schildkröten und Krokodile besitzen sowohl Zapfen- als auch Stäbchenzellen. Verglichen mit den Amphibien besitzen sie eine größere Zahl von Zapfen. Viele von ihnen haben eine Fovea centralis, eine schmale Grube in der Retina, in welcher die Stäbchen fehlen. Die Fovea centralis ist der Ort des schärfsten Sehens. Die für das Farbsehen verantwortlichen Zapfenzellen sind bei allen tagaktiven Nichtsquamaten häufig. Innerhalb der Squamata gibt es große Unterschiede in der Verteilung von Zapfen und Stäbchen (Abb. 80 E–K). Bei nächtlich lebenden Squamata, besonders bei den Geckos, dominieren die Stäbchen. Alle Retinazellen der Geckos sind Stäbchen, wobei ein bestimmter Typ aus Zapfenzellen hervorgegangen zu sein scheint. Unter den Schlangen fehlen den Typhlopidae Zapfenzellen. Viele tagaktive Echsen und einige

---

Abb. 80 Reptilienauge. **A** Fensterbildung bei einer Echse *(Mabuya)*; **a** Fenster, **b** Oberlid, **c** Unterlid; **B** aberrante Pupillenform beim Baumschnüffler *(Ahaetulla nasuta)*; **C** Chamaeleonauge, der „Augenkegel" besteht aus dem verwachsenen Ober- und Unterlid; **D** Auge eines Geckos *(Tarentola mauretanica)*, **a** Kopf, **b, b', b"** Pupillenöffnung bei starker und mittlerer Helligkeit sowie bei Dunkelheit; **E** Sehzellen vom „Viperntyp" *(Vipera berus)*, von links nach rechts einfacher Zapfen (A-Typ), Doppelzapfen (B-Typ), Stäbchen mit kurzem Myoid und langem Außenglied (C-Typ), Stäbchen mit langem Myoid und kurzem Außenglied (D-Typ); **F** Sehzellen vom Typ tagaktiver Colubriden, nur einfache und doppelte Zapfen; **G** Doppelzapfen einer Echse *(Anolis lineatopus)*; **a** Außenglied, **b** Öltropfen, **c** zusätzliches Ellipsoid, **d** Paraboloid, **e** Myoid, **f** Kern; **H** Stäbchen eines Nachtgeckos *(Coleonyx variegatus)*; **I** Stäbchen und Zapfen einer Boa *(Epicrates subflavus)*; **K** Zapfen einer Blindschlange *(Leptotyphlops)*; **L** Parietalauge einer Blindschleiche *(Anguis fragilis)*; **a** Linse, **b** Glaskörper, **c** Sehzelle, **d** Zwischenzelle, **e** Ganglienzelle, **f** N. parietalis; **M** Skleralring einer Eidechse *(Lacerta lepida)* (nach *ANGEL, VERRIER, WALLIS, NOVIKOFF, UNDERWOOD)*

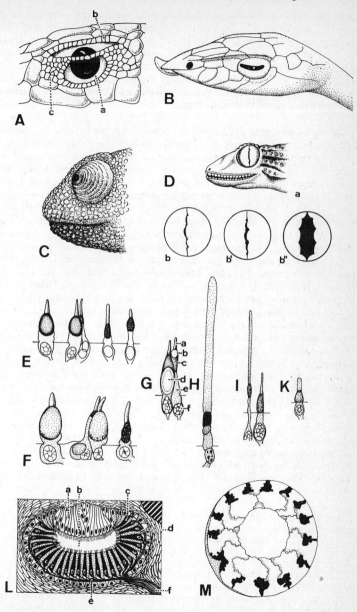

Schlangen aus der Familie der Colubridae besitzen keine Stäbchen. In ihrer Retina gibt es nur Zapfen, so daß man annehmen kann, daß diese Formen nachtblind sind. Nachtaktive Squamata besitzen meist eine vertikale Pupille, ihnen fehlt eine Fovea centralis, während die tagaktiven Formen eine runde Pupille besitzen mit einer Fovea. Unter den Schlangen besitzen nur 2 Formen mit querovaler Pupille eine Fovea centralis. Als *Gelbfilter* besitzen tagaktive Echsen gelbe Öltröpfchen in den Zapfenzellen und Schlangen eine getönte Linse.

Falls vorhanden, sind die Augenlider beweglicher als bei den Amphibien, wie bei diesen ist das untere Lid größer als das obere. Manche Reptilien besitzen ferner eine *Nickhaut*, mit der sie die Cornea reinigen und befeuchten. Die Harderschen Drüsen und die hinteren Tränendrüsen sind in der Regel gut entwickelt. Bei marinen Schildkröten dienen die hinteren Tränendrüsen als Salzausscheidungsorgane. Die Tränengänge, welche sich in der Regel am vorderen Rand des unteren Lides befinden, münden bei den Krokodilen in die Nasengänge und bei den übrigen Formen in der Gegend des Jacobsonschen Organs. Schildkröten haben in der Regel keine Tränengänge. Bei Schlangen, welche keine echten Tränendrüsen besitzen, fließt das ölige Sekret der Harderschen Drüsen in einen Zwischenraum zwischen Brille und Cornea und von dort über die Tränengänge zum Jakobsonschen Organ. Die Hardersche Drüse ist bei Schlangen immer gut entwickelt, sie hilft, das Jacobsonsche Organ zu befeuchten. Schlangen und viele Echsen besitzen keine Nickhaut, bei ihnen verschmelzen oberes und unteres *Augenlid* während der Embryonalentwicklung und sind *transparent*. Sie bilden ein durchsichtiges Fenster, *Brille* (Abb. 80A) genannt. Innerhalb der Familie der Skinke wurden 6 verschiedene Perfektionsstufen von Brillen beschrieben. Brillen werden während der Häutung ersetzt. In der Sclera sind, mit Ausnahme der Schlangen, Knorpelplatten eingelagert. Viele Reptilien besitzen zudem einen Ring von Scleralknöchelchen (Abb. 80M). Reptilien haben 6 Augenmuskeln nebst einem M. retractor bulbi, der die Nickhaut bewegt, und einem M. levator bulbi, der das obere Augenlid bewegt. Die meisten Reptilien können *binokular* sehen, wobei sich die Sehbereiche der beiden Augen teilweise überschneiden. Der Bereich des binokularen Sehens erstreckt sich bei Krokodilen über 25°, bei Schildkröten über 18° bis 38°, bei Varanen über 10° bis 30° und bei Schlangen über 30° bis 40°.

Unter allen Wirbeltieren haben wohl die Chamäleons (Abb. 80C) die spezialisiertesten Augen. Ihre vorstehenden Augäpfel können unabhängig voneinander bewegt werden und vermitteln dem Tier ein Gesichtsfeld von nahezu 360°. Wenn ein Insekt anvisiert wird, können die Augen auf binokulares Sehen umstellen. Bei der Brückenechse und vielen Squamaten ist ein *Parietalauge* ausgebildet (Abb. 80L). Dieses besitzt Reste einer Linse, einer Retina und einen Nerv, der zum Zwischenhirn führt. Hingegen fehlen ihm Augenmuskeln und Akkomodationsstrukturen. Bei einigen Echsen ist nachgewiesen, daß das Parietalauge als Lichtmesser funktioniert, der dem Tier erlaubt, die Dauer der Sonnenexposition zu regulieren.

Endokrines System

Das endokrine System der Reptilien wird zur Zeit intensiv erforscht, wobei es sich zeigt, daß die Hypophyse in ihrer Struktur und Funktionsweise als taxonomisches Kriterium herangezogen werden kann. Im Prinzip entspricht die Endokrinologie der Reptilien jener der Amphibien.

Außer bei den Sauria ist die **Schilddrüse** (Thyreoidea) einfach, ihre Form ist variabel, kugelig, bohnenförmig, langgestreckt, zwei- oder mehrlappig. Bei den Echsen kann sie paarig angelegt sein. In ihrer Feinstruktur gleicht die Schilddrüse jener der Säugetiere. Aus der Reptilienschilddrüse ist Thyroxin nachgewiesen und man weiß, daß sie auf spezifische Weise gegenüber Thiouracil und schilddrüsenstimulierendem Hormon reagiert. Das Thyroxin spielt eine wichtige Rolle beim Häutungsvorgang. Von einigen Echsen ist bekannt, daß die Schilddrüse im Zeitpunkt der Häutung ihre größte Ausdehnung erreicht. Die Schilddrüsenhormone spielen ferner eine Rolle bei der Steuerung metabolischer Vorgänge, so bei der Regelung des Sauerstoffkonsums.

Nebenschilddrüsen (Epithelkörper) wurden bei sämtlichen Reptilien nachgewiesen. Sie liegen stets in der Nähe der Schilddrüse und der Kopfgefäße. Je nach Form können 1–5 Paare von Nebenschilddrüsen vorhanden sein, die aus einer oder mehreren der 5 Schlundtaschen hervorgehen. Bei Reptilien ist die Wirkungsweise wenig erforscht, doch ist bekannt, daß die Hormone auch hier eine Rolle in der Regelung des Calcium- und Phosphatspiegels des Blutes spielen.

Alle Reptilien besitzen ein Paar **Nebennieren**. Bei den Schildkröten liegen diese, ähnlich wie bei den anderen Wirbeltieren, in der Nähe der Nieren. Im Gegensatz dazu befinden sie sich bei den übrigen Reptilien nahe den Gonaden und der Urogenitalgänge. Wie bei den anderen Tetrapoden umfaßt die Nebenniere chromaffine und interrenale Zellen. Die Verteilung dieser Zelltypen ist von Gruppe zu Gruppe verschieden. Bei Anolisformen ist das chromaffine Gewebe auf der Dorsalseite gelegen, bei Eidechsen reichen Lappen von chromaffinem Gewebe in das interrenale Gewebe hinein, und bei Schildkröten bilden die Interrenalzellen Inseln im chromaffinen Gewebe. An Hormonen sind nachgewiesen: Adrenalin, Noradrenalin, Aldosteron und Corticosteron. Die letzteren spielen eine Rolle im Wasser- und Salzhaushalt.

Die endokrinen **Langerhansschen Inseln** sind in der Regel über das Pankreas verteilt. Bei den Schlangen sind sie im vorderen, der Milz benachbarten Teil konzentriert. Sie enthalten sowohl Alpha- wie auch Betazellen. Bei den Squamata liegen beide Zelltypen vermengt entlang den Blutgefäßen, bei Schildkröten und Krokodilen hingegen sind sie deutlich separiert. Wie bei anderen Wirbeltieren produziert das Pankreas Insulin und Glukagon, die eine wichtige Rolle im Blutzuckerhaushalt spielen.

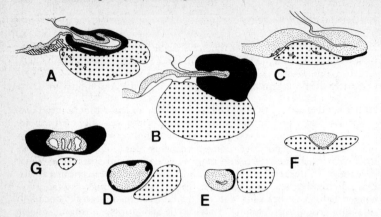

Abb. 81   Reptilien-Hypophysen. **A–C** Längsschnitte, **D–G** Querschnitte. **A** Brücken-echse *(Sphenodon punctatus);* **B** Nilkrokodil *(Crocodylus niloticus);* **C** Doppel-schleiche *(Blanus);* **D** Aeskulapnatter *(Elaphe longissima);* **E** Kalifornische Ringelschleiche *(Anniella pulchra);* **F** Blindschlange *(Typhlops);* **G** Rotkehl-Anolis *(Anolis carolinensis).* Diagonalraster: Pars tuberalis, grober Punktraster: Pars distalis, schwarz: Pars intermedia, feiner Punktraster: Eminentia mediana der Neurohypophy-se (nach *SAINT-GIRONS)*

Die **Hypophyse** der Brückenechse, der Schildkröten und der Krokodile ist gegliedert in einen Vorderlappen (Pars anterior), einen gut entwickel-ten Mittellappen (Pars intermedia), einen Trichterlappen (Pars tuberalis) und einen Hinterlappen (Pars distalis) (Abb. 81A, B). Bei den Squamata ist die Pars tuberalis zurückgebildet, auch sind die Pfortadern, die in den Vorderlappen eindringen, von einer kompakten Bindegewebsschicht um-geben, die sich als Pars terminalis vom übrigen Material des Vorderlap-pens abhebt. Die Neurohypophyse der Squamaten ist *kompakt.* Bei Schlangen und Doppelschleichen ist die Hypophyse flach und *asymme-trisch,* wobei Vorderlappen und Zwischenlappen auf die eine Seite und der Hinterlappen auf die andere Seite der Sagittallinie zu liegen kommt (Abb. 81D). Die Rechts-Links-Verteilung dieser Anteile kann individuell verschieden sein. Struktur- und Lageverhältnisse der Reptilienhypophyse sind gut erforscht und werden oft für Gruppendiagnosen verwendet. Spektrum und Wirkungsweise der Hypophysenhormone entsprechen den Verhältnissen bei den höheren Wirbeltieren, sie scheinen zusätzlich eine Rolle beim Farbwechsel zu spielen.

Entwicklung

Die **Spermien** haben einen relativ ähnlichen Aufbau mit elliptischem, nach vorne spitz zulaufendem Kopf und abgesetztem Halsstück.

Die **Eier** besitzen entweder eine *pergamentartige* oder eine harte, *kalkige* Schale. Kalkschalen haben die Eier der Schildkröten, Krokodile, Geckos und einiger Skinke. Während der Entwicklungszeit kann sich die Konsistenz der Schale verändern, ebenso die Form der Eier, die durch Wasseraufnahme von elliptischer zu runder Gestalt übergehen. In bezug auf ihre Dottermenge sind die Eier *polylecithal*, in bezug auf die Verteilung des Dotters *telolecithal*. Die Furchung ist meroblastisch und führt zur Bildung einer mehrschichtigen *Keimscheibe*. Unter der Keimscheibe entsteht eine Subgerminalhöhle. Die Trennung von primärem Ektoderm und Dotterblatt (Hypoblast) erfolgt sehr früh. Die Entstehung des Dotterblatts erfolgt bei den verschiedenen Gruppen auf unterschiedliche Weise. Für Schildkröten wird Invagination am hinteren Keimscheibenrand angenommen. Bei den Squamaten bildet sich das Dotterblatt wahrscheinlich durch Delamination von der Keimscheibe. Vom Rand der Keimscheibe her umwachsen die Keimblätter die Dottermasse, so daß ein Dottersack entsteht, als Ausbuchtung des Urdarms.

Ectoderm und Mesoderm bilden eine Ringfalte, die Amnionfalte, die sich allmählich über dem Embryo zusammenschließt, so daß dieser in einem mit Flüssigkeit gefüllten Hohlraum, der *Amnionhöhle*, eingeschlossen ist (Abb. 82 A). Nach außen werden Keim und Dottersack von einer weiteren Hülle umschlossen, der *Serosa*. Etwas später entsteht als Ausstülpung des Enddarms die Allantois, die einerseits den ausgeschiedenen Harn aufnimmt und somit zur embryonalen Harnblase wird und andererseits mit den Kapillaren der Serosa Kontakt aufnimmt und als Atemorgan dient. Die Bildung eines **Amnions** ist ein Neuerwerb der Reptilien, welche diese zusätzliche Embryonalhülle in Zusammenhang mit ihrer vom Wasser unabhängigen Fortpflanzungsweise erworben haben.

Einige Vertreter der Squamata sind *vivipar* geworden. Diese Formen haben meist, unabhängig voneinander, spezielle, placentaähnliche Strukturen (Abb. 82 B) entwickelt, welche den Stoffaustausch zwischen mütterlichem und embryonalem Organismus sichern. Nachdem die Embryonen zum größten Teil ihren Dottervorrat verbraucht haben, verwachsen ihre Allantois und ihre Gefäße mit dem Chorion zu einer Chorioallantois, die sich der Uterusschleimhaut anlegt. Oder aber Chorion und Uterusepithel können ein Syncytium bilden, wobei die beidseitigen Epithelschichten reduziert werden, so daß kindliche und mütterliche Gefäßwände direkt nebeneinander zu liegen kommen (endothelio-endothelialer Typ der Placenta). Daneben sind Placenten von epitheliochorialem Typ bekannt. Besonderheiten in der späteren Embryonalentwicklung sind etwa die spiralisierte Lage der Schlangenembryonen (Abb. 82 D) und der bereits ausgeprägte Panzer der Schildkröten (Abb. 82 C). Schlüpfende Reptilien zerstoßen oder zerreißen die Eihülle. Zu diesem Zwecke besitzen Schildkröten, Bückenechse und Krokodile einen hornigen Vorsprung auf der Schnauzenspitze, die Eischwiele. Die übrigen Reptilien besitzen einen echten Eizahn, der dem Prämaxillare aufsitzt und bald nach dem Schlüpfen ausfällt. Da Reptilien, mit wenigen Ausnahmen, ihre Eier nicht be-

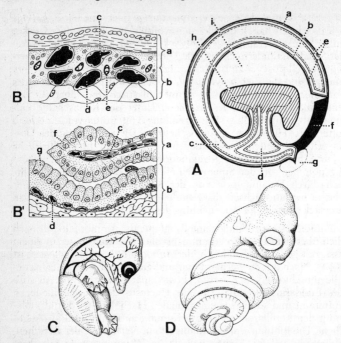

Abb. 82 Entwicklung bei Reptilien. **A** Schematische Darstellung der Embryonalhüllen einer Schildkröte *(Chelonia)*, **a** Chorion, **b** Amnion, **c** Allantois, **d** Dottersack, **e** extraembryonales Coelom, **f** Aufhängeband der Allantois (ungespaltenes Allantochorion), **g** Rest des Eiklar, **h** Embryo, **i** Amnionhöhle; **B** Ausschnitt aus der Placentarzone eines Schlankskinks *(Lygosoma)*, **B'** Ausschnitt aus dem Placentom der Erzschleiche *(Chalcides seps)*, **a** mütterlicher Bereich, **b** embryonaler Bereich, **c** mütterliche Kapillare, **d** embryonale Kapillare, **e** Chorionzelle, **f** mütterliches Epithel, **g** embryonales Epithel; **C** fortgeschrittener Embryo einer Weichschildkröte *(Trionyx)*; **D** Embryo einer Strumpfbandnatter *(Thamnophis)* (nach *MITSUKURI, TEN CATE-HOEDEMAKER, RATHKE, ZEHR*)

brüten, dauert ihre *Embryonalperiode* sehr lange, zwischen 60 und 400 Tagen *(Sphenodon)*. Die frischgeschlüpften oder neugeborenen Reptilien gleichen in Körperbau und Lebensweise ihren Eltern. Das postembryonale Wachstum erfolgt in der Regel langsam. Kleine Formen werden dabei eher geschlechtsreif als große. So werden unsere Echsen etwa mit 3 Jahren und unsere einheimischen Schlangen mit 4–5 Jahren geschlechtsreif, während Riesenschlangen, Krokodile und Schildkröten erst nach 10 Jahren fortpflanzungsfähig werden. Die *Lebensdauer* der Reptilien ist entsprechend lang. Von einer Blindschleiche ist eine Lebensdauer von 33

Jahren und für eine griechische Landschildkröte von 54 Jahren nachgewiesen. Man nimmt an, daß große Landschildkröten 150–200 Jahre alt
werden können.

Fortpflanzung

Die *Fortpflanzungzeit* der Reptilien richtet sich nach optimalen Wetter- und Kli-
mabedingungen. Außerhalb der Tropen fällt die Fortpflanzungszeit meist in die
Periode der zunehmenden Tageslängen bis zum Sommer. Die Steuerung der Fortpflanzungsperiodik erfolgt vorwiegend unter dem Einfluß äußerer Zeitgeber wie
Lang- und Kurztagsphänomene oder Änderungen der Umgebungstemperatur. Das
Paarungsverhalten ist außerordentlich vielfältig und kann optisch, olfaktorisch
oder akustisch ausgerichtet sein. Von den ♂♂ verschiedener Krokodile ist be-

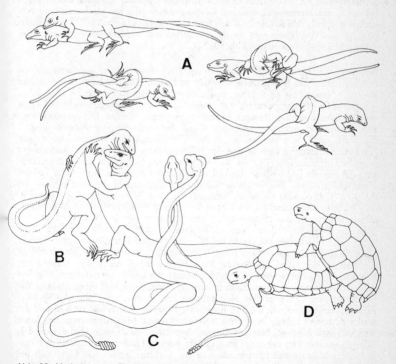

Abb. 83 Verhalten von Reptilien. **A** vier Phasen aus dem Kopulationsverhalten eines
Tejiden *(Ameiva chrysolaema);* **B** ritualisierter Kampf zwischen zwei Varanen *(Varanus bengalensis);* **C** zwei Klapperschlangenmännchen *(Crotalus atrox)* in Kampfstel-
lung; **D** Kopulation bei Schildkröten *(Gopherus polyphemus)* (nach *NOBLE u. BRAD-
LEY, PORTER, AUFFENBERG)*

kannt, daß sie die ♀♀ mit Gebrüll anzulocken versuchen. Bei Wasserschildkröten vollführt das ♂ oft eine auffällige Schwimmbalz, bei Landschildkröten verfolgen die ♂♂ das ♀ und versuchen es durch Stöße und Bisse paarungswillig zu machen. Differenziert ist das Paarungsverhalten vieler Echsen. Bei den meisten von ihnen sind die ♂♂ während der Fortpflanzungszeit streng territorial. Die *Territorien* werden durch Imponierverhalten oder kämpferische Auseinandersetzungen gegenüber artgleichen ♂♂ verteidigt. Die ♀♀ werden durch auffälliges Gebaren, wie Präsentation sekundärer Geschlechtsmerkmale (Hautkämme, auffällig gefärbte Kehlsäkke), vor allem aber durch taktile Reize, wie Berührung mit den Extremitäten, Auflegen des Kopfes oder Bisse paarungswillig gemacht. Bei der Paarung der Schlangen wird häufig durch das ♂ das ♀ olfaktorisch angelockt. Das ♂ seinerseits pflegt das ♀ durch taktile Reize, wie Berührung mit dem Kopf, Aneinanderlegen oder Umschlingen der Körper (Abb. 83 A), in Paarungsstimmung zu bringen. Vor allem bei Formen mit wirksamen Waffen, wie bei Varanen und Giftschlangen, sind die Kämpfe rivalisierender ♂♂ ritualisiert. So versuchen sich kämpfende Varan-♂♂ (Abb. 83 B) nach Ringerart zu umfassen und einander gegenseitig zu Boden zu drücken, ohne ihr gefährliches Gebiß anzuwenden. Ähnlich kämpfen viele Vipern. Die ♂♂ umschlingen sich mit dem Körper, richten sich aneinander auf und versuchen ebenfalls den Rivalen auf den Boden zu drücken (Abb. 83 C). Die Befruchtung ist stets eine innere und erfolgt, mit Ausnahme von *Sphenodon,* immer über männliche Begattungsorgane (Abb. 83 D).

Bei vielen Arten sind die Weibchen in der Lage, Spermien zu speichern und sie erst bei Bedarf zur Befruchtung kommen zu lassen. Einige Schildkrötenweibchen können Spermien bis zu 4 Jahre, einige Schlangenweibchen sogar bis zu 6 Jahre speichern. Es ist auch bekannt, daß einige Echsen und Schlangen mehrere Gelege mit den Spermien einer einzigen Besamung versorgen können. Die Spermien werden meistens in Ausbuchtungen der Wand der weiblichen Genitalwege gespeichert. Als große Seltenheit innerhalb der Wirbeltiere ist bei einigen Angehörigen der Eidechsengattung *Lacerta* und der Tejidengattung *Nemidochorus* parthenogenetische Fortpflanzung bekannt. Bei den erwähnten Gattungen gibt es Populationen, die nur aus ♀♀ bestehen und sich erfolgreich vermehren. Der größte Teil der Reptilien ist ovipar. Die Größe der Gelege und ihre Anzahl pro Jahr variiert von Art zu Art. Krokodile betreiben Nestbau. Während Nilkrokodile sich eine einfache Grube für die Aufnahme der Eier in den Sand graben, konstruieren Mississippialligatoren Nester aus Pflanzenteilen und Schlamm von 2–2,5 m Durchmesser. Nach der Eiablage wird das Nest mit Schlamm und Pflanzenteilen bedeckt. Möglicherweise verschaffen die faulenden Pflanzenteile den Eiern Brutwärme. Sowohl beim Nilkrokodil als auch beim Mississippialligator verharren die ♀♀ nach Ablage der Eier in der Nähe des Nestes. Sie schützen dieses durch ihre Präsenz vor Feinden, z. B. Nilvaranen. Die schlüpfenden Krokodile verständigen sich mit der wachehaltenden Mutter durch bestimmte Rufe. Diese hilft ihnen alsdann, die Sandkruste, die sich über dem Nest gebildet hat, zu entfernen. Nilkrokodile wurden auch beobachtet, wie sie ihre Jungen zum Wasser führen und sie während der ersten Zeit ihres Lebens bewachen. Nilkrokodile und Mississippialligatoren legen durchschnittlich 50–60 Eier pro Gelege. Auch alle Schildkröten sind ovipar. Die ♀♀ graben ihre Eier entweder im Sand ein oder in Haufen mit faulendem Pflanzenmaterial; Meeresschildkröten suchen zur Eiablage immer das Land auf. Bei der Nestwahl gehen die Meeresschildkröten äußerst sorgfältig vor; um ein Austrocknen der Eier zu vermeiden, werden diese in sehr kurzer Zeit, meist in der Nacht abgelegt und zugedeckt. Eine weitere Brutpflege kennen Schildkröten nicht. Die Gelegegröße der Schildkröten variiert außerordentlich zwischen einem Ei bei der Afrikanischen Spaltenschildkröte und 200 Eier bei der Suppenschildkröte. Der größere Teil der Echsen ist ovipar. Doch gibt es bei ihnen sämtliche Übergänge von Ovoviviparie zu echter Viviparie mit den erwähnten Placentabildungen. Von echter Viviparie spricht man dann, wenn die Jungen unmittelbar bei der Geburt ihre Eihüllen verlassen, wie dies bei vielen Vipern der Fall ist. Bei der Ovoviviparie verbleibt das Ei längere Zeit in den weiblichen Geschlechtswegen und der Embryo macht dort einen Teil seiner Entwicklung durch, so daß das Junge in mehr oder weniger kurzer Zeit nach der Eiablage das Ei verläßt. Echsen graben ihre Eier häufig im Sand ein, oder sie heben Bodenmulden aus, in die das ganze Gelege eingebracht und zugedeckt wird. Tiefe Gruben nach Art der Schildkröten pflegen sich Varane auszuheben. Andere Echsen, so einige Chamäleons, graben sich waagrechte Gänge in Böschungen, während der Nilvaran seine Eier in Termitenbauten plaziert. Die allermeisten Echsen treiben nach der Eiablage keinerlei Brutpflege, doch sind auch Ausnahmen bekannt. So beschützen der Streifenskink und einige Glasschleichen ihre Gelege mit ihrem Körper. Bei den Skinken der Gatung *Eumeces* wurde zudem beobachtet, daß sie ihre Eier regelmäßig kehren. Diese Formen scheinen ihre Eier auch zu erkennen; wenn man nämlich fremde Eier in ihr Gelege einschmuggelt, so wird das Gelege nicht mehr weiter bewacht. Das eigene Gelege wird mittels des Geruchssinns erkannt. Beim Skink *Eumeces obsoletus* ist ferner bekannt, daß auch die Jungen bewacht werden, und daß die Mutter den Jungen Schlüpfhilfe leistet. Beim viviparen afrikanischen Skink *Mabuya* und der viviparen Nachtechse *Xantusia vigilis* ist bekannt, daß die Mutter dem Jungen hilft, sich aus den Eihüllen zu befreien. Die Gelegezahl der Echsen ist meistens geringer als jene von Krokodilen und Schildkröten. Zahlreiche Arten produzieren nur 1–2 Eier. Die durchschnittliche Gelegegröße liegt zwischen 4 und 8, und die größten Gelege sind vom Nilvaran bekannt, der 40–60 Eier ablegt. Die meisten Schlangen sind ebenfalls ovipar. Sie legen ihre pergamentschaligen Eier meistens in Erde oder in Sand, öfters auch in ein Substrat, das von der Sonne erwärmt wird oder in faulendes Pflanzenmaterial, wo Gärungswärme frei wird. Nur wenige Schlangen treiben echten Nestbau. So ist bei indischen Kobras bekannt, daß ♂♂ und ♀♀ sich am Bau einer Eikammer beteiligen. Die Königskobra baut sich möglicherweise als einzige Schlange ein Nest aus Pflanzenteilen. Von einigen Arten wird beschrieben, daß die ♀♀ die Eier mit ihrem Köper bedecken. Dies gilt vor allem für einige Vertreter der Pythonschlangen. So bedeckt die indische Python *(Python molurus bivittatus)* die Eier mehr als 6 Wochen mit ihrem Körper, wobei sie in der Lage ist, ihre Körpertemperatur durch metabolische Vorgänge zu erhöhen und so den Eiern echte Brutwärme zuzuführen. Ein ähnliches Brutverhalten ist bei den Wurmschlangen der Gattung *Leptotyphlops* nachgewiesen. Bisher ist kein Fall bekannt geworden, in dem Schlangen ihre geschlüpften oder geborenen Jungen weiter bewachen. Die Gelegegröße und die Anzahl der geborenen Jungen ist bei den Schlangen in der Regel höher als bei den Echsen. Sie beträgt im Durchschnitt etwa 8, erreicht aber bei der Netzpython, der Felsenpython, der Schlingnatter, der Siegelringnatter und bei der Wassermokassinschlange Werte von 70–100 und mehr.

Verhalten

Viele Reptilien leben auch außerhalb der Fortpflanzungszeit *territorial*. Allgemein haben Schildkröten und Schlangen relativ große Territorien, Echsen relativ kleine. Bei den Galapagos-Meerechsen ist je nach Insel verschiedene Arten von Territorialität bekannt. Auf den einen Inseln beanspruchen die ♂♂ für sich allein Territorien in Strandnähe, die sie gegenüber sämtlichen Artgenossen verteidigen. Auf anderen Inseln bewohnen ganze Familien von Echsen mit einem ♂, 2–3 ♀♀ und einigen Jungen ein bestimmtes Territorium. Die meisten Reptilien leben solitär oder paarweise. Vergesellschaftungen finden höchstens an gemeinsamen Freßplätzen oder an gemeinsamen Winterschlafplätzen statt.

Innerhalb der Reptilien gilt als klassischer Fall von *Mimikri* die Nachahmung der bunten Ringelzeichnung giftiger Korallenschlangen durch mehrere harmlose Nattern. Die meisten Reptilien sind mehr oder weniger sessil, mit Ausnahme der Meeresschildkröten. Diese halten sich das Jahr über weitab von den Küstengebieten auf. So finden sich die meisten Suppenschildkröten das Jahr über vor der brasilianischen Küste, während sie das Brutgeschäft auf der Insel Asuncion in mehr als 2200 km Entfernung erledigen.

Verbreitung

Außer in der Antarktis sind die heutigen Reptilien *weltweit* verbreitet. Verglichen mit den Amphibien ist es ihnen gelungen, eine größere Anzahl terrestrischer Habitate zu bewohnen. Ihre Hautdeckung erlaubt ihnen sowohl Trockengebiete unbeschränkt zu bewohnen als auch teilweise ins Salzwasser vorzudringen. Anderseits wirken Kälte-Temperaturbarrieren noch rigoroser als bei Amphibien; diese können, dank Hautatmung, Kälteperioden im Wasser untergetaucht gut überdauern. Generell läßt sich sagen, daß Amphibien den Reptilien im Bereich tiefer Temperaturen, Reptilien den Amphibien hingegen im Bereich höherer Temperaturen überlegen sind. Die Ordnung der Squamata ist nahezu weltweit verbreitet. Mit den Seeschlangen ist es ihnen gelungen, sogar weite marine Bereiche zu besiedeln. Die Verteilung von Schlangen und Echsen auf den verschiedenen Kontinenten ist ungleich. Während in Europa, Neuguinea, Australien und Afrika die Echsen dominieren, gibt es in Süd- und Ostasien mehr Schlangen. Den Echsen ist es gelungen, eine größere Anzahl von terrestrischen Habitaten zu bewohnen als die Schlangen. Auf Inseln ist ebenfalls der Anteil von Echsen größer als derjenige von Schlangen. Die am weitesten in kalte Gebiete vordringenden Reptilien sind Bergeidechse und Kreuzotter in der Paläarktis, Strumpfbandnatter in Nordamerika, (bis 60° nördlicher Breite) sowie die Lanzenschlange, *Bothrops ammodytoides,* die bis nach Feuerland verbreitet ist. Die Verbreitungsgebiete der Squamatenfamilien, die meistens während des Tertiärs entstanden sind, sind entweder sehr groß und erstrecken sich über mehrere zoogeographische Regionen (Colubridae, Viperidae, Elapidae, Scinkidae, Abb. 85) oder sie deckt sich mehr oder weniger mit den zoogeographischen Regionen (Leguane vorwiegend neuweltlich, Agamen vorwiegend altweltlich, Abb. 84). Ganz anders liegen die Verhältnisse für die Schildkröten und die Krokodile, deren Entstehung sehr viel weiter zurück, im Erdmittelalter, liegt. Da die Stellung und die Verbindung der einzelnen Kontinente während des Erdmittelalters eine ganz andere war als heute, zeigen die Verbreitungsgebiete der einzelnen Schildkröten- und Krokodilgruppen nur wenig Übereinstimmung mit den Grenzen der heutigen zoogeographischen Regionen. Während einige Schildkrötenfamilien sehr weit verbreitet sind, wie die Land-

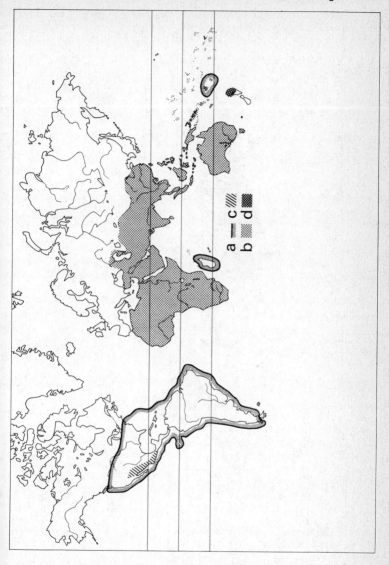

Abb. **84** Verbreitung verschiedener Echsenfamilien. **a** Leguane (Iguanidae), **b** Agamen (Agamidae), **c** Krustenechsen (Helodermatidae), **d** Brückenechse (Sphenodontidae) (nach *BARTHOLOMEW*)

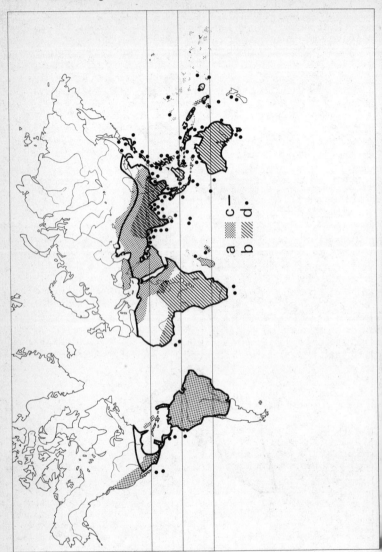

Abb. 85   Verbreitung einzelner Schlangengruppen. **a** Boinae, **b** Pythoninae, **c** Elapinae, **d** Hydrophiinae (nach *BARTHOLOMEW*)

schildkröten und die Sumpfschildkröten, zeigen andere eine ausgesprochene Reliktverbreitung, so die auf Südmexiko und Zentralamerika beschränkten Tabascoschildkröten (Dermatemydidae) oder die einzig in Neuguinea und Nordaustralien vorkommenden Weichschildkröten (Carettochelydidae). Auch die Verbreitungsgebiete der 3 Krokodilgruppen stellen Reliktverbreitungen dar. Die 3 Gruppen haben sich vorzugsweise auf die Tropengebiete der Alten und der Neuen Welt zurückgezogen. Interessant dabei ist, daß sich die Verbreitungsgebiete der Krokodile und Alligatoren großenteils überdecken. Die auffälligste Reliktverbreitung unter allen Reptilien zeigt die Brückenechse. Dieser einzige rezente Vertreter einer erdmittelalterlichen Reptilienordnung kommt nur noch auf einigen kleinen Inseln vor der Küste Neuseelands vor (Abb. 84).

Systematik der Reptilien

Die heutigen Reptilien lassen sich am besten mit der Spitze eines Eisberges vergleichen, die aus dem Wasser ragt, wobei der viel größere, unter Wasser liegende Teil des Eisbergs der enormen Vielfalt ausgestorbener Reptilien, vor allem aus dem Erdmittelalter, entspricht. Die außerordentlich zahlreichen, gut erhaltenen Fossilfunde von Reptilien und deutliche, gruppentypische Unterschiede in wesentlichen Schädelmerkmalen ermöglichen eine klare und kaum mehr in Frage gestellte Gliederung der Reptilien auf Ordnungsniveau. Umstrittener hingegen ist die Familiensystematik, vor allem bei den Squamata, und zwar sowohl in bezug auf die Diagnostizierung der einzelnen Familien und Unterfamilien, als auch in bezug auf die Bündelung dieser Familien zu Überfamilien oder zu Zwischen- oder Unterordnungen.

Taxonomische Merkmale

Grundlegendste taxonomische Merkmale, die nicht nur innerhalb der Reptilien bedeutsam, sondern für die phylogenetische Ableitung aller Amniota von ausschlaggebender Wichtigkeit sind, liefert die Konfiguration der *Schläfenfenster* und der sie begrenzenden beiden *Jochbogen* (s. S. 28 b).

Entsprechend den verschiedenen Ernährungsspezialisationen einzelner Reptilformen oder -gruppen sind die Schädelelemente vielfach unterschiedlich ausgeprägt oder können sogar ganz reduziert werden. Besonders großen Proportionsschwankungen unterworfen sind etwa Quadratum, Parietale, Postfrontale, Lacrimale, Ectopterygoid, Spleniale und Coronoid. Vielfach stehen diese eklatanten Proportionsänderungen in Zusammenhang mit der Entwicklung eines *kinetischen Schädels*, etwa von der Art des Schlangenschädels, bei dem Plattenelemente zu Spangen umgewandelt wurden, wobei der Oberkiefer gegenüber der Schädelkapsel beweglich ist. Solche kinetische Schädeltypen unterscheiden sich tiefgreifend von den akinetischen, starren und kompakten Konstruktionen, wie sie durch den Schildkrötenschädel oder den Krokodilschädel repräsentiert werden. Für die Systematik der Schlangen sind ferner von Bedeutung Vorhandensein und Beschaffenheit des *Canalis vidianus,* der Durchtrittsstelle der Carotis interna und eines Teils des N. facialis durch das Basisphenoid sowie von *Trabeculargruben* an den Frontalia. Wichtige taxonomische Merkmale liefern ferner die Zähne (Abb. 73, S. 309), in bezug auf ihre Einzelstruktur (zum Beispiel ein- oder mehrhöckriger Typ), in bezug auf ihre Insertionsweise in Alveolen *(thecodont),* dem Knochen aufsitzend *(acrodont)* oder einseitig anliegend *(pleurodont)* oder schließlich in bezug auf die Gebißkonfiguration die *homodont* (viele gleichförmige Zähne) oder *heterodont* (wenige, in Struktur und Funktion spezialisierte Zähne) sein kann. Extreme Heterodontie zeigen z. B. die verschiedenen Schlangengebisse (aglyph, opisthoglyph, proteroglyph, solenoglyph) (Abb. 74, S. 312). Ferner ist die Anzahl der bezahnten Knochenelemente von Bedeutung, etwa das Vorhandensein von Gaumenzähnen oder Bezahnung des Prämaxillare.

Am Axialskelett lassen sich oft gruppentypische Unterschiede im Artikulationsmodus der Wirbel, im Aufbau ihrer Centra, in der Ausprägung der Neuralfortsätze und in der Form der Rippen feststellen. Oft wird auch die Verschmelzung der Kreuzwirbel und das Vorhandensein einer präformierten Stelle für den Schwanzabwurf in der Gruppendiagnose einbezogen. Ferner sind von Bedeutung die Ausprägung von Clavicula und Interclavicula, die eventuelle Perforation des Coracoids sowie der eventuelle Reduktionsgrad der Extremitäten und ihrer Gürtel. Die Gliedmaßenreduktion ist allerdings ein Merkmal von geringer taxonomischer Wertigkeit, da die Tendenz zur Beinlosigkeit, begleitet von Wirbelvermehrung, sich innerhalb verschiedenster Reptilgruppen nachweisen läßt.

Weitere Merkmale bei der Beurteilung einzelner Gruppen liefern die Hautverknöcherungen, die bei einigen Sauria, Crocodylia und Chelonia besonders ausgeprägt sind. Für die Schildkrötensystematik spielt ferner eine Rolle, wie stark die einzelnen Elemente des Axialskeletts und der Gliedmaßengürtel in den Panzer einbezogen sind (Abb. 71, S. 303).

Neben dem Skelett liefert das Integument die wichtigsten taxonomischen Anhaltspunkte, so etwa die Beschaffenheit des hornigen Panzerteils bei den Schildkröten, oder Form und Anordnung der Schuppen und Schilder bei den Squamata. Bei letzteren spielen Schuppen und Schilder eine ausschlaggebende Rolle für die Spezies- und Subspeziesbestimmung (Abb. 69 C, S. 300). Viel zitiert wird ferner die Augenbedeckung, die durch normale Augenlider, durch Augenlider mit einem glasklaren Fenster oder durch dauernde Bedeckung des Auges mit einem transparenten Augenschild erfolgen kann (Abb. 80).

Von ausschlaggebender Bedeutung für die Systematik der Squamata erwies sich die Konfiguration der Kiefermuskeln, etwa die Ausbildung des M. levator anguli oris und teilweise die Anordnung der Rumpfmuskulatur.

An inneren Organen sind für die Taxonomie der Reptilien u. a. bedeutsam Bau und Struktur der Zunge (Abb. 72, S. 307), des Meckelschen Knorpels, des Jakobsonschen Organs, des Ohrs, der Trennungsgrad der Herzventrikel (Abb. 76 B, S. 322), das Vorhandensein einer doppelten oder einfachen Carotis communis, der Versorgungsbereich der Intercostalarterien, der histologische Aufbau verschiedener Hormon- und Verdauungsdrüsen, die Symmetrieverhältnisse der Hypophyse (Abb. 81), der Bau der Genital- und Kopulationsorgane und die Typen und Schichtung der Retinazellen. Bei Schlangen und anderen Formen mit Wurmgestalt spielt oft die Tendenz zur asymmetrischen Ausprägung ursprünglich bilateralsymmetrisch angelegter Organe, etwa der Lungen (Abb. 76 C–G), Nieren und Geschlechtsorgane eine diagnostisch bedeutsame Rolle.

Zur Lösung noch umstrittener systematischer Probleme haben in jüngster Zeit wesentlich beigetragen die vergleichende Cytologie, die Serumimmunologie, der Chemismus der Gifte sowie eine beschränkte Anzahl vergleichend-ethologischer Arbeiten.

Verwendete Systemvorschläge

In der Anordnung und Gruppierung der rezenten Familien der Reptilien halten wir uns im wesentlichen an das von MERTENS und WERMUTH vorgeschlagene System, unter Berücksichtigung der Schlangentaxonomie von UNDERWOOD (1967). Die heute bekannten ca. 6400 rezenten Reptilienarten werden gegliedert in 4 Ordnungen, 46 Familien und ca. 800 Genera.

Systemübersicht (Tab. 57)

Ordnung Schildkröten *Testudines* (= *Chelonia)* (Tab. 58–61)

Verbreitung: Weltweit in tropischen und gemäßigten Breiten

Charakterisierung: Anapsider, kompakter Schädel (Abb. 65 B, S. 287) mit fest verwachsenen Knochenplatten; Schädeldach hinten abrupt in 2 Einbuchtungen abbrechend, keine Pinealöffnung, Nasalia zurückgebildet oder fehlend, kommunizierende knöcherne Nasenhöhlen, die sich in der Schnauzengegend nach außen öffnen; Zähne fehlend, Kieferränder mit Hornscheiden überzogen, großes unbewegliches Quadratum, das mit der Gehörkapsel in Verbindung steht und vom Innenohr durch einen Sinus capsularis getrennt ist, gut entwickelter knöcherner Gaumen, Epipterygoid in Schädelwand einbezogen, Ektopterygoid fehlend, Unterkiefer aus 6 Knochen zusammengesetzt, die beim adulten Tier verwachsen sind; 8 Hals- und 10 Rückenwirbel, Halsrippen reduziert; zwischen den Rückenwirbeln inserierende Rippen und Dornfortsätze mit dem Carapax verwachsen, kein Sternum, Becken- und Schultergürtel im Carapax liegend, Clavicula und Interclavicula im Plastron eingebaut; der kurze, meist flache Rumpf ist von einem Panzer umschlossen (Abb. 71, S. 303), der sich in einen Rückenschild (Carapax) und eine Bauchplatte (Plastron) gliedert. Der Panzer wird einerseits gebildet aus Skelettelementen des Axialskeletts, der Gliedmaßengürtel und aus großen Hautknochenplatten, andererseits durch Hornschilder epidermialer Herkunft oder durch eine derbe, lederartige Haut; die Konturen der Knochenplatten und der darüber liegenden Hornschilder decken sich nicht. Besonderheiten an anderen Organen sind die sagittal in zwei symmetrische Hälften gegliederte Hypophyse mit gut ausgebildeter Pars tuberalis, die kugelige, einteilige Thyreoidea, die an der Basis des Halses liegt, flache Nebennieren, bandartiger Pankreas mit kleinen Langerhansschen Inseln und dominierenden A-Zellen; die Kloakenspalte ist längsgerichtet oder rund, das Kopulationsorgan unpaar; Eier mit Kalkschale.

Tabelle 57   **Systemübersicht Klasse Kriechtiere** (Abb. 61–64, S. 281, 286)

	Anzahl rezente Familien	Anzahl rezente Gattungen	Anzahl ausgestorbene Familien	Anzahl ausgestorbene Gattungen	\<Existenzdauer\> Karbon	Perm	Trias	Jura	Kreide	Tertiär	Gegenwart
Unterklasse Anapsida											
Ordnung Cotylosauria+	—	—	8	60	x	x	x				
Ordnung Mesosauria+	—	—	1	1		x					
Ordnung Chelonia											
Unterordnung Amphichelydia+	—	—	9	44				x	x	x	
Unterordnung Proganochelydia+	—	—	1	3			x				
Unterordnung Pleurodira	2	13	—	25					x	x	x
Unterordnung Cryptodira	8	54	3	90				x	x	x	x
Unterklasse Lepidosauria											
Ordnung Eosuchia+	—	—	5	20	x	x	x	x	x		
Ordnung Rhynchocephalia	1	1	4	22			x	x	x	x	x
Ordnung Sauropterygia+			11	85			x	x	x		
Ordnung Squamata											
Unterordnung Sauria	21	340	6	120			x	x	x	x	x
Unterordnung Serpentes	11	370	6						x	x	x
Unterklasse Archosauria											
Ordnung Thecodontia+	—	—	9	42		x	x				
Ordnung Crocodylia	2	8	13	116			x	x	x	x	x
Ordnung Pterosauria+	—	—	5	24				x	x		
Ordnung Saurischia+	—	—	15	150			x	x	x		
Ordnung Ornithischia+	—	—	13	115			x	x	x		
Unterklasse Ichthyopterygia+											
Ordnung Ichthyosauria+	—	—	5	22			x	x	x		
Unterklasse Euryapsida											
Ordnung Araeoscelidia+	—	—	4	14	x	x					
Ordnung Placodontia+	—	—	4	9			x				
Unterklasse Synapsida+											
Ordnung Pelycosauria+	—	—	8	37	x	x	x				
Ordnung Therapsida+	—	—	56	430		x	x				

Lebensweise: Terrestrisch, amphibisch oder aquatil, teils piscivor, teils omnivor oder herbivor; Oviparie.

Verwandtschaftliche Beziehungen und Fossilgeschichte: Die Schildkröten sind Repräsentanten eines sehr ursprünglichen Reptilienzweiges. Früheste anapside Reptilien lassen sich bereits im mittleren Karbon nachweisen. Als Ahnformen der Schildkröten gelten permische Cotylosaurier. In der oberen Trias treten bereits Schildkröten vom heutigen Typ auf.

Gliederung: Auf Grund der Halskonstruktion lassen sich seit der Trias die beiden heutigen Unterordnungen unterscheiden. Für die Familiengliederung liefert die Beschaffenheit des Panzers und der in ihn aufgenommenen Elemente des Axial- und Gliedmaßenskeletts günstige Kriterien.

Tabelle 58   **Übersicht Ordnung Chelonia**

Unterordnung	Halsberger, Cryptodira	Halswender, Pleurodira
Verbreitung	Tropen und gemäßigte Zonen	nur Tropen und Subtropen
Lebensraum	wie Ordnung	nur im Süßwasser
Bergen des Kopfes im Panzer	durch S-förmiges Einziehen des Halses in der Sagittalebene	durch seitliches Umlegen des Halses
Halswirbel	ohne Querfortsätze	mit Querfortsätzen
Becken	nicht mit Panzer verwachsen	mit Panzer verwachsen
Ernährung	Tab. 60, 61	vorwiegend animalisch

Tabelle 59   **Familiengliederung Unterordnung Pleurodira**

Familie	Pelomedusidae Pelomedusaschildkröten	Chelidae Schlangenhalsschildkröten
Umfang	3 G, 14 Sp	10 G, 31 Sp
Vorkommen	Afrika, Madagaskar, Südamerika	Australien, Neuguinea, Südamerika
Habitus	Hals eher gedrungen, wird zuerst eingezogen und dann seitlich umgelegt; Nuchalplatte fehlend; Plastron aus 11 Knochenplatten	Sehr langer Hals, der nur durch seitliches Umlegen geborgen werden kann; Nuchalplatte vorhanden, Plastron aus 9 Knochenplatten

Tabelle 60   **Familienübersicht Unterordnung Cryptodira, Überfamilie Testudinoidea**

	Chelydridae Schnappschildkröten	Kinosternidae Schlammschildkröten	Dermatemydidae Tabascoschildkröten	Platysternidae Großkopfschildkröten	Emydidae Sumpfschildkröten	Testudinidae Landschildkröten (Abb. 71A)
Umfang	2 G, 2 Sp	4 G, 21 Sp	1 Sp	1 Sp	25 G, 76 Sp	7 G, 39 Sp
Verbreitung	Amerika	Amerika	Mexiko, Zentralamerika	Südostasien	weltweit außer Australien	weltweit außer Australien
Inframarginalia	vorhanden	1–3	4	3–4	keine	keine
Plastron	klein, kreuzförmig	kreuzförmig bis oval, 23 Marginalia	groß, oval, 25 Marginalia	groß, oval	groß	groß
Carapax	flach mit Höckern	flach	flach	flach	leicht gewölbt	leicht gewölbt
Quadratum	umgibt Columella	umgibt Columella nicht	umgibt Columella nicht	umgibt Columella nicht	hinten offen	umgibt Columella, geschlossen
hintere Begrenzung des Schädeldaches	Parietale, Postfrontale, Squamosum	Parietale, Postfrontale, Jugale, Quadratojugale, Squamosum	Parietale, Postfrontale, Quadratojugale, Squamosum	Parietale, Postfrontale, Squamosum	Parietale, Postfrontale, Quadratojugale, Jugale, Squamosum	Parietale, Postfrontale, Quadratum, Squamosum

Besonderheiten	Zehen mit Schwimmhäuten, Kloakaldrüsen, langer Schwanz, großer Kopf mit Hakenschnabel, bis 1,4 m lang	kurzer Schwanz, keine Kloakaldrüsen	Schwanz sehr kurz, keine Kloakaldrüsen	riesiger Kopf, Hakenkiefer, langer Schwanz, Kloakaldrüsen	Schwanz mittellang, abgeplattete Extremitäten mit Schwimmhäuten, 4–5 Zehen, Kloakaldrüsen	Schwanz kurz, Beine säulenförmig, Strahlen bis auf Krallen zusammengefaßt, keine Kloakaldrüsen, Riesenformen bis 220 kg
Lebensweise	in Flüssen und Sümpfen	amphibisch, in seichten Gewässern	nachtaktiv, am Grunde von Flüssen	in kühlen, steinigen Bergbächen	amphibisch, in verschiedenen Gewässern	terrestrisch, tagaktiv, oft in Trockengebieten
Nahrung	Wasserwirbeltiere	Wasserwirbeltiere, Aas	Pflanzen	hartschalige Mollusken, Fische	vorwiegend animalisch, seltener vegetabilisch	vorwiegend vegetabilisch

Tabelle 61   Übersicht Unterordnung Cryptodira

	Überfamilie Chelonioidea, Meeresschildkröten Gemeinsame Merkmale: Meer, Eiablage an Land. Panzer nicht völlig verknöchert, Kopf wenig rückziehbar		Überfamilie Trionychoidea, Weichschildkröten Gemeinsame Merkmale: Süßwasser, Panzer mit dicker, lederartiger Haut bedeckt	
	Cheloniidae Seeschildkröten	Dermochelydidae Lederschildkröten	Trionychidae Weichschildkröten	Carettochelydidae Neuguinea-Weichschild- kröten
Umfang	4 G, 4 Sp	1 Sp	7 G, 29 Sp	1 Sp
Verbreitung	tropische und gemäßigte Meere	tropische und gemäßigte Meere	Afrika, südliches Asien, Indonesien, Papua, Nordamerika	Neuguinea
Panzer	große Knochenplatten und Hornschilder	kleine Knochenplätt- chen, dicke lederartige Haut	Marginalia reduziert, nicht mit Costalia ver- bunden, Carapax und Plastron nicht fest ver- bunden	knöcherner Panzer voll- ständig, Carapax und Plastron fest verbunden
Extremitäten	Paddel, 1–3 freie Krallen	Paddel, keine freien Krallen	paddelartig, drei Innen- zehen mit freien Krallen	paddelartig, je 2 freie Krallen
Besonderheiten	Riesenformen, bis 1 m lang, sehr bedroht als Suppenschildkröten, Schildpattlieferanten und durch Eiersammlerei	größte Schildkröte, bis 2 m lang und bis 600 kg schwer	rüsselartige Nase, Gas- austausch durch Kapil- larnetze in Mund und Kloake	rüsselartige Nase, atmen vorwiegend über Kapillar- netze in Mundhöhle und Kloake
Lebensweise	Meeresbewohner, die zur alljährlichen Ablage ihrer kugeligen Eier die Strandzone aufsuchen		sehr aggressive und beißfreudige Süßwasser- bewohner	
Nahrung	vor allem Crustaceen und Mollusken		Fische, Kleintiere und gelegentlich Vegetabilien	

Ordnung **Krokodile** *Crocodylia*   (Tab. 62)

Charakterisierung: Diapsider Schädel mit zwei Schläfenbrücken (Abb. 65 C, S. 287), gut entwickelter sekundärer Gaumen, verlängertes Maxillare, unbewegliches Quadratum, kein Epipterygoid, kein Parietalforamen; Zähne thecodont (Abb. 73 A, S. 309); Wirbel procoel, Neuralbogen vom Zentrum durch eine Naht getrennt, 2 Kreuzwirbel, knorpeliges Sternum, verlängerte Interclavicula, keine Clavicula, langes, perforiertes Coracoid, Bauchrippen, Extremitäten mit 5/4 Strahlen und kräftigen Krallen, Rükkenpanzerung durch kräftige Hornschilder mit darunter liegenden Hautverknöcherungen, auf dem Bauch kleinere Schilder, teilweise mit plattenartigen Hautverknöcherungen; Herz mit vollständig unterteiltem Ventrikel (Abb. 76 B, S. 322); bemuskeltes „Zwerchfell"; längsgerichtete Kloakenspalte; keine Harnblase; Penis unpaar (Abb. 77 F, S. 330); Auge mit senkrechter Pupille; Hypophyse mit großem Neurallappen und massivem Zwischenlappen (Abb. 81B), Thyreoidea unpaar an Halsbasis, große Nebennieren, bandförmiger Pankreas mit dominierenden A-Zellen. Oviparie.

Abb. 86 Unterschiede zwischen **a** Alligatoridae und **b** Crocodylidae auf Grund der Zahnstellung (nach *WERMUTH*)

Lebensweise: Süßwasserbewohner — abgesehen von wenigen im Meerwasser oder Brackwasser vorkommenden Formen; ernähren sich in der Jugend von Kleintieren und später von jeglicher Art Tiere, die sie überwältigen können; Nahrungsaufnahme stets im Wasser; Nasengang gegen die Mundhöhle abschließbar, so daß Krokodile mit aufgerissenem Rachen im Wasser atmen können, wenn lediglich die Nasenlöcher aus dem Wasser ragen. Sehr gute Schwimmer und Taucher, die oft mehr als eine Stunde unter Wasser verharren können. Oft ausgeprägte Brutpflege durch das ♀ und Nestbau.

Verwandtschaftliche Beziehungen und Fossilgeschichte: Die Krokodile stehen weit isoliert von den übrigen rezenten Reptilienordnungen. Sie haben, abgesehen von den Vögeln, als einziger Zweig der erstmals im Perm auftretenden Archosauria, die Gegenwart erreicht. Die Archosauria, die mit den ebenfalls diapsiden Lepidosauria (vgl. Rhynchocephalia) nicht näher verwandt sind, bildeten die Ausgangsgruppe für die im Erdmittelalter dominierenden Dinosaurier. Früheste Krokodilverwandte sind in der Unteren Trias nachweisbar.

Tabelle 62   **Familienübersicht Ordnung Crocodylia**

	Alligatoridae Alligatoren, Kaimane	Crocodylidae Krokodile	Gavialidae Gaviale
Umfang	4 G, 7 Sp	3 G, 13 Sp	1 Sp
Verbreitung	Amerika, Südostchina	weltweite Tropen	Vorder- und Hinterindien
Schnauze	relativ kurz und stumpf	mittellang, meist spitz	extrem lang und schmal ausgezogen
Zähne	Unterkieferzähne bei geschlossenem Mund innerhalb der Oberkieferzähne liegend; 4. Unterkieferzahn greift in Grube des Oberkiefers und ist bei geschlossenem Mund nicht sichtbar; 4. Maxillarzahn am größten (Abb. 86a)	Unterkieferzähne greifen alternierend zwischen die Zähne des Oberkiefers; 4. Unterkieferzahn greift in eine Furche des Oberkiefers und ist stets sichtbar, 5. Maxillarzahn am größten (Abb. 86b)	homodont, Oberkiefer mit 54, Unterkiefer mit 48 Zähnen, jederseits
Oberes Schläfenfenster	klein	klein	groß
Unteres Schläfenfenster	nicht von Quadratum begrenzt	vom Quadratum begrenzt	nicht vom Quadratum begrenzt
Maximallänge	1,5–4,5 m	1,5–10 m	bis 6 m
Verknöcherungen des Bauchpanzers	fehlend	vorhanden	vorhanden

Ordnung **Brückenechsen** *Rhynchocephalia*

1 Familie Sphenodontidae, Brückenechsen, 1 Sp

Verbreitung: Auf drei kleinen Inseln vor Neuseeland, auf den Hauptinseln
selbst ausgerottet (Abb. 84d).

Charakterisierung: Eidechsenartig, ursprünglich diapsid, d. h. mit zwei
vollständigen Schläfenbrücken, Prämaxillare schnabelförmig vorgezogen
und mit Zähnen besetzt, Quadratojugale, unbewegliches Quadratum mit
Pterygoid fest verbunden (Monimostylie), (Abb. 65 A), kein Postparietale, deutliches Parietalforamen mit funktionierendem Parietalauge; Zähne
acrodont, miteinander zu Längsleisten verbunden, auf den Palatina zweite, zur äußeren Zahnreihe parallel verlaufende Zahnreihe, so daß die
Unterkieferzähne brechscherenartig zwischen die Zahnreihen des Oberkiefers greifen; Wirbel amphicoel mit persistierender Chorda, die durch
die ossifizierten Wirbelzentren unterbrochen wird, Halsrippen mit zwei
Köpfen, Brustrippen einköpfig, mit Dorsalfortsätzen, Bauchrippen vorhanden, perforiertes Coracoid; autotomierbarer Schwanz; Extremitäten
fünfstrahlig; kleine Schuppen, gezackter Sagittalkamm; Auge groß, senkrechte Pupille; Kloakenspalte quer, keine Kopulationsorgane; Hypophyse
bilateralsymmetrisch (Abb. 81A); Thyreoidea zweiteilig, in Kiefernähe;
Pankreas bandförmig mit dominierenden A-Zellen. ♂ wesentlich größer
als ♀.

Lebensweise: Nachtaktiv, terrestrisch; leben in selbstgegrabenen Erdhöh-
len; Ernährung: Mollusken, Arthropoden, Würmer, seltener kleine Wirbeltiere. Die optimale Temperatur liegt für ein Reptil sehr tief, nämlich
bei ca. 12°. Dadurch ist der gedämpfte Metabolismus erklärbar, der
sich z. B. im sehr langsamen Wachstum (erst mit 20 Jahren adult), in der
langen Embryonalzeit (13–15 Monate im Ei) und im hohen Alter der
Tiere (bis ca. 100 Jahre) äußert; Oviparie.

Verwandtschaftliche Beziehungen und Fossilgeschichte: Die Brückenechse steht isoliert von den übrigen rezenten Reptilien. Die Gruppe nimmt
ihren Ursprung bei den permischen Lepidosauriern, und von der Trias
an lassen sich bereits Brückenechsen vom heutigen Typ nachweisen.

Ordnung **Schuppenkriechtiere** *Squamata* (Tab. 63–72)

Charakterisierung: Eidechsen- oder Schlangengestalt. Schädel abgeleitet
diapsid, untere Schläfenbrücke stets, obere manchmal fehlend, Quadratum beweglich, mit dem Schädel über seinen oberen Abschnitt gelenkig
verbunden (Streptostylie); Gesichtsschädel in der Regel beweglich gegenüber dem Hinterhauptsschädel, (kinetischer Schädeltyp), paarige Elemente
des oberen Gesichtsschädels oft fest verschmolzen, seitliche Wände der
Gehirnschädelkapsel häufig nicht ossifiziert, gut entwickelte Septoma-
xillaria, die das Jacobsonsche Organ umschließen, kein sekundärer Gaumen, Vomer und Pterygoid getrennt. Wirbel meistens procoel, seltener

Tabelle 63 **Übersicht Ordnung Squamata**

	Sauria (= Lacertilia) Echsen (Tab. 64–68)	Amphisbaenia Doppelschleichen	Serpentes (= Ophidia) Schlangen (Tab. 69–71)
Umfang	3000 Sp	41 Sp	2700 Sp
Schädel	tropibasisch, Trabeculae verschmolzen (Abb. 65 E, S. 287)	platybasisch (Abb. 65D)	platybasisch; paarige Trabeculae (Abb. 65F, G)
Oberer Jochbogen	vorhanden oder fehlend	fehlend	fehlend
Gehirnschädel	nach vorne nur bindegewebig abgeschlossen	ganz geschlossen und verknöchert	ganz geschlossen und weitgehend verknöchert
Parietalfenster	vorhanden	fehlend	fehlend
Schädelkinetik	mäßig, z. B. Pterygoid beweglich auf Basipterygoidgelenken	gering oder fehlend	extrem hoch, oft sämtliche Elemente des Gesichtsschädels gegeneinander beweglich
Epipterygoid	in der Regel vorhanden	fehlend	fehlend
Unterkiefer	Hälften locker verbunden	kurz, ohne Spleniale	Hälften frei gegeneinander beweglich, nur mit Band verbunden
Reduzierte Schädelknochen	unterschiedlich	fehlend: Postfrontale, Supraorbitale, Squamosum, Spleniale, Epipterygoid, Jugale, Quadratojugale	fehlend: Lacrimale, Postfrontale, Squamosum, Jugale, Quadratojugale, Epipterygoid
Skleralknöchelchen	vorhanden	fehlend	fehlend
Zähne	pleurodont oder acrodont	pleurodont oder acrodont	acrodont, oft Zähne auf dem Pterygoid und Palatinum
Paukenhöhle	meistens vorhanden	vorhanden	fehlend

Wirbel	amphicoel oder procoel, oft 2 verwachsene Kreuzwirbel	procoel mit unterdrücktem Zentrum	procoel
Extremitäten	alle Übergänge von gut ausgebildeter Quadrupedie zu vollständiger Beinlosigkeit	Gliedmaßen und -gürtel reduziert, 1 Genus mit Vorderextremität	Gliedmaßen fehlend, ebenso Gliedmaßengürtel, ausnahmsweise Beckenrudiment
Kreislauf	keine Anastomose der Lungenarterien	mit erhaltener Vena jugularis interna	
Lunge	zweiflügelig	nur linker Flügel	meistens nur rechter Flügel, tracheale Lunge bei mehreren Formen (Abb. 76 G, S. 322)
Augen	mit Lid oder Brille (Abb. 80 A)	reduziert, unter der Haut	meistens von transparentem Hautfenster überdeckt (Abb. 80B)
Harnblase	vorhanden	vorhanden	fehlend
Hypophyse (Abb. 80)	bilateralsymmetrisch	bilateralsymmetrisch, teils asymmetrisch	asymmetrisch
Pankreas	vorwiegend A-Zellen	vorwiegend B-Zellen	vorwiegend A-Zellen

Tabelle 64 Familienübersicht Sauria, Überfamilie Gekkota

	Gekkonidae Geckos	Pygopodidae Flossenfüße	Xantusiidae Nachtechsen	Dibamidae Schlangen-schleichen	Anelytropsidae Amerikanische Schlangenechsen
Umfang	600 Sp., 80 G	15 Sp., 7 G	12 Sp., 5 G	3 Sp., 1 G	1 Sp
Verbreitung	warme Gebiete der ganzen Welt	Australien, Neuguinea	Nordamerika, Zentralamerika, Antillen	Malaiischer Archipel, Philippinen, Neuguinea	Mexiko
Wirbel	procoel oder amphicoel	procoel	procoel	procoel	procoel
Zähne	pleurodont	pleurodont	pleurodont	pleurodont, ohne Gaumenzähne	?
Auge	Pupille senkrecht (Abb. 80D) „Brillen" oder Lider	Pupille senkrecht, „Brille"	Pupille senkrecht, „Brille"	reduziert	reduziert, „Brille"
Zunge	fleischig, wenig gespalten	lang, wenig gespalten	kurz, wenig gespalten	kurz (Abb. 72f, S. 307)	?
Extremitäten	gut entwickelt, oft Haftscheiben an Zehen (Abb. 70 A, S. 301)	vorne fehlend, hinten flossenartig	gut entwickelt	vorne beinlos, hinten kleine flossenartige Anhängsel	fehlend
Lebensweise	oft gute Kletterer, oft nachtaktiv, Bewohner von Felsen, Riffen oder Bäumen oder am Boden; stimmbegabt, vorwiegend Insektenfresser	nachtaktive Bodentiere, grabend, teils Arthropoden-, teils Reptilienfresser	nachtaktiv, terrestrisch, Arthropodenfresser	im Humus vorkommend, weitgehend unbekannt	unterirdisch lebend, weitgehend unbekannt

Tabelle 65 Familienübersicht Sauria, Überfamilie Iguania
Gemeinsame Merkmale: unpaares Parietale, Parietalfenster vorhanden, Temporal- und Postorbitalbogen vollständig, Lacrimale fehlend, Wirbel procoel; keine Hautverknöcherungen

Familie	Agamidae Agamen	Chamaeleontidae Chamaeleons	Iguanidae Leguane
	(Abb. 70g, h, S. 301)	(Abb. 70f)	(Abb. 68A, B, S. 297)
Umfang	300 Sp, 34 G	86 Sp, 2 G	700 Sp, 60 G
Verbreitung	Südeuropa, Afrika, Asien, Australien (Abb. 84b)	Afrika, Südeuropa, Südasien	Amerika, Madagaskar (Abb. 84a)
Postfrontale	fehlend	fehlend	sehr klein
Zähne	acrodont, heterodont (Abb. 73D, S. 309)	acrodont	pleurodont, homodont (Abb. 65E, S. 287, 73B)
Augen	mit Lidern	unabhängig voneinander beweglich, von Lidern umgeben (Abb. 80C)	mit Lidern
Zunge	dick, wenig gespalten (Abb. 72 C, S. 307)	Schleuderzunge (Abb. 75A, S. 318)	dick, wenig gespalten
Extremitäten	gut entwickelt; häufig gut kletternd, rennend oder grabend	Hand und Fuß als Greifklammer, Schwanz als Greiforgan	gut entwickelt, oft gute Kletterer oder Renner
Lebensweise	tagaktiv, Ernährung teils animalisch, teils vegetabilisch, 1 Form als Gleitflieger (Abb. 66 E, S. 290, 68 C, S. 297), Farbwechsel möglich	tagaktiv, arboricol, meist insectivor, oft Farbwechsel	tagaktiv, boden- oder baumbewohnend, Ernährung teils animalisch, teils vegetabilisch, Farbwechsel möglich

Tabelle 66 **Familienübersicht Sauria, Überfamilie Scincomorpha**
Gemeinsame Merkmale: Unpaares Parietale, Wirbel procoel; mit Hautverknöcherungen

	Lacertidae Eidechsen	Cordylidae Gürtelechsen	Teiidae Tejus Schienenechsen	Scincidae Skinke	Feyliniidae Afrikanische Schlangenechsen
Umfang	160 Sp, 20 G	40 Sp, 10 G	200 Sp, 40 G	600 Sp, 50 G	4 Sp, 1 G
Verbreitung	Europa, Asien, Afrika	Afrika	Amerika	weltweit in warmen Zonen	Westafrika
Temporalbogen	vollständig	vollständig	vollständig	vollständig	fehlt
Postorbital-bogen	vollständig	vollständig	vollständig oder teilweise reduziert	reduziert	reduziert
Zähne	pleurodont	pleurodont	pleurodont (Abb. 73C, S. 309)	pleurodont	pleurodont, reduziert
Extremitäten	stets gut entwickelt	gut entwickelt bis reduziert	gut entwickelt bis reduziert	gut entwickelt bis reduziert	fehlend
Zunge	flach, zweizipflig (Abb. 72d, S.307)	mittellang, wenig gespalten	lang, flach, tief gespalten	mittellang, leicht ausgeschnitten (Abb. 72e)	?
Lebensweise	meist tagaktiv, bodenbewohnend oder arboricol, oft gute Renner oder Kletterer	bodenbewohnend oder unterirdisch	bodenbewohnend oder unterirdisch	bodenbewohnend oder unterirdisch	?

Tabelle 67 **Familienübersicht Sauria, Überfamilie Anguimorpha**
Gemeinsame Merkmale: Unpaares Parietale, procoele Wirbel; subpleurodonte Zähne

	Anguidae Blindschleichen	Anniellidae Ringelechsen	Xenosauridae Höckerechsen
Umfang	60 Sp, 8 G	1 Sp, 1 G	4 Sp, 2 G
Verbreitung	Europa, Asien, Amerika	Kalifornien	China, Zentralamerika
Postorbitalbogen	vollständig	vorhanden	vorhanden
Temporalbogen	vollständig	fehlend	vorhanden
Extremitäten	teilweise bis ganz reduziert	fehlend	gut entwickelt
Haut	oft verknöchert	keine Verknöcherungen	verknöchert
Zunge	zweizipflig, lang (Abb. 72 b, S. 307)	zweizipflig, lang	kurz, wenig gespalten
Lebensweise	unterirdisch oder boden-bewohnend; oft lebend-gebärend	im Boden wühlend; lebend-gebärend	nächtlich, terrestrisch, an Fluß-ufern oder im Wald; sich von Kleintieren oder Fischen ernährend, lebendgebärend

Tabelle 68   Familienübersicht Sauria, Überfamilie Varanomorpha
Gemeinsame Merkmale: Unpaares Parietale, Parietalfenster vorhanden; pleurodonte Zähne

	Helodermatidae Krustenechsen	Varanidae Varane	Lanthanotidae Taub-„Varane"
Umfang	2 Sp, 1 G	60 Sp, 1 G	1 Sp, 1 G
Verbreitung	südliche USA, Mexiko (Abb. 84 c)	Afrika, Osteuropa, Malaiischer Archipel, Papua, Australien	Borneo
Postorbitalbogen	vorhanden	unvollständig	vorhanden
Temporalbogen	fehlt	vorhanden	fehlt
Augenlider	frei	frei	mit Fenster
Halswirbel	9	8	9
Zunge	mittellang, vorne gespalten	sehr lang, sehr tief gespalten (Abb. 72 a, S. 307)	lang, tief gespalten
Habitus	plump, vierbeinig	langgestreckt, langer Schwanz, gut entwickelte Rennextremitäten	sehr langgestreckt, kurze Extremitäten, keine äußeren Ohröffnungen
Lebensweise	terrestrisch, nachtaktiv, tagsüber in Höhlen, räuberische Fleischfresser, Giftzähne mit 2 Rinnen! (Abb. 73 E, S. 309, 74 C, S. 312)	terrestrisch oder amphibisch, 1 Form arboricol, lebhafte Räuber oder Aasfresser, ausgesprochene Schlinger	nachtaktiv, wahrscheinlich Fischfresser

amphicoel, mit Hypocentra im Hals- und Schwanzbereich, einköpfige Rippen, die an den Wirbelcentra artikulieren, keine Gastralia, Kloakenspalte quer; doppelte Kopulationsorgane; ausgeprägte Beschuppung; Zähne akrodont oder pleurodont (Abb. 73 A', A").

Verwandtschaftliche Beziehungen und Fossilgeschichte: Die Squamata, die bei weitem umfangreichste Ordnung der rezenten Reptilien, leiten sich von ursprünglich diapsiden Lepidosauria ab, wie sie heute noch durch die Rhynchocephalia repräsentiert werden. Die frühesten Lepidosauria waren die permischen Eosuchia. Früheste Squamata ohne unteren Jochbogen lassen sich aus der Trias nachweisen.

Gliederung: Die ca. 5700 Arten der Squamata lassen sich in 3 deutlich unterscheidbare Unterordnungen, die Sauria (Echsen), Amphisbaenia (Doppelschleichen) und Serpentes (Schlangen) gliedern.

Unterordnung **Schlangen** *Serpentes*

Überfamilie Scolecophidia (Tab. 69):

Gemeinsame Merkmale der Angehörigen dieser ursprünglichen, aber sehr spezialisierten Großgruppe sind der kompakte Schädel mit fest verwachsenen Knochenplatten, kurzes Maxillare, Quadratum nach vorne abfallend, oft fehlendes Ectopterygoid, ein vom Frontale umgebenes Foramen opticum, ausgeprägtes Coronoideum, reduziertes Gebiß, fehlende Neuralfortsätze der Wirbel; keine vorderen Hypapophysen, 2 Arteriae carotides communes, 1 Intercostalarterie pro Segment; Rudimente von Beckengürtel vorhanden; Augen oft reduziert, unter der Haut liegend, nur ein Sehzelltyp; viellappige Leber; nur 1 rechter Oviduct; wurmförmiger Habitus, klein, unterirdische, wühlende Lebensweise; ernähren sich wahrscheinlich von Termiten und Ameisen.

Die Vertreter der beiden Familien haben ihre äußere Ähnlichkeit wahrscheinlich in Konvergenz erworben.

Überfamilie Henophidia (Tab. 70)

Gemeinsame Merkmale: Miteinander verbundenes Präfrontale und Nasale, Spleniale mit Foramen, Foramen opticum begrenzt von Frontale und Parietale; zahlreiche gleichförmige Zähne; Wirbel mit Neuralfortsatz; 2 Aa. carotides communes, 1 Intercostalarterie pro Segment; 2 Oviducte, zweischichtige Retina.

Überfamilie Caenophidia (Tab. 71):

Zu dieser Großgruppe gehören die am höchsten evoluierten Schlangen. Gemeinsame Merkmale sind der meist extrem kinetische Schädel, der in zahlreiche gegeneinander bewegliche Spangenelemente aufgelöst ist; Prämaxillare und Maxillaria berühren sich nicht, dafür Septomaxillare und Frontale; Prämaxillo-Nasalkomplex gegenüber der Gehirnkapsel frei be-

Tabelle 69   **Familienübersicht Serpentes, Überfamilie Scolecophidia**

	Typhlopidae Blindschlangen	Leptotyphlopidae Wurmschlangen
Umfang	200 Sp, 5 G	50 Sp, 2 G
Verbreitung	warme Gebiete der ganzen Erde	Afrika, warme Zonen Amerikas, Südasien
Maxillare	beweglich	unbeweglich
Quadratum	kurz	lang
Bezahnung	wenige Zähne, meistens im Oberkiefer	nur Unterkiefer bezahnt
Becken	nur 1 Element vorhanden	Rudimente von Beckenelementen und Femur
Habitus	extrem kurzschwänzig	weniger kurzschwänzig

weglich, ebenso die bezahnten Abschnitte der Maxillaria und des Gaumens; Parasphenoid grenzt an Foramen opticum; häufig verlängertes Quadratum, fehlendes Coronoid, keine Beckenrudimente; nur linke Carotis communis; Intercostalarterien entspringen der Aorta dorsalis und versorgen mehrere Segmente. Die Gliederung der Gruppen ist sehr umstritten. Wir halten uns hier an die Systemvorschläge von UNDERWOOD (1967).

Tabelle 70 **Familienübersicht Serpentes, Überfamilie Henophidia**

	Boidae Riesenschlangen Pythons, Boas	Aniliidae Rollschlangen	Uropeltidae Schildschlangen	Xenopeltidae Erdschlangen	Acrochordidae Warzenschlangen
Umfang	90 Sp, 22 G	9 Sp, 3 G	45 Sp, 8 G	1 Sp, 1 G	2 Sp, 2 G
Schädel	gelenkig verbundene Elemente (Abb. 65 F, S. 287)	fest, kompakt	fest, kompakt	bewegliche Elemente	bewegliche Elemente
Quadratum	vertikal, kurz (Python), lang (Boa)	kurz	kurz, nach vorn geneigt	kurz	lang
Supratemporale	groß	reduziert	fehlend	reduziert	groß
Coronoid	vorhanden	vorhanden	vorhanden	fehlend	fehlend
Prämaxillare	frei, bezahnt (Python), unbezahnt (Boa)	mit Maxillare verwachsen, bezahnt	mit Maxillare verwachsen, bezahnt	mit Maxillare verbunden, bezahnt	frei, unbezahnt
Vordere Hypapophysen	fehlend	fehlend	fehlend	vorhanden	hinten vorhanden
Hinterer Extremitätengürtel	Rudimente von Beckengürtel und Extremitäten (Aftersporne) (Abb. 66 D, S. 290)	Beckenrudiment und Aftersporn	fehlend	fehlend	fehlend
Musculus levator anguli oris	vorhanden	vorhanden	vorhanden	vorhanden	fehlend
Habitus	meist abgesetzter Kopf; senkrechte Pupillen; Länge bis 11 m	kleiner, nicht abgesetzter Kopf, rudimentierte Augen, kurzer Schwanz; bis 75 cm lang	kleiner, nicht abgesetzter Kopf, spitze Schnauze; Augen klein, Schwanz kurz, gestutzt; bis 45 cm lang	Kopf nicht abgesetzt; Schwanz kurz; bis 1 m lang	große Augen; Körnerschuppen; bis 2 m lang
Lebensweise	nachtaktiv	unterirdisch wühlend	unterirdisch wühlend	unter Steinen, in Laub	in Flüssen, Brackwasser und Meer
Nahrung	Wirbeltiere, die durch Umschlingen getötet werden	Würmer, Insekten, Schleichen	Würmer	kleine Wirbeltiere	Fische
Fortpflanzung	ovipar	ovovivipar	vivipar	?	vivipar
Verbreitung	Boinae (Abb. 85a), Pythoninae (Abb. 85b), Loxocneminae: Zentralamerika	Südamerika, Südostasien	Südindien, Ceylon	Indien, Indonesien	Indien, Malaiischer Archipel

Tabelle 71   Familienübersicht Serpentes, Überfamilie Caenophidia

Familien	Dipsadidae	Viperidae	Elapidae	Homalopsidae	Natricidae Wassernattern	Colubridae Land- und Baumnattern
Unterfamilien	Xenoderminae (Höckernattern), Pareinae (Altwelt-Schneckennattern), Dipsadinae (Neuwelt-Schneckennattern), Calamarinae (Zwergschlangen), Sibynophinae (Vielzahnnattern), Lycodontinae (Wolfzahnnattern), Xenodontinae (Ungleichzahnnattern)	Atractaspidinae (Erdottern), Viperinae (Vipern) (Abb. 70 c), Crotalinae (Klapperschlangen)	Elapinae (Giftnattern: Kobras, Mambas, Korallenschlangen), Hydrophiinae (Seeschlangen)	Homalopsinae (Wassertrugnattern) (Abb. 70 d), Boiginae (Trugnattern) (Abb. 70 e), Dasypeltinae (E erschlangen) (Abb. 75 B)		
Umfang	250 Sp. ca. 24 G	150 Sp. 14 G	280 Sp. 73 G	mehr als 100 Sp. 28 G	einige 100 Sp. mehr als 100 G	viele 100 Sp. mehr als 100 G
Verbreitung	Südostasien, Malaiischer Archipel, Amerika	weltweit, außer Australien	Elapinae (Abb. 85 c) Hydrophiinae (Abb. 85 d)	weltweit	weltweit, außer Südamerika	weltweit
Habitus	sehr unterschiedlich	oft dicker, kurzer Rumpf mit abgesetztem Schwanz und Kopf, Crotalinae oft mit Schwanzrassel und Einbuchtungen am Kopf für Grubenorgan (Abb. 70 b, 78 b)	oft langgestreckt	sehr verschieden, oft senkrechte Pupillen	oft langgestreckt, meist runde Pupillen	oft langgestreckt, meist runde Pupillen
Skelett	Parasphenoid mit Frontalabsatz, Frontalia mit Trabecularinnen, keine offene Naht zwischen Frontalia; Vidiankanal vorhanden oder fehlend	extrem kurzes und hohes Maxillare, mit Präfrontale gelenkig verbunden, Trabecularinnen an den Frontalia; Vidiankanal vorhanden (Abb. 65 G, 74 A₄)	Hypapophysen auf der ganzen Länge der Wirbelsäule, Schädel relativ primitiv, verkürztes Maxillare, Frontalia mit Trabecularinnen; Vidiankanal zwischen Basisphenoid und Parietale	meist hintere Hypapophysen, Parasphenoid mit Frontalabsatz, Frontalia mit Trabecularinnen; Vidianforamen im Basisphenoid	hintere Hypapophysen meist vorhanden; Vidiankanal kurz	hintere Hypapophysen reduziert; Vidiankanal kurz
M. levator anguli oris	meist vorhanden	vorhanden	fehlend	fehlend	fehlend	fehlend
Retina (Abb. 80)	duplex	duplex	duplex oder simplex	duplex	simplex	simplex

Penis	teils symmetrische, teils asymmetrische Hemipenes	Sulcus spermaticus gegabelt (Abb. 77 D$_2$)	Sulcus spermaticus gegabelt (Abb. 77 D$_4$)	zweiteiliger Hemipenis	Hemipenis symmetrisch	Hemipenes asymmetrisch (Abb. 77 D$_1$)
Zähne	teils aglyph, teils opisthoglyph, große Variabilität im Gebiß	solenoglyph (Abb. 73 F)	proteroglyph (Abb. 74 A$_3$)	opisthoglyph (Abb. 74 C)	aglyph, selten opisthoglyph	aglyph, selten opisthoglyph (Abb. 74 A$_1$)
Giftwirkung	vorwiegend neurotoxisch	vorwiegend agglutinierend	vorwiegend neurotoxisch	vorwiegend neurotoxisch	eher neurotoxisch	eher neurotoxisch
Lebensweise	z. T. unterirdisch	terrestrisch, oft nachtaktiv	terrestrisch oder arboricol, tagaktiv	terrestrisch, aquatil oder arboricol, oft nachtaktiv	terrestrisch oder aquatil, tagaktiv	terrestrisch oder arboricol, tagaktiv
Ernährung	teilweise sehr spezialisiert, z. B. auf Schnecken	warmblütige Wirbeltiere	langgestreckte Wirbeltiere	oft sehr spezialisiert, z. B. auf Eier, Krebse	meist Wasserwirbeltiere	Wirbeltiere
Fortpflanzung	ovipar, teilweise ovovivipar	ovovivipar – vivipar	ovipar – ovovivipar	ovipar – vivipar	meist ovipar, seltener ovovivipar oder vivipar	meist ovipar

Klasse Vögel *Aves*

Diagnose

Exklusivstes Merkmal der Vögel sind die **Federn**, Integumentalgebilde, die bei allen Angehörigen der Klasse vorkommen, die außer ihnen kein anderes Tier besitzt. Ähnlich exklusiv sind die zu einem Flugorgan abgewandelte **Vorderextremität**, die Konstellation der Knochen der Hinterextremität, das **Intertarsalgelenk**, sowie ein Kreislaufsystem, bei dem der **linke Aortenbogen** vollständig reduziert ist.

Andere typische Merkmale, die aber vereinzelt auch bei Angehörigen anderer Klassen vorkommen können, sind die *pneumatisierten Knochen*, der abgeleitet *diapside* Schädel, bei welchem die obere Schläfenbrücke ausgefallen ist, das Fehlen von echten Zähnen, die Hakenfortsätze der Rippen (Processus uncinati), das durch ein *Septum* vollständig in zwei Kammern getrennte Herz mit zwei Vorhöfen, die zu einem Pygostyl verwachsenen Schwanzwirbel, die mächtigen Großhirnhemisphären mit einem stark entwickelten *Hyperstriatum*, ein großes Kleinhirn, die reduzierte rechte Hälfte des weiblichen Geschlechtssystems sowie die Ausbildung eines *Hornschnabels* (Rhamphotheke). Vögel sind gleichwarm *(homoiotherm)* und eierlegend. Mit wenigen Ausnahmen bebrüten sie die Eier mit ihrem Körper.

Herkunft

Die Vögel sind nah verwandt mit den Reptilien, mit welchen sie oft zu einer Superklasse Sauropsida zusammengefaßt werden. Sie sind Nachfahren der diapsiden Archosauria, im besonderen der in der Trias sich stark differenzierenden Thecodontia, innerhalb welcher die Pseudosuchia, evtl. Dinosaurier, am meisten Affinitäten zu den Vögeln zeigen.

Der älteste fossil belegte Vogel ist **Archaeopteryx** (Abb. 87) aus dem Oberjura (140 Mio. Jahre) von Solnhofen (Bayern). Die Auffindung einer Feder im Jahre 1860 und eines bis auf den Kopf vollständigen Fossils im Jahre 1861 stellte eine wissenschaftliche Sensation ersten Ranges dar, halten sich doch bei *Archaeopteryx* die Vogel- und Reptilienmerkmale ungefähr die Waage. Das Fossil wurde von H. v. MEYER als *Archaeopteryx lithographica* beschrieben und gelangte an das British Museum (Natural History) in London. 1877 fand man ein weiteres Exemplar, bei dem sogar der Kopf erhalten ist; es wurde dem Museum in Berlin anvertraut.

1954 entdeckte man weitere Überreste eines *Archaeopteryx* und 1970 stieß H. OSTROM im Teyler Museum in Haarlem (Holland) auf einen *Archaeopteryx*, der irrtümlich als Flugsaurier bestimmt worden war.

Aufgrund des Hauptmerkmals, der vollständig entwickelten Federn, ist *Archaeopteryx* als Vogel zu werten. In bezug auf eine größere Anzahl anderer Merkmale steht *Archaeopteryx* allerdings noch auf Reptilstufe.

Vogelmerkmale (Abb. 87C)	Reptilienmerkmale (Abb. 87A'')
Echte Federn	echte Zähne in Ober- und Unterkiefer
Laufknochen, aber nicht vollständig verwachsen	Schädel mit kleiner Postorbitalregion, möglicherweise noch mit oberer Schläfenbrücke
Schambein nach hinten gerichtet, verlängert	langer Schwanz, aus 20–21 Wirbeln bestehend
Schlüsselbeine zum Gabelbein (Furcula) verwachsen	konkave Gelenkflächen der Wirbel
I. Zehe nach hinten gestellt	kleines flaches Brustbein
Knochen teilweise pneumatisiert	Rippen ohne Hakenfortsätze
	Sacralrippen vorhanden
	Becken locker, mit 6 Wirbeln verwachsen, kein Synsacrum, Sitzbein und Schambein nicht verwachsen, keine Schambeinsymphyse
	von den Metacarpalia nur 2 und 3 teilweise verwachsen
	Metatarsalia noch nicht vollständig verwachsen
	Tibia und Fibula nicht verbunden
	Gehirn mit schmalen Vorderhirnhemisphären und dorsal nicht überdecktem Mittelhirn
	Krallen an allen Phalangen

Die Evolutionslinie von den triassischen Reptilien zu *Archaeopteryx* ist fossil noch nicht belegt. Verschiedentlich hat man versucht, hypothetische Zwischenstufen, den sogenannten Proavis (Abb. 87B), zu rekonstruieren. Manche Autoren stellten sich diesen Vorvogel als bodenlebendes, rennendes Reptil vor, bei dem die Vorderextremitäten durch Vergrößerung bestimmter Schuppen zu Flugrudern wurden, die ein aktives Abheben vom Boden erlaubten; andere leiten *Archaeopteryx* von einer baumbewohnenden Reptilvorstufe ab, bei welcher die Vorderextremitäten durch Vergrößerung von Schuppen zu Tragflächen wurden, die es dem Tier erlaubten, im passiven Gleitflug sich von den Kronen der Bäume zur Erde gleiten zu lassen, wie man es auch von rezenten Reptilien *(Draco volans)* und einigen Säugetieren (Pelzflatterer, Flughörnchen, Beutelflughörnchen) kennt.

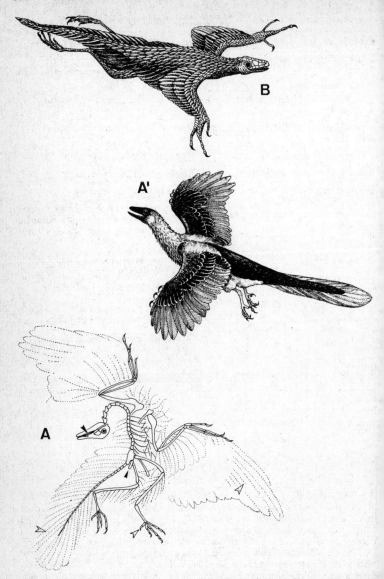

Abb. **87 A** *Archaeopteryx lithographica,* Exemplar des Berliner Museums, aus dem Oberjura von Eichstätt, **A'** Rekonstruktion von *Archaeopteryx;* **A''** Rekonstruktion des Skeletts von *Archaeopteryx* im Vergleich zu einem **(C)** rezenten Vogel; **B** der hypo-

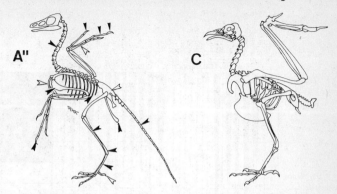

thetische Proavis als Verbindungsglied zwischen *Archaeopteryx* und den Reptilien (weiße Pfeile weisen auf Vogelmerkmale, schwarze Pfeile auf Reptilienmerkmale hin) (nach *STEINER, COLBERT*)

Evolutive Differenzierung

Mit dem Erwerb der Flugfähigkeit und der Homoiothermie errangen die Vögel eine Überlegenheit über die im Erdmittelalter dominierenden Reptilien. Sie waren nicht nur in der Lage, rasch verschiedenste ökologische Nischen zu besetzen und sich entsprechend anzupassen, sondern es gelang ihnen auch die Besiedelung kalter Zonen und großer Höhen, die den poikilothermen Reptilien verschlossen waren. In der Folge kam es in kürzester Zeit zu einer intensiven phylogenetischen Aufsplitterung. Ein Beleg dafür ist der aus der Oberkreide von Kansas stammende *Hesperornis regalis* (Abb. 89 A), eine zwei Meter lange, taucherähnliche Vogelgestalt, die sich vom baumbewohnenden Archaeopteryxtyp schon so weit entfernt hat, daß bei ihm die Vorderextremitäten vollständig reduziert sind. Das Skelett von *Hesperornis regalis* entspricht bereits jenem eines modernen Vogels, mit Ausnahme der *thecodonten Zähne,* die sich noch im Bereich von Maxille und Mandibel nachweisen lassen.

Als weiterer „Zahnvogel" ist *Ichthyornis,* eine möwenähnliche Form, nachgewiesen.

Die Zahnvögel sind jedoch nicht die einzigen fossil belegten Vögel der Kreidezeit. Das älteste Vogelfossil nach Archaeopteryx ist der rund 10 Millionen Jahre jüngere *Gallornis* aus der Unterkreide von Frankreich, ein reiherähnlicher Vogel mit zahnlosen Kiefern. Ebenfalls aus der Unterkreide stammt der an einen Seetaucher erinnernde *Enaliornis.* Zeitgenossen von *Hesperornis* aus der Oberkreide waren der flamingoähnliche *Parascaniornis,* der seetaucherähnliche *Elopteryx* und einige andere mehr.

Zu Beginn des Tertiärs, im Paläozän und Eozän, sind bereits Vertreter von 16 heutigen Vogelordnungen fossil belegt (Abb. 88), nebst den heute ausgestorbenen *Diatryma*formen (Abb. 89 B), den riesigen, flugunfähigen Laufvögeln mit räuberischer Lebensweise. Im Oligozän sind Vertreter aller heutigen Vogelordnungen

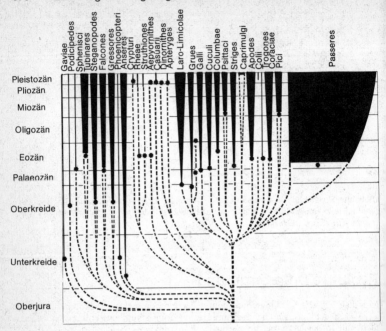

Abb. **88** Stammesgeschichte der Vögel. Die Sterne bezeichnen den ältesten Fossilfund

vorhanden. Für das Miozän schätzt man bereits 2600 Vogelarten, größtenteils Ahnformen heutiger Gattungen.

Die Vögel sind zusammen mit den Säugetieren und Knochenfischen die dominierenden Landwirbeltiere der Erdneuzeit.

Grundzüge der Vogelorganisation

Die morphologischen und funktionellen Charakteristika, worin sich der Vogelkörper von jenem der Reptilien unterscheidet, sind in erster Linie Adaptationen im Hinblick auf die Flugfähigkeit. Besonders auffällige derartige Anpassungen stellen die *Schwung- und Steuerfedern,* die umgestaltete Vorderextremität, die extrem entwickelte *Brustmuskulatur,* die *Pneumatizität der Knochen,* die Entwicklung von *Luftsäcken,* die Stromliniengestalt des Körpers und das stark vergrößerte *Kleinhirn* als Zentrum der Bewegungskoordination dar. Im Zusammenhang mit der Flugfähigkeit wurde der Schwerpunkt des Körpers in die kompakte Körpermitte verschoben, entstand die Zweibeinigkeit und damit verbunden, der

Abb. 89 Ausgestorbene Vögel, im Größenvergleich dazu ein Haushahn. **A** *Hesperornis victor* aus der Oberkreide von Kansas; **B** *Diatryma steini* aus dem unteren Eozän von Wyoming; **C** *Dinornis maximus* aus dem Quartär Neuseelands

aufrechte Gang der Vögel. *Hohe Körpertemperatur, intensiver Stoffwechsel* und entsprechend effekiv gestaltete Respirations-, Zirkulations- und Verdauungsorgane stellen weitere Adaptationen an das Flugvermögen dar, ebenso wie die Homoiothermie, die es dem Vogel gestattet, verschiedene Körperfunktionen mit konstanter Intensität ablaufen zu lassen. Als Folgeadaption der Homoiothermie ist schließlich die Ausbildung eines *wärmeisolierenden Körpergefieders* zu betrachten.

Skelett

Das Vogelskelett (Abb. 90) ist charakterisiert durch seine Leichtigkeit, die erreicht wird durch die *Pneumatizität,* die *Reduktion* entbehrlicher Elemente, wie etwa der Schwanzwirbelsäule, und die Umgestaltung massiver Säulen- und Balkenkonstruktionen in dünne, schwer deformierbare *Schalenkonstruktionen,* wie z. B. das Becken. Die Pneumatizität beruht darauf, daß die Knochen nicht wie bei den Säugetieren mit Mark gefüllt, sondern größtenteils hohl sind, außer bei einigen Laufvögeln und bei tauchenden Vogelarten.

Der **Schädel** ist abgeleitet *diapsid.* Durch den Wegfall der oberen Schläfenbrücke sind die beiden Schläfenfenster nicht mehr getrennt und kommunizieren zudem meist mit der Augenhöhle. Der untere Jochbogen, das
Jugale (= Zygomaticum), ist bei allen Vögeln erhalten. Typisch für den
Vogelschädel ist ferner das großlumige Neurokranium, mit welchem der
Oberkiefer über eine Biegungsstelle beweglich verbunden ist (besonders
deutlich bei Papageien). Der Oberkiefer wird nach oben gedrückt, indem
durch eine Rotationsbewegung des Quadratums das Jugale nach vorne
und das Pterygoid gegen das Palatinum geschoben wird. Charakteristisch
für den Vogelschädel sind schließlich die weitgehend miteinander *ver-*
schmolzenen Knochenplatten, deren Konturen nunmehr schwer auszumachen sind.

Am Stammskelett der Vögel fallen der bewegliche Halsabschnitt und der
versteifte Rumpfabschnitt auf, der gegenüber den schlagenden Flügeln
ein festes Widerlager bilden muß. Bei den modernen Vögeln sind die einzelnen **Wirbel** meistens über Sattelgelenke *(heterocoeler* Typ) miteinander verbunden. Die Anzahl der Halswirbel schwankt zwischen 10
(ausnahmsweise bei der Rabenkrähe) und 26 (Höckerschwan). Die häufigste Zahl ist 14 oder 15. Die Halswirbel können im hintersten Abschnitt Rippen tragen.

Die Brustwirbel tragen teilweise voll ausgebildete Rippen, die mit dem
Brustbein verbunden sind. Diese Rippen bestehen aus zwei Teilen: der
dorsale ist über zwei Gelenkfortsätze mit dem Wirbel verbunden, der
ventrale nimmt mit dem Brustbein Kontakt auf. Charakteristisch sind
ferner die von den Rippen nach hinten abgehenden *Hakenfortsätze* (Processus uncinati), welche oft die nächstfolgende Rippe überragen und als
Ansatzstellen für die äußeren Zwischenrippenmuskeln dienen. Die Brustwirbel sind wenig gegeneinander beweglich und bei einigen Vogelarten
sogar zu einem festen Knochen (Os dorsale) verwachsen. Die Anzahl der
Brustwirbel schwankt zwischen 3 und 10, die Anzahl der Rippenpaare
zwischen 3 und 9.

Die hintersten Brustwirbel, die Lumbal- und Sacralwirbel sowie die vordersten Schwanzwirbel sind zu einem festen Knochen, dem *Synsacrum,*
verwachsen, das wiederum fest mit dem Becken verbunden ist. Dem Synsacrum folgen 5–8 bewegliche Schwanzwirbel und das *Pygostyl,* das ver-
schmolzene Rudiment der hintersten Schwanzwirbel.

Abb. 90 Skelett eines Schmutzgeiers *(Neophron percnopterus).* **An** Angulare, **Ca** Carina sterni (Brustbeinkamm), **Co** Coracoid, **De** Dentale, **Fe** Femur, **Fi** Fibula, **Fu** Furcula, **Gl** Fossa glenoidalis (Gelenkgrube für den Oberarm), **Hu** Humerus, **Hw** Halswirbel, **Il** Ilium, **Is** Ischium, **It** Intertarsalgelenk, **Jb** Jugale (Zygomaticum), **Mc** Metacarpale,
Mt Metatarsale, **Mx** Maxillare, **Ph** Phalangen, **Pmx** Praemaxillare, **Pop** Postorbitalfortsatz, **Pru** Processus uncinatus, **Pu** Pubis, **Pul** Pisoulnare, **Py** Pygostyl, **Qu** Quadratum, **Ra** Radius, **Sc** Scapula, **Sl** Scapholunare, **St** Sternum, **Str** Sternalrippe, **Sw**
Schwanzwirbel, **Ti** Tibia, **Tmt** Tarsometatarsus, **Tt** Tibiotarsus, **Ul** Ulna, **Vr** Vertebral-
rippe, **Zyp** zygomatischer Fortsatz; **1–4** Fingerphalangen, **I–IV** Zehenphalangen

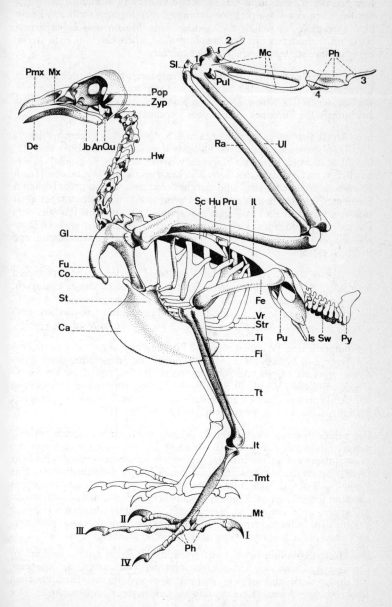

Der Brustkorb wird durch das *mächtige Brustbein* (Sternum), den größten Knochen des Vogelskeletts, dominiert. Nach innen stellt das Brustbein eine gewölbte Schale dar, worin Herz, Magen und Leber liegen,
nach außen bildet es mit dem mächtigen Brustbeinkamm (Crista sterni)
die Hauptansatzstelle für die Flugmuskulatur.

Der **Schultergürtel** wird von drei Knochenpaaren gebildet, den massiven
Coracoidea, den schmalen Scapulae und den zum Gabelbein *(Furcula)*
verwachsenen Claviculae. Diese drei Knochen stoßen am Schultergelenk
zusammen. Die Furcula kann mit dem Sternum verwachsen sein.

Das **Armskelett** ist in seinen proximalen Abschnitten gegenüber jenem
der Reptilien wenig verändert. Es besteht aus Humerus, Ulna und Radius. Die distalen Elemente hingegen weichen in ihrer Konstellation wesentlich vom Grundtyp der Tetrapodenextremität ab. Die beiden Handwurzelknochen (Carpalia) sind durch Verwachsung von ursprünglich 5
Elementen entstanden. Nach der Interpretation von MONTAGNA setzt
sich das vor dem Radius liegende Scapholunare aus dem Radiale, dem
Intermedium und einem Centrale zusammen, während der andere Handwurzelknochen, das Pisoulnare, durch Verschmelzung von Ulnare und
Pisiform entsteht.

Der nächste distale Abschnitt der Vogelhand ist der *Carpometacarpus*.
An diesem Knochen, an welchem die meisten Handschwingen inserieren,
sind distale Carpalia mit drei Metacarpalia verschmolzen, die dem II.,
III. und IV. Carpalelement der Tetrapodenextremität entsprechen. Entsprechend sind nur noch Phalangen von 3 Fingern vorhanden.

Die Finger II und IV haben nur 1–2 Phalangen, während der dritte Finger deren 2–3 besitzt. Sie bilden funktionell die Fortsetzung des Carpometacarpus als Träger von Schwungfedern. Im Prinzip ist die Vorderextremität bei allen Vögeln gleich aufgebaut, hingegen variiert sie in bezug
auf die Proportionen der einzelnen Elemente beträchtlich, je nach Art
des Fluges, die für eine Vogelform typisch ist (Abb. 91).

Der schalenförmige **Beckengürtel,** der fest mit dem Synsacrum verbunden ist, bildet ein Traggestell für den Körper, der ausschließlich von den
Hinterbeinen getragen wird. Die gegliederte *Schalenstruktur* des Beckens
bietet ausgezeichnete Ansatzmöglichkeiten für die Beinmuskulatur. Das
Becken selbst setzt sich zusammen aus dem sehr weit nach vorne reichenden Ilium, dem nach hinten anschließenden Ischium und dem lateral
gelegenen, nach hinten gerichteten Pubis. Das hintere Ende des Pubis ist
oft mit dem Ischium verbunden. Der Femurkopf gelenkt in ein perforiertes Acetabulum, woran alle drei Beckenknochen beteiligt sind.

Die **Hinterextremität** besteht aus einem in der Regel kurzen und kräftigen Femur. Distal des Kniegelenks folgt der *Tibiotarsus*, ein Knochen,
der durch Verwachsung der Tibia mit zwei proximalen Tarsalknochen
entstand. Die Fibula ist eine dünne, reduzierte Knochenspange. Der

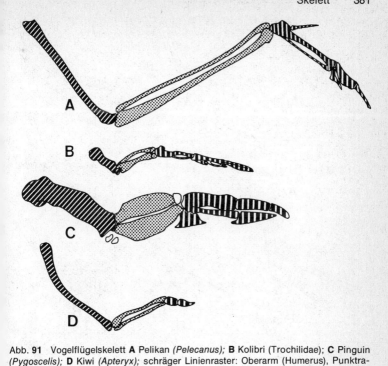

Abb. 91 Vogelflügelskelett **A** Pelikan *(Pelecanus);* **B** Kolibri (Trochilidae); **C** Pinguin *(Pygoscelis);* **D** Kiwi *(Apteryx);* schräger Linienraster: Oberarm (Humerus), Punktraster: Unterarm (Ulna und Radius), vertikaler Linienraster: Handbereich (Carpometacarpus und Phalangen)

nächstfolgende *Tarsometatarsus* oder Laufknochen entsteht ontogenetisch durch Verschmelzung der distalen Tarsalia mit den Metatarsalia, mit Ausnahme jenes der I. Zehe. Das Gelenk zwischen Tarsometatarsus und Tibiotarsus befindet sich also zwischen der distalen und der proximalen Reihe der Tarsalia. Dieses Intertarsalgelenk kommt unter den rezenten Wirbeltieren einzig bei den Vögeln vor.

Die erste, meist nach hinten gerichtete Zehe steht über einen freien Metatarsalknochen mit dem Lauf in Verbindung, während die übrigen Zehen direkt am Tarsometatarsus artikulieren.

Die Vögel haben höchstens vier Zehen, die in Größe und Stellung beträchtlich variieren können (Abb. 92). Die Zehen werden von innen nach außen numeriert, wobei die nach hinten gerichtete Zehe die Nummer I trägt. Zehe I, der Hallux, besteht nur aus zwei Phalangen, Zehe II hat drei, Zehe III vier und Zehe IV fünf Phalangen (Abb. 90).

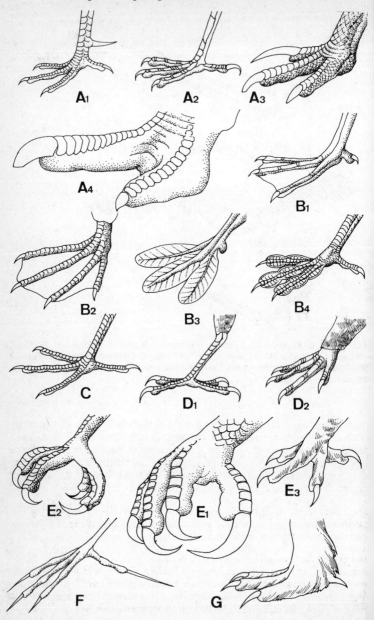

Muskulatur

Die Muskulatur zeigt ihre größten Besonderheiten im Bereich der Vorderextremität und der Brust. Dominierende Flugmuskeln sind der Große Brustmuskel (M. pectoralis), der am Brustbein, am Brustbeinkamm und am Oberarm inseriert, sowie der Kleine Brustmuskel (M. supracoracoideus). Daneben sind eine hohe Anzahl kleinerer Muskeln und Sehnen für die außerordentlich vielseitigen Bewegungen der Vorderextremität verantwortlich (Abb. 93).

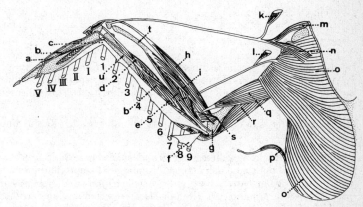

Abb. 93 Bemuskelung und Sehnen des Vogelflügels (Maskarenenstar, *Fregilupus varius*), Ventralansicht. **a** Flexor digitorum superficialis, **b** Flexor digitorum profundus, **c** Humerocarpalband, **d** Flexor carpi ulnaris, **e** Pronator profundus, **f** Expansor secundariorum, **g** Humerus, **h** Extensor metacarpi radialis, **i** Pronator superficialis, **k** Cucullaris, **l** Tensor patagii brevis, **m** Tensor patagii longus, **n** Pectoralis propatagialis, **o** Pectoralis, **p** Serratus metapatagialis, **q** Biceps, **r** Triceps, **s** Brachialis, **t** Radius, **u** Ulna; 1–9 Armschwingen; I–V Handschwingen (nach *BERGER*)

Abb. 92 Vogelfüße. **A1–A4** Schreitfüße, **A1** Bankivahahn *(Gallus bankiva)* mit Sporn, **A2** unspezialisierter Schreit- und Sitzfuß eines Singvogels, **A3** Schreitfuß mit Ausfall der Hinterzehe und mit Wehrkralle des Kasuars *(Casuarius)*; **A4** Extreme Zehenreduktion am Schreitfuß des Afrikanischen Straußes *(Struthio camelus)*; **B1–B4** Schwimmfüße, **B1** Fuß mit Schimmhäuten zwischen drei Zehen (Gänse, Möwen), **B2** Fuß mit Schwimmhäuten zwischen allen 4 Zehen (Ruderfüßer), **B3** Fuß mit Schwimmlappen (Lappentaucher), **B4** Fuß mit eingeschnürten Schwimmlappen (Bläßhühner); **C** Anisodactyler Sitzfuß eines Reihers (Ardeidae); **D1, 2** Kletterfüße, **D1** zygodactyler Kletterfuß eines Spechts (Picidae), **D2** pamprodactyler Kletterfuß eines Seglers *(Apus)*; **E1–E3** Greiffüße, **E1** Anisodactyler Greiffuß eines Adlers *(Aquila)*, **E2** Greiffuß mit Wendezehe beim Fischadler *(Pandion)*, **E3** Eulenfuß (Striges); **F** Spezialfuß zum Gehen auf Schwimmblättern eines Blatthühnchens *(Jacana)*; **G** Fuß mit befiederten Zehen und Laufknochen beim Schneehuhn *(Lagopus)* (nach *PETERSON*)

Entsprechend der ausschließlichen Belastung der Hinterextremität bei Sprung-, Geh-, Hüpf- und Kletterbewegungen ist auch ihre Muskulatur stark ausgebildet. Ein Großteil dieser Muskeln entspringt an den Knochen des Beckengürtels, ein kleinerer Teil am distalen Ende des Femurs. Der Laufknochen, Tarsometatarsus, ist nicht bemuskelt; ihm entlang führen nur Sehnen zu den Zehen. Die Anordnung dieser Sehnen und ihre Verbindung miteinander ist bei den verschiedenen Vogelgruppen recht vielfältig.

Fortbewegung

s. systematischer Teil

Integument

Das Integument ist gekennzeichnet durch exklusive Sonderbildungen der Epidermis – **Federn** und Hornschnabel –, durch eine spezielle Beschilderung des Laufknochens und der Zehen sowie durch das Vorhandensein von Krallen.

Heute betrachtet man die Vogelfedern als homolog zu den Reptilschuppen.

Die fertig entwickelte Vogelfeder ist eine *rein epidermiale Bildung*. Sie besteht aus einer Spule, an deren oberen Öffnung der Hauptschaft und sehr oft ein Nebenschaft (Afterschaft) entspringen. Haupt- und Nebenschaft tragen beidseitig primäre Äste (Rami). Daran inserieren sekundäre Äste (Radii) oder deren Rudimente. Die Radii der Kontur-, Schwung- und Steuerfedern sind zu sogenannten Haken- und Bogenstrahlen umgebildet und auf komplizierte Weise ineinander verkrallt, so daß sich zusammenhängende Federfahnen bilden können (Abb. 94 A, B).

Alle Schwung- und Steuerfedern sind asymmetrisch gebaut; man unterscheidet an ihnen eine festere, schmale Außenfahne und eine weichere, breite Innenfahne.

Abb. 94   Federn. **A** Schwungfeder; **B** Detail aus einer Federfahne; **C** Federtypen, **C1** Konturfeder eines Emu *(Dromaeus)* mit Hauptfeder und ebenso großer Afterfeder, **C2** Konturfeder eines Fasans (Phasianinae) mit relativ großer Afterfeder, **C3** Daunenfeder, **C4** Fadenfeder, **C5** Borstenfeder, **C6** Nestlingsdaune, darüber: auswachsende Konturfeder mit oben aufsitzender Nestlingsdaune und basal auswachsenden Fadenfedern; **D** Federfluren und Raine bei einem Würger *(Lanius)*, Dorsalansicht; **E** Ausschnitte aus einem Federkiel eines Emu *(Dromaeus)*, **a** Spule, **b** Schaft, **c** Außenfahne, **c'** Innenfahne, **d** Ast (Ramus), **e** Bogenstrahl, **f1** Hakenstrahl, **f2** Basis, **f3** Pennula, **f4** Haken; **g** Stirnborsten, **h** Oberkopfflur, **i** Halsflur, **k** Rückenflur, **l** Beckenflur, **m** Unterschenkelflur, **n** Oberschwanzdecken, **o** Steuerfedern, **p** Oberarmflur, **q** Alula, **r** mittlere Oberarmdecken, **s** große Oberarmdecken, **t** Armschwingen, **u** mittlere Handdecken, **v** große Handdecken, **w** Handschwingen, **x** Hauptschaft, **y** Afterschaft, **z** Federscheide (nach *CHANDLER, SICK, VAN TYNE, GERBER, MILLER, ZISWILER*)

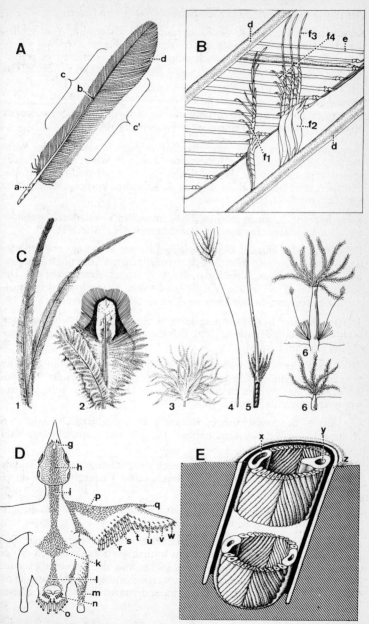

Der adulte Vogel verfügt über verschiedene Typen von Federn.

Konturfedern: Deckfedern des Rumpfes und der Extremitäten; sie schließen das Körpergefieder nach außen ab, tragen Farbmuster und geben dem Körper eine aerodynamisch günstige Form. Konturfedern tragen distal einen Fahnenteil, proximal zeigen sie Daunenstruktur (Abb. 94C1, 2).

Schwung- und Steuerfedern: Die verlängerten Federn der Flügel und des Schwanzes mit Trag- und Steuerfunktion; Schwung- und Steuerfedern bestehen vorwiegend aus einem festen Fahnenteil (Abb. 94A).

Daunenfedern: Sie liegen unter den Konturfedern und dienen der Wärmeisolation. Daunenfedern haben einen kürzeren Schaft und sind nicht so streng gescheitelt wie die Konturfedern. Die Radii sind reduziert, die Häkchen der Hakenstrahlen sind oft zu Köpfchen zurückgebildet (Abb. 94C3).

Spezialfedern: Zu ihnen gehören die bei manchen Vogelarten ausgebildeten Schmuckfedern, Tastborsten, Puderdaunen usw. (Abb. 94C4,5).

Befiederung des Flügels: Der Vogelflügel ist mit Schwung- und Deckfedern besetzt. Die den Handknochen zugeordneten Schwungfedern heißen *Handschwingen,* diejenigen des Unterarmes *Armschwingen.* Die Schwingen sind sowohl auf der Flügeloberseite als auch auf der Flügelunterseite von großen, mittleren und kleinen Deckfedern bedeckt.

Je nach Art der Beanspruchung können die Flügel einer Vogelart lang oder kurz, breit oder schmal sein. Das distale Flügelende ist spitz, abgerundet oder ausgefranst.

Die Anzahl der Handschwingen ist innerhalb einzelner Ordnungen oder Familien gewöhnlich konstant. Fast alle Vögel haben 10 oder 9 Handschwingen. Am meisten besitzt der Afrikanische Strauß mit 16, am wenigsten besitzen die Kasuare mit 3.

Die Anzahl der Armschwingen variiert noch mehr, nämlich zwischen 6 (Kolibris) und 32 (Wanderalbatros). Die häufigste Armschwingenzahl ist 9.

Färbung und Zeichnung: Die oft prachtvolle Zeichnung und Färbung des Vogelgefieders entsteht teils durch echte Farbstoffe, teils durch Strukturfarben.

Echte Farbstoffe sind die schwarzen und braunen Melanine und die fettlöslichen roten und gelben Karotinoide.

Strukturfarben kommen durch einen Lichtbrechungseffekt zustande. Das Licht bricht sich am trüben Medium lufthaltiger Kästchenzellen in den Rami. Während die Rotanteile des Lichts von der darunterliegenden schwarzen Melaninschicht absorbiert werden, werden die Blauanteile reflektiert. Deshalb beruht die Blaufärbung der meisten Vögel auf solchen Lichtbrechungserscheinungen.

Grün und Violett entstehen als Mischfarben, im ersten Fall aus Karotinoidgelb und Strukturblau, im anderen aus Karotinoidrot und Strukturblau. Auch Glanz- und Schillereffekte (Kopf des Stockerpels, Kolibris) mancher Vogelfedern sind reine Lichtbrechungserscheinungen.

Neben den erwähnten roten, gelben und braunen Farbstoffen können einige wenige Vogelarten grüne Pigmente bilden, so verschiedene Turakos und der Eidererpel.

Die Entwicklung der Einzelfeder: Durch Zellvermehrung entsteht eine Epidermispapille, in deren Basis ein Kegel von Cutismaterial hineinragt. Diese Papille senkt sich sekundär in die Haut ein, so daß um sie herum ein Ringwulst entsteht. Der Federkeim steckt stets schräg zur Körperoberfläche in der Haut. Von außen nach innen lassen sich am Querschnitt eines solchen Federfollikels (Blutkiel) folgende Schichten unterscheiden:

– Die *Hornscheide*, ein nach außen glatter, verhornter Schutzmantel, der die ganze Federanlage umschließt und der später aufbricht und abbröckelt. Sie entsteht aus speziellen Epidermiszellen, den Scheidenzellen.

– Das *federbildende Gewebe*, das sich ebenfalls aus Epidermiszellen, den Mittelzellen, aufbaut.

– Die *Pulpascheide* aus epidermialen Zylinderzellen; sie trennt den epidermialen Teil der Federanlage gegen das Corium ab,

– Die *Coriumpapille* oder *Pulpa*. Die Pulpa dehnt sich zylinderförmig auf das ganze Innere des Federkeims aus. Sie ist reichlich mit Blutgefäßen und Kapillaren durchzogen.

Die Hauptwachstumszone für die eigentliche Feder bildet der den Ringgraben nach innen begrenzende *Ringwulst*. Hier beginnt dorsal zunächst der Hauptschaft herauszuwachsen. Gleichzeitig setzen von dorsal nach ventral auf dem Ringwulst Differenzierung und Wachstum der Rami ein. Diese Rami unterliegen zunächst einer horizontaltangentialen Wachstumskomponente entlang dem Ringwulst, werden damit nach dorsal verschoben und gelangen in den vertikalen Wachstumssog des Hauptschaftes, an dem sie inserieren. Die sich über den ganzen Ringwulst erstreckenden Ramusbildungszonen der rechten und der linken Seite stoßen am sogenannten Ventraldreieck, gegenüber dem Hauptschaft, aufeinander. Bei den meisten Vögeln wächst hier, meist etwas später als der Hauptschaft, der Afterschaft aus. Am Afterschaft inserieren ebenfalls Rami, und zwar solche, die sich auf dem Ringwulst nach ventral differenzieren. Die ausgewachsene Feder ist eine ausschließlich aus totem Hornmaterial bestehende Epidermisstruktur. Die Coriumpapille hat sich ganz an die untere Öffnung der Spule zurückgezogen.

Im Laufe der Ontogenese entstehen bei den meisten Vögeln aus einer Federanlage drei Generationen von Federn verschiedenen Aussehens (Abb. 94C6).

1. Federgeneration: *Protoptil*, meistens als Nestlingsdaune ausgebildet,
2. Federgeneration: *Mesoptil*, oft Zwischenstufe zwischen Daune und endgültiger Konturfeder. Bei einigen Vogelformen wird diese zweite Federgeneration unterdrückt,
3. Federgeneration: *Teloptil*, die endgültige Feder des ausgewachsenen Vogels, sie wird ein- bis zweimal pro Jahr ersetzt.

Mauser: Die meisten Vögel wechseln ihr gesamtes Gefieder ein- bis zweimal im Jahr. Wenn die einzelne Feder erneuert werden soll, so beginnt die Coriumpapille am unteren Ende der Federspule in die Tiefe zu wachsen. Es entsteht eine neue Federpapille, die mit der Zeit die alte Feder ausstößt. Die sehr verschiedenen Mauserabläufe der einzelnen Vogelformen sind auf deren Lebensweise abgestimmt. Die den Energiehaushalt eines Individuums stark beanspruchenden Mauserperioden liegen meistens außerhalb der Fortpflanzungs- und Zugzeit.

Die Anordnung der Federn am Vogelkörper *(Pterylose)* ist nie gleichmäßig, sondern erfolgt in *Fluren.* Die federfreien Zonen zwischen den Fluren heißen *Raine.* Fluren und Raine sind bei den einzelnen Vogelformen verschieden angeordnet (Abb. 94D).

Die Ausbreitung der Federfluren während der Ontogenese erfolgt in einer für jede Gruppe typischen Gesetzmäßigkeit von primordialen Zentren aus. Innerhalb einer Flur folgen sich dabei in bestimmten Abständen drei Typen von Federn, die als Federfolgen bezeichnet werden.

1. *Federfolge:* Kontur- und Schwungfedern oder ihre Vorgeneration (Nestlingsdaunen),
2. *Federfolge:* Daunenfedern, die zwischen den Follikeln der ersten Folge entstehen,
3. *Federfolge:* Fadenfedern mit winzigen Follikeln in unmittelbarer Nähe der Anlagen der ersten Folge.

Gefiederdimorphismen: Struktur, Färbung und Zeichnung des Vogelgefieders können nach Alter, Geschlecht oder Jahreszeit variieren. Bei fast allen Vogelarten unterscheidet sich das Jugendkleid vom Alterskleid. Oft werden zwischen Jugend- und Alterskleid Übergangskleider eingeschoben. Bei vielen Vögeln ist das männliche Federkleid verschieden vom weiblichen. Dieser Geschlechtsdimorphismus kann zeitlebens bestehen, wie bei den Fasanen; oder einer der Geschlechtspartner, meistens das Männchen, legt sich für die Balzzeit ein Prachtkleid zu, wie der Stockerpel und viele Webervögel.

Andere Vögel zeigen einen *Saisondimorphismus,* ihre Gefiederfärbung richtet sich nach der Jahreszeit, wie beim Schneehuhn, das im Winter weiß und im Sommer braun gefärbt ist, mit Zwischenstadium im Herbst und im Frühling.

Daneben sind *Farbpolymorphismen* bekannt; innerhalb einer Population können verschiedene Phänotypen, unabhängig von Geschlecht, Alter oder Jahreszeit vorhanden sein. So gibt es bei vielen Eulen je eine rotbraune und eine graubraune „Phase" oder bei der australischen Gouldamadine rot-, gelb- und schwarzköpfige Individuen. Der extremste Farbpolymorphismus bei Vögeln findet sich im Prachtkleid des männlichen Kampfläufers, bei welchem kaum zwei Individuen gleich gefärbt sind.

Der *Hornschnabel:* Eine weitere, bei allen Vögeln anzutreffende epidermiale Bildung ist der Hornschnabel. Obwohl schnabelähnliche Bildun-

---

Abb. 95 Vogelschnäbel. **A** Mauersegler *(Apus apus);* **B** Specht *(Picus);* **C** Lappenhopf-♀ *(Heteralocha acutirostris),* der Schnabel des ♂ gleicht dem Meißelschnabel eines Spechts; **D** Kirschkernbeißer *(Coccothraustes coccothraustes);* **E** Fichtenkreuzschnabel *(Loxia curvirostra);* **F** Hyazinthara *(Anodorhynchus hyacinthinus);* **G** Fischertukan *(Rhamphastos sulfuratus);* **H** Schwertschnabelkolibri *(Ensifera ensifera);* **I** Adlerkolibri *(Eutoxeres aquila);* **K** Weißibis *(Eudocimbus albus);* **L** Säbelschnäbler *(Recurvirostra);* **M** Kiwi *(Apteryx australis);* **N** Steinadler *(Aquila chrysaetos);* **O** Rohrdommel *(Botaurus);* **P** Säger *(Mergus);* **Q** Sturmvogel *(Puffinus);* **R** Flamingo *(Phoenicopterus);* **S** Löffler *(Platalea)* (nach *PETERSON, KELLY)*

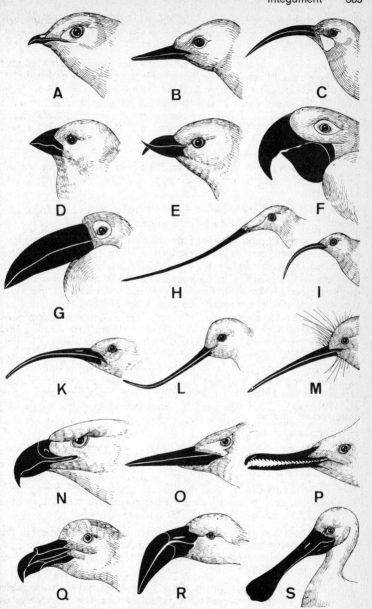

gen auch bei einigen Reptilien und bei den Monotrematen entwickelt worden sind, hat diese Struktur bei den Vögeln ihre höchste Differenzierung erreicht (Abb. 95).

Ober- und Unterschnabel stecken tütenartig auf Maxille und Mandibel und werden als *Rhamphotheke* bezeichnet. Die *Oberschnabelrhamphotheke* bildet auch den vorderen Teil des Gaumens, den *hörnernen Gaumen*. Entsprechend den vielfältigen Ernährungsspezialisationen wurden die Vogelschnäbel als Organe der Nahrungsaufnahme und -bearbeitung zu verschiedensten Werkzeugen geformt, zu Löffeln, Pinzetten, Zangen, Klappen, Schöpfkellen, Schaufeln, Sägen, Messern, Reusen, Nußknackern, Saugröhren, Meißeln, Greifhaken usw. Entsprechend vielfältig sind verschiedene Spezialstrukturen an den Schnabelrändern und am hörnernen Gaumen, wie Zähnelungen, Haken, Fransen, Leisten, Wülste, Rillen, Kerben usw.

Viele Vogelformen haben in konvergenter Entwicklung, unabhängig voneinander, ähnliche Schnabelformen entwickelt (Abb. 95).

Schilder, Schuppen und Krallen: Fuß und Lauf der Vögel sind mit hörnernen Schuppen und Schildern geschützt, und die Zehen tragen Krallen (Abb. 92). Die Anordnung der Laufschilder erfolgt nach bestimmten Mustern (Abb. 106B, S. 426), die vor allem in der Singvogeltaxonomie als diagnostisches Merkmal für Familien verwendet werden. Als Spezialbildungen der Fußbeschuppung finden sich an der Fußsohle des Fischadlers röhrchenartige Hornstrukturen, die zum Festhalten der schlüpfrigen Beute dienen, oder die Sporne der Hähne. Modifizierte Krallen sind die „Hufe" der Strauße, die spitzen Dolche der Eulen oder die kammartigen Putzkrallen der Reiher. Einige Vögel tragen noch *Fingerkrallen*. Am ausgeprägtesten sind sie bei den Küken der Zigeunerhühner, die damit in den Kronen der Urwaldbäume herumhangeln können. Vereinzelte Reste von Fingerkrallen finden sich ferner bei Raubvögeln, Enten und Flamingos. Besonders auffällig sind die Sporne der Wehrvögel, massive Horndolche, die dem Daumenknochen aufsitzen und aus dem Flügelbug herausragen.

Hautdrüsen: Mit Ausnahme der Bürzeldrüse und kleiner Talgdrüsen im Gehörgang der Hühnervögel besitzen die Vögel keine Hautdrüsen. Die *Bürzeldrüse* (Glandula uropygii) liegt auf der Körperoberseite über den letzten Schwanzwirbeln. Sie besteht meistens aus einem zweilappigen, bilateral symmetrischen Drüsenkörper, dessen Sekret über einen oder mehrere Ausführgänge nach außen abgegeben wird.

Das ölige Sekret entsteht holokrin. Vielfach bilden Pinselfedern in der Nähe der Drüsenmündung einen Docht, von dem das Öl mit dem Schnabel abgestreift wird. Andere Vogelformen pressen das Sekret mit dem Schnabel aus der Drüse heraus.

Das Bürzeldrüsensekret dient in erster Linie dazu, das Gefieder gegen Wasser und Feuchtigkeit undurchlässig zu machen. Die Bürzeldrüse ist bei Wasservögeln mächtig entwickelt. Bei Wiedehopfen und bei der Moschusente ist das Sekret übelriechend und dient zur Feindabwehr, bei rosafarbenen Pelikanen und Seeschwalben enthält es eine Komponente, die das Gefieder rosa färbt. Neuerdings wird die Rolle des Sekrets als Vitamin-D-Quelle besonders hervorgehoben.

Verdauungssystem

Besonderheiten im allgemeinen Bauplan dieses Verdauungssystems sind das Vorhandensein eines Hornschnabels, das Fehlen von echten Zähnen, die Entwicklung von Speicherkröpfen im Oesophagus und die Unterteilung des Magenabschnittes in mindestens 2 Teile.

Entsprechend der vielfältigen Ernährungsspezialisation der Vogelformen variieren Bau und Funktion der einzelnen Abschnitte des Verdauungstraktes stark. Da der Verdauungstrakt Trends zur Spezialisierung widerspiegelt, eignet er sich teilweise zur Rekonstruktion phylogenetischer Vorgänge.

Die **Mundhöhlen-Schlundregion** der Vögel hat die Aufgabe, die Nahrung aufzunehmen, festzuhalten, zu prüfen, eventuell mechanisch zu bearbeiten, zu befeuchten und weiterzuleiten.

Besondere Bildungen des Mundhöhlen-Schlundbereiches sind der hörnerne Gaumen, die Zunge sowie die Speicheldrüsen.

Der hörnerne Gaumen ist bei körnerfressenden Vögeln speziell strukturiert; er dient als Widerlager oder Festhaltevorrichtung beim Aufquetschen oder Aufschneiden der Samenschalen (Abb. 105 A, S. 424).

Die **Zunge** ist ebenso vielfältig strukturiert wie der Schnabel. Sie kann funktionell als lange Klebe-Greifzunge (Specht), pinselförmige Leckzunge (Pinselzungenpapageien, Honigsauger und Mistelfresser), röhren- oder halbröhrenförmige Saugzunge (Kolibris, Nektarvögel), mit Hornhaken besetzte Festhaltezunge (Pinguine), mit Fortsätzen bestückte Reuse (Enten) oder mit vielen Tastkörperchen besetzte Klöppelzunge zum Betasten der Nahrung (Papageien) ausgebildet sein.

Die Zungenoberfläche ist mit einem mächtigen verhornten Epithel überzogen.

Die Mundspeicheldrüsen sind bei den meisten Vögeln deutlich entwickelt und produzieren fast ausschließlich Schleim. Die Gliederung der Speicheldrüsen ist bei den verschiedenen Vogelgruppen sehr variabel. Sumpf- und Wasservögel mit schlüpfriger Nahrung besitzen keine oder nur schwach entwickelte Speicheldrüsen.

Riesige Speicheldrüsen finden sich bei den Salanganen, Segler, welche die eßbaren „Schwalbennester" aus Speicheldrüsensekret produzieren.

Der häutige Mundboden ist bei einigen Vogelarten dehnbar und kann kurzfristiger Nahrungsspeicherung dienen, wie die riesige Kehltasche der Pelikane.

Die Verteilung und Häufigkeit der Tastrezeptoren im Schlund-Zungenbereich variiert stark und ist eng korreliert mit der für eine Vogelart typischen Art der Nahrungsprüfung und -bearbeitung.

Nahrungsbearbeitung und Nahrungsprüfung sind vor allem bei körnerfressenden Vögeln bekannt, während viele frucht- oder insektenfressende Formen die Nahrung unbearbeitet verschlucken. Eine spezielle Form der Nahrungsbearbeitung ist das Samenöffnen der Papageien und der Singvögel, bei welcher die Samenschalen je nach Gruppe entweder aufgequetscht oder mit den Unterschnabelrändern aufgeschnitten werden.

Der **Oesophagus** ist gekennzeichnet durch das Vorhandensein eines Kropfes, durch Oesophagusdrüsen von gruppentypischer Verteilung und Konstruktion und durch eine mächtige, oft verhornte Epithelschicht.

Der **Kropf** ist spindel- oder sackförmig. Man unterscheidet reine Speicherkröpfe, die die Aufgabe haben, Nahrung zu speichern und in gleichmäßigen Dosen an den Magen abzugeben, und Atzkröpfe, die zur Antiperistaltik befähigt sind und aus welchen Nahrung für die Fütterung der Jungen aufgewürgt werden kann, wie bei vielen Fisch- und Körnerfressern. Kropfbildungen weisen vor allem Vögel auf, deren Nahrung im Lebensraum nicht homogen verteilt ist, so daß es für den Vogel von Vorteil ist, möglichst viel Nahrung aufzunehmen, wenn er sich bei einer Futterstelle befindet. Die größten Kröpfe findet man demnach bei Fischfressern und spezialisierten Körnerfressern.

Einige Vogelarten bilden im Oesophagus spezielle *Nahrungssekrete für die Atzung der Jungen.* So produzieren die Tauben im Kropf einen nährstoffreichen Atzsaft, die Kropfmilch, während Flamingos ein durch Erythrocyten rotgefärbtes Substrat herstellen.

Der **Magen** besteht gewöhnlich aus zwei deutlich voneinander unterscheidbaren Abschnitten, dem *Drüsenmagen* und dem *Muskelmagen.*

Die funktionelle und morphologische Differenzierung des Magenabschnittes zeigt bei den Vögeln die größte Vielfältigkeit unter den inneren Organen (Abb. 96).

Der Drüsenmagen ist meist spindelförmig. Seine Schleimhaut enthält bereits makroskopisch sichtbare, zusammengesetzte Drüsen. Diese produzie-

---

Abb. 96   Vorderdarm bei Vögeln. **A** Magen eines Grünfinken *(Carduelis chloris)* von außen, **A'** im Längsschnitt; **B–D** schematische Darstellung der Magenabschnitte, **B** Pfau *(Pavo cristatus),* **C** Afrikanischer Strauß *(Struthio camelus),* **D** Sturmvogel *(Procellaria),* **a** Drüsenmagen, **a'** Drüsenschicht, **b** Muskelmagen, **b'** Muskelschichten, **b"** Koilinschicht, **c** Pylorus, **d** Oesophagus, **e** Isthmus des Drüsenmagens, **f** Blindsack des Muskelmagens, **g** Blindsack des Drüsenmagens (nach *PERNKOPF, ZISWILER*)

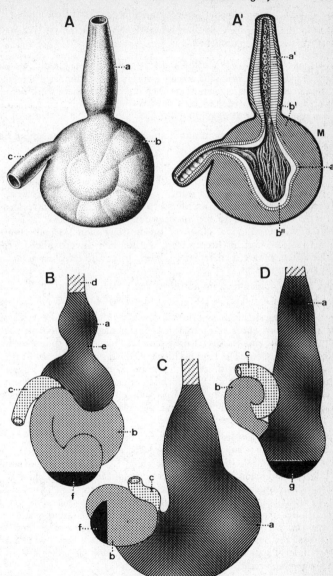

ren Salzsäure und Pepsinogen. Gegen das Lumen des Drüsenmagens hin werden die Zusammengesetzten Drüsen von zahlreichen einfachen mukösen Schlauchdrüsen umgeben.

Zwischen Drüsen- und Muskelmagen liegt eine als Schaltstück bezeichnete Übergangszone mit sehr wenig Drüsen. Bei blütenbesuchenden oder fruchtfressenden Papageien ist das Schaltstück zu einem stark dehnbaren Speicherraum geworden, dessen Lumen jenes des Muskelmagens und des Drüsenmagens bei weitem übertrifft.

Der Muskelmagen ist nicht nur vielfach ein Kompensationsorgan für den fehlenden Kauapparat, sondern hat folgende Hauptfunktionen:

– Er dient als *Speicherorgan* für die Nahrung, die hier der Wirkung der Verdauungssäfte ausgesetzt wird; im besonderen findet hier die erste proteolytische Verdauung statt,
– bei Körnerfressern, Pflanzenfressern und einigen Insektenfressern dient er der mechanischen *Zerkleinerung* der Nahrung,
– er *gibt kontinuierlich Nahrung* an die folgenden Darmabschnitte ab, bei Fleisch- und Insektenfressern werden hier unverdauliche Teile wie Knochen, Haare, Federn oder Chitinpanzer zu Gewöllen geformt und dann ausgewürgt.

Der Muskelmagen liegt im mittleren linken Teil der Bauchhöhle. Bei granivoren Vögeln hat er die Form einer bikonvexen Linse.

Seine Eingangsöffnung liegt dorsal, etwas caudal davon die Ausgangsöffnung. Das drüsenreiche Epithel des Muskelmagens sondert die sog. Koilinschicht ab, eine in ihrer Konsistenz an Horn erinnernde Auskleidung des Magenlumens. Die Koilinschicht, die sich periodisch ablöst und vom Vogel ausgewürgt wird, ist vor allem bei körnerfressenden Vögeln stark ausgebildet und dient als Reibfläche bei der Nahrungszerkleinerung. Die schlauchförmigen Drüsen des Muskelmagens sind mit Zellen verschiedener sekretorischer Aktivität besetzt, den Hauptzellen, Oberflächenzellen, Basalzellen und intermediären Zellen.

Muskelmägen, die der mechanischen Zerkleinerung von Nahrung dienen, haben eine besonders mächtige Muskulatur (Abb. 96A). Sie besteht aus handförmig ineinandergreifenden, antagonistisch arbeitenden Haupt- und Nebenmuskeln, die an den glänzenden Sehnenplatten beidseitig des Magens entspringen. Bei vielen Fischfressern (Abb. 96D) ist der Muskelmagen zu einem langen, dehnbaren Speicherraum geworden, worin die Nahrung ausschließlich durch die Verdauungssäfte aufgeschlossen wird. Ähnlich schwach bemuskelte, reine Speichermuskelmägen besitzen bestimmte Fruchtfresser; bei einigen Vögeln, wie bei fruchtfressenden Papageien und bei Röhrennasen, sind sie sogar bis auf einen winzigen Rest reduziert.

Einige Vogelformen besitzen noch eine dritte Magenkammer, den *Pylorusabschnitt,* besonders ausgeprägt bei den Pinguinen, Lappentauchern, Pelikanen, Reihern, Enten, Raubvögeln und Kuckucken.

Im **Dünndarm** findet der größte Teil der chemischen Verdauung sowie die Resorption der Nährstoffe statt. Es ist üblich, den vordersten Abschnitt des Dünndarms als Duodenum zu bezeichnen, obwohl er bei den Vögeln keinen histologisch klar abgrenzbaren Abschnitt darstellt und lediglich durch seine topographische Lage definiert wird. Das Duodenum bildet die erste Darmschleife nach dem Pylorus. In die Duodenumschleife eingebettet liegt das Pankreas. Dem Duodenalabschnitt folgt ein als Ileum bezeichneter Abschnitt. Ein Jejunum wird nicht unterschieden.

Die Grobmorphologie des Dünndarms und seiner Mesenterien zeigt bei den Vögeln eine beträchtliche Variabilität, die teilweise gruppentypisch, teilweise nach der Ernährungsspezialisation ausgerichtet ist. Der Dünndarm ist relativ lang bei Pflanzen- und Samenfressern, eher kurz hingegen bei Fleisch- und Fruchtfressern.

Die Mucosa des Dünndarms entspricht im wesentlichen jener der Säugetiere und Reptilien. Ihr Epithel besteht aus Saumzellen mit Mikrovilli, Becherzellen und basalgekörnten Zellen. Die von Säugetieren bekannten Panethschen Zellen konnten ebenfalls nachgewiesen werden.

Zur Oberflächenvergrößerung bildet die Darmschleimhaut verschiedene Systeme von Falten, Lamellen oder Zotten, die der Innenfläche des Darms ein bestimmtes Reliefmuster aufprägen. Anhand dieser Oberflächenvergrößerung und ihrem zu- oder abnehmenden Komplikationsgrad lassen sich phylogenetische Trends rekonstruieren. Bestimmte Aufbauprinzipien dieses Darmfaltenreliefs sind meistens gruppentypisch und eignen sich deshalb vorzüglich für die taxonomische Diagnostizierung.

Neben den Darmfalten und -zotten finden sich in der Darmschleimhaut Vertiefungen, die Lieberkühnschen Krypten, ebenfalls Strukturen von unterschiedlicher, teils ernährungs-, teils gruppentypischer Ausprägung.

Der **Enddarm** der Vögel ist eine terminale Erweiterung des Dünndarms, die von der Ansatzstelle der Blinddärme bis zur Kloake reicht. Der Enddarm verläuft relativ geradlinig und ist, verglichen mit dem Dünndarm, kurz. Bei Singvögeln beträgt seine Länge 3–10% der Dünndarmlänge, wobei extreme Trockenfutterfresser den kürzesten, Saftfutterfresser den längsten Enddarm besitzen. Sehr lange Enddärme besitzen die Nandus.

Der terminale Abschnitt des Enddarms wird **Kloake** genannt. Sie dient als Behälter für Kot und Harn sowie als Durchgangsstelle für die Geschlechtsprodukte. Die Kloake wird in drei Abschnitte unterteilt, die als *Coprodaeum*, *Urodaeum* und *Proctodaeum* bezeichnet werden. Das Coprodaeum stellt die Übergangszone zwischen Enddarm und After dar. Im folgenden Urodaeum münden der Ovidukt oder die Vasa deferentia sowie die Urether. Das Proctodaeum schließlich mündet in den Anus. Der caudalste Teil des Proctodaeums ist mit quergestreiften Afterschließmuskeln versehen.

Bei Jungvögeln findet sich an der Übergangsstelle von Enddarm zur Kloake eine dorsale Einstülpung, die *Bursa Fabricii*.

Die meisten Vögel besitzen **Blinddärme** an der Übergangsstelle von Dünndarm zu Enddarm. Die Blinddärme der Singvögel, Raubvögel, Spechte, Reiher und Röhrennasen sind klein, während sie bei Kuckukken, Racken und Seglern groß sind. Die auffälligsten Blinddärme, riesige traubige Gebilde, zeigen der Afrikanische Strauß und die Rauhfußhühner. Den Papageien fehlen Blinddärme. Die Blinddärme spielen eine Rolle bei der bakteriellen Verdauung und als lymphoides Organ.

Das **Pankreas** liegt zwischen den beiden Schenkeln der Duodenalschlinge und läßt sich morphologisch mindestens in drei deutlich voneinander abgegrenzte, variable Lappen gliedern. Der exokrine Pankreassaft enthält u. a. Amylase, Lipase und verschiedene proteolytische Enzyme.

Das Pankreas besitzt meist drei Ausführgänge (zwei aus dem Ventral- und einen aus dem Dorsallappen), die nahe der Schleifenbiegung in das Duodenum ascendens münden. Der mittlere Lappen hat keinen Ausführgang, sondern entläßt seine Sekrete über Vorder- oder Hinterlappen.

Die Langerhansschen Inseln sind im Gegensatz zu jenen der Säugetiere nicht durch eine Bindegewebekapsel vom übrigen Gewebe abgetrennt, so daß es gelegentlich schwer fällt, einzelne Zellen eindeutig dem exokrinen oder dem endokrinen System zuzuordnen.

Das Pankreas ist relativ groß bei insektenfressenden, fischfressenden und omnivoren Formen, während es am kleinsten bei ausgesprochenen Fleischfressern ist.

Die **Leber** ist ein umfangreiches zweilappiges Organ, wobei der rechte Lappen meistens größer ist als der linke. Sie produziert Gallensaft für die Verdauung. Daneben speichert sie Lipide und Glykogen, spielt eine wichtige Rolle im Intermediärstoffwechsel, synthetisiert Proteine und Glykogen und produziert Harnsäure. Während der Embryonalzeit und der ersten Zeit der Postembryonalentwicklung dient sie als blutbildendes Organ.

Die Leber ist klein bei fleisch- und körnerfressenden Vögeln, am größten bei Insekten- und Fischfressern. Histologisch gesehen stellt die Vogelleber ein Muralium dar. Die Wände, welche die Lakunen voneinander trennen, sind je nach Vogelgruppe 1–2 Zellen dick.

Die Vena cava führt durch den cranialen Abschnitt des rechten Lappens; die Lebervenen und die Vena cava verlassen die Leber an der gleichen Stelle. Zwei Leberpfortadern und zwei Leberarterien treten durch die Fossa transversa in der Mitte der visceralen Leberoberfläche ins Organ ein. Hier verlassen auch die beiden Gallengänge die Leber.

Jeder Leberlappen besitzt seinen eigenen *Gallengang*. Der linke Gallengang führt dabei direkt ans Duodenum, während der rechte mit der Gallenblase in Verbindung steht oder selbst zu einer solchen erweitert ist. Bei mehreren Vogelarten fehlt eine Gallenblase, so bei Strauß, Nandu, vielen Tauben und Papageien.

Ernährung

s. systematischer Teil

Atmungs- und Luftsacksystem

Die Vögel haben das *leistungsfähigste Atmungssystem* aller Wirbeltiere. Die Lungenflügel sind praktisch volumenkonstant und starr und erhalten die Atemluft durch je einen Hauptbronchus (Abb. 97). Dieser gibt

1. Ventro- und Dorsobronchien ab, die untereinander durch ein langgestrecktes Netzwerk von Parabronchien kommunizieren. Die Parabronchien sind von einem innig vermaschten Netzwerk von Blutkapillaren und Luftkapillaren dick umhüllt. Dieses Bronchialsystem mit seinem respiratorischen Gewebe, *Paläopulmo,* ist bei allen Vögeln gut entwickelt und macht bei einigen Gruppen praktisch die ganze Lunge aus. Es wird bei In- und Exspiration in gleicher Richtung durchströmt.

2. Den Dorsobronchien gegenüber zweigen die Laterobronchien vom Hauptbronchus ab. Ein Teil steht mit den Ventrobronchien in Verbindung, der andere führt zu den hinteren Luftsäcken. Bei den meisten Vogelgruppen zweigt von Haupt- und Laterobronchien ein Parabronchialnetz, *Neopulmo,* ab, das ebenfalls in die hinteren Luftsäcke mündet und höchstens 20% der Lunge einnimmt. Die Neopulmo wird bei In- und Exspiration in wechselnder Richtung durchströmt.

Die *Luftsäcke* sind dünnwandige Behälter, die mit dem Lungensystem in Verbindung stehen. Ihre Divertikel reichen bis in die Knochen und zwischen Muskulatur und Haut hinein. Die paarigen abdominalen und hinteren thorakalen Luftsäcke funktionieren als Blasebälge für die Ventilation der Lunge (Abb. 97). Die vorderen Luftsäcke (cervicaler, unpaarer interclavicularer und vorderer thoracaler Luftsack) besitzen dagegen für die Atmung eine geringe Bedeutung.

Atemfrequenz: Die Atemfrequenz der Vögel ist unter anderem abhängig von der Körpergröße und vom Bewegungszustand (Tab. 72).

Lauterzeugung

Das Hauptstimmorgan ist der Syrinx, ein unterer Kehlkopf, wie er nur den Vögeln zu eigen ist. Der Syrinx besteht aus umgestalteten Teilen der untersten Trachea- und meistens auch der obersten Bronchienabschnitte. An diesem Stimmorgan sind 2–7 Bronchienknorpelringe und die zwischen ihnen ausgespannten Membranen, die Paukenhäute, beteiligt. Durch Muskelzug können die Bronchienringe verschieden gegeneinander bewegt und die Spannung der Paukenhäute verändert werden, wodurch verschieden hohe Töne entstehen (Abb. 111C, S. 433).

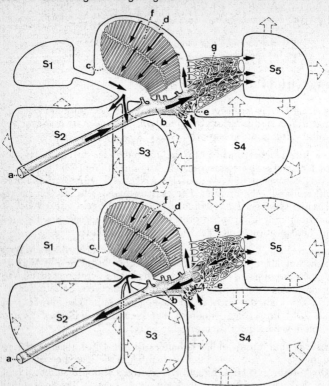

Abb. 97 Schematische Darstellung der Luftzirkulation im Lungen-Luftsacksystem eines Vogels bei intensiver Atmung. Oben: Inspiration, unten: Exspiration. **a** Trachea, **b** Primärbronchus, **c** Ventrobronchen, **d** Dorsobronchen, **e** Laterobronchen, **f** Parabronchialnetz zwischen Dorsobronchen und Ventrobronchen, **g** akzessorisches Parabronchialnetz des Neopulmo zwischen dem Primärbronchus, den Latero- und Dorsobronchi und den hintern Luftsäcken; **s1** Cervicalsack, **s2** Interclavicularsack, **s3** vorderer, **s4** hinterer Thoracalsack, **s5** Abdominalsack. Die gestrichelten Pfeile geben die geschätzte Ausdehnung und Komprimierung der Luftsäcke an, die schwarzen Pfeile die Strömungsrichtung der Luft (nach *DUNCKER*)

Bei einigen Vogelarten sind die Knorpelelemente der Luftröhre zu einer einheitlichen Trommel verwachsen. Die Ausprägung des Stimmapparates ist außerordentlich vielfältig. Als akzessorische Organe der Lauterzeugung besitzen einige Vögel Resonanzkammern, wie Knochentrommeln am Syrinx (Enten) oder Kehlsäcke (Großtrappe). Andere können mit dem oberen Kehlkopf, dem Larynx, Zisch- und Fauchlaute erzeugen. Wieder andere Vögel besitzen zusätzliche Lautinstrumente. So können Eulen mit dem Schnabel auffällig knacken. Tauben und Nachtschwalben klatschen die Flügel zusammen. Andere erzeugen während des Fluges mit den äußeren Handschwingen eine Vielfalt von Geräuschen, wie das Schellen der Schellente, das Heulen fliegender Schwäne oder das Summen von Kolibris. Die Spechte erzeugen Laute mit körperfremden Instrumenten, indem sie mit ihrem Schnabel gegen schallverstärkende Gegenstände schlagen.

Kreislaufsystem

Das Kreislaufsystem ist für Höchstleistungen konzipiert. Die Herzen der Vögel sind unter allen Wirbeltieren die relativ schwersten (bei Kolibris 20–28% des Körpergewichtes) und leistungsfähigsten (400–800 Herzschläge beim Sperling, 1000 bei Kolibris). Der Blutdruck ist mit 150–200 mm Quecksilbersäule ebenfalls am höchsten (Tab. 72).

Im Gegensatz zu den Reptilien besitzen die Vögel ein *vollständiges Herzseptum* und damit zwei völlig getrennte Ventrikel; dadurch wird jede Vermischung von arteriellem mit venösem Blut verhindert. Gleichzeitig wurde die linke Aortenwurzel der Reptilien total reduziert und dafür die *rechte Aortenwurzel* zu einem mächtigen Gefäß entwickelt (Abb. 98). Von alten Verbindungsgefäßen früherer Kiemenbogen wie Ductus caroticus und Ductus Botalli fehlt jede Spur. Mit den Reptilien haben die Vögel hingegen noch den *Nierenpfortaderkreislauf* gemeinsam. Die Vena hypogastrica wirkt als Nierenpfortader, d. h., sie leitet das Blut nicht direkt zum Herzen zurück, sondern gibt es zuerst an das Kapillarnetz der Niere ab, von wo es über die Nierenvene in die hintere Hohlvene gelangt.

Bei einigen Gruppen ist nur noch die linksseitige Carotis dorsalis erhalten.

Blut und blutbildende Organe

Das Blut enthält an geformten Bestandteilen Erythrozyten, Thrombozyten, neutrophile, eosinophile und basophile Granulozyten, Lymphozyten und Monozyten.

Die *Erythrozyten* (1,5–7,5 Millionen/mm²) machen 62–95% der Trockensubstanz des Blutes aus. Es sind ovale Scheiben mit einem Kern, der sich in der Mitte vorwölbt. Ihr Querdurchmesser beträgt 5–8 μ, ihr Längsdurchmesser 9–20 μ. Die Thrombozyten sind ebenfalls kernhaltig und gleichen Erythrozyten. An Leukozyten besitzt ein Vogel nur 70–220 pro mm² Blut.

Als blutbildend gelten das Rote Knochenmark, die Milz und die Leber.

Lymphgefäßsystem

Das Lymphgefäßsystem unterscheidet sich von jenem der Säugetiere durch die embryonal bei allen Formen vorkommenden Lymphherzen, die bei einigen Gruppen, z. B. den Straußen, Möwen, Entenvögeln, Störchen, Sperlingsvögeln, zeitlebens erhalten bleiben.

Tabelle 72 **Leistungen des Vogelkörpers**

	Körper-gewicht in g	Herzgewicht in ‰ des Körpergewichts	Körper-tempe-ratur	Puls-frequenz/min	Atem-frequenz/min	Anzahl Flügel-schläge/min	Geschwindigkeit Horizontalflug km/h
Afrikan. Strauß	120 000	6	40	120	3	–	–
Stockente	1 100	11	41	317	19	10	104
Weißstorch	3 500	8	40	270	8	2	45
Truthuhn	8 700	7,5	42	93	14	3	–
Mäusebussard	680	8,3	42	240	20	3	45
Haustaube, ruhend	230	14	43	220	450 (fliegend)	8	80
Mauersegler	42	16,5	44	700	90	12	144
Kolibri	4	24	17–41	615	250	–78	~80
Rabenkrähe	340	9,5	42	380	25	5	50
Haussperling	30	14	42	350	90	13	45
				900 (fliegend)			

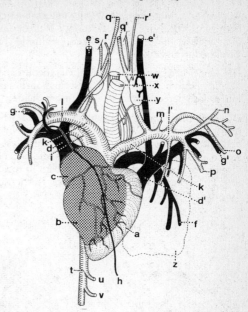

Abb. **98** Herz und herznahe Gefäße eines Schwans *(Cygnus)*. **a** linker Ventrikel, **b** rechter Ventrikel, **c** rechtes Atrium, **d d'** rechte und linke V. cava superior, **e e'** rechte und linke V. jugularis, **f** linke Lungenarterie, **g g'** rechte und linke V. brachialis, **h** V. cutanea, **i** Aortenbogen, **k** rechter und linker Truncus brachiocephalicus, **l l'** rechte und linke A. subclavia, **m** A. sterno-clavicularis, **n** A. thoracica superior, **o** A. brachialis, **p** A. thoracica inferior, **q q'** rechte und linke Carotis dorsalis, **r r'** rechte und linke A. oesophagea, **s** A. vertebralis, **t** Aorta, **u** A. coeliaca, **v** A. mesenterica, **w** Oesophagus, **x** Trachea, **y** Schilddrüse, **z** Lunge; hell: Gefäße mit arteriellem Blut, schwarz: Gefäße mit venösem Blut (nach *GADOW*)

Urogenitalsystem

Der Stickstoff wird bei den Vögeln in Form von Harnsäure ausgeschieden. Die schlecht wasserlösliche Harnsäure wird in der Leber gebildet und in den Glomeruli der Niere dem Blut entnommen. Der flüssige Harn gelangt über die Harnleiter in die mittlere Kammer des Kloakenraumes, das Urodaeum, und von dort in den rostralen Abschnitt, das Coprodaeum. Hier wird das Wasser dem Harn entzogen und rückresorbiert. Die weißliche Harnsäure und die anderen Urate lagern sich als feste weiße Paste den abgehenden Kotballen auf.

Die Rückresorption von Wasser ist vor allem bei steppen- und wüstenbewohnenden Vögeln so groß, daß diese monatelang ohne Aufnahme von Trinkwasser auskommen können.

Allgemein richtet sich das Wasserbedürfnis nach dem Wassergehalt der Nahrung. Vögel mit stark wässriger Nahrung, z. B. Fisch- oder Frucht- diät, müssen nur wenig trinken, während Körnerfresser ein großes Trinkbedürfnis zeigen.

Die Vögel besitzen **Nachnieren** (Metanephros), die sich von der Säuge- tierniere durch ihre Dreiteiligkeit und ihre zusätzliche Blutversorgung durch das Nierenpfortadersystem unterscheiden (Abb. 99).

Die drei Nierenlappen liegen im caudalen Abschnitt der Leibeshöhle rechts und links der Wirbelsäule. Von jeder Niere führt ein Harnleiter in den mittleren Kloakenabschnitt. Eine Harnblase fehlt in der Regel, doch ist sie oft noch embryonal nachweisbar. Die Niere dient nicht nur als Organ der Harnsäureentnahme aus dem Blut, sondern sie reguliert auch den Flüssigkeits- und Salzgehalt des Korpers. Die Vogelniere enthält 20000–300000 Nephrone.

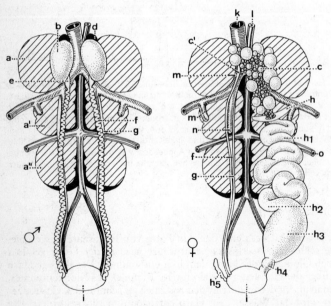

Abb. **99** Urogenitalsystem der Vögel. **a–a"** vorderer, mittlerer und hinterer Nieren- lappen, **b** Hoden, **c** Ovar, **c'** Parovar (rechts), **d** Nebennieren, **e** Nebenhoden, **f** Sa- menleiter (= Wolffscher Gang), **g** Harnleiter, **h** Infundibulum des Eileiters, **h1** Tuba uterina, **h2** Isthmus, **h3** „Uterus", **h4** „Vagina", **h5** Rudiment des rechten Eileiters, **i** Kloake, **k** Vena cava posterior, **l** Aorta abdominalis, **m** zuführende Nierenvene, **n** weg- führende Nierenvene, **o** Arteria ischiadica (nach *KUMERLOEWE, ROMANOW*)

Die bohnenförmigen **Hoden** liegen auf den cranialen Nierenlappen. Von dem ihnen aufliegenden Nebenhoden führt je ein gewundener *Samenleiter* (Vas deferens, dem Wolffschen Gang entsprechend) in die mittlere Kloakenkammer (Abb. 99).

Vor dem Eintritt in die Kloake kann sich der Samenleiter noch zu einer *Samenblase* erweitern. Während der größte Teil der Vögel nicht über eigentliche Kopulationsorgane verfügt, besitzen die Flachbrustvögel und die Entenartigen penisartige Gebilde.

Hauptcharakteristikum des weiblichen Geschlechtsapparates ist seine **Asymmetrie,** da bei den meisten Vögeln (Ausnahme Kiwi und einige Raubvögel) nur das linke **Ovar** voll ausgebildet ist und immer nur der linke Eileiter (Ovidukt) funktionstüchtig ist. Das Ovar liegt vor dem linken cranialen Leberlappen.

Öfters werde beidseitig Reste des Wolffschen Ganges und auf der rechten Seite gelegentlich ein Ovarrudiment, das *Parovar,* sichtbar sowie manchmal auch ein Stummel des rechten Ovidukts.

Der *Eileiter* (Abb. 99) bildet einen gefalteten Strang, der ebenfalls in den mittleren Kloakenraum mündet; er besteht aus 5 morphologisch und physiologisch unterscheidbaren Abschnitten: dem Infundibulum (Trichter, der die Eier aufnimmt), der Tuba (Umhüllung der Dotterkugel mit Eiklar aus der drüsenreichen Wand des Ovidukts), dem Isthmus (Auftragen der Schalenhaut), dem Uterus (Aufbau der Kalkschale aus einer Kalkpaste, die in den Kalkdrüsen der Uteruswand produziert wird, und eventuelle Färbung der Schale) und schließlich dem als Vagina bezeichneten, bemuskelten Abschnitt vor der Mündung des Ovidukts in die Kloake. Die einzelnen Abschnitte des Ovidukts sind nicht homolog zu jenen des Säugetier-Genitalapparates.

Nervensystem

Während sich das periphere Nervensystem der Vögel nur unwesentlich von jenem der Reptilien unterscheidet, hat das **Gehirn** wesentliche Änderungen erfahren, indem Großhirn und Kleinhirn besonders ausgeprägt sind (Abb. 100).

Die starke Entwicklung des Kleinhirns als Zentrum der Bewegungskoordination erfolgte im Zusammenhang mit dem Erwerb der Flugfähigkeit, während die Großhirnentwicklung Ausdruck der psychischen Leistungen der Vögel ist.

Die evolutive Förderung des Großhirns erfolgte auf andere Weise als bei den Säugern. Während bei diesen das Volumen der Hirnrinde durch Faltung der Hemisphärenoberfläche erfolgte, erreichten die Vögel eine *„innere" Massenzunahme* des Gehirns durch die Entwicklung neuer Schichten im Bereich des *Basalganglions* (Hyperstriatum ventrale) und des *Pal-*

404   Grundzüge der Vogelorganisation

liums (Neopallium im Sagittalwulst). Die Großhirnhemisphären der Vögel übertreffen jene der höchstevoluierten Reptilien um das 5–20-fache an Volumen.

Der histologische Aufbau der Großhirnrinde ist hoch differenziert. Er entspricht aber noch nicht dem fein segregierten 6-Schichten-Typ der Säugetiere, lassen sich doch nur drei Schichten, die assoziative Lamina zonalis, die rezeptorische L. granulosa und die effektorische L. pyramidalis, unterscheiden.

Am Kleinhirn (Cerebellum) erfolgte die Vergrößerung nicht nur am rostralen Vorderlappen, sondern ebenso an Hinter- und Mittellappen. Zur weiteren Oberflächenvergrößerung wurde das Kleinhirn gefaltet, ähnlich demjenigen der Säugetiere.

In bezug auf die Gehirnentwicklung unterscheiden sich die einzelnen Vogelordnungen wesentlich voneinander. Man kann die relative Größe der Gehirnhemisphären als Kriterium für die Differenzierungshöhe betrach-

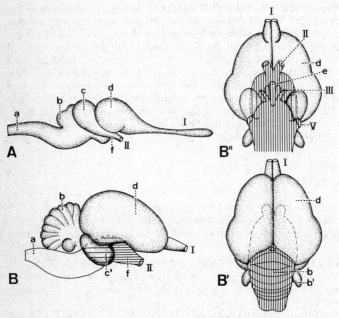

Abb. **100** Sauropsidengehirne. **A** von einem Krokodil *(Alligator)*, **B–B''** von einer Gans *(Anser)*, **B** Seitenansicht, **B'** Dorsalansicht, **B''** Ventralansicht; **a** Medulla oblongata, **b** Cerebellum, **b'** Flocculus, **c** Mittelhirn (Mesencephalon), **c'** Lobus opticus, **d** Großhirn (Telencephalon), **e** Hypophyse, **f** Zwischenhirn (Diencephalon); **I–V** Hirnnerven

ten. Als Maß dafür dient der Cerebralisationsindex (PORTMANN), Quotient aus dem Gewicht der Großhirnhemisphären und dem Gewicht der als ursprünglich gewerteten Gehirnanteile.

Cerebralisations-Indices einiger Vogelarten (nach PORTMANN):

Grünflügelara *(Ara chloroptera)*	27,61
Kolkrabe *(Corvus corax)*	18,95
Habicht *(Accipiter gentilis)*	7,24
Stockente *(Anas platyrhynchos)*	6,08
Seidenreiher *(Egretta alba)*	5,32
Silbermöwe *(Larus argentatus)*	4,31
Seetaucher *(Gavia stellata)*	3,69
Jagdfasan *(Phasianus colchicus)*	3,18

Die anderen Gehirnanteile erfuhren gegenüber jenen der Reptilien eher geringfügige Änderungen. Zu erwähnen sind etwa das Dach (Tectum) des Mittelhirns mit mächtig entwickelten Sehlappen, in welchen sich der wichtigste Teil der Sehwahrnehmung abspielt. Das Zwischenhirn ist bei den Vögeln ein vegetatives Zentrum, von dem aus u. a. die Körpertemperatur geregelt wird. Bei Zerstörung des Thalamus werden Vögel wechselwarm. Das verlängerte Rückenmark als Ursprungs- bzw. Endigungsstelle der meisten Gehirnnerven weist gegenüber jenem der Reptilien wenig Besonderheiten auf. Interessant ist die Verbindung zwischen dem sensiblen Kern des V. Gehirnnervs, der Tastempfindungen aus dem Schnabelbereich empfängt, und dem Riechlappen.

Die 12 **Gehirnnerven** der Vögel entsprechen weitgehend denjenigen der Reptilien. Erwähnenswert ist die starke Reduktion des Riechlappens.

Die Innervierung des Vorderkopfes, der Stirn, der Tränendrüsen, der Nasen- und Gaumenhöhle sowie der Kiefermuskulatur besorgen der weitgehend sensible V. und der vorwiegend motorische VII. Gehirnnerv. Der XI. Gehirnnerv (N. accessorius) bildet einen Bestandteil des X. (N. vagus). Ein Teil des XII. Gehirnnervs (N. hypoglossus) versorgt den Stimmapparat, den Syrinx, und wird deshalb als „Gesangsnerv" bezeichnet. Der vorderste Gehirnnerv (N. terminalis) fehlt allen Vögeln.

Das **Rückenmark** reicht bis in den letzten Schwanzwirbel hinein. Beim Übergang vom Hals- zum Brustmark befindet sich die sog. cervicale Anschwellung, wo die Hauptnerven für die Flugmuskulatur ihren Ursprung nehmen. Besonders bei Laufvögeln ist eine zweite Anschwellung im Beckengebiet, als Sitz der motorischen Neurone des hinteren Gliedmaßengürtels, ausgeprägt. Für das Rückenmark ist ferner ein Sinus rhomboidalis in der Lendenregion typisch. Es handelt sich um einen gelatinösen Gewebekiel aus lipid- und glykogenhaltigen Zellen, der sich zwischen die Flügelplatten schiebt. Ebenfalls in der Lumbalregion finden sich seitlich glykogenhaltige Auftreibungen des Rückenmarks, die Hoffman-Kölliker-schen Kerne. Ihre Funktion ist nocht nicht geklärt. Die Lokalisation der Neurone und der Faserverlauf im Rückenmark zeigt einige Besonderheiten. So hat sich in der Regel eine Gruppe von Zelleibern (Perikaryone) motorischer Neurone des Vorderhorns in die weiße Substanz, nahe der Austrittstelle der vordern Wurzel, verschoben. Ähnlich wie bei niederen Vertebraten und im Gegensatz zu den Säugern treten teilweise noch motorische Fasern durch die hinteren Wurzeln aus. Es sind dies die Axone der Lenhossekschen Zellen, deren Perikaryone in den Vorderhörnern lokalisiert sind. Der Eigenapparat des Rückenmarks ist besonders stark entwickelt.

Das autonome **Nervensystem**. Die Einteilung in ein sympathisches und ein parasympathisches System ist in vielen Fällen problematisch, da die Eingeweidenerven oft Fasern aus beiden Systemen enthalten. Der eine Teil des Systems geht aus den ventralen Wurzeln des Cervical- und Thoracolumbalmarks hervor und vereinigt sich zu einer Kette von Paravertebralganglien, dem nahe den Spinalganglien verlaufenden Grenzstrang. Von ihm gelangen Nervenfasern zu den Erfolgsorganen, nachdem sie zahlreiche Nervengeflechte, Plexus, gebildet haben, die untereinander meist in Verbindung stehen und Synapsen und Ganglien enthalten. Der andere Teil wird durch Fasern aus den Gehirnnerven III, VII, IX und vor allem X gebildet.

Der den Vögeln (und in ähnlicher Weise den Krokodilen) eigentümliche N. intestinalis erhält seine Fasern vom Grenzstrang und nimmt terminal Verbindung mit Vagusnervenfasern auf. Er innerviert Dünn- und Dickdarm und verläuft ihm entlang in den Mesenterien.

Sinnesorgane

Während bei den Vögeln Gesichts- und Gehörsinn zu Höchstleistungen befähigt sind, sind die andern Sinne nicht stark entwickelt; dies gilt besonders für den Geruchssinn.

Vögel besitzen im allgemeinen einen schwachen **Geruchssinn**. Relativ gut riechen kann der Kiwi. Nach ihm sollen die Enten über den am höchsten entwickelten Geruchssinn verfügen. Es steht jedoch fest, daß sich auch Singvögel in einem beschränkten Maß auf Gerüche dressieren lassen. Die *Nasenhöhle* ist geräumig und gliedert sich in verschiedene Kammern. Die Nasenlöcher sind oft durch Federborsten abgedeckt. Bei vielen Gruppen liegen sie innerhalb der Wachshaut (Raubvögel, Papageien, Tauben). Vögel, die mit dem Schnabel im Boden stochern, besitzen öfters einen verhornten Schutzschild vor den Nasenöffnungen, Wasservögel wie Reiher und Möwen können die Öffnungen verschließen, und bei den stoßtauchenden Tölpeln sind sie sogar zugewachsen. Bei vielen Vögeln kommunizieren die Vorhöfe beider Nasenhälften miteinander. In den Vorhof hinein hängt eine Ausstülpung des Daches, die Vorhofmuschel. Die mittlere Nasenkammer wird dominiert durch die mittlere Muschel, eine mit Schleimhaut bedeckte und von einer Knorpelspirale getragene Ausstülpung der oberen Nasenwandung. In der hintersten Nasenkammer ist die Nasenscheidewand wieder unvollständig, so daß beide Teile kommunizieren. In einem oberen Blindsack der hintersten Kammer dehnen sich über je einem Tuberkel die eigentlichen Riechbezirke, beschränkte Abschnitte im Riechepithel, aus.

Bei den Röhrennasen (Tubinares) ist der Vorhof zu einer Doppelröhre ausgezogen und gegen die Riechhöhle durch eine Ventilklappe abgeschlossen. Das ganze Organ wird als *Staudruckmesser* dieser Segelflugspezialisten gedeutet.

Eine Besonderheit vieler Vögel ist die *Stenosche Nasendrüse* (Glandula nasalis externa), die mit zwei Gängen in die Nasenhöhle mündet. Sie ist bei Meeresvögeln mächtig entwickelt und dient als Salzausscheidungsorgan.

Geschmacksknospen finden sich im hinteren Teil des Gaumendaches, auf dem Mundhöhlenboden und im hinteren Zungenbereich. In der Regel ist der Geschmackssinn wenig entwickelt. Hühner und Kanarienvögel können salzig, sauer und wahrscheinlich bitter und süß unterscheiden.

Während freie Nervenendigungen in der Körperoberfläche der Vögel relativ selten sind, finden sich in ihrer Haut zahlreiche Terminalscheiben, kleine Endknäuel feiner Nervenfasern, von denen man vermutet, daß sie dem Vogel Temperatur- und Schmerzwahrnehmungen erlauben.

Eigentliche **Tastrezeptoren** finden sich gehäuft am und im Schnabel. In großer Vielfalt und in spezifischer Verteilung kommen sie im Gaumen-Zungenbereich körnerfressender Singvögel vor, welche Samen vor dem Verschlucken enthülsen und dazu die Samenoberfläche intensiv betasten. Festgestellt wurden (Abb. 101):

Merkelsche Körperchen, voluminöse, plasmareiche Tastzellen, die einerseits mit einer tellerförmigen Nervenendverzweigung verbunden oder mit einer Nervenfaser umflochten sind.

Grandrysche Körperchen, bestehen meistens aus zwei Sinneszellen mit dazwischengeschobener Tastscheibe; sie sind von einer Bindegewebskapsel umgeben.

Herbstsche Körperchen, umgewandelte Nervenendigungen, umgeben von konzentrischen Schwannschen Scheidezellen, die den Innenkolben bilden, und einer bindegewebigen Kapsel, dem Außenkolben.

Daneben besitzen Vögel die früher nur bei Säugern bekannten *Vater-Pacinischen Körperchen* sowie zahlreiche Übergangsformen und Modifikationen der oben beschriebenen Formen. Herbstsche Körperchen befinden sich nicht nur im Schnabelbereich, sondern auch als Druckrezeptoren an der Basis von Tastborsten, an der Basis von Konturfedern, wo sie Gefiederunordnung wahrnehmen, und zwischen den Unterarmmuskeln, wo sie wahrscheinlich Erschütterungen der Armschwingen infolge Luftturbulenzen feststellen. Schließlich findet man sie im Bereich des Zehenbeugermuskels und bei kletternden Vogelarten zwischen Tibia und Fibula.

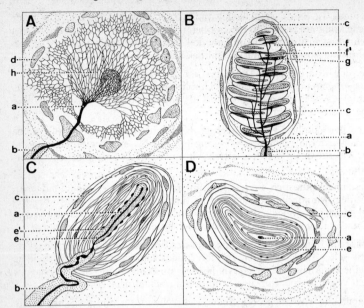

Abb. 101   Tastsinnesorgane bei Vögeln. **A** Grandrysches Körperchen; **B** Merkelsche Tastzellen; **C** Herbstsches Körperchen; **D** Pacinisches Körperchen (auch bei Säugetieren vorkommend), **a** Axon, **b** Schwannsche Scheidezelle, **c** Bindegewebezellen, eine Kapsel (oft Außenkolben genannt) bildend, **d** Satellitenzellen, **e** Innenkolben, **e'** Kerne der Innenkolbenzellen, **f** Sinneszellen, **f'** Kerne der Sinneszellen, **g** Tastscheibe, **h** Meniscus

Als spezielles *Temperaturmeßorgan* besitzen einzelne Großfußhühner (Megapodiidae) sensorische Bezirke an der Innenseite des Handgelenks, womit der Hahn die Temperatur des Brutsubstrats prüft.

Bogengangsystem sowie Sacculus und Utriculus entsprechen ganz dem Schema der übrigen Tetrapoda. Unterschiede sind lediglich quantitativer Natur, indem das Labyrinthsystem der Vögel weitläufig und übersichtlich durch die Luftkammern des Schädels zieht und sich über einen Raum erstreckt, der von der äußeren Gehöröffnung bis zum Hinterhauptsloch und von diesem bis zur Hypophyse reicht.

Das **Gehörorgan** befindet sich in der knöchernen Schnecke, Cochlea. Der mit Endolymphe gefüllte Ductus cochlearis ist ein länglicher, leicht gebogener Kanal, an dessen Ende sich die blind endende Lagena befindet. Er liegt im perilymphatischen Raum, Ductus perilymphaticus, der eine Schleife mit den beiden miteinander in Verbindung stehenden Schenkeln der Skala bildet. Jeder Schenkel endet an einer Öffnung zum Mittelohr, die Scala tympani am großen, mit einer elastischen Membran verschlossenen Schneckenfenster, die Scala vestibuli am Vorhoffenster, an welches die Columella herantritt.

Der Boden des Ductus cochlearis wird durch die Basilarmembran gebildet, die zwischen den Schenkeln einer knorpeligen Spange ausgespannt und der Scala tympani zugewandt ist. Die Basilarmembran trägt das Sinnesepithel (Cortisches Organ), das die Schwingungen der Basilarmembran registriert. Die übrige Wandung des Ductus cochlearis wird vom dicken Tegmentum vasculosum eingenommen, das mit Lappen ins Innere des Ductus hineinragt.

Das Mittelohr enthält nur *ein Gehörknöchelchen,* die *Columella,* die das Trommelfell nach außen vorwölbt. Dieses ist bei vielen Vogelformen doppelschichtig, wobei die innere Schicht mit der Columella verwachsen ist. Als besondere Schutzeinrichtung gegen übermäßigen Schall kann die Stellung der Columella durch einen Muskel reguliert werden, der mit dem M. stapedius der Säuger homologisiert wird.

Die Mündung des kurzen Gehörgangs ist in der Regel von einem Hautwall begrenzt, der dicht mit aufrichtbaren Federchen besetzt ist. Eulen haben einen besonderen, asymmetrischen Klappenmechanismus zum Öffnen und Schließen der Ohröffnung entwickelt.

Der maximale *Hörbereich* liegt etwa zwischen 40 und 30000 Hz. In der Regel können Vögel Töne unter 100 Hz kaum mehr hören, dafür können höhere Töne besser wahrgenommen werden. Die größte Empfindlichkeit liegt im allgemeinen zwischen 1000 und 3000 Hz.

Von allen Landwirbeltieren besitzen die Vögel die größten und teilweise auch die leistungsfähigsten **Augen,** wobei kleine Formen in der Regel re-

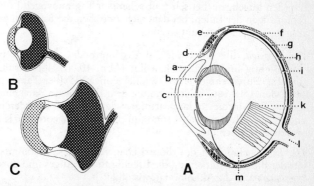

Abb. 102 Vogelaugen. A kugeliges Auge (Raubvogel) im Querschnitt; B flaches Auge (Entenvogel); C röhrenförmiges Auge (Eule); a Cornea, b Iris, c Linse, d Accomodationsmuskeln, e Scleralknöchelchen, f Sclera, g Chorioidea, h Pigmentepithel, i Retina, k Pecten, l Sehnerv, m Glaskörper

lativ größere Augen besitzen. Die allgemeine Blickrichtung geht bei den meisten Vögeln nach vorn und nach unten. Die Symmetrieachsen der beiden Augäpfel stehen zueinander in einem Winkel von mindestens 90°, dabei können die Sehachsen trotzdem parallel verlaufen, da viele Vögel 2 Sehgruben, eine mittlere und eine seitliche, besitzen.

Im Gegensatz zu den Säugetieren, bei welchen der Augapfel eine mehr oder weniger kugelige Form hat, ist er bei den Vögeln von komplizierterer Gestalt und deshalb wenig beweglich. Völlig unbeweglich ist er bei den Eulen, die bei der Fixierung eines Objektes stets den Kopf drehen müssen. Hingegen können Reiher, deren Augen seitlich am Kopf liegen, beim Zielen nach einem Gegenstand beide Augäpfel nach vorne drehen, so daß sie, ohne den Kopf zu wenden, ein Panorama von beinahe 360° erfassen können.

Die Bewegung der Augen erfolgt über die 6 Augenmuskeln. Aus dem M. retractor bulbi sind jedoch Augenlidmuskeln geworden. Mit wenigen Ausnahmen (Papageien, Eulen, Zaunkönig) ist das untere Augenlid besser entwickelt und bedeckt bei geschlossenen Augen größere Teile des Augapfels.

Die *Nickhaut,* ein Derivat der Bindehaut, läßt sich vom inneren Augenwinkel schräg nach unten über das Auge ziehen. Sie ist bei den meisten Vögeln glasklar, bei Eulen trüb weißlich. Die Nickhaut einiger Enten besitzt in der Mitte ein durchsichtiges Fenster. Man nimmt an, daß sie zum Schutz des Augapfels beim Tauchen über das Auge gezogen wird.

Die geometrische *Form* des Augapfels läßt sich am besten als zwei mit ihren Flachseiten einander gegenüberliegende, verschieden große Kugelkalotten beschreiben. Ihrer Proportion nach kann man 3 Augentypen (Abb. 102) unterscheiden, den üblichen flachen mit zwei niederen Kalotten, den kugeligen (bei sehr gut sehenden Tagraubvögeln) und den röhrenförmigen der Eulen, bei dem sich zwischen die Kalotten ein längerer, röhrenförmiger Abschnitt einfügt.

Die *Cornea,* die die vorderen Abschnitte des Augapfels bedeckt, ist durchsichtig und stark vorgewölbt (Abb. 102A). Ihre Krümmung umfaßt im Durchschnitt einen Winkel von 120° (bei Tauchern 80–90°, bei Eulen 150–160°). Nach hinten geht die Cornea nach einem ringförmigen Wall in die undurchsichtige Sclera über. Im vorderen Abschnitt enthält die Sclera meist 14 rund um das Auge angeordnete Knochenplatten, die Scleralschilder.

Die *Linse,* Hauptteil des dioptrischen Apparates, bestimmt durch ihre Gestalt die Lichtstärke und die Brechkraft des Auges und durch ihre Deformierbarkeit die Akkomodationsfähigkeit.

Während sie bei Eulen starr und wenig anpassungsfähig ist, ist sie bei tauchenden Vogelarten extrem plastisch, da sie sich an das Sehen im Wasser und in der Luft anpassen muß.

Der Aufhängeapparat der Linse besteht aus einem Ringwulst, der die Linse einfaßt und an dem die Fortsätze des Ziliarkörpers und die Fasern der Zonula ciliaris inserieren. Der Ziliarkörper selbst, eine Fortsetzung der Chorioidea, ist mit den Fasern der Zona pectinata an der Sklera aufgehängt und bildet nach vorn die Iris, die ringförmig die Pupille einfaßt. Die *Akkomodation* der Linse wird durch Druck oder Zug von Binnenmuskeln auf den Ciliarkörper im Augeninneren hervorgerufen. Im Ruhezustand ist die Linse auf Fernsicht eingestellt. Die Akkomodationsfähigkeit der Linse umfaßt bei tauchenden Vogelarten einen Bereich bis zu 50 Dioptrien, bei Eulen einen solchen von 2–4 Dioptrien, während der bei den übrigen Vögeln übliche Bereich etwa zwischen 12 und 20 Dioptrien liegt.

Die *Iris* enthält, im Gegensatz zu den meisten übrigen Wirbeltieren, radiär und zirkulär verlaufende *quergestreifte Muskeln* zur Regulation der Pupillengröße, die sich dadurch viel rascher ändern kann. Hingegen sind die Automatismen der Pupillenveränderung bei veränderter Lichtintensität nicht so hoch entwickelt wie bei Säugetieren.

Die Blutversorgung der Netzhaut erfolgt, im Gegensatz zu den Säugetieren, nicht direkt, sondern über den *Pecten,* eine Exklusivität des Vogelauges. Der Pecten ist eine gewellte Struktur aus Neuroglia und Blutgefäßen und ragt bei der Eintrittsstelle des Sehnervs in den Glaskörper hinein.

Die *Retina* ist ungewöhnlich dick und gut entwickelt. Die Vögel besitzen zwei Typen von Sehzellen, die in ihrer Physiologie den Stäbchen- und Zapfenzellen in der menschlichen Retina entsprechen. Die Stäbchenzellen sind durch Nervenfortsätze zu Hunderten zu funktionell zusammengefaßten Feldern verbunden, womit erhöhte Lichtempfindlichkeit bei geringer Sehschärfe erreicht wird. Die Zapfen sind weniger lichtempfindlich und arbeiten erst bei einer gewissen Lichtintensität. Die Farbempfindlichkeit erfolgt nur in den Zapfen, von welchen jeder dank besonderer Nervenverbindung einen Bildpunkt liefert. Deshalb sind sie für die Sehschärfe verantwortlich. Im Gegensatz zum Menschen enthält die Netzhaut auch in der Randzone noch reichlich Zapfen, so daß die Vögel auch außerhalb des engeren Fixierungsbereiches farbig und scharf sehen können.

Der *Farbsinn* ist allgemein gut entwickelt.

Über die *Sehpigmente* und ihre Wirkungsweise ist wenig bekannt. Sehpurpur wurde bei Hühnervögeln und einigen Eulen nachgewiesen. Daneben ist bei Hühnervögeln ein zweites, chemisch noch unbekanntes Sehpigment isoliert worden. Andere Vögel, wie Star, Taube und Ziegenmelker, besitzen eine farblose Retina. Die Zapfen enthalten charakteristische Ölkugeln von roter, gelber oder grünlicher Farbe, deren Funktion noch umstritten ist. In der zentralen Zone der Retina lassen sich eigentliche Sehfelder (Areae) feststellen, die sich durch eine sehr dichte Anordnung der Zapfenzellen auszeichnen und eine besondere

Bildauflösung ermöglichen. Bei Möwen und Enten ist eine solche Area als horizontaler Streifen in der Netzhaut vorhanden. Sie ermöglicht diesen seenbewohnenden Vögeln ein scharfes Erfassen des weiten Horizontes. Innerhalb der Sehfelder kann eine Sehgrube (Fovea) entwickelt sein, worin die Ganglienzellen seitlich angeordnet sind, so daß das Licht direkt auf die Sehzellen fallen kann. Eine mittlere Sehgrube besitzen die meisten Singvögel, zwei – eine mittlere und eine seitliche – die meisten Nichtsingvögel. Seeschwalben und Schwalben haben drei Foveae, während bei Hühnervögeln keine ausgebildet sind.

Endokrines System

Die **Hypophyse** entspricht in Aufbau und Gliederung der Drüse bei Reptilien und Säugern, nur fehlt ihr der mittlere Abschnitt (Pars intermedia). Aus dem Hypophysenvorderlappen der Vögel konnte man bisher folgende Hormone isolieren:

Follikelstimulierendes Hormon (stimuliert Eifollikelreifung bzw. Spermiogenese), Luteinisierungshormon (stimuliert Eifollikel und interstitielle Zellen in Hoden; steuert bei Webervögeln die Enstehung des Prachtgefieders), Adrenocorticotropes Hormon, Thyreotropes Hormon, Prolactin (löst Bruttrieb aus und steuert die „Kropfmilch"-Bildung bei Tauben).

Ein eigentliches Wachstumshormon konnte noch nicht nachgewiesen werden, doch steht fest, daß bei Hypophysektomie eine Wachstumshemmung eintritt.

Aus dem Hypophysenhinterlappen der Vögel sind die gleichen Hormone wie bei anderen höheren Wirbeltieren nachgewiesen: Oxytocin (Senkung des Blutdrucks, Kontraktion des Ovidukts bei Eiablage) und antidiuretisches Hormon (Gefäßverengung, Regulation der Wasserausscheidung).

Der **Thymus** funktioniert vor allem als blutbildendes Organ, aber auch als Hormondrüse. Er besteht aus einem paarigen Strang von Drüsenlappen im Halsbereich. Ein bestimmtes Hormon konnte bis jetzt nicht isoliert werden, doch steht fest, daß bei Entfernung der Drüse das Hodenwachstum gehemmt und der Kalkhaushalt beeinflußt wird.

Die **Schilddrüse** besteht aus zwei deutlich voneinander getrennten Teilen in der unteren Halsregion. Embryologisch entsteht sie aus Ausstülpungen des Schlunddarms. Die Größe des Organs variiert stark, je nach Vogelform (0,03–0,005% des Körpergewichts). Der histologische Aufbau entspricht demjenigen anderer Wirbeltiere. Die Schilddrüse entnimmt dem Blut Jod, um das Thyroxin zu synthetisieren. Das Thyroxin beeinflußt Stoffwechsel, Wachstum, Mauser und Zugverhalten.

Die **Nebenschilddrüsen**, die caudal den Schilddrüsenkörpern folgen, produzieren das auch von anderen Wirbeltieren bekannte Parathormon, das den Calcium- und Phosphatstoffwechsel steuert.

Die **Nebennieren** liegen als kleine gelbe oder orange-rote Knötchen auf den cranialen Lappen der Niere. Im Gegensatz zu den Säugetieren, bei welchen sich Mark- und Rindenschicht klar voneinander abgrenzen lassen, durchdringen sich bei Vögeln beide Gewebeanteile. Das Nebennierenmark besteht aus chromaffinem Gewebe neuro-ektodermaler Herkunft, die Nebennierenrinde hingegen aus ursprünglichem Coelomepithel. Das chromaffine Gewebe des Marks produziert als Haupthormon Adrenalin (Blutdruckerhöhung, erhöhte Blutversorgung in Muskulatur, Herz, Lunge und Gehirn). Die Rinde produziert mehrere Corticoide, die den Natrium-, Chlorid-, Bikarbonat- und Glukosegehalt des Blutes regeln.

Im Gonadengewebe werden Sexualhormone hergestellt, die die volle Ausbildung der Geschlechtsorgane und der sekundären Geschlechtsmerkmale bewirken. Beide Geschlechter bilden sowohl Androgene wie auch Oestrogene.

Das **Pankreas** (vgl. Verdauungstrakt, S. 396) produziert im endokrinen Inselgewebe Insulin und Glucagon zur Steuerung des Kohlehydratstoffwechsels.

Entwicklung

Eibildung: Das Vogelei entsteht im Ovar aus einer Gonozyte. Jede Form hat eine für sie typische, determinierte Anzahl Eibläschen im Ovar, die sich während des individuellen Lebens nicht mehr vermehrt. Der Durchmesser der unreifen Eifollikel liegt dabei meistens unter 0,1 mm. Die an der Oberfläche sich befindenden Eier wachsen durch Dotteranlagerung und hängen schließlich als größere Kugeln an einem Follikelstiel aus dem Ovar heraus. Durch den Stiel werden Nährstoffe herangeführt, die zu neuer Dottersubstanz synthetisiert werden. Hat die Dotterkugel eine bestimmte Größe erreicht, so gleitet sie in den Trichter des Ovidukts, nachdem das Eibläschen geplatzt ist. Der Eikern liegt dabei immer oberflächlich in der Dotterkugel. Er ist von Bildungsdotter umgeben und bildet mit diesem zusammen die Keimscheibe. Die Dotterkugel setzt sich aus zwei abwechselnd geschichteten Anteilen zusammen, dem weißen und dem gelben Dotter.

Während seiner Wanderung durch die 5 Abschnitte des Ovidukts (Abb. 99) wird die Dotterkugel mit dem Eiweiß, der Schalenhaut und der Kalkschale umgeben. Während das Ei durch den spiralig gewundenen Ovidukt nach unten geschoben wird, dreht sich die freibewegliche Dotterkugel immer so, daß die Keimscheibe oben liegt. Dadurch werden die dotternahen Eiweißfasern aufgewunden, so daß an beiden Polseiten der Dotterkugel die Hagelschnüre entstehen (Abb. 103 A).

Der Kalk der Schale tritt in einer proteinhaltigen Lösung durch die Wände des Uterus und lagert sich in Form von kleinen Säulen (Mamillen) an die Schalenwand. Nach außen geht die Mamillenschicht in die Schwammschicht über, d. h., die Abstände zwischen den Mamillen verringern sich. Über die Schwammschicht legt sich oft eine elastische Cuticula. Die Kalkschale des Vogeleis ist dicht mit Poren durchsetzt, durch die der Gasaustausch stattfindet.

Während der *Schalenbildung* können durch besondere Uterusdrüsen der Kalkpaste Farbstoffe beigemischt werden. Werden die Farbstoffe nicht homogen der Kalkmasse zugegeben, sondern nur stellenweise aufgetupft, entstehen die verschiedensten Zeichenmuster, z. B. Tupfen oder, wenn sich das Ei während des Farbauftrags bewegt, Linienmuster.

Vogeleier sind auffallend *dotterreich*. Die Dottermenge ist dabei vorwiegend um den vegetativen Pol gelagert, während sich um den animalischen Pol die relativ geringe Menge des Zytoplasmas konzentriert *(telolecithale Eier)*.

Die **Spermiogenese** verläuft ähnlich wie jene der Reptilien. Die Spermien entsprechen weitgehend dem Schema des Vertebratenspermiums mit zahlreichen arttypischen Variationen. Zur Fortpflanzungszeit nehmen die Hoden beträchtlich an Größe zu. So sind die Hoden des Bergfinken zur Fortpflanzungszeit 360 × größer als zur Ruhezeit.

Die Eizelle wird befruchtet, bevor sie mit Eiweiß überschichtet wird, also kurz nach Eintritt in den Trichter des Eileiters. Hier erwarten die Spermien das Ei, etwa 72 Stunden nach der Begattung. Spermien können bis drei Wochen im Ovidukt verharren und befruchtungsfähig bleiben.

Die Furchung ist *meroblastisch*. Unmittelbar nach der Befruchtung spielen sich die ersten Teilungsvorgänge ab, so daß sich der Taubenkeimling bereits nach 8 Stunden im 16-Zellstadium befindet, und schon nach 32 Stunden besteht die auf dem Dotter liegende Keimscheibe aus Tausenden von Zellen. An der Keimscheibe lassen sich deutlich zwei Zonen unterscheiden, die Area pellucida im Zentrum und die Area opaca an der Peripherie. Vom 32-Zellstadium an wird die Keimscheibe zweischichtig. Die Randzellen der Area opaca sind gegen den Dotter hin offen und erfassen allmählich die ganze obere Dotterfläche. Unter der Keimscheibe entsteht durch Verflüssigung von Dotter und durch den Austritt freier Zellen die Furchungshöhle. Wahrscheinlich durch Proliferation und Segregation

---

Abb. **103** Ei und Ontogenese der Vögel. **A** Längsschnitt durch ein Ei; **B** 9tägiger Hühnerembryo in seinen Hüllen; **C1–C4** Embryonalstadien des Hühnchens, **C1** Keimscheibe nach ca. 20 h Bebrütung, **C2** nach 72–75 h Bebrütung, **C3** nach 9 Tagen Bebrütung, **C4** frisch geschlüpftes Küken; **D** frischgeschlüpfter Nesthocker (Singvogel); **a** Kalkschale, **b** Schalenhaut, **c** flüssiges, **c'** dichtes Eiklar, **e** Hagelschnüre (Chalazen), **f** Dotterhaut, **g** Gelber Dotter, **h** Weißer Dotter, **i** Latebra, **k** Luftkammer, **l** Chorion, **m** Amnion, **n** Allantois, **o** Exocoel, **p** Amnionhöhle, **q** Allantoisstiel, **r** Dottersack, **s** Area opaca, **t** Primitivgrube, **u** Area pellucida, **v** Area vasculosa, **w** Primitivstreifen, **x** Somit, **y** Herz, **z** Kiemenbogen, **ez** Eizahn (nach *ROMANOFF, HAMILTON-LILLIE, HAMBURGER und HAMILTON*)

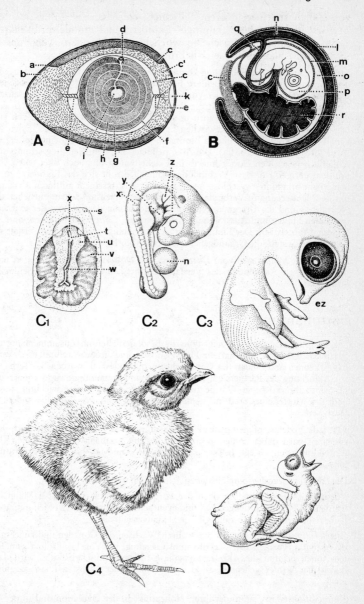

von Zellen zu einer inneren Zellschicht entstehen zwei Zellschichten, *Epiblast* und *Endoblast,* künftiges Ektoderm und Entoderm. In diesem Zustand kann die Keimscheibe wochenlang verbleiben, wenn das Ei nach seiner Ablage nicht gleich bebrütet wird.

Mit dem Einsetzen der Bebrütung kommt es zur Bildung des Primitivstreifens, der dem Urmund primitiver Wirbeltiere homolog ist und eine Zone morphogenetischer Aktivität darstellt. In der vorderen Randzone bildet sich der Hensensche Knoten, nach hinten senkt sich die Primitivgrube ein, die weiter caudal in eine Primitivrinne übergeht. Nach vorn und nach hinten breitet sich schließlich eine Mesodermzone aus, die sich zwischen Epiblast und Endoblast schiebt. Es entstehen außerhalb der Area pellucida Blutinseln (Area vasculosa) und eine Dotterzone (Area vitellina) (Abb. 103 C1). Die Area pellucida mit dem Keimling schnürt sich schließlich gegen den Dotter hin ab und steht hinfort nur noch über einen Stiel mit dem übrigen Dotter in Verbindung. Schließlich rollt sich das Entoderm zu einem vorne und hinten geschlossenen Darmrohr, das in seinem mittleren Abschnitt mit dem Dottergang in Verbindung steht. In einem nächsten Schritt entstehen das Neuralrohr und die Ursegmente (Somite), gefolgt von der Bildung der extraembryonalen Hüllen und Ausstülpungen wie *Amnion, Chorion, Dottersack* und *Allantois,* (Abb. 103 B). Der Embryo hebt sich allmählich vom Dotter ab, erhält seine typische Gestalt; die Organogenese setzt ein (Abb. 103 C2, 3).

Der Embryo *ernährt* sich vom *Dotter* über den *Dottersackgang* und später, nach der definitiven Ausbildung des Verdauungsrohrs, durch zusätzliches Schlucken von Eiklar.

Fortpflanzung

Die Fortpflanzungsbiologie zeigt typische Besonderheiten im Zusammenhang mit spezifischen Vogeleigenschaften: Flugvermögen und große Vagilität erschweren das Erkennen und Finden des Geschlechtspartners, deshalb wurden Balzverhalten zur Anlockung des Partners entwickelt. Vögel sind homoiotherm und können den Eiern mit ihrem Körper Wärme zuführen. Da die Embryonalentwicklung außerhalb des Mutterleibes stattfindet, muß die Brutfürsorge der Vögel besonders intensiv sein.

Fast jede Vogelart pflanzt sich alljährlich mindestens einmal fort. Die Fortpflanzungszeit wird dabei immer in eine Periode mit normalerweise optimalen Umweltbedingungen verlegt. In Europa sind die Monate Mai–Juli die Hauptbrutmonate.

Die *Fortpflanzungsperiodik* gliedert sich in drei Phasen:

Ruhephase, die unmittelbar nach der Fortpflanzungszeit eintritt; bei Männchen werden die Hoden zurückgebildet und eventuelle Prachtgefieder werden mit einem Ruhekleid vertauscht; Ausfall jeglichen Sexualverhaltens.

Akzelerationsphase, gekennzeichnet durch Wachsen der Gonaden und zunehmende Aktivität, Partnersuche, Territoriumsbesetzung; bei Vögeln nördlich gemäßigter Zonen beginnt die Akzelerationsphase meistens im Herbst und wird dann durch den Winter gehemmt, so daß der Eintritt der nächsten Phase verzögert wird.

Kulminationsphase, sie findet ihren Höhepunkt in der Ovulation und in der Begattung; diese Phase ist durch äußere Stimuli stark beeinflußbar, z. B. Beschaffenheit des Brutterritoriums, Anwesenheit anderer Brutgenossen, Verhalten des Geschlechtspartners.

Die Steuerung der Fortpflanzungsperiodik geschieht bei den Angehörigen verschiedener Vogelordnungen auf unterschiedliche Weise. Bei vielen Singvögeln erfolgt sie nach einer „inneren Uhr", wobei als äußerer Zeitgeber vor allem die zunehmende Tageslänge (Langtagsphänomen) mitwirkt.

Viele Vögel besitzen *Brutreviere,* die von den Männchen gegenüber Artgenossen verteidigt werden. Brutreviere sichern eine ausreichende Nahrungsversorgung für Eltern und Junge und fördern eine gleichmäßige Verbreitung einer Art über ein Areal. Die Reviermarkierung erfolgt bei vielen Vögeln akustisch durch Gesang. Vögel, deren Nahrungsquelle weitab vom Nest liegt, besitzen in der Regel keine Brutreviere. Formen, bei welchen keine Nahrungskonkurrenz besteht, sind oft Kolonienbrüter (Dohle, Mehlschwalbe, Segler, Reiher, Seeschwalben).

Eheformen: Bei Vögeln sind alle denkbaren Eheformen realisiert, Monogamie zeitlebens (Gänse, Kraniche, Kolkrabe, Steinadler), Monogamie während einer Fortpflanzungsperiode (viele Enten), Polyandrie (Kampfwachteln), Polygynie (Grauammer, Haushuhn, Afrikanischer Strauß), Polygamie (Haussperling), keine Paarbildung (Birkhahn, Kampfläufer, mehrere Kolibris).

Die *Balz* (Abb. 105 C) zerfällt oft in zwei Phasen, die Paarungsbalz und die Begattungsbalz. Die Paarungsbalz führt vorerst nur zur Paarbildung, manchmal lange vor Eintritt der Brutzeit. So „verloben" sich Enten schon im Herbst. Die unmittelbar der Begattung vorangehende Balz hat folgende Aufgaben: Synchronisation der sexuellen Bereitschaft, Orientierung der Partner nach dem Nest, Unterdrückung nichtsexueller Reaktionen (z. B. Aggressivität).

Das *Nest* schützt Gelege und Junge vor Feuchtigkeit und Kälte, hält die Eier zusammen und gibt vielfach den brütenden Altvögeln Tarnung. Neben eigentlichen Brutnestern bauen bestimmte Vogelarten Spiel- oder Schlafnester.

Je nach Vogelart ist die Beteiligung der Geschlechter am Nestbau verschieden, z. B. ♀ baut allein (Hühnervögel), ♀ baut allein, wird aber vom ♂ begleitet (Finken, Meisen), ♀ baut allein, ♂ trägt Nistmaterial ein (Kolkrabe), beide Geschlechter tragen ein und bauen gemeinsam (Elster, Grauschnäpper), ♂ baut vorwiegend allein (Beutelmeise, Webervögel).

Der Nestbautrieb ist erblich fixiert, individuelle Erfahrung spielt dabei praktisch keine Rolle.

Mannigfach ist die Art der *Nestkonstruktionen* (Abb. 104) und der dazu verwendeten Materialien: selbstgezimmerte Baumhöhlen (Spechte), vorhandene Höhlen (Papageien, Meisen, Kleiber, Brandente, Blauracke), Niströhren in Erd-, Lehmoder Sandhängen (Eisvögel, Uferschwalbe), Halbhöhlen (Bachstelze, Rotschwänze), Napfnester (Amsel, Buchfink, Rohrsänger), Kugelnester (Webervögel, Stärlinge, Prachtfinken, Schattenvogel), Bodenmulden (Hühnervögel), Schwimmflosse (Haubentaucher, Bläßhuhn), Schilftürme (Schwäne). Schließlich gibt es Vögel, die überhaupt keine Nester bauen, etwa solche, die auf Felsnischen brüten (Alken) oder solche, die ihre Eier in eine Astvertiefung oder auf den Boden legen (Caprimulgi). Viele Raubvögel benützen die Nester anderer Vögel. Kaiser- und Königspinguine schließlich bebrüten ihr einziges Ei in einer Bauchfalte.

Die Großfußhühner (Megapodiidae) bebrüten ihre Eier nicht selbst, sondern vertrauen sie bestimmten wärmenden Brutsubstraten an, z. B. zusammengescharrten Laubhaufen, die Gärungswärme erzeugen, oder vulkanisch warmen Böden.

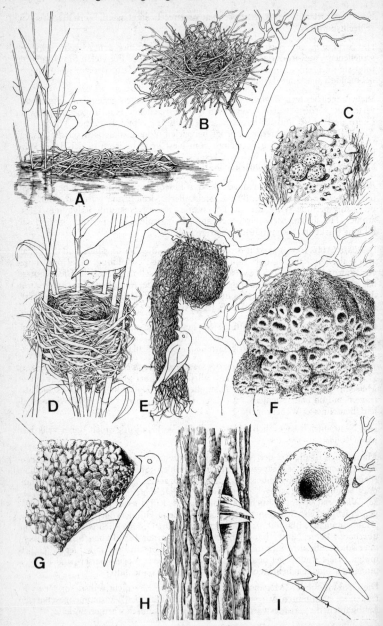

Ei und Gelege (Tab. 73). Besonderheiten des Vogeleis sind die relative Größe, der riesige Dotteranteil, die feste Kalkschale und die oft auffällige Zeichnung. In der Regel haben Offenbrüter Eier mit Tarnfärbung, während die Eier der meisten Höhlenbrüter weiß sind. Die Eiform variiert vom Kugelei der Eulen über das „Normalei" des Haushuhns bis zum kegelförmigen Ei der Alken.

In der Regel legen Nestflüchter größere Eier als Nesthocker. Auch legen im allgemeinen große Vögel relativ kleinere Eier als kleine (Strauß – Kolibri). Der Kiwi hat die relativ größten Eier (25 % des Körpergewichts).

Die Gelege von Nestflüchtern (höhere Kükensterblichkeit) sind in der Regel größer als diejenigen von Nesthockern; so legt ein Rebhuhn bis zu 25 Eier, während die Ringeltaube nur 2 Eier legt; auch sind die Gelege der Offenbrüter im allgemeinen größer als jene der geschützt brütenden Formen. Z. B. legt der Haubentaucher, der sein Nest vor dem Verlassen zudeckt, 4–5 Eier, während die offenbrütende Wachtel 12–15 Eier ablegt.

Die meisten Vögel brüten nur einmal im Jahr. Verliert ein Vogel sein Gelege, kommt es vielfach zu einer Nachbrut, z. B. bei Raubvögeln und Störchen.

Zwei normale Jahresbruten sind die Regel bei Rallen, vielen Wattvögeln sowie bei Meisen und Finken. Drei Bruten werden häufig beobachtet bei Teichhuhn, Ringeltaube, Hohltaube, Eisvogel, Schwalben, Amsel, Feldsperling und Grünfink. Vier Bruten sind möglich bei Haussperling und Ringeltaube.

Während viele Nicht-Singvögel ihre eigenen Eier nicht von solchen anderer Arten unterscheiden, erkennen die meisten Singvögel ihre Eier an der Farbe und Zeichnung. Bei einigen Vögeln, z. B. beim Wendehals, ist die Gelegezahl determiniert, d. h., wenn laufend ein Ei entfernt wird, so wird immer wieder ein neues gelegt. Bei kleinen Vögeln erfolgt die Eiablage alle 24 Stunden. Größere Formen legen in größeren Intervallen (Ringeltaube 48 Stunden, Störche und Raubvögel 3–5 Tage).

Wie beim *Nestbau* kann der Anteil der beiden Partner am *Brutgeschäft* sehr verschieden sein: ♂ und ♀ brüten abwechselnd (Störche, Kormorane, Pelikane, Prachtfinken), ♀ brütet allein (Hühner, Enten, Eulen, Wiedehopf, Würger, Zaunkönig), ♂ brütet allein (Wassertreter, Mornellregenpfeifer, Nandu, Strauß).

Die einen Formen brüten vom ersten Ei an, so daß die Jungen im Nest verschieden groß sind (Schleiereule, Störche, Raubvögel), andere, besonders Nestflüchter, beginnen erst nach der Ablage des letzten Eies zu brüten, z. B. Hühner- und Entenvögel. Bei der Stockente schlüpfen sämtliche Jungen innerhalb von 120 Minuten.

Viele Singvögel beginnen vom zweitletzten Ei an zu brüten, deshalb findet man im Nest oft ein kleineres Junges.

Brutablösung. Wenn ♂ und ♀ brüten, findet in bestimmten Abständen die Brutablösung, oft mit einem speziellen Zeremoniell, statt. Bei Kleinvögeln wird alle

---

Abb. **104** Nesttypen. **A** Floßnest eines Haubentauchers *(Podiceps cristatus);* **B** Reisignest eines Seidenreihers *(Egretta garzetta);* **C** Nestmulde mit Gelege einer Seeschwalbe *(Sterna);* **D** Nest des Teichrohrsängers *(Acrocephalus scirpaceus);* **E** Nest eines Webervogels (Ploceinae) mit nach unten gerichteter Eingangsröhre; **F** Nestkolonie des Siedelwebers *(Philetairus socius);* **G** Nest der Mehlschwalbe *(Delichon urbica);* **H** das eingemauerte ♀ des Doppelhornvogels *(Buceros bicornis);* **I** Topfnest eines Töpfervogels *(Furnarius)*

Tabelle 73 **Brutbiologische Daten** (f = Nestflüchter, h = Nesthocker)

	Ontogenesetyp	Körpergewicht in g (Durchschnitt)	relatives Eigewicht (in % des Körpergewichts)	Gelegegröße	Anzahl Bruten pro Jahr	Brutdauer	Junge selbständig nach ...Tagen	Nesttyp
Afrikan. Strauß	f	100 000	1,1	15	1	42	360	Bodenmulde
Kiwi	f	450	25	1	1	77	450	Erdhöhle
Königsalbatros	h	8 000	5,8	1	0,5	80	250	Erdkegel
Kaiserpinguin	h/f	40 000	1,2	1	1	63	130	
Stockente	f	1 000	5,5	8–15	1–2	27	56	aus Pflanzenteilen
Graureiher	h	2 000	3,0	3–7	1–2	27	56	Reisighorst
Busch-Großfußhuhn	f	1 500	12,6	24	1	70	0	modernder Laubhaufen
Rebhuhn	h	400	3,5	21	1	24	20	Bodenmulde
Steinadler	h	6 000	2,3	2	1	44	78	Felshorst
Hohltaube	h	300	5,3	2	2–4	17	24	Baumhöhle
Kolibris	h	1,8–7	11,7	2	2–3	14–17	19–29	Napfnest
Blaumeise	h	11	11,8	9–13	1–2	13	19	Baumhöhle
Eichelhäher	h	190	4,2	6	1	16	20	Reisignest
Kolkrabe	h	1 200	2,5	5–6	1	23	42	Felshorst

30–120 Minuten abgelöst, beim Goldregenpfeifer alle 24 Stunden, bei Geiern alle 3–5 Tage und bei Pinguinen nach 10–28 Tagen.

Wenn nur ein Geschlecht brütet, wird das Gelege meist zugedeckt, wenn der brütende Altvogel das Nest verlassen muß. Emu und Eiderente stehen die ganze Brut durch, ohne Futter oder Wasser aufzunehmen.

Innerhalb verwandtschaftlicher Gruppen haben die größeren Formen eine längere *Brutdauer* (Kolkrabe 23 Tage, Saatkrähe 20 Tage, Eichelhäher 17 Tage). Beispiele von Brutdauer: Möwen 24–28 Tage, Störche 30–33 Tage, Schwäne 35–40 Tage, Emu 58 Tage, Kaiserpinguin 62–66 Tage, Kiwi 80 Tage.

Die **Postembryonalentwicklung** der Vögel beginnt mit dem Schlüpfen. Im Schlüpfzeitpunkt beginnt der Jungvogel mit drehenden Körperbewegungen die Eischale mit der Schnabelspitze anzuritzen. Die meisten Vögel tragen zu diesem Zweck eine kegelförmige Erhebung, den Eizahn, auf dem Schnabel.

Tabelle 74   **Ontogenesetypen: Nestflüchter – Nesthocker**

	Nestflüchter (Abb. 103C4)	**Nesthocker** (Abb. 103D)
Gelegegröße	groß	klein
Embryonalperiode	lang	kurz
Jungvogel im Schlüpfzeitpunkt	± selbständig	von Eltern und Nest abhängig
Flugfähigkeit	früh, vor dem Erreichen des Adultgewichts	spät, erst nach Erreichen des Adultgewichts
Postembryonale Fürsorge der Eltern	gering oder fehlend	hoch entwickelt
Eiablage	vorwiegend am Boden	vorwiegend auf Bäumen
Nestbau	wenig entwickelt	hoch entwickelt

Beim Nestflüchter (Tab. 74) erfolgt das Embryonalwachstum der einzelnen Organkomplexe weitgehend isometrisch zum Gesamtkörpergewicht, beim Nesthocker wachsen der Verdauungstrakt und seine Anhangsorgane positiv allometrisch, während die Entwicklung des Nervensystems und der Sinnesorgane vorerst zurückbleibt. Im Schlüpfzeitpunkt ist der Nestflüchter ein harmonisches Geschöpf, das in mancher Hinsicht bereits seinen Eltern gleicht (Abb. 103C4).

Das Nestflüchterküken ist in Extremfällen vom Schlüpfzeitpunkt an *selbständig* (Großfußhühner). Es kann selbständig Nahrung aufnehmen und hat gut ausgebildete Flucht- oder Duckreflexe. Sein Körper ist mit einem Daunenkleid bedeckt. Der *Nesthocker* hingegen beginnt seine Postembryonalentwicklung als Larve, die von den Eltern gefüttert und gewärmt werden muß. Nesthockerjunge sind beim Schlüpfen oft nackt. Zwischen Alt- und Jungvogel bestehen komplexe Bindungen, die vor allem im Fütterungsverhalten zum Ausdruck kommen. Der Jungvogel verfügt über bestimmte auslösende Signale, wie auffällig gefärbter Schlund und Schnabelwulst, Rachenzeichnungen oder gar Leuchtpapillen und schließlich das Sperrverhalten, das beim Altvogel den Fütterungsreflex auslöst.

Mit Ausnahme der Großfußhühner betreiben auch die Nestflüchter Brutpflege. Die Jungen werden von einem oder von beiden Eltern geführt, gewarnt, verteidigt und gehudert. Viele Nestflüchtereltern führen ihre Jungen zu bestimmten Futterplätzen und lehren sie durch Vorpicken eßbare Objekte erkennen.

Bei höheren Ontogenesestufen sind die Küken weniger selbständig in bezug auf die Nahrungsaufnahme, z. B. picken die jungen Rallen das Futter vom Schnabel der Eltern. Noch ausgeprägter ist die Futterübergabe bei den verschiedenen Stufen der Nesthocker. Bei den Raubvögeln wird die Beute von den Altvögeln ins Nest getragen und in einigen Fällen zerkleinert, worauf die Jungen das Futter selbständig vom Nestboden aufnehmen. Störche erbrechen ihren Kropfinhalt ins Nest zu den Jungen. Bei noch höheren Ontogenesestufen erfolgt die Nahrungsübergabe direkt. Das Junge der Pinguine, Kormorane und Tauben steckt seinen Schnabel in den des Altvogels und holt dort das Futter. Bei Albatrossen und Löfflern umfassen sich die Schnäbel von Alt- und Jungvögeln quer, die Nachtschwalben, Segler und Kolibris schließlich stecken den Schnabel in den Schlund des Jungen.

Die höchste Stufe der Jungfütterung erreichten die Singvögel. Der Nestling sperrt bei Annäherung des Elternvogels seinen Schlund weit auf, und dieser steckt das Futter tief in die Schlundöffnung. Die meisten Singvögel tragen das Aufzuchtfutter (Insekten, Würmer usw.) im Schnabel. Bei einigen Gruppen von Körnerfressern wurden zusätzlich Atzkröpfe entwickelt.

Der intensive Stoffwechsel der Nesthocker (Tab. 74) führte zur Entstehung der Nesthygiene. Die Jungen vieler Vogelformen mit sehr flüssigem Kot (Reiher, Raubvögel, Eulen) sind in der Lage, den Kot über den Nestrand zu spritzen, indem sie ihren Hinterteil vor der Kotabgabe reflexartig nach außen drehen. Bei manchen Singvögeln wird der Kot in Form von Bällchen, die mit einer schleimigen Haut überzogen sind, sofort nach Austritt aus der Kloake vom Altvogel übernommen und entweder gefressen oder weggetragen.

Einige Vogelformen (Kuckuck, Honiganzeiger, Stärling, Witwen) sind zu Brutparasiten geworden. *Echter Brutparasitismus* liegt dann vor, wenn eine Vogelart ihre Eier und Jungen stets anderen Arten zur Bebrütung und Aufzucht überläßt.

Vorstufen des Brutparasitismus. Nestparasitismus: z. B. Sperlinge und Bachstelzen als Untermieter in Nestern von Raubvögeln, Reihern und Spechten. Benützung von Krähen- und Elsternestern durch den Wanderfalken. Verlegte Eier: Beispielsweise finden sich in Nestern von Haubentauchern oft Möweneier, in den Nestern der Reiherente Eier von Meerenten. Mehrfachgelege: Von der Brandente ist bekannt, daß oft mehrere ♀♀ zu einem Gelege beitragen.

Perfektionsstufen des Brutparasitismus

niedere Stufe	hohe Stufe
Nestbautrieb und Bruttrieb noch teilweise erhalten	keine Spur von Brut- und Nestbautrieb
große Zahl von Wirten, die z. T. nicht in der Lage sind, die Jungen des Parasiten aufzuziehen. Große Eizahl (bis 50) des Parasiten (Schwarzkopfente)	*Wirtspezifität.* Der Parasit legt nur Eier in die Nester weniger oder sogar nur einer Wirtsform. Geringere Eizahl (Witwen)
Die Eier werden ohne Rücksicht auf den Bebrütungsgrad der Wirtseier gelegt	Der Parasit beobachtet das Wirts-♀ und bringt seine Eier ein, wenn dieses zu brüten beginnt (Europäischer Kuckuck)

Eifarbe des Parasiten nicht der Eifarbe des Wirts angepaßt	*Übereinstimmung der Eifarbe* von Parasitenei und Wirtsei (Europäischer Kuckuck)
Die Parasiteneier werden zum Gelege des Wirts gelegt	Der Parasit entfernt oder zerstört die Wirtseier. Im Extremfall werden so viele Eier entfernt, wie zugelegt werden (Europäischer Kuckuck, Honiganzeiger)
Der Parasitennestling läßt sich mit seinen Wirtsgeschwistern aufziehen	Der Parasitennestling wirft die Wirtsgeschwister aus dem Nest (Europäischer Kuckuck)
Der Parasit ist dem Wirt unähnlich	Der *Parasit gleicht sich dem Wirt* im Verhalten, in der Rachenstruktur und im Jugendgefieder an (Witwen)

Verhalten

Entsprechend ihrer Gehirnentwicklung zeigen die Vögel ein hochentwickeltes und differenziertes Verhaltensinventar.

Eine besonders typische Kommunikations- und Ausdrucksmöglichkeit ergibt sich aus der stimmlichen Befähigung der meisten Formen. Die Lautäußerungen unterteilt man in Rufe und Gesänge. Außer dem Menschen haben einzig einige Vogelformen die Fähigkeit erreicht, artfremde Laute nachzuahmen (Papageien, Stare, Rabenvögel, Spötter). Da sich Verhaltensweisen ebenso wie morphologische Merkmale vergleichen, kategorisieren und homologisieren lassen, stellen sie in vielen Fällen nützliche taxonomische Bewertungskriterien dar.

Vogelzug (Tab. 75)

Man unterscheidet *Zugvögel* (Abb. 106, 107), die einen Teil des Jahres außerhalb ihres eigentlichen Brutgebietes verbringen, *Strichvögel,* die innerhalb ihres Brutgebietes mehr oder weniger gerichtete Wanderungen ausführen, und *Standvögel,* die sich das ganze Jahr über in der Nähe ihres Brutplatzes aufhalten.

Zwischen diesen drei Typen gibt es gleitende Übergänge.

Durch das Zugverhalten können Vögel, deren Nahrung im Brutgebiet nur zeitweise vorhanden ist, in Gebiete mit ganzjährigem Futterangebot ausweichen. Extremste Zugvögel sind deshalb Formen, die sich im Fluge von Insekten ernähren (Schwalben, Segler).

Bei den meisten Vogelformen ist das Findevermögen für Überwinterungs- und Brutstandorte erblich fixiert. Der Aufbruch zum Frühlings- und Herbstzug wird teils endogen, teils exogen gesteuert. In direktem Zusammenhang mit einer Veränderung der Lebensbedingungen steht das Zugverhalten bestimmter Wasservogelformen (Zufrieren der Gewässer).

Zugrichtung, Länge und Verlauf der Zugwege sind praktisch für jede Vogelart verschieden. Während z. B. Singdrosseln in breiter Front (Breitfrontenzug) von Mittel- und Osteuropa in allgemeiner Südwestrichtung ins Mittelmeergebiet flie-

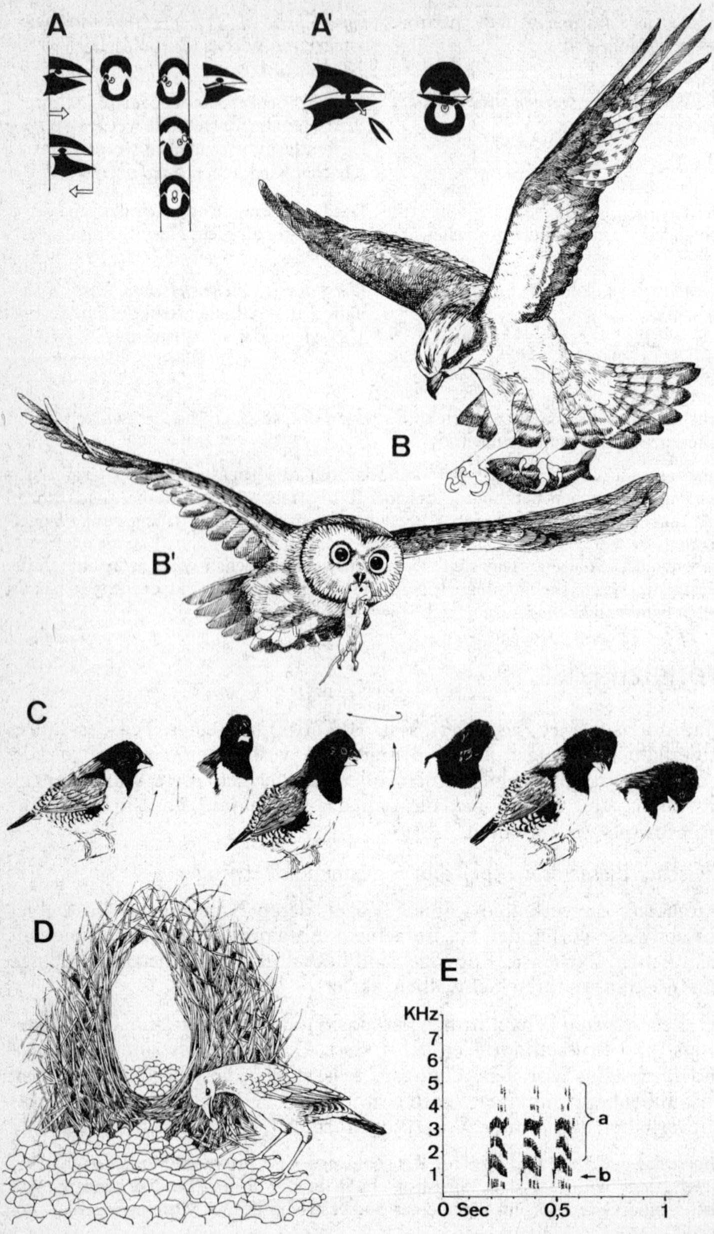
A
A'
B
B'
C
D
E
KHz
7
6
5
4
3
2
1
0 Sec
0,5
1
a
b

gen, erfolgt der Zug des Weißstorchs kanalisiert über die Straße von Gibraltar bzw. die Ostküste des Mittelmeers (Schmalfrontenzug). Häufig verlaufen Hin- und Rückzug auf getrennten Wegen.

Die manchmal eigenartigen und teilweise sogar paradox erscheinenden Zugrouten einzelner Vogelarten können wir nur verstehen, wenn wir sie als Endprodukte einer historischen Entwicklung während des Tertiärs mit mehrmals veränderten klimatischen und grobtopographischen Verhältnissen (Kontinentalverschiebung) betrachten.

Vogelzugphänomene sind nicht nur auf der nördlichen Hemisphäre, sondern ebenfalls auf der Südhalbkugel anzutreffen.

Invasionsvögel. Neben den Zugvögeln, die regelmäßig gerichtete Wanderungen ausführen, gibt es Vögel, die in direkter Abhängigkeit vom Nahrungs- und Trinkwasserangebot unregelmäßig Wanderungen unternehmen. Diese Aktivität wird erhöht durch Nahrungsknappheit oder momentane Massenvermehrung. Die Vögel können in solchen Fällen invasionsartig in Gebieten auftauchen, wo sie sonst nur selten auftraten.

Typische Invasionsvögel sind Tannenhäher, Kreuzschnäbel, Seidenschwänze und Bergfink.

Tabelle 75 **Rekordleistungen während des Vogelzuges** (s. auch Abb. 106)

Art	Brutgebiet	Überwinterungs- gebiet	Zugweg ein- fach (in km)
Sibirischer Mornell- regenpfeifer	Beringstraße	Afrika	12 000
Kanadischer Gold- regenpfeifer	Labrador	Argentinische Pampas	9 000
Weißstorch	Norddeutschland	Südafrika	10 000
Küstenseeschwalbe	Arktis	Antarktis	20 000
Grönland- Steinschmätzer	Grönland	Westafrika	5 000
Amur-Rotfußfalke	Ostsibirien	Ostafrika	10 000
Graubrust-Strand- läufer	Alaska	Feuerland	16 000
Japanische Bekassine	Japan	Tasmanien	5 000

Abb. 105 Verhalten bei Vögeln. **A A'** familientypische Methode des Samenöffnens, **A** Aufschneiden der Samenschale bei Altweltfinken *(Fringillidae)*, **A'** Aufquetschen eines Samens bei Ammern *(Emberizinae)*; **B B'** ordnungstypische Methode des Beutewegtragens, **B** ein Raubvogel (Falcones), trägt seine Beute immer in den Fängen weg, **B'** eine Eule immer im Schnabel; **C** Elemente aus der Balz des Kleinelsterchens *(Spermestes cucullata)*; **D** Fleckenlaubenvogel-♂, den Eingang seiner Balzlaube schmückend; **E** Klangspektrogramm, Ausschnitt aus dem Gesang des Gelben Schilffinken *(Lonchura flaviprymna)*, Ordinate: Frequenz, Abszisse: Zeit, **a** Oberfrequenzen, **b** Grundfrequenz (nach *ZISWILER, KUEHN, LANDOLT)*

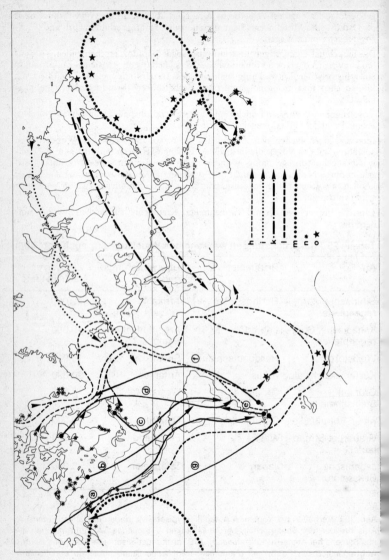

Abb. **106** Zugrichtungen und Zugwege von Vögeln. **a** Sanderling *(Calidris alba)*, **b** Rotohrvireo *(Vireo olivaceus)*, **c** Reisstärling *(Dolichonyx oryzivorus)*, **d** Braunachsel-goldregenpfeifer *(Pluvialis dominica)*, **e** Sporntyrann *(Lessonia rufa)*, **f** Buntfuß-Sturmschwalbe *(Oceanites oceanicus)*, **g** Ruß-Sturmtaucher *(Puffinus griseus)*, die

Abb. 107 Der Zug des Rotrückenwürgers *(Lanius collurio)*; schwarzer Pfeil: Herbstzugsrichtung, punktierter Pfeil: Frühlingszugrichtung, schwarz: Überwinterungsgebiet (nach *VERHEYEN)*

Verbreitung

Dank der Homoiothermie und des Flugvermögens konnten sich die Vögel sämtliche Zonen, alle Inseln und Lebensräume der Erde erschließen, inklusive der Antarktis (Pinguine).

Dennoch darf die Bedeutung der Flugfähigkeit für die Verbreitung der Vögel nicht überschätzt werden. So sind nur wenige Vögel *Kosmopoliten* (Abb. 108) (z. B. Schleiereule, Wanderfalk), und die Faunistik bestimmter Inselgruppen zeigt deutlich, daß das Artenspektrum einzelner Inseln in gleichem Maß ärmer wird, je weiter die betreffende Insel von der nächsten Kontinentalmasse entfernt ist (Neuguinea 520 Arten, Salomonen 126 Arten, Fidschi 54 Arten, Samoa 33 Arten, Gesellschaftsinseln 17 Arten, Hendersoninseln 4 Arten).

In bezug auf den Artenreichtum der einzelnen zoogeographischen Regionen gilt, daß *höchster Formenreichtum in tropischen Regenwaldgebieten* (Abb. 109) zu finden ist, wobei das tropische Südamerika die Spitze hält. Die größte Artenarmut findet sich einerseits in den polnahen Tundren und Vereisungszonen, anderseits in den extremen Trockengebieten.

Punkte bezeichnen die Brutgebiete, die Pfeile die Überwinterungsgebiete, **h** Zugbahnen der Küstenseeschwalbe, **i, k, l** die eurasiatischen Hauptzugstraßen, **m** Überwinterungszug des Kurzschwanzsturmtauchers *(Puffinus tenuirostris)*, **n** Brutorte, **o** Fundorte (nach *VAN TYNE, DIRCKSEN, SALMONSEN)*

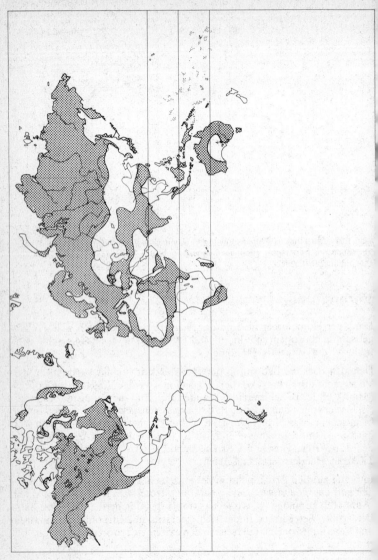

Abb. **108** Die Verbreitung des Fischadlers *(Pandion haliaetus)*, eines Kosmopoliten (nach *VOOUS)*

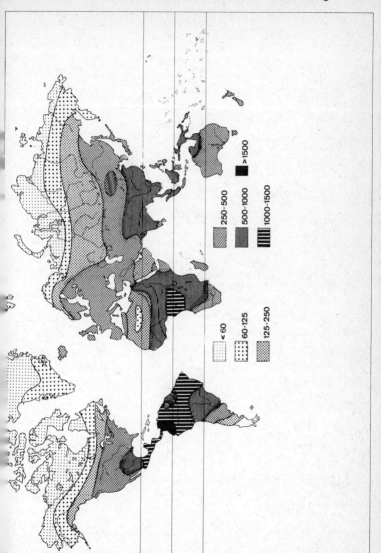

Abb. 109 Artenreichtum der Vögel in verschiedenen Regionen. Die Zahlen geben die Anzahl der in einem Gebiet festgestellten Arten an (nach *FISHER u. PETERSON*)

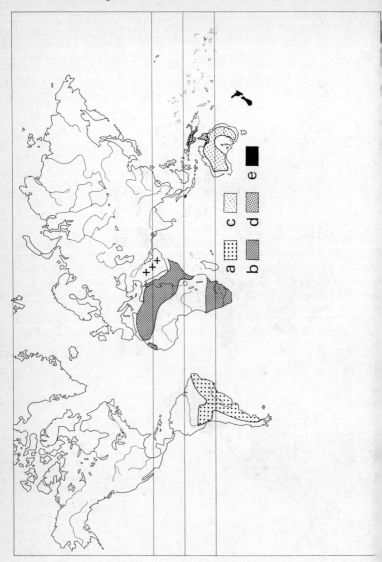

Abb. 110 Verbreitung der Flachbrustvögel. **a** Nandu *(Rhea)*, **b** Afrikanischer Strauß *(Struthio)*, die Kreuze bezeichnen die Verbreitung des in diesem Jahrhundert ausgerotteten arabischen Straußes, **c** Emu *(Dromaeus)*, **d** Kasuar *(Casuarius)*, **e** Kiwi *(Apteryx)*

Trotz der hohen Vagilität der Vögel gibt es zahlreiche Formen, teilweise sogar Großgruppen, die für bestimmte Gebiete endemisch sind.

Endemismen (Abb. 110)

Form oder Gruppe	Gebiet
Ordnung Rheae	südl. Südamerika
Ordnung Casuarii	Australien, Neuguinea
Ordnung Apteryges	Neuseeland
Ordnung Crypturi	Südamerika
Ordnung Colii	Afrika
Familie Meleagrididae	Nordamerika
Familie Cracidae	Südamerika
Familie Megapodiidae	Austral. Region
Familie Irenidae	Oriental. Region
Familie Vangidae	Madagaskar
Familie Callaeidae	Neuseeland
Familie Paradisaeidae	Neuguinea

Mangels ausreichender Fossilbelege läßt sich die Verbreitungsgeschichte der einzelnen Großgruppen schlecht oder gar nicht rekonstruieren, hingegen liefern einige Vogelgattungen interessante Beispiele für die Pänomene geographisch bedingter Art- und Gattungsaufsplitterung in jüngerer Zeit, vor allem in Inselgebieten. Klassische Modellbeispiele für die anpassungsbedingte Aufsplitterung (adaptive Radiation) sind die Darwinfinken von Galapagos, die Kleidervögel von Hawaii und die Blauwürger von Madagaskar.

Da viele Vögel ein ausgesprochenes Zugverhalten an den Tag legen, muß bei der Beschreibung ihrer Verbreitungsareale das Brutgebiet vom übrigen, meist viel größeren Wanderraum und Überwinterungsgebiet unterschieden werden.

Systematik der Vögel

Der Nachweis natürlicher Verwandtschaftsbeziehungen ist bei den Vögeln erschwert, da die Großgruppen bereits in der Kreidezeit vorhanden sind (Abb. 88, S. 376), und da aus dieser evolutiv brisanten Zeit keine Fossilreihen vorliegen. *Lückenlose Fossilreihen,* wie wir sie beispielsweise für einige Reptilien und Säugetiergruppen kennen, sind bei Vögeln überhaupt *nicht bekannt,* so daß sich der Vogelphyletiker und -taxonom praktisch ausschließlich auf den Vergleich rezenter Merkmale und den indirekten Verwandtschaftsbeweis über Homologie und Analogie beschränken muß. Diese indirekte Beweisführung über den Ähnlichkeitsvergleich wird aber dadurch erschwert, daß die Phänomene konvergenter und divergenter Entwicklung bei Vögeln besonders ausgeprägt sind.

Auch fehlen den Vögeln jene morphologischen Idealmerkmale, die praktisch bei jeder Gruppe ihre spezifische Ausprägung erfahren haben (z. B. die Zähne der Säugetiere). Die meisten taxonomischen Merkmale der Vögel zeigen nur wenige, meist zwei Klassen, d. h. Vorhandensein oder Fehlen einer bestimmten Struktur. Daraus ergibt sich eine heute noch feststellbare Unsicherheit in der Bewertung und Bündelung einzelner Gruppen.

Taxonomische Merkmale

Die taxonomische Diagnostizierung der Vögel baut heute im wesentlichen auf folgenden Merkmalen oder Merkmalskomplexen auf:

Konfiguration der **Schädelbasis.** 4 Merkmalsklassen, meistens typisch für eine ganze Ordnung (Abb. 111 A):

palaeognath: Großer Vomer, der mit den hinteren Enden der Palatina und den vorderen Enden der Pterygoidea artikuliert und nach hinten verzweigt ist (Rheae, Struthiones, Casuarii, Apteryges, Crypturi);

schizognath: Vomer vollständig verwachsen, kleiner; Maxillopalatina erreichen die Sagittallinie des Gaumens nie; Palatina und Pterygoidea artikulieren mit Parasphenoid (Galli, Grues, Laro-Limicolae, Pici);

desmognath: Vomer verwachsen und winzig klein; Maxillopalatina erreichen die Mittellinie und sind oft verwachsen, Palatina und Pterygoidea artikulieren mit dem Parasphenoid (Anseres, Gressores, Steganopodes, Falcones);

aegithognath: Vomer breiter als lang und verwachsen endigend, Maxillopalatina getrennt (Passeres, Macrochires).

Nasenhöhlen. Ein bei der Diagnostizierung der Großgruppen öfters zitiertes Merkmal bilden die Verbindung der Nasenöffnungen und die Konfiguration der Nasenhöhlen. Sind die Nasenvorhöfe durch ein knöchernes oder knorpeliges Septum voneinander getrennt, spricht man von Nares imperviae, kommunizieren sie miteinander, so heißen sie Nares perviae.

Ferner unterscheidet man folgende Typen von knöchernen Nasenöffnungen:

holorhin: Der die Nasenöffnungen nach hinten begrenzende Rand der Nasalia ist konkav;

schizorhin: Die Nasenöffnungen endigen nach hinten in einem schmalen Spalt, wobei die Verbindungslinie des Hinterrandes der beiden Nasenlöcher hinter der Frontalnaht des Prämaxillare vorbei führt;

Abb. 111 Wichtige taxonomische Merkmale der Vogelsystematik. **A1–A4** Schädelba siskonfiguration, **A1** palaeognath (= dromaeognath), **A2** schizognath, **A3** desmo gnath, **A4** aegithognath, **a** Maxillopalatinum, **b** Vomer (oft als Prävomer bezeichnet), **c** Palatinum, **d** Pterygoid, **e** Basisphenoid, **f** Quadratum; **B1–B7** Typen der Fußbe schilderung bei den Passeres, **B1, B2** Darstellung der ganzen Füße, **B3–B7** schemati sche Querschnitte durch die Laufknochen (Tarsometatarsi), **B1** exaspid, **B2** geschient, **B3** pycnaspid, **B4** endaspid, **B5** holaspid, **B6** taxaspid, **B7** laminiplantar; **C1** tracheo

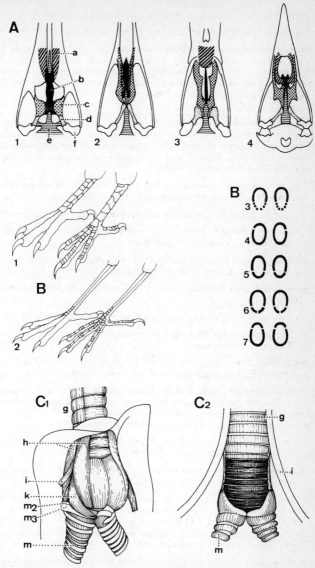

bronchialer Syrinx bei einem Bülbül *(Pycnonotus)*; **C2** trachealer Syrinx bei einem Mückenfresser *(Conopophaga)*, **g** Trachea, **h** Mm. laryngosyringei, **i** M. sternotrachealis, **k** Mm. syringei, **m** Bronchenhalbringe, **m2** 2. Bronchenbogen, **m3** 3. Bronchenbogen (nach *KÜCHLER, VAN TYNE, KÖDITZ, MÜLLER)* *amphirhin:* je 2 knöcherne Nasenöffnungen hintereinander.

Halswirbel. Ihre Anzahl (10–25) dient zur Familiendiagnostizierung.

Brust-Schulterapparat. Der Winkel zwischen Coracoid und Scapula (Coraco-Sca-pular-Winkel) spielt eine Rolle für die Systematik der Flachbrustvögel, während verschiedene Fortsätze des Sternums zur Familiendiagnostik verwendet werden. Die Furcula (unten verwachsene Claviculae) kann frei oder mit dem Sternum seh-nig, knorpelig oder knöchern verbunden sein.

Das *Brustbein* kann einen Brustbeinkamm tragen, oder dieser kann fehlen. Dies führte zur Scheidung der Ratitae (Flachbrustvögel) von den Carinatae (Kielbrust-vögel), was allerdings keine verwandtschaftlichen Verhältnisse wiedergibt. Gute Diagnosen hingegen erlauben die verschiedenen Brustbeinfortsätze im vorderen (Spina externa, Sp. interna) und im lateralen bis caudalen (Proc. lateralis, Proc. obliquus, Proc. intermedius) Bereich.

Zehenstellung. Die Stellung der Phalangen wird für Familiendiagnosen und in Bestimmungsschlüsseln verwendet (Abb. 92, S. 382, 111B):

anisodactyl: häufigste Zehenstellung (I nach hinten, II, III, IV nach vorn);

zygodactyl: häufigster Kletterfuß (I und IV nach hinten, II und III nach vorn) (Spechte, Tukane, Kuckucke, Papageien);

zygodactyler Fuß mit *Wendezehe:* IV kann sowohl nach vorne wie nach hinten gerichtet werden (Eulen, Turakos, Fischadler);

heterodactyl: ein Kletterfuß, bei dem die I. und II. Zehe nach hinten gerichtet sind (Trogone);

pamprodactyl: ein Kletterfuß mit 4 nach vorne gerichteten Zehen (Segler);

syndactyl: die basalen Phalangen der zweiten und der dritten Zehe sind verwach-sen (Eisvögel, Nashornvögel),

Muskulatur. Der Anordnung und den Proportionen gewisser Muskeln kommt bei bestimmten Vogelgruppen ein erheblicher taxonomischer Wert zu.

M. tensor patagii longus und *M. tensor patagii brevis,* beide Spanner der Flug-häute. Bei den Passeres sind meistens zwei getrennte Muskeln vorhanden, bei den anderen Vogelordnungen sind sie vorwiegend verschmolzen. Wichtig ist vor allem die Insertionsweise der abgehenden Sehnen (Abb. 93, S. 383).

M. biceps. Sein Verlauf und seine Gliederung wurde für die Ordnungsdiagnosen der meisten Non-Passeres verwendet (Abb. 93).

M. expansor secundariorum inseriert bei den Non-Passers mit zwei, bei den Pas-seres mit einer Sehne am Humerus (Abb. 93).

Schenkelmuskulatur. Den sieben Oberschenkelmuskeln, die sehr verschieden an-geordnet sein können, kommt taxonomische Bedeutung zu. Die Anordnung der mit A, B, C, D, X, Y, AM bezeichneten Muskeln ergibt die sog. Muskelformel, die in vielen taxonomischen Diagnosen enthalten ist. Wichtig ist vor allem das Vorhandensein oder Fehlen des M. ambiens.

Nicht weniger wichtig sind die Anordnung und die Verbindungsweise der *Zehen-beugersehnen.* Die Zehenbeugermuskeln, M. flexor hallucis longus und M. flexor digitorum longus, liegen proximal des Tarsometatarsus, an dessen Plantarseite die langen Sehnen bis zu den Zehen ziehen. Bei den meisten Passeres verlaufen diese beiden Sehnen unabhängig voneinander, bei den Non-Passeres tauschen sie Fasern untereinander aus, so daß die erste Zehe nicht getrennt von den anderen gebeugt werden kann. Ferner bestehen Unterschiede in der Insertionsweise der Zehenbeugersehnen. Häufig inseriert die Sehne des M. flexor digitorum an den Zehen II, III und IV, während der M. flexor hallucis longus nur an der I. Zehe inseriert. In anderen Fällen inseriert der M. flexor digitorum nur an III und IV, während der M. flexor hallucis longus an I und II inseriert. Schließlich kann der M. flexor hallucis vor der Insertion mit dem M. flexor digitorum verschmelzen.

Syrinxmuskulatur. Die Großsystematik der Passeres beruht zum Teil auf dem Bau und der Gliederung des Syrinx und seiner Muskulatur (Abb. 111C).

Integument. Die *Afterfeder* ist bei den verschiedenen Vogelgruppen unterschiedlich ausgebildet, oder sie kann sogar ganz fehlen. Es konnte nachgewiesen werden, daß die Afterfeder ein Rudiment einer einst bei allen Vögeln vorhandenen Struktur darstellt und daß ihr taxonomischer Wert eher gering ist (Abb. 94C1, 2, S. 385).

Diastataxie-Eutaxie. Es gibt Vogelarten, bei welchen die 5. Armschwinge fehlt, während die dazugehörenden Armdecken vorhanden sind. Man nennt diese Erscheinung Diastataxie. Ist die 5. Armschwinge vorhanden, spricht man von Eutaxie. Die Eutaxie leitet sich von der Diastataxie ab. Sie stellt ein interessantes taxonomisches Merkmal dar, das vor allem für die Familiensystematik bedeutsam ist.

Die *Anzahl der Handschwingen* ist bei den einzelnen Vogelgruppen verschieden. Sie bewegt sich zwischen 9 und 12. Besondere Bedeutung maß man der Aufteilung der Singvogelfamilien in solche mit 9 (Finken, Tangaren, Stärlinge, Schwalben, Kleidervögel) und solche mit 10 (die meisten andern Familien) Handschwingen zu. In neueren Untersuchungen wurde aber festgestellt, daß innerhalb der meisten Familien mit 9 Schwingen die Reduktion der 10. Handschwinge bei einigen Arten nicht vollständig ist. Die Reduktion der 10. Handschwinge ist somit ein Ereignis, das – stammesgeschichtlich gesehen – mehrmals unabhängig eintrat; der taxonomische Wert der Handschwingenzahl ist deshalb gering.

Die *Schwingenformel*. Die relative Länge der Handschwingen 5–10 zueinander ergibt die Schwingenformel. Diese Schwingenformel ist vor allem ein gutes Bestimmungsmerkmal für einzelne Arten.

Weitere häufig in der Taxonomie verwendete Gefiedermerkmale sind: Pterylose, die Sequenz der Federfolgen und Federgenerationen und das Vorhandensein von Spezialfedern, wie Pelzdaunen, Puderdaunen, Fadenfedern und Schmuckfedern.

Hautdrüsen. Die Bürzeldrüse fehlt den Straußen, Emus, Kasuaren, Trappen, einigen Papageien und Tauben sowie den meisten Spechten.

Schnabel. Der Schnabel ist ein zu stark adaptives Merkmal, als daß er von großer taxonomischer Bedeutung wäre. Innerhalb der Ordnung der Röhrennasen ist der Aufbau des Oberschnabels aus verschiedenen Elementen wichtig für die Systematik. Der hörnerne Gaumen, ein Teil der Rhamphotheke, spielt eine Rolle für die Taxonomie körnerfressender Singvögel.

Schuppen und Schilder. Die verschiedene Beschilderung des Laufes spielt für die Systematik der Passeres, im besonderen der Nicht-Singvögel, eine große Rolle.

Beschilderungstypen: *pycnaspid, exaspid, endaspid, holaspid, taxaspid, geschient, laminiplantar.*

Zeichnungsmuster. Farb- und Zeichnungsmuster des Gefieders sind sehr adaptive Merkmale und spielen höchstens eine Rolle in der Art- und Rassensystematik.

Kontrastarme Sprenkelmuster (Sperberung) gelten als relativ ursprünglich, auffällige Kontrastmuster als evoluiert. Bei einigen Vogelgruppen haben die Rachenzeichnungen der Nestlinge eine große Bedeutung für die Taxonomie erlangt.

Verdauungstrakt. Ein seit langer Zeit viel verwendetes Merkmal zur Diagnostizierung der Ordnungen stellt die Anordnung der Darmschlaufen dar. Man unterscheidet acht verschiedene Lagemuster des Darms, die sich zwischen den beiden Extremen – *orthocoele* und *cyclocoele Anordnung* – einordnen lassen. Bei der orthocoelen Anordnung verlaufen die Darmschlaufen parallel zueinander in Körperlängsrichtung, bei der cyclocoelen sind sie spiralig aufgerollt. Andere taxonomische Merkmale, die sich aus der Grobmorphologie des Verdauungstraktes ergeben, sind etwa die Gliederung und Größenverhältnisse der einzelnen Magenkammern und das Vorhandensein und die Gestalt der Blinddärme.

Besonders interessante diagnostische Befunde qualitativer und quantitativer Natur liefern die *Oesophagusdrüsen,* die *Bemuskelung des Kropfes,* der Bau des *Drüsenmagens* und der Koilinschicht im Muskelmagen (Abb. 96, S. 393), das *Darmfaltenrelief* und die Anordnung der Lieberkühnschen Krypten, die Funktion der Blinddärme, die Topographie der Pankreasgänge sowie die Blutversorgung der Leber.

Blutgefäße. Verlauf und Verzweigung der Blutgefäße können in bestimmten Fällen ebenfalls von taxonomischem Wert sein. So wird die Unterordnung Tyranni der Passeres in zwei Gruppen aufgeteilt: die *Heteromeri,* deren Oberschenkel vor allem durch die Arteria femoralis versorgt wird, und die *Homoeomeri,* deren Bein hauptsächlich von der A. ischiadica versorgt wird. Noch wichtiger für die Charakterisierung einzelner Großgruppen ist der Reduktionsgrad der Karotiden.

Die vergleichende *Cytologie* vermag wenig zur Abklärung taxonomischer Fragen bei Vögeln beizutragen, da die bei allen Vögeln vorhandenen zahlreichen Punktchromosomen Vergleiche stark erschweren.

Serologie. Serologische Tests werden seit mehr als einem Jahrzehnt erfolgreich zur Beurteilung einzelner Formen, Gattungen und Familien herangezogen.

Struktur der *Eiklar-Proteine.* Durch elektrophoretische Trennung der verschiedenen Anteile des Eiklars zahlreicher Vogelarten konnten ebenfalls taxonomische Einzelprobleme abgeklärt werden.

Federlinge (Mallophagen): Als dauernde Ectoparasiten an Vögeln sind sie auf die Verbreitung durch Körperkontakt ihrer Wirte angewiesen, sie zeigen deshalb eine starke Wirtsspezifität. Eine Vogelart beherbergt meist mehrere Parasitenarten, die für die ganze Vogelordnung oder -gruppe typisch sind. Verwandtschaftsbeziehungen zwischen den Parasiten geben wichtige Hinweise für die Bewertung von Beziehungen zwischen den einzelnen Wirtsgruppen.

Verhalten (Abb. 105). Die Vögel stellen eine ethologisch sehr gut untersuchte Tiergruppe dar. Für die Diagnostizierung von Ordnungen und Familien liefern einfache Verhaltenselemente, meistens aus dem Komfort- und Ernährungsverhalten, wertvolle Unterscheidungsmerkmale; so kratzen sich die meisten Vögel den Kopf, indem sie dabei den Fuß gruppentypisch entweder vor oder hinter den Flügel führen. Gruppentypisch sind ferner die Art des *Badens,* ob im Wasser oder im Sand, die Art, wie die *Beute weggetragen* wird (Eulen immer im Schnabel, Tagraubvögel immer in den Fängen), die Art der *Nahrungsbearbeitung* (Altweltfinken schneiden die Samenkörner auf, während die Webervögel sie aufquetschen) und des *Trinkens* (Saugtrinken der Tauben, Schöpftrinken anderer Vögel).

Der Vergleich von Ethogrammen mit besonderer Berücksichtigung des Fortpflanzungs- und Sozialverhaltens kann viel zur Abklärung von Fragen der Feinsystematik beitragen. Als besonders dankbares Teilgebiet erwies sich hier der Vergleich von Gesängen und Rufen, die mittels Sonagrammen exakt miteinander verglichen werden können (Abb. 105E).

Die *Ontogenesestufen* (Nesthocker/Nestflüchter) sowie das Verbreitungsgebiet liefern weitere Hinweise für die Bewertung der Großgruppen.

Verwendete Systemvorschläge

Die nachfolgende Großgruppierung der Vögel hält sich weitgehend an „A classification of recent birds" von MAYR u. AMADON (1951). Für die Feingliederung wurden, soweit erschienen, die entsprechenden Bände von „Check-List of the Birds of the World" benutzt und teilweise das Kapitel „A Classification of Birds" von STORER in „Avian Biology", Bd. I, 1972; die Gruppierung der körnerfressenden Singvögel erfolgte nach Vorschlägen des Autors.

Nach MAYR (1951) werden die Vögel gegliedert in

	28	Ordnungen,
ca.	163	Familien,
ca.	1 600	Gattungen,
ca.	8 616	Arten,
ca.	28 500	Unterarten.

Systemübersicht

Ordnung **Strauße *Struthiones***

Familie Struthionidae 1 Sp, 6 Ssp, 1 G

Verbreitung: Afrika, Arabien; offene Trockengebiete (Abb. 110b)

Charakterisierung: Größte heute lebende *Vögel* (100–160 kg, h 260 cm), flugunfähig, aber mit großem, langihumeralem Flügel, der mit Schwungfedern besetzt ist. Hochspezialisierte Laufvögel mit *extremster Zehenreduktion* (Abb. 92A$_2$, S. 382), III. Zehe zur hufähnlichen Hauptzehe entwickelt, II reduziert ausgebildet, I und IV fehlen; sehr große Augen; kurzer, flacher Schnabel.

Schädel abgeleitet *palaeognath* (Pterygoidea nicht mit Vomer in Verbindung), *Brustbeinkamm und Schlüsselbeine fehlend, Schambeine* hinten *verwachsen* (exklusiv neben Nandu und Emu), Knochen mittelmäßig pneumatisiert; Kopf, Hals und Unterschenkel unbefiedert, Afterfeder fehlend, Steuerfedern fehlend, eutaxisch, 20 Arm-, 16 Hand- und 4 Daumenschwingen; drei spezialisierte Magenabschnitte (Abb. 96C, S. 393), sehr große, zur Verdauung befähigte Blinddärme mit innerer Spiralfalte; großer Penis, getrennte Abgabe von Kot und Harn.

Ausgeprägter Geschlechtsdimorphismus, ♂ mit Schmuckfedern. Nestflüchter.

Lebensweise: Omnivor; polygyn, mehrere ♀♀ legen bis zu 60 elfenbeinfarbene Eier (1700 g, 158 × 131 mm) in eine Nestmulde, ♂ brütet zur Hauptsache und führt die Jungen; Brutdauer 42 Tage; mit 6 Monaten ausgewachsen, mit 3–4 Jahren geschlechtsreif.

Verwandtschaftliche Beziehungen: Früher wurden die Strauße mit den anderen Flachbrustvögeln zu einer Gruppe „Ratitae" zusammengefaßt. Heute gilt der verwandtschaftliche Zusammenhang zwischen den einzelnen Ordnungen nicht mehr als gesichert. Beziehungen könnten am ehesten zwischen Struthiones und Rheae bestehen.

Mit großer Wahrscheinlichkeit waren alle Flachbrustvögel einst flugfähig.

Fossilnachweise: Ab dem Unteren Pliozän (Asien), evtl. Mittleren Eozän, falls der umstrittene *Eleutherornis* zu dieser Ordnung gerechnet wird.

Ordnung **Nandus *Rheae***

Familie Rheidae 2 Sp, 2 G

Verbreitung: Südamerika; Steppen (Abb. 110 a)

Charakterisierung: Kleiner als Strauße (maximal 20 kg), flugunfähig, aber mit relativ großem, longihumeralem Flügel, der mit Hand- und Armschwingen besetzt ist. Spezialisierte Laufvögel mit *drei Zehen* (II–IV), mit seitlich stark abgeplatteten Nägeln.

Schädel *palaeognath, Brustbeinkamm fehlend, Schambeine hinten knorpelig verwachsen,* Knochen normal pneumatisiert; Afterfeder fehlend, Steuerfeder fehlend, eutaxisch, 16 Arm-, 12 Handschwingen; Muskelmagen schwach bemuskelt, sehr langer Darm, große Blinddärme mit Spiralfalten. Geringer Geschlechtsdimorphismus. Nestflüchter.

Lebensweise: Omnivor; polygam; 20–30 goldgelbe Eier (660 g, 90 × 130 cm) werden von mehreren ♀♀ in eine Bodenmulde gelegt und vom ♂ bebrütet; Brutzeit 42 Tage.

Verwandtschaftliche Beziehungen: Sehr nah verwandt mit den flugfähigen Crypturi, möglicherweise entfernter verwandt mit den Struthiones.

Fossilnachweise: Ab Oberes Pliozän (Nordargentinien)

Ordnung **Kasuarvögel *Casuarii*** (Tab. 76)

Familie Casuariidae, Kasuare 3 Sp, 1 G
Familie Dromaeidae, Emus 2 Sp, 1 G
Familie Dromornithidae + (Oberes Pleistozän)

Verbreitung: s. Tab. 76

Charakterisierung: Große, flugunfähige Laufvögel (maximal 80 kg). Flügel und vor allem Fingerskelett sehr stark reduziert, drei lange Zehen (II–IV) (Abb. 92A$_3$, S. 382); Handschwingen reduziert, Armschwingen fehlend.

Schädel abgeleitet *palaeognath* (Abb. 111A$_1$), *Brustbeinkamm fehlend,* Schlüsselbeine klein, *Schambeine nicht* oder nur knorpelig *verwachsen,* Sitzbeine nach innen durchgebogen und caudal mit Darmbeinen verwachsen, *geringe Pneumatisation* der Knochen; *Afterfeder gleich groß wie Hauptfeder* (Abb. 94C$_1$, S. 385), Steuerfedern fehlend, diastataxisch; Bürzeldrüse fehlend, Muskelmagen schwach, Darm kurz und weit; großer Penis.

Geringer Geschlechtsdimorphismus; Nestflüchter.

Lebensweise: omnivor; dunkelgrüne Eier mit granulierter Oberfläche, ♂ brütet allein.

Verwandtschaftliche Beziehungen: keine gesicherten.

Fossilnachweise: Ab Oberes Pleistozän (Australien)

Ordnung Kiwis *Apteryges*

Familie Apterygidae, Kiwis 3 Sp, 1 G
Familie Dinornithidae, Großmoas + (Mittleres Pliozän-Pleistozän)
Familie Anomalopterygidae, Kleinmoas + (Oberes Miozän-Pleistozän)

Tabelle 76   **Familiengliederung Ordnung Casuarii**

Familie	Dromaeidae (Abb. 110c)	Casuariidae (Abb. 110d)
Verbreitung	Australien	Neuguinea und umliegende Inseln, Nordaustralien
Lebensraum	trockene Busch- u. Steppengebiete	Regenwald
Schnabel	breit, flach	schmal, hoch
Fingerskelett	total reduziert	3. Finger noch vorhanden
Handschwingen	7 mit Rami	4–7 stabförmige Schäfte ohne Rami
Oberschenkel	pneumatisiert	nicht pneumatisiert
Coracoid	klein	winziges Rudiment
Besonderheiten	Luftröhre mit Resonanzkammer	Hornaufsatz (Helm) über Stirnbein Dolchkralle an II. Zehe, bunte Hautstellen und -lappen
Führen der Jungen	♂	♂ und ♀

Verbreitung: Neuseeland (Abb. 110e)

Familie Apterygidae

Charakterisierung: Kleinste Flachbrustvögel (ca. 2,5 kg). Flugunfähig, Flügel stark reduziert mit einem einzigen Finger, der eine lange Kralle trägt (Abb. 91D, S. 381). Fuß mit vier Zehen, wovon I sehr klein ist und über den anderen Zehen inseriert. Sehr kleine Augen, langer gebogener Stocherschnabel mit terminalen Nasenöffnungen (Abb. 95M, S. 389).

Schädel *palaeognath, Brustbeinkamm fehlend,* Scapula und Coracoid verwachsen, *Schlüsselbeine fehlend, Schambeine hinten nicht verwachsen,* Sitzbein und Darmbein deutlich getrennt, Knochen nicht pneumatisiert; Afterfeder klein, Steuerfedern fehlend, am Schnabelgrund Tastborsten, diastataxisch, Federn ohne Radii, 4 Hand- und 9 Armschwingen, die sich praktisch nicht von den übrigen Konturfedern unterscheiden; schwacher Muskelmagen, kurzer Darm, lange, schmale Blinddärme, großer Penis.

Größenmäßiger Geschlechtsdimorphismus, ♂ 40% leichter als ♀; Nestflüchter.

Lebensweise: Hauptnahrung Würmer, daneben werden auch Pflanzenteile gefressen. Kiwis leben nächtlich und haben als einzige Vögel einen ausgeprägten *Geruchssinn.* Sehr große Eier (450 g, 79 × 135 mm); Eier werden vorwiegend vom ♂ bebrütet; Höhlenbrüter; Brutdauer bis 80 Tage; Junge bleiben noch einige Tage nach dem Schlüpfen im Nest, werden vom ♂ geführt.

Fossilnachweise: Ab Pleistozän (Neuseeland)

Familien Dinornithidae (Abb. 89C, S. 377) + und Anomalopterygidae +

Im Pleistozän wurde die Fauna Neuseelands beherrscht durch rund 2 Dutzend Spezies von flügellosen Laufvögeln, die man als Moas bezeichnet. Zu ihnen gehörten einerseits Riesenformen von 3,60 m Höhe und 500 kg Gewicht, anderseits kleinere Spezies mit nur 10–20 kg Gewicht. In ihrem Körperbau entsprachen sie, abgesehen von den langen Afterfedern und dem total reduzierten Flügelskelett, weitgehend den Kiwis.

Während ein Teil der Moas erst in historischer Zeit, wahrscheinlich infolge Überbejagung durch die Maoris, ausgerottet wurde, muß der größere Teil bereits beim Eintreffen der Ureinwohner ausgestorben gewesen sein.

Ordnung **Madagaskarstrauße** *Aepyornithes*

Ähnlich den Moas auf Neuseeland erhielt sich auf Madagaskar eine Gruppe riesiger Flachbrustvögel bis vor wenigen hundert Jahren. Die größten Madagaskarstrauße wurden ca. 3 m hoch und wogen bis 500 kg.

Sie legten die größten aller Vogeleier von 10 kg Gewicht und Dimensionen von 25 × 34 cm. Die Vögel waren flugunfähig und besaßen nur noch einen sehr stark reduzierten Oberarmknochen.

Fossilbelege reichen vom Oberen Miozän Ägyptens bis zum Obersten Pleistozän Madagaskars.

Ordnung **Steißhühner** *Crypturi*

Familie Tinamidae, Tinamus 45 Sp, 9 G

Verbreitung: Neotropisch, von Südmexiko bis Feuerland; Wald-, Busch- oder Steppenbewohner.

Charakterisierung: Aufgrund ihrer Morphologie primitivste heute lebende Vögel, bodenbewohnend, flugfähig, aber im Flug wenig ausdauernd, Flügel kurz. Hühnerhabitus, 3–4 Zehen, wovon I klein und hoch angesetzt oder ganz fehlend.

Schädel *palaeognath* (Abb. 111A1), *Brustbeinkamm vorhanden.* Brustbein mit sehr langen Processus laterales, Rippen ohne Hakenfortsätze, *Becken ähnlich demjenigen des Kiwis,* Pneumatisation ausgeprägt, 4–5 Rückenwirbel zu einem Os dorsale verwachsen; Afterfeder vorhanden, je nach Art verschieden groß. Die Bogenstrahlen der Federn sind an den Enden miteinander verwachsen (exklusiv), eutaxisch, 8–12 schwache Steuerfedern, wenig Pelzdaunen, Bürzeldrüse befiedert. Großer Kopf, mittlere bis große Blinddärme; kleiner Penis. Geringer Geschlechtsdimorphismus, ♀ in der Regel größer. Nestflüchter.

Lebensweise: Vorwiegend Pflanzenfresser; Monogamie oder Polyandrie. Eier blau, grün oder braun, intensiv glänzend; ♂ brütet allein.

Verwandtschaftliche Beziehungen: Aufgrund ihrer Morphologie und ihres Brutverhaltens werden die Crypturi als nächste Verwandte der Rheae betrachtet. Ähnlichkeiten zu den Galli beruhen auf Konvergenz.

Fossilnachweise: Ab Pliozän (Argentinien)

Ordnung **Pinguine** *Sphenisci*

Familie Spheniscidae 17 Sp, 6 G

Verbreitung: Küstengebiete der Südhalbkugel.

Charakterisierung: Ausgesprochene Meeresvögel mit vollständig zu Rudern umgestalteten Vorderextremitäten, *flugunfähig.*

Armskelett extrem abgeflacht mit verkürzten und verbreiterten Unterarm- und Handwurzelknochen, gewaltig vergrößertes ulnares Karpalelement (Abb. 91C, S. 381), mächtiges Coracoid und ebenso mächtige Rippenfortsätze, Schädel *schizognath* (Abb. 111 A2) mit großen Schläfengruben, holorhin, Nares imperviae, keine durchgehenden äußeren Nasenöffnungen.

Wirbel der Brustwirbelsäule *opisthocoel;* 4 Zehen, I klein und hoch angesetzt, II–IV durch Schwimmhäute verbunden. Kräftige spitze Krallen wirken als Stollen beim Gehen auf Eis. Große Patella. Hauptmuskel für die Ruderbewegungen der Vorderextremität ist der M. pectoralis minor. Keine vollständige Verschmelzung von Synsacrum und Beckengürtel. Keine Pneumatizität der Knochen.

Schwungfedern fehlend, ganzer Körper homogen mit kleinen, spezifisch abgewandelten Konturfedern bedeckt, spezielle Mauser, Afterfeder groß; mehrere Zentimeter dickes, subkutanes Fettpolster zur Wärmeisolation; große befiederte Bürzeldrüse.

Trachea in der vorderen Hälfte durch ein Septum längs unterteilt (exklusiv mit Tubinares). Carotiden und Jugularvenen paarig, Vena portae ohne Zweiteilung. Mit derben Hornpapillen besetzte Zunge, auf seiner ganzen Länge extrem dehnbarer Oesophagus (Nahrungsspeicherung), riesiger Drüsenmagen, winziger Muskelmagen, sehr langer Dünndarm, kleine Blinddärme. Nesthocker.

Lebensweise: Hauptnahrung bilden Cephalopoden und Fische, die tauchend erbeutet werden. Beim Tauchen ausschließlicher Antrieb durch *Ruderbewegungen der Vorderextremität.* Tauchende Pinguine erreichen Tiefen von 20 m und Geschwindigkeiten bis zu 36 km/h. Beim Oberflächenschwimmen großer Tiefgang. Aufrechter, watschelnder Gang auf dem Lande. Auf Eis und Schnee schieben sich die Tiere auf dem Bauch vorwärts.

Pinguine sind meistens Kolonienbrüter und zeigen ein hoch entwickeltes Sozialverhalten.

Brutbiologie des Kaiserpinguins *Aptenodytes forsteri:*

Die Kaiserpinguine brüten im Südwinter bei Außentemperaturen von −18° C bis −62° C. Die Brutplätze liegen, weitab von der nahrungsspendenden Küste, 50 bis 150 km im Inneren des antarktischen Kontinents. Eng zusammenstehend bebrüten die ♂♂ je ein Ei in einer Höhlung zwischen der Fußoberfläche und einer überhängenden Bauchfalte während 64 Tagen, ohne Nahrung aufzunehmen. Unterdessen wandern die ♀♀ zum Meer und kehren dann zu Ende der Brutzeit mit prall gefülltem Oesophagus zum Brutplatz zurück, wo sie für 3–4 Wochen die Pflege der eben geschlüpften Küken übernehmen. Nun ziehen die ♂♂ ans Meer um sich aufzufüttern und kehren ebenfalls mit Futter zurück zur Brutkolonie. Die Jungen, die ein braunes Daunenkleid tragen, werden nach 5 Monaten selbständig und mit 4 Jahren geschlechtsreif.

Gliederung: Die einzige Familie der Pinguine gliedert man gewöhnlich in drei Bündel von Gattungen:

Zwerg-, Gelbaugen- und Brillenpinguine der Gattungen *Eudyptula, Megadyptes* und *Spheniscus,* die sich Bruthöhlen graben;

Esels- und Schopfpinguine der Gattungen *Eudyptes* und *Pygoscelis*, kleine Formen, die keine Bruthöhlen graben und zum Teil ein ausgesprochenes Wanderverhalten zeigen, wie der Adelie-Pinguin;

Großpinguine, Kaiserpinguin *Aptenodytes forsteri* (40 kg, 1 m hoch), Königspinguin *Aptenodytes patagonica* (17 kg).

Verwandtschaftliche Beziehungen: Zur Ordnung der Tubinares postuliert, mit welchen die Pinguine Merkmale des Schnabels, der Trachea und des Ellenbogengelenks gemeinsam haben.

Fossilnachweise: Ab Unteres Eozän (Neuseeland). Aus dem Mittleren Tertiär ist eine heute ausgestorbene Unterfamilie mit Riesenformen bekannt, von welchen die größte 150 cm groß und 120 kg schwer wurde.

Ordnung **Röhrennasen** *Tubinares* (Tab. 77)

Charakterisierung: Ausgesprochene Meeresvögel, deren einzelne Familien sich auf verschiedene Weise an ihr Biotop angepaßt haben.

Allen Angehörigen der Ordnung sind gemeinsam die in einer *Röhre mündenden Nasenöffnungen* und die *zusammengesetzte Rhamphotheke* (Abb. 95Q, S. 389). Das Röhrenorgan einzelner Formen wird als Staudruckmesser gedeutet. Daneben münden in die Nasenröhre die Ausführgänge riesiger *Salzdrüsen*. Röhrennasen trinken ausschließlich Meerwasser und müssen eine Möglichkeit haben, überschüssiges NaCl auszuscheiden.

Schizognath, Nares imperviae, 15 Halswirbel, Brustwirbel nicht verschmolzen. Becken pinguinähnlich, stark vergrößerte Crista tibiae, normalerweise 4 Zehen, I sehr klein, II–IV mit Schwimmhäuten verbunden; 1–2 Sesambeine zur Ellbogenfixierung; Musculus pectoralis zweischichtig; paarig ausgebildete Karotiden und Jugularvenen; vordere Hälfte der Trachea durch Septum getrennt; Afterfeder klein, diastataxisch, kurze, dafür meist zahlreiche Armschwingen (37 bei Albatrossen), Bürzeldrüse groß. Oberschnabelspitze hakig gebogen, mit familientypisch ausgebildeter Nasenröhre; extrem dehnbarer Oesophagus, riesiger Drüsenmagen, kleiner Muskelmagen (Abb. 96D, S. 393), kleine Blinddärme; Nesthocker

Lebensweise: Nahrung ausschließlich Meerestiere. Sturmschwalben und Albatrosse sind extreme Hochseebewohner, die sich außerhalb der Fortpflanzungszeit stets auf dem offenen Meer aufhalten (Abb. 106). Alle Arten legen nur ein Ei. Extrem lange Brutzeit (bis 80 Tage) und Postembryonalzeit (bis 8 Monate). Es brüten ♂ und ♀.

Verwandtschaftliche Beziehungen: Zu den Sphenisci gefordert, hingegen besteht zu den teilweise sehr ähnlichen Möwen keine nähere Beziehung.

Fossilnachweise: Oberes Oligozän (Neuseeland)

Tabelle 77   Familienübersicht Ordnung Tubinares

Familie	Diomedeidae Albatrosse	Procellariidae Sturmvögel	Hydrobatidae Sturmschwalben	Pelecanoididae Tauchsturmvögel
Umfang	13 Sp, 2 G	55 Sp, 12 G	22 Sp, 8 G	5 Sp, 1 G
Verbreitung	auf allen Meeren, aber nur auf wenigen pazifischen Inseln brütend	vorwiegend Südmeere	alle nicht polaren Meere	Südmeere
Aufenthalt	offenes Meer	Küstengewässer, offenes Meer	offenes Meer	Meeresbuchten
Flug	vollendeter Segelflug	Segel- und Gleitflug	Flatterflug, Gleitflug knapp über dem Wasser, die Füße eintauchend	Flatterflug
Gehen	ungeschickt watschelnd	watschelnd	kriechend auf Bauch	aufrecht trippelnd
Schwimmlage	hoch	hoch	hoch	tief
Nahrung	Cephalopoden, Quallen	Cephalopoden, Aas, Eier, Jungvögel	Meeresplankton	Krebse, Fische
Nahrungsaufnahme	schwimmend von Wasseroberfläche	schwimmend oder fliegend von Wasseroberfläche	fliegend von Wasseroberfläche	flügeltauchend
Besonderheiten	extrem langer Humerus (bis 4,2 m Spannweite), kleine Nasenröhre	vielfach Höhlenbrüter, sehr große Nasenröhre (Abb. 95Q, S. 389)	sehr kleine Vögel mit unpaarer Nasenröhre, Höhlenbrüter	Konvergenz zu den Alken der Nordhalbkugel

Ordnung **Seetaucher** *Gaviae*

Familie Gaviidae 4 Sp, 1 G

Verbreitung: Nördliche Palaearktis; Küstengewässer, Brut am Ufer von Seen in der Nähe des Meeres

Charakterisierung: Extrem an das Leben im Wasser angepaßte Taucher, die sich unter Wasser mit grätschenden Bewegungen der Beine fortbewegen *(Grätschtaucher).*

Schizognath, holorhin, Nares perviae, *große Nasendrüsen,* 14–15 Halswirbel, alle Brustwirbel frei, extrem langes Brustbein, Patella fehlend, dafür riesiger *Processus rotularis* an der Tibia als Ansatzstelle für den M. femoro-tibialis (Rotation der Tibia beim Grätschen). Beine weit hinten eingelenkt; M. ambiens vorhanden; 11 Handschwingen, Afterfeder klein, diastataxisch, kurzer, kräftiger Schwanz, kontrastreiches Schwarzweißmuster im Gefieder; Schwimmfuß, I sehr kurz, *II–IV mit Schwimmhäuten* verbunden; paarige Karotiden, kurze Blinddärme; Nestflüchter

Lebensweise: Piscivor, Nahrung wird stets *tauchend* erbeutet. Seetaucher können bis 10 Minuten unter Wasser bleiben und bis 70 m Tiefe erreichen. Flug rasch, kraftvoll und gerade; tiefe Schwimmlage; durch Anpressen des Gefieders und die damit verbundene Volumenverringerung kann die Schwimmlage verändert werden.

Beim Einfallen landen Seetaucher auf der Brust und nicht auf den Füßen. Die größeren Arten können vom Boden nicht auffliegen. Am Land bewegen sie sich unbeholfen auf der Brust rutschend.

Das Nest wird auf festem Boden angelegt. 2 Eier werden von ♂ und ♀ bebrütet. Der brütende Vogel hat seinen Kopf immer nach dem offenen Wasser gerichtet. Die Jungen sind Nestflüchter, die kurz nach dem Schlüpfen ins Wasser gehen. Als Wintergäste ab und zu auf Seen der gemäßigten Zone.

Verwandtschaftliche Beziehungen: Möglicherweise zum kreidezeitlichen *Hesperornis* und basal zu den Laro-Limicolae

Fossilnachweise: Ab Oberem Eozän

Ordnung **Lappentaucher (= Steißfüße)** *Podicipedes*

Familie Podicipidae 20 Sp, 5 G

Verbreitung: kosmopolitisch; Süßwasser

Charakterisierung: Ans Leben im Süßwasser angepaßte *Taucher*

Schizognath, holorhin, Nares perviae, 17–21 Halswirbel, 3–4 Brustwirbel zum Os dorsale verwachsen, *große* pyramidenförmige *Patella,* M.

ambiens fehlt. Nur linke Carotis erhalten, scharf abgegrenzter Pylorusmagen, der mit einem Federpfropf abgedichtet werden kann, Blinddärme klein; Nasendrüse klein; weiches Körpergefieder, weiter Abstand der Rami an den Konturfedern mit spezifisch spiraligen Radii, Afterfeder mittelgroß, diastataxisch, Steuerfedern extrem reduziert; Bürzeldrüse groß

Zehenverbreiterung durch große, flache, nicht eingeschnürte *Lappen* (Abb. 92B₃, S. 382) mit flachen Nägeln, I klein

Kein Geschlechtsdimorphismus, aber ausgeprägtes Prachtkleid im Sommer. Nestflüchter

Lebensweise: Lappentaucher fressen Fische und wasserbewohnende Arthropoden. Flugvermögen gut, aufrechter, schwerfälliger Gang, tiefe Schwimmlage, die durch Anpressen des Gefieders noch verstärkt werden kann. Beim Tauchen werden beide Beine gleichzeitig gegrätscht und die Flügel in seitliche Falten, die Flügeltaschen, eingelegt. Die Lappentaucher fressen regelmäßig Federn. Tauchtiefen bis ca. 20 m, in Extremfällen sogar bis 40 m. Tauchdauer bis 56 Sekunden. Schwimmnest (Abb. 104A) aus Pflanzenteilen. 3–8 Eier, 1 Brut pro Jahr; ♂ und ♀ brüten; Junge können sofort nach dem Schlüpfen schwimmen, werden aber noch lange Zeit von den Eltern im Rückengefieder mitgenommen, gewärmt und gefüttert. Lappentaucher sind je nach Wohngebiet Stand-, Strich- oder Zugvögel. Als Zugvögel sind sie Nachtzieher.

Verwandtschaftliche Beziehungen: Unsicher; Ähnlichkeiten zu den Gaviae beruhen mit Sicherheit auf Konvergenz.

Fossilnachweise: Ab Oligozän (Oregon)

Ordnung **Ruderfüßer *Steganopodes*** (Tab. 78)

Charakterisierung: Wasservögel, die sich auf verschiedene Methoden des Fischfangs spezialisiert haben. Allen gemeinsam ist der *Schwimmfuß, bei dem alle 4 Zehen mit Schwimmhäuten verbunden* sind (Abb. 92B₂, S. 382). Entsprechend der großen ernährungsspezifischen Divergenz der einzelnen Familien variieren die meisten bisher zur Diagnostizierung von Ordnungen herangezogenen Merkmale. Schädel zwischen Schizognathie und Desmognathie, wobei der Vomer bei den meisten Formen fehlt, Nasenöffnungen zu einem kleinen Schlitz reduziert oder ganz fehlend, 14–20 Halswirbel, Nasendrüse klein, Afterfeder klein, diastataxisch, Bürzeldrüse befiedert. Keine Mundspeicheldrüsen, winzige Zunge, dehnbarer Oesophagus, großer Drüsen-, kleiner Muskelmagen, deutlich abgetrennter Pylorusmagen, kleine Blinddärme. Nesthocker

Verwandtschaftliche Beziehungen: Möglicherweise zu den Gressores und Falcones

Fossilnachweise: Ab Unteres Eozän (England)

Tabelle 78 **Familienübersicht Ordnung Steganopodes**

	Pelecanidae Pelikane	Phalacrocoracidae Kormorane	Anhingidae Schlangenhals- vögel	Sulidae Tölpel	Fregatidae Fregattvögel	Phaetontidae Tropikvögel
Umfang	8 Sp, 1 G	30 Sp, 3 G	4 Sp, 1 G	7 Sp, 2 G	5 Sp, 1 G	3 Sp, 1 G
Verbreitung	Tropen und Subtropen aller Kontinente	vorwiegend alt- weltlich	Tropen der Alten und Neuen Welt	vorwiegend tro- pische Meere, Ausnahme Baß- tölpel	Meere zwischen den Wende- kreisen	tropische Meere
Biotop	Binnenseen (weiße Arten), Meeresküsten (braune Arten)	Meeresküste, z. T. Binnengewässer	Binnengewässer	Meeresküsten	Meeresküsten	Meeresküsten
Fischfang	von der Wasser- oberfläche schöpfend oder Stoßtaucher	Paralleltaucher, Schwimmfüße wer- den parallel zuein- ander unter dem Körper nach hinten gestoßen. Schwanz wirkt als Tiefen- steuer	Paralleltaucher, harpunieren Beute	Stoßtaucher	jagen anderen Seevögeln Beute ab oder fischen fliegend von Oberfläche	Stoßtaucher
Schwimmlage	hoch	tief	tief	mittel	schwimmen nicht	hoch
Gehen	unbeholfen	aufrecht, unbeholfen	aufrecht, unbeholfen	rutschen	können nur auf Ästen stehen	unbeholfen
Schnabel	z. T. mit Kehl- tasche	mit Haken	spitz	spitz	mit Haken	spitz

Ordnung **Schreitvögel** *Gressores* (Tab. 79)

Verbreitung: Weltweit, außer Polarzonen (Scopidae nur in aethiopischer Region)

Charakterisierung: Semiaquatische, ans Leben am Wasser oder in Feuchtgebieten angepaßte Gruppe. Vögel mit langem Hals, langem Schnabel und langen Beinen

Desmognath (Abb. 111 A3), 16–20 Halswirbel, Unterkiefer hinten abgestützt, oft mit langem, gebogenem Proc. angularis posterior; *anisodactyler Sitzfuß* (Abb. 92 C, S. 382), I meistens lang und tief angesetzt; Afterfeder mittelgroß, Diastataxie; Kropf meist fehlend, deutlich abgesetzter Pylorusabschnitt, kleine Blinddärme, oft nur ein Blinddarm; Karotiden meist getrennt. Die Katapophysen der Halswirbel umschließen bei einigen Formen die Karotiden. Nesthocker

Lebensweise: Nahrung animalisch. Beide Partner brüten und führen die Jungen; Nest meistens aus Reisig (Abb. 104 B). Gressores können aufbaumen und kratzen sich vorne herum am Kopf.

Verwandtschaftliche Beziehungen: Möglicherweise zu den Phoenicopteri, Steganopodes und Falcones

Fossilnachweise: Ab Unteres Eozän (England)

Ordnung **Flamingos** *Phoenicopteri*

Familie Phoenicopteridae, Flamingos 6 Sp, 3 G

Verbreitung: Alle Kontinente außer Australien und Polarzonen; an seichten Gewässern

Charakterisierung: Hochbeinige, langhalsige Vögel mit einer einmaligen, hochspezialisierten Methode des Schlickdurchfilterns

Schädel *desmognath,* holorhin, Nares perviae, *19 Halswirbel,* letzter Hals- und drei Brustwirbel zum Os dorsale verschmolzen; *sehr langes Bein* (Femur: Tibiotarsus: Tarsometatarsus = 1 : 4 : 4)

Zehen *II–IV mit kleinen Schwimmhäuten* verbunden, I fehlend oder stark reduziert; M. pectoralis zweischichtig, M. ambiens schwach; cervicale Luftsäcke gekammert, rechte Wurzel der Carotis conjuncta verkümmert; Afterfeder mittelgroß, diastataxischer Flügel; Drüsenmagen durch Zwischenstück vom kräftigen Muskelmagen getrennt, große Blinddärme; rudimentierter Penis. Nesthocker

Spezialisierter *Reusenschnabel* (Abb. 95 R, S. 389), mit doppelter Hornlamellenreihe in Ober- und Unterschnabel sowie lamellenbesetzter Zunge

Lebensweise: Zur Nahrungsaufnahme stehen die Vögel im seichten Wasser und halten den Kopf so auf den Grund gelegt, daß der Oberschnabel

Tabelle 79 **Familienübersicht Ordnung Gressores**

	Ardeidae Reiher, Rohrdommeln, Kahnschnäbel	Threskiornithidae Ibisse, Löffler	Ciconiidae Störche, Marabus, Schuhschnabel	Scopidae Schattenvögel
Umfang	66 Sp, 32 G	32 Sp, 20 G	17 Sp, 11 G	1 Sp
Nahrung	Fische, Amphibien, Mäuse	Würmer, Mollusken, Plankton	Kleintiere jeder Art, Aas	Kleintiere
Beutefang	Anschleichen oder Anstehen und Harpu- nieren	Herumstochern im Schlick, Durchsieben des Wassers (Löffler)	Packen mit Schnabel	Packen mit Schnabel
Schnabel	lang, gerade (Abb. 95 O, S. 389)	gebogen (Abb. 95 K, S. 389)	gerade, lang	gerade, kürzer
Hals im Fluge	S-förmig eingezogen	ausgestreckt	ausgestreckt (Aus- nahme Marabus)	halb eingezogen
Besonderheiten	Kralle von III gezäh- nelte Putzkralle, Prahl- stellung bedrohter Rohrdommeln, großenteils kolonie- brütend	Schnabel der Löffler (Abb. 95 S), kolonie- brütend	Schnabelklappern als Lautäußerung, Kahl- köpfigkeit des aas- fressenden Marabus	riesige Reisignester in Baumkronen

nach unten zu liegen kommt. Der Schnabel wird geöffnet. Der aufgewirbelte Schlamm wird in den Mund gepumpt und anschließend werden die freßbaren Partikel (Mollusken, Crustaceen, Algen) bei geschlossenem Mund mit dem Lamellenapparat ausgesiebt. Flamingos können zwar schwimmen, tun es aber selten. Sie sind nicht in der Lage aufzubaumen.

Koloniebrüter. Das Nest ist ein ca. 30 cm hoher und 30 cm breiter Kegel aus Sand und Schlick. Meistens 1 Ei, ♂ und ♀ brüten und füttern das Junge, das mit 3–4 Tagen das Nest verläßt und nach 14 Tagen selbständig frißt. Flamingos mit Jungen produzieren im Oesophagus in speziellen acinösen Drüsen ein nährstoffreiches, rotgefärbtes *Atzsubstrat.*

Verwandtschaftliche Beziehungen: Werden sowohl zu den Gressores als auch zu den Anseres postuliert

Fossilnachweise: Ab Obere Kreide (Europa)

Ordnung **Gänsevögel** *Anseres* (Tab. 80)

Charakterisierung: Schädel *desmognath.* Proc. angularis posterior des Unterkiefers lang ausgezogen, holorhin, Nares perviae, 16–25 Halswirbel (Schwan), mindestens 6 Rippen mit Brustbein verbunden, M. ambiens vorhanden, Carotiden paarig, Blinddärme lang; kleine Afterfedern, Flügel diastataxisch, *dichtes Daunenkleid,* Bürzeldrüse groß. Nestflüchter

Verwandtschaftliche Beziehungen: Unsicher. Beziehungen zu Phoenicopteri möglich

Fossilnachweise: Obere Kreide (Frankreich)

Familiengliederung:
Familie Anhimidae, Wehrvögel
Familie Anatidae, Enten und Gänse
    Unterfamilie Anserinae, Gänse und Schwäne
    Unterfamilie Anatinae, Enten

Familie Anhimidae, Wehrvögel 3 Sp, 2 G

Verbreitung: Südamerika, an Binnengewässern

Charakterisierung: 19–20 Halswirbel, kein Proc. uncinatus, Füße *ohne Schwimmhäute,* I tief angesetzt, lang, Skelett hochgradig pneumatisch, an den Flügeln je ein großer *Hornsporn,* einem *Knochenzapfen des Metacarpale* I und II aufsitzend; Zunge ohne Papillen, großer Drüsenmagen, kleiner muskulöser Muskelmagen, langer Dünndarm, lange Blinddärme; vordere Luftsäcke intensiv gekammert; kein Penis

Lebensweise: Herbivor. Nisten in oder an stehenden Gewässern. Nesthaufen aus verrotteten Pflanzenteilen. Bebrütung der Eier durch beide Eltern

Familie Anatidae, Enten, Gänse, Schwäne 150 Sp, 45 G

Verbreitung: Weltweit, ohne Antarktis

Charakterisierung: Gut schwimmende Wasservögel mit verschiedener Ernährungsspezialisation. Proc. uncinatus vorhanden, 4 Zehen, davon *II–IV mit Schwimmhäuten verbunden* (Abb. 92B1, S. 382) (Ausnahme Spaltfußgans), große Variabilität der Halswirbelzahl, wobei tauchende Formen wenig (14) und gründelnde Formen viele (bis 25) besitzen; Trachea bildet oft eine Schlinge im Sternum oder zur Lautverstärkung beim ♂ die Bulla tympaniformis, meist hoch evoluierter Syrinx; langer Penis. Vielfältig entwickelte Schnäbel mit Hornlamellen

Lebensweise: Je nach Gruppe verschiedene Ernährungsspezialisation auf Wasserorganismen oder Pflanzen in Wassernähe. Sexual- und Sozialverhalten in vielfältiger Differenzierung. Viele Formen zeigen ein ausgesprochenes Zugverhalten.

Untergliederung: Die Familie wird je nach Autor in zahlreiche Unterfamilien oder Tribus eingeteilt.

Ordnung **Kranichvögel *Grues*** (Tab. 81)

Charakterisierung: Sämtliche Angehörige der Gruppe sind Nestflüchter, sonst gibt es nur wenige Merkmale, die allen Familien gemeinsam sind, so das Vorhandensein einer Afterfeder und die paarigen Karotiden.

Die meisten Grues haben einen schizognathen Schädel (Ausnahme Cariamidae mit desmognathem Schädel), sind diastataxisch (Ausnahme Cariamidae) und haben einen *anisodactylen Fuß*, wobei die *I. Zehe meist hoch angesetzt* ist oder gar fehlt.

Lebensweise: Größtenteils Vegetabilienfresser, z. T. omnivor oder von tierischem Futter sich ernährend.

Verwandtschaftliche Beziehungen: Es bestehen Affinitäten zu den Laro-Limicolae.

Fossilnachweise: Ein rallenähnlicher Vogel aus dem Palaeozän von New Jersey und ein kranichähnlicher Vogel aus dem Unteren Eozän von Wyoming; daneben sind aus dem Tertiär 8 ausgestorbene Familien von Kranichvögeln bekannt, unter anderem die Diatrymidae, riesige, flugunfähige, räuberisch lebende Rennvögel.

Ordnung **Möwen-Watvögel *Laro-Limicolae*** (Tab. 82)

Charakterisierung: Extrem vielfältige Ordnung, die sich eine Vielzahl ökologischer Nischen auf, an und in der Nähe von Gewässern erschlossen hat.

Tabelle 80   **Übersicht über die wichtigsten Unterfamilien der Familie Anatidae**

	Cygninae Schwäne	Anserinae Gänse	Anatinae Schwimmenten	Aythyinae Tauchenten	Merginae Säger
Schnabel	einfacher Seihapparat	gezähnelte Schnabelränder zum Pflanzenschneiden	differenzierter Seihapparat	Seihapparat	Fangschnabel mit Hakenspitze und gezähneltem Rand (Abb. 95 P, S. 389)
Nahrung	Teile von Wasserpflanzen, kleine Wassertiere	vegetabilisch	vorwiegend vegetabilisch, teilweise animalisch	vorwiegend animalisch, teilweise vegetabilisch	Fische
Nahrungserwerb	Eintauchen des Halses, Gründeln	Weiden an Land	Gründeln	Grätschtauchen	Grätschtauchen
Schwimmlage	hoch	hoch	hoch	tief	tief
Geschlechtsdimorphismus	klein; ♂ hält Wache	klein	♂ zeitweilig mit Prachtkleid	ausgeprägt, ganzjährig	♂ zeitweilig mit Prachtkleid
Paarbindung	mehrjährig, monogam	Dauerehe	Saisonehe	Saisonehe oder polygam	Saisonehe oder polygam
Es brüten	♀; ♂ hält Wache	♀; ♂ hält Wache	♀	♀	♀
Es führen die Jungen	♀ + ♂	♀ + ♂	♀	♀	♀

Andere Unterfamilien: Spaltfußgänse, Anseranatinae; Pfeifgänse, Dendrocygninae; Moschusenten, Cairininae; Hühnergänse, Cereopsinae; Eiderenten, Somateriinae; Ruderenten, Oxyurinae

Tabelle 61 **Familienübersicht Ordnung Grues**

	Umfang	Verbreitung	Lebensraum	Habitus	Nahrung	Besonderheiten
Rallidae Rallen	138 Sp 52 G	weltweit	Uferzone	gedrungene Schlüpfer	omnivor	Schwimmfuß mit Zehenlappen bei Bläßhuhn (Abb. 92 B4, S. 382); extreme Zehenverlängerung bei Teichhuhn
Heliornithidae Binsenhühner	3 Sp 3 G	Südamerika Afrika Hinterindien	dichtbewachsene Flußufer	schlank, entenförmig	Kleintiere, Pflanzen	
Rhinochetidae Kagu	1 Sp	Neukaledonien	Wald	reiherähnlich	Schnecken, Würmer, Samen	flugunfähig
Eurypygidae Sonnenrallen	1 Sp	neotropisch	dichtbewachsene Flußufer	schlank, reiherähnlich	Kleintiere	
Mesoenatidae Stelzenrallen	3 Sp 2 G	Madagaskar	Wald	rallenähnlich	Insekten, Früchte	gebogener Schnabel
Turnicidae Kampfwachteln	15 Sp 3 G	Afrika, Asien Australien	Grassteppe	wachtelähnlich	Sämereien	vollständige Konvergenz zu Hühnervögeln, aber ♂ brütet und führt Junge, Polyandrie

Fortsetzung von Tabelle 81

	Umfang	Verbreitung	Lebensraum	Habitus	Nahrung	Besonderheiten
Gruidae Kraniche	14 Sp 4 G	weltweit außer Südamerika	Riedgebiete	hochbeinig, langer Hals	Beeren, Samen, Kleintiere	Zugverhalten
Aramidae Rallenkraniche	1 Sp	Nord- und Südamerika	Sümpfe	hochbeinig, langer Hals und Schnabel	Schnecken	Spezialschnabel zum Bearbeiten von Mollusken
Psophiidae Trompetervögel	3 Sp 1 G	Südamerika	Regenwald	gedrungen, gekrümmter Rücken	Pflanzen, Insekten	auffällige Trompetenrufe
Cariamidae Seriemas	2 Sp 2 G	Südamerika	Baumsteppe	hochbeinig, langhalsig, Raubvogelschnabel	Reptilien, Mäuse, Beeren	fliegen schlecht, Konvergenz zu Sekretär (Falcones)
Otididae Trappen	24 Sp 11 G	Eurasien	Steppen	kräftige Bodenvögel	Sämereien, Pflanzen	auffällige Balz

Es gibt kaum ein morphologisches Merkmal, das allen Angehörigen der Ordnung zukommt. Typisch für die meisten Möwen-Watvögel sind: *Schizognather Schädel, anisodactyler Schwimmfuß,* I reduziert oder fehlend, *II–IV mit Schwimmhäuten* verbunden; ein M. ambiens; fehlender Kropf, große Blinddärme; diastataxischer Flügel und eine mittelgroße Afterfeder. Alle Laro-Limicolae sind Nestflüchter.

Lebensweise: Die meisten Angehörigen der Gruppe ernähren sich animalisch. Es wurden verschiedene Methoden des Fischfangs, wie Oberflächenfischer (Möwen), Stoßtaucher (Seeschwalben), Flügeltaucher (Alken), Nahrungsparasiten (Raubmöwen), Stocherer (Limikolen) und Molluskenschalenöffner (Austernfischer, Triele) entwickelt. Die Eier werden fast immer in teilweise mit Steinchen oder Muscheln ausgelegte Bodenmulden gelegt (Abb. 104 C). Meistens brüten ♂ und ♀.

Verwandtschaftliche Beziehungen: Sowohl zu den Grues als auch zu den Columbae

Fossilnachweise: Regenpfeiferartige und alkenartige Vögel sind seit dem Unteren Eozän bekannt. Im Tertiär lebten drei weitere, heute ausgestorbene Familien.

Familiengliederung: Neben den Oscines umfassen die Laro-Limicolae die größte Anzahl von Familien, nämlich 16. Während manche Autoren einige dieser Familien als Unterfamilien betrachten, bündeln sie andere zu Überfamilien und Unterordnungen; folgende Gruppierungen erscheinen als gerechtfertigt:

Jacanidae und Rostratulidae in eine Übergruppe,
Thinocoridae und Chionididae in eine Übergruppe,
Glareolidae-Scolopacidae (vgl. Übersicht) in eine Übergruppe,
Stercorariidae, Laridae und Rhynchopidae in eine Übergruppe,
Alcidae als selbständige Übergruppe.
Die Pteroclidae, Flughühner, werden neuerdings von einigen Autoren ebenfalls hierher gezählt.

Ordnung **Hühnervögel *Galli*** (Tab. 83)

Charakterisierung: Spezialisierte *Bodenvögel.* Schädel *schizognath,* sehr großer Proc. obliquus des Brustbeins, großes Os dorsale, anisodactyler Schreitfuß, ♂ oft mit *Sporn* am Laufknochen (Abb. 92 A₁, S. 382); großer Kropf, riesiger kräftig bemuskelter *Muskelmagen* (Abb. 96 B, S. 393), lange Blinddärme; Afterfeder sehr groß (Abb. 94 C₂, S. 385); Flügel eutaxisch, 10 Handschwingen; Variabilität in der Anordnung der Karotiden. Nestflüchter (Abb. 103 C4).

Lebensweise: Größtenteils Körner- oder Pflanzenfresser. Hühnervögel pflegen nachts aufzubaumen. Die Nahrung wird durch Scharren gesucht. statt Wasserbädern Staubbäder. Oft ausgeprägter Geschlechtsdimorphis-

Tabelle 82 Familienübersicht Ordnung Laro-Limicolae

	Umfang	Verbreitung	Lebensraum	Nahrung, Nahrungserwerb	Besonderheiten, Flug
Jacanidae Blatthühnchen	7 Sp, 6 G	Tropen	stehende, überwachsene Gewässer	Wassertiere, Pflanzen	extrem verlängerte Krallen und Zehen zum Gehen auf Schwimmblättern (Abb. 92F, S. 382)
Rostratulidae Goldschnepfen	2 Sp, 6 G	Tropen	Sumpfgelände, Reisfelder	Sämereien	Polyandrie, ♂♂ bauen Nest mit „Schiebedach"
Thinocoridae Höhenläufer	4 Sp, 2 G	Südamerika	Trockengebiete	Sämereien	Körnerfresser von Hühnerhabitus
Chionididae Scheidenschnäbel	2 Sp, 1 G	südlich zirkumpolar	Klippen	Muscheln, Eier, Jungvögel, Aas	mit Hornscheide überzogene Schnabelwurzel
Glareolidae Brachschwalben	17 Sp, 6 G	Alte Welt	Steppen	Insekten	gelbliches Gefieder, in Anpassung an Wüstenleben
Pteroclidae Flughühner	16 Sp, 2 G	Alte Welt	Steppen, Wüsten	Sämereien	Hühnerhabitus, Saugtrinken
Haematopodidae Austernfischer	6 Sp, 1 G	weltweit	Strand	Mollusken	spezielle Technik des Öffnens von Muscheln
Recurvirostridae Säbelschnäbler	7 Sp, 4 G	weltweit	Strand	Plankton	extrem lange Beine und lange, feine Schnabelpinzette (Abb. 95L, S. 389)
Dromadidae Reiherläufer	1 Sp	Küsten des Indischen Ozeans	Strand	Arthropoden, Mollusken	Konvergenz zu Reiher

Burhinidae Triele	9 Sp, 2 G	weltweit, ausgenommen Nordamerika	Strand, Flußufer	Mollusken, Krabben	massiver Meißelschnabel
Charadriidae Regenpfeifer	61 Sp, 8 G	weltweit (Abb. 107 d)	Ufer, Strand	Mollusken, Arthropoden	relativ kurzschnäblig
Scolopacidae Schnepfen	85 Sp, 23 G	weltweit	Ufer, Rieder, Sumpfgelände, Wald	Würmer, Mollusken, Arthropoden	extreme Divergenz der Schnäbel
Stercorariidae Raubmöwen	4 Sp, 2 G	weltweit	Meere, Küsten	jagen anderen Vögeln die Beute ab	Ruderflug, Segelflug
Laridae Unterfamilie Larinae Möwen	43 Sp, 7 G	weltweit	Meeresküste, Binnengewässer	fliegend über Wasser, schwimmend, stehend	Ruderflug, Segelflug
Laridae Unterfamilie Sterninae Seeschwalben	40 Sp, 9 G	weltweit (Abb. 107 h)	Küste, Binnengewässer	stoßtauchend, fliegend	Ruderflug, Sturzflug
Rhynchopidae Scherenschnäbel	3 Sp, 1 G	Afrika, Amerika	Flüsse	fliegend von Wasseroberfläche	Ruderflug
Alcidae Alken	21 Sp, 13 G	nördlich zirkumpolar	Meeresküsten	flügeltauchend	schwerfällig, Steuerhilfe mit Fuß

mus, ♂♂ mit Dauerprachtskleid. Nestbau und Brutfürsorge allein durch ♀. Polygynie ausgeprägt

Verwandtschaftliche Beziehungen: Möglicherweise zu den Cuculi

Fossilnachweise: Seit Unteres Eozän (Wyoming)

Familiengliederung: Meistens in 5 verschiedene Familien, wobei die größte, die Phasianidae, wiederum in drei deutlich unterscheidbare Unterfamilien aufgeteilt wird.

Ordnung **Raubvögel *Falcones*** (Tab. 84)

Charakterisierung: Nahrung Tiere oder Aas, Schädel *desmognath,* Nares imperviae, ausgeprägter Orbitalfortsatz, 14–17 Halswirbel, *anisodaktyler Greiffuß* mit scharfen Dolchkrallen (Abb. 92 E₁, S. 382); Furcula über Ligament mit Crista sterni verbunden, kein Os dorsale, gebogener Oberschnabel, mit hakenförmiger Spitze (Abb. 95 N, S. 389)

2 Karotiden; M. ambiens vorhanden; Zunge groß und muskulös, dehnbarer Oesophagus mit Kropf, schwacher, dehnbarer Muskelmagen; beide Eierstöcke aktiv; Afterfeder ziemlich groß, diastataxischer Flügel, Bürzeldrüse vorhanden. *Nesthocker* mit dichtem Daunenkleid. Geschlechtsunterschiede gering, gelegentlich sind ♀♀ größer als ♂♂.

Lebensweise: Die Raubvögel ergreifen ihre Beute stets mit den Fängen, töten sie durch Erdrosseln und tragen sie in den Fängen weg (Abb. 105 B, S. 424). Die meisten Raubvögel bauen sich Horste aus Reisig auf Bäumen oder in Felsnischen. Meistens brüten ♂ und ♀.

Verwandtschaftliche Beziehungen: Am ehesten zu den Gressores

Fossilnachweise: Seit dem Unteren Eozän (England) bekannt; 2 tertiäre Raubvogelfamilien sind ausgestorben.

Familiengliederung: In der Regel werden 5 verschiedene Familien unterschieden, die öfters in drei Unterordnungen, Cathartae (Neuweltgeier), Accipitres (Habichte, Adler, Fischadler, Sekretäre) und Falcones (Falken) gebündelt werden.

Ordnung **Kuckucksvögel *Cuculi*** (Tab. 85)

Charakterisierung: Baumvögel mit zahlreichen als ursprünglich gewerteten Merkmalen. *Desmognather Schädel,* Verbindung zwischen Palatinum und Proc. frontale durch Os uncinatum, holorhin, 13–14 Halswirbel, tracheobronchialer Syrinx; M. ambiens vorhanden; Karotiden paarig; Flügel eutaxisch, Afterfeder klein, 10 Handschwingen. Nesthocker

Lebensweise: Eine Familie fructivor, die andere insectivor. Bei den Cuculidae Brutparasitismus häufig, sonst brüten ♂ und ♀.

Tabelle 83 Familienübersicht Ordnung Galli

	Megapodiidae Großfußhühner	Cracidae Hokkohühner	Phasianidae Fasane	Meleagrididae Truthühner	Opisthocomidae Zigeunerhühner
Umfang	18 Sp, 7 G	44 Sp, 11 G	210 Sp, 70 G	2 Sp	1 Sp
Verbreitung	Australien Neuguinea	Südamerika	vorw. Eurasien z. T. Amerika	Amerika	Südamerika
Geschlechts-Unterschied	♂ = ♀	♂ = ♀	♂ ≠ ♀	♂ ≠ ♀	♂ ≠ ♀
Nest	im Boden oder in Laubhaufen	z. T. auf Bäumen auf dem Boden	auf dem Boden	auf dem Boden	auf Bäumen über Wasser
Brutwärme durch	Fäulniswärme, Bodenwärme, Sonnenwärme	Bebrütung	Bebrütung	Bebrütung	Bebrütung
Besonderheiten	Eier werden nicht aktiv bebrütet	Federhaube	Prachtgefieder der ♂♂	auffällige Hautlappen	Junge besitzen Flügelkrallen, mit welchen sie kletternd das Nest verlassen können

F. Phasianidae Übersicht über die Unterfamilien

	Tetraoninae, Rauhfußhühner	Phasianinae, Fasane	Numidinae, Perlhühner
Umfang	18 Sp, 11 G	185 Sp, 64 G	7 Sp, 5 G
Verbreitung	nördliches Eurasien und Amerika	vorwiegend Eurasien	Afrika
Lebensraum	Wald, Tundra	Wälder, Felder	Wald, Savanne, Steppe
Soziologie	solitär	paar-, truppweise	gesellig
Besonderheiten	auffällige Balz, befiederter Lauf (Abb. 92 u, S. 382)	Prachtgefieder	Hornhöcker am Schädel

Tabelle 84   Familienübersicht Ordnung Falcones

	Cathartidae Neuweltgeier	Accipitridae Habichte, Bussarde, Weihen, Adler, Altweltgeier	Pandionidae Fischadler	Sagittariidae Sekretäre	Falconidae Falken
Umfang	7 Sp, 5 G	217 Sp, 64 G	1 Sp	1 Sp	61 Sp, 10 G
Verbreitung	Amerika	weltweit	weltweit (Abb. 109)	Afrika	weltweit
Lebensraum	offene Gebiete	Wald, Offengebiete, Gebirge	Küsten	Steppen	Wald, offene Gebiete, Gebirge
Nahrung	Aas	Wirbeltiere, Insekten, Mollusken, Aas	Fische	Reptilien	Wirbeltiere
Oberschnabel	schwach	ohne Zahnkerbe, kräftig, lang	ohne Zahnkerbe lang, schmal	ohne Zahnkerbe	mit Zahnkerbe, rund, relativ kurz
Flügel	sehr breit, abgerundet	breit, abgerundet	lang, schmal, Bug vorspringend	kurz	schmal, spitz
Besonderheiten	farbige Hautlappen, Halskrausen, stumpfe Krallen, Geruchssinn	große Vielfalt des Nahrungserwerbs	Stoßtaucher, Außenzehe ist eine Wendezehe (Abb. 92 E₂, S. 382), riesige Bürzeldrüse	hochbei ger Laufvogel mit Federschopf hinter dem Ohr	abweichende Schwingenmauser, ovale Nasenlöcher

Verwandtschaftliche Beziehungen: Möglicherweise zu den Opisthocomidae (vgl. Galli)

Fossilnachweise: Frühester Beleg: Unteres Oligozän (Frankreich)

Tabelle 85   **Familienübersicht Ordnung Cuculi**

	Musophagidae Turakos	Cuculidae Kuckucke
Umfang	20 Sp, 6 G	130 Sp, 38 G
Verbreitung	Afrika	weltweit außer Kältezonen
Lebensraum	Wald	Wald, Steppen
Nahrung	Früchte	Insekten
Geschlechts-unterschied	♂ = ♀	♂ ≠ ♀
Fuß	Wendezehe	zygodactyl
Besonderheiten	exklusiv rotes (Turacin) und grünes (Turacoverdin) Pigment	Viele Arten zeigen mehr oder weniger hoch entwickelten Brutparasitismus; solitäre Lebensweise; viele Kuckucke sind Zugvögel und Nachtzieher

Ordnung **Tauben *Columbae*** (Tab. 86)

Familie Columbidae, Tauben, 306 Sp 59 G

Charakterisierung: Schädel *schizognath,* Os dorsale aus 3–5 Wirbeln, anisodactyler Sitzfuß mit tief angesetztem I; Schnabel mit *Wachshaut;* großer Kropf, aus zwei sackförmigen Ausstülpungen bestehend; Blinddärme sehr klein; Afterfeder fehlend, meist diastataxischer Flügel. Nesthocker

Lebensweise: Baum- oder Felsenbewohner mit Spezialisierung auf Frucht-, Nuß- oder Samenfutter; Saugtrinken. Eigenartige Schlafstellung, wobei der Kopf nur zurückgezogen wird. ♂ und ♀ beteiligen sich an der Brut und Aufzucht der Jungen. Im Kropf fütternder Altvögel wird aus modifizierten Oesophagusdrüsen ein *Atzsekret gebildet.*

Verwandtschaftliche Beziehungen: Wahrscheinlich zu den Laro-Limicolae, im besonderen zur Familie der Flughühner, Pteroclidae, die man bis vor kurzem den Columbae zugeordnet hatte.

Fossilnachweise: Frühester Beleg aus dem Oligozän (Frankreich). Subfossile Familie Raphidae, Dronten. Diese truthahngroßen, flugunfähigen

Taubenvögel lebten in drei Arten auf den Maskareneninseln Mauritius, Réunion und Rodriguez und wurden erst nach der Besitzergreifung der Inseln durch die Europäer im 16. und 17. Jahrhundert ausgerottet, teils direkt durch Überbejagung, teils indirekt durch eingeführte und verwilderte Schweine.

Gliederung: Die einzige rezente Familie der Tauben, Columbidae, ist nicht leicht zu gliedern, da sich die Gruppen der Ernährungsspezialisten infolge konvergenter Entwicklung nicht unbedingt mit den Verwandtschaftsgruppen decken. Eine viel gebrauchte Gruppierung zeigt Tab. 86.

Ordnung **Papageien *Psittaci*** (Tab. 87, 88)

Familie Psittacidae, Papageien 339 Sp 80 G

Verbreitung: Pantropisch, auf der Südhalbkugel auch in der gemäßigten Zone verbreitet

Charakterisierung: Baumvögel, selten Bodenvögel. Schädel *desmognath,* holorhin, der *Oberschnabel* ist *mit der Schädelkapsel beweglich verbunden,* 14 Halswirbel, Brustwirbel opisthocoel, nicht verwachsen, kurzer Laufknochen, zygodactyler Kletterfuß; M. ambiens meist fehlend; Schnabelramphotheke besonders bei Samen- und Nußfressern mächtig und kompakt, mit Feilkerben im hörnernen Gaumen, meist Wachshaut an der Basis des Oberschnabels. Große Variabilität der Zunge (Klöppelzunge bei Körnerfressern, Pinselzunge bei Saftleckern), großer Kropf, meist gut entwickelter Muskelmagen, Blinddärme fehlend. Die einzelnen Abschnitte des Verdauungstraktes können je nach Ernährungsspezialisation sehr unterschiedlich ausgeprägt sein. Höchste Cerebralisationsstufe. Afterfeder groß, Flügel diastataxisch, teils gut entwickelte Bürzeldrüse. Nesthocker

Lebensweise: Ernährungsspezialisationen: Nußfresser, Pollenfresser, Grassamenfresser, Fruchtfresser, Saftlecker. Papageien klettern geschickt, meist mit Hilfe des Schnabels. Viele können die Nahrung beim Fressen im Fuß halten. Mit wenigen Ausnahmen sind Papageien Höhlenbrüter, sie legen weiße Eier, ♂ und ♀ beteiligen sich an der Aufzucht der Jungen, die aus dem Kropf geatzt werden.

Verwandtschaftliche Beziehungen: Es gelang bis jetzt nicht, überzeugende Beziehungen dieser Ordnung zu anderen Gruppen zu belegen.

Fossilnachweise: Frühester Fund aus dem Oberen Oligozän (Frankreich)

Gliederung: Infolge divergierender Ernährungsspezialisation einerseits und Konvergenz in bezug auf bestimmte Ernährungsweise anderseits ist es schwierig, ein System der Papageien zu entwerfen. Häufig findet man eine Gliederung in 7 Unterfamilien, wobei die Psittacinae wiederum in 5 Tribus unterteilt werden können.

Tabelle 86 Übersicht Familie Columbidae

Unterfamilie	Treroninae Fruchttauben, Flaumfußtauben	Didunculinae Zahntauben	Gourinae Krontauben, Mähnentauben	Columbinae Turteltauben, Felsentauben, Zwergtauben Erdtauben
Verbreitung	Südostasien, Papua, Polynesien, Afrika	Samoa	Neuguinea, Nikobaren	weltweit
Biotop	Wald	Wald	Wald	Wald, Felsen
Nahrung	Früchte	Nüsse	Samen	Samen
Habitus, Farbe	sehr bunt	Bodenvogel, Zahnkerbe am Oberschnabel	große Bodenvögel mit Hauben und Kronen	schlicht gefärbt

Tabelle 87 Übersicht Ordnung Psittaci

Unterfamilie	Habitus	Verbreitung, Heimat	Nahrung
Nestorinae Nestorpapageien	krähengroß, düsteres Gefieder, langer, schmaler Schnabel	Neuseeland, z. T. ausgerottet	Insekten, Beeren, Kleintiere
Psittrichasinae Borstenköpfe	krähengroß, nackte Kopfseiten, langer, kräftiger Schnabel, im Genick Borstenfedern	Neuguinea	wahrscheinlich weiche Früchte
Cacatuinae Kakadus	dohlen- bis rabengroß, Schnabel hoch und kurz, meist aufrichtbare Kopfhaube	Australien, Papuainseln	Nüsse, Samen, Früchte, Insekten
Micropsittinae Spechtpapageichen	winzige Formen von Zaunkönniggröße, Schnabel höher als lang, lange, schmale Zehen, Schwanzfedern mit versteiftem, verlängertem Schaft	Neuguinea	wahrscheinlich Feigensamen, Insekten, Früchte
Trichoglossinae Loris	sperling- bis rabengroß, schmaler Schnabel, pinselförmige Zunge	Australien, Papuainseln	Früchte, Blütenhonig, Baumsäfte, Pollen, Samen
Strigopinae Eulenpapageien	groß, grünes Tarngefieder, Schnabel dick und kurz, kurze Flügel, reduzierter Brustbeinkamm; flugunfähige Bodenform mit nächtlicher Lebensweise	Neuseeland, nahezu ausgerottet	Beeren, Wurzeln
Psittacinae Echte Papageien	Oberschnabel umfaßt Unterschnabel, Oberschnabelspitze mit Feilkerben	s. Tab. 88	s. Tab. 88

Die Unterfamilie Psittacinae umfaßt folgende, taxonomisch nicht gesicherte und schwer gegeneinander abgrenzbare Gruppen (Tab. 88):

Tabelle 88 **Übersicht Unterfamilie Psittacinae**

	Habitus	Verbreitung	Nahrung
Plattschweifsittiche	drossel- bis elstergroß, Schwanz stufig verlängert. Meist fluggewandte Steppenbewohner	Australien, Neuseeland	Grassämereien, Früchte
Wachsschnabelpapageien	glatte, wachsartige Schnabeloberfläche, oft rot gefärbt, Schwanz lang oder kurz	Ostasien, Afrika, Australien	Gras- und Baumsamen, Früchte
Fledermauspapageichen	sperlingsgroß, schmaler, langer Schnabel, Schwanz kurz	Ostasien, Sundainseln, Neuguinea	Früchte, Nektar, Samen
Stumpfschwanzpapageien	Schwanz kurz, gedrungene Gestalt	Afrika, zentrales Südamerika	Nüsse, Samen, Früchte
Keilschwanzsittiche	Schwanz meist sehr lang, kleine bis sehr große Formen (Abb. 95E, S. 389)	Südamerika	Nüsse, Grassamen, Früchte

Ordnung **Eulen** *Striges*

Familie Strigidae, Eulen 125 Sp 25 G

Verbreitung: Weltweit

Charakterisierung: Größtenteils in der Dämmerung oder nachts jagende Vögel. Schädel *desmognath,* holorhin, 14 Halswirbel, Brustwirbel frei und heterocoel, *Greiffuß mit Wendezehe (IV)* und scharfen Dolchkrallen (Abb. 92E$_3$, S. 382), Lauf oft befiedert; M. ambiens fehlt; Karotiden paarig; Zunge fleischig, kein Kropf, lange, flaschenförmige Blinddärme; Afterfeder klein oder fehlend, Flügel diastataxisch, *weiches Gefieder,* schalldämpfende Außenkante der ersten Schwinge; Augen groß und nach vorn gerichtet, Gehör sehr gut entwickelt, Nesthocker

Lebensweise: Ausschließlich fleischfressend; die mit Gesichts- und Gehörsinn geortete Beute wird mit den Krallen erdolcht und stets im Schnabel weggetragen (Abb. 105B, S. 424); Haare, Federn und Knochen werden in Form kompakter Gewölle ausgewürgt.

Eier weiß und kugelig. Es brütet meistens das ♀, die Jungen werden von ♂ und ♀ gefüttert.

Verwandtschaftliche Beziehungen: Zu den Caprimulgi, keinesfalls zu den Falcones, zu welchen sie nur Konvergenzen aufweisen.

Fossilnachweise: Oberes Eozän (Frankreich), 1 ausgestorbene Familie aus dem Tertiär bekannt

Gliederung: Die Eulen sind eine sehr homogene Gruppe; lediglich die Schleiereulen (Tytoninae) werden auf Grund einiger osteologischer Besonderheiten als spezielle Unterfamilie neben die restlichen Eulen (Striginae) gestellt.

Ordnung **Ziegenmelker** *Caprimulgi* (Tab. 89)

Charakterisierung: Dämmerungs- und Nachtvögel. *Aegithognather Schädel,* holorhin, Nares imperviae, 13–15 Halswirbel; M. ambiens fehlend; kein Kropf, kurzer Darm, lange flaschenförmige Blinddärme; Afterfeder vorhanden, weiches Gefieder, diastataxischer Flügel; Karotiden paarig. Fuß klein und schwach, *anisodactyl,* teilweise Halbwendezehe

Lebensweise: Als Dämmerungs- und Nachttiere vorwiegend animalische Nahrung, die vielfach im Flug erhascht wird. Am Boden bewegen sich die Vögel schwerfällig. Nesthocker, die aber kurz nach dem Schlüpfen bereits stehen können. Es brüten ♂ und ♀.

Verwandtschaftliche Beziehungen bestehen zu den Macrochires.

Fossilnachweise: Frühestens ab Pliozän (Europa)

Tabelle 89   **Familienübersicht Ordnung Caprimulgi**

	Aegothelidae Zwergschwalme	Podargidae Schwalme	Caprimulgidae Echte Nacht-schwalben	Nyctibiidae Tagschläfer	Steatornithidae Fettschwalme
Umfang	7 Sp, 1 G	12 Sp, 2 G	70 Sp, 19 G	5 Sp, 1 G	1 Sp
Verbreitung	Australien, Neuguinea	Australien, Papua-inseln, Ceylon, Indien	weltweit	Mittel-, Süd-amerika	Südamerika
Nahrung	Insekten	Insekten	Insekten	Insekten	Früchte
Nest	in Baumhöhlen	Reisignest auf Bäumen	am Boden	in Astmulde	in Felshöhlen bis 800 m tief
Sitzen zur Astrichtung	quer	quer	längs	quer	quer
Tagsüber	in Baumhöhlen	aktiv	am Boden	auf Bäumen	in Felshöhlen
Gelege	5 weiße Eier	1–2 weiße Eier	braungefleckte Eier	1 weißes Ei	2 weiße Eier

Ordnung **Mausvögel** *Colii*

Familie Coliidae 6 Sp 1 G

Verbreitung: Afrika; trockene Buschsteppe

Charakterisierung: Kleine Gruppe extrem angepaßter Buschschlüpfer. Schädel *desmognath,* holorhin, Nares imperviae, 13 Halswirbel, Fuß *anisodactyl,* wobei *I und IV Wendezehen;* lange spitze Zehennägel; kein M. ambiens; nur linke Karotis erhalten; kurzer, weiter Fruchtfresserdarm ohne Blinddärme; extrem weiches, dauniges Konturgefieder, Afterfeder groß, eutaxischer Flügel. Junge sind Nesthocker mit auffällig kontrastiertem Sperrachen. Kein Geschlechtsdimorphismus

Lebensweise: Halten sich in dichten, oft dornigen Gebüschen auf, in welchen sie geschickt herumschlüpfen. Nahrung: Beeren, junge Triebe, Blätter und Samen. Die Vögel treten stets truppweise auf. Napfnest. ♂ und ♀ beteiligen sich am Brüten und an der Aufzucht der Jungen.

Verwandtschaftliche Beziehungen: Schwer nachzuweisen, die Colii vereinigen mosaikartig verschiedenste Merkmale der übrigen Baumvogelgruppen auf sich.

Fossilnachweise: unbekannt

Ordnung **Segler und Kolibris** *Macrochires* (Tab. 90)

Charakterisierung: Die Ordnung umfaßt zwei Familien extremer *Flugspezialisten.* Allen gemeinsam ist der sehr *kurze* und dicke *Humerus* mit einem riesigen Condylus radialis und tiefer Fossa (Abb. 91B, S. 381). Extrem lange Hand mit 10 Handschwingen, wovon die äußerste die längste ist, dagegen sind die Armschwingen sehr kurz. Kein M. ambiens; nur linke Karotis funktionstüchtig; Blinddärme klein oder fehlend; Afterfeder vorhanden. Weiße, walzenförmige Eier, extreme Nesthocker. Unbeholfenes Gehen

Lebensweise: Entweder auf Insektenjagd oder auf Blütenbesuch spezialisiert

Verwandtschaftliche Beziehungen: Möglicherweise zu den Caprimulgi

Fossilnachweis: Ein Segler aus dem Oberen Eozän (Frankreich)

Ordnung **Trogone** *Trogones*

Familie Trogonidae 34 Sp 8 G

Verbreitung: Tropen Afrikas, Asiens und Südamerikas; in Wäldern

Tabelle 90 **Familienübersicht Ordnung Macrochires**

	Apodidae Segler	Trochilidae Kolibris
Umfang	79 Sp, 9 G	331 Sp, 123 G
Verbreitung	weltweit in tropischen und gemäßigten Zonen. Teilweise extreme Zugvögel	Südamerika, tropisches und gemäßigtes Nordamerika
Lebensraum	eher offene Gebiete, teilweise Felsennester	Wald oder andere Gebiete mit Baumbeständen
Schädel	aegithognath	schizognath
Halswirbel	13–14	14–15
Flügel	vorwiegend eutaxisch	vorwiegend diastataxisch
Fuß	klein, meist pamprodactyl (I–IV nach vorn) (Abb. 92 D₂, S. 382)	klein, anisodactyl
Schnabel	weich, breit, kann zu einem riesigen Trichter aufgerissen werden (Abb. 95 A, S. 389)	je nach Blütentyp verschieden gestaltete Saugröhren (Abb. 95 H, I, S. 389)
Brut- und Jungenfürsorge	♂ und ♀	meist nur ♀
Ernährung	Insekten, die im Fluge mit aufgerissenem Schlund erhascht werden	Blütennektar und kleine Insekten, die sich in den Blüten befinden
Besonderheiten	Reißend schneller Segelflug. Einige Formen verbringen die Nächte fliegend in höheren Luftschichten	Schillereffekte im Gefieder, Befähigung zum Fliegen an Ort und zu Rückwärts- und Senkrechtflug; Möglichkeit, nachts die Körpertemperatur absinken zu lassen

Charakterisierung: Baumvögel mit einzigartig gebautem Fuß. Schädel *schizognath,* holorhin, Nares imperviae, 15 Halswirbel; Fuß *heterodactyl* (I und II nach hinten gerichtet); nur linke Karotis; kurze Zunge, lange Blinddärme; Afterfeder groß, Flügel eutaxisch. Ausgeprägter Geschlechtsdimorphismus. Nesthocker. ♂♂ oft mit Schillergefieder

Lebensweise: Die asiatischen und afrikanischen Formen ernähren sich von Insekten, die sie in kurzem Jagdflug erhaschen oder von einer Unterlage ablesen; die südamerikanischen Formen sind Fruchtfresser. Höhlenbrüter, die ihr Nest in hohlen Bäumen oder Termitenbauten anlegen. ♂ und ♀ brüten und beteiligen sich an der Aufzucht.

Bekanntester Vertreter: Der Quezal, *Pharomachrus mocinno,* Wappen-vogel von Quatemala, bei dem das ♂ ein intensiv grün schillerndes Prachtgefieder und einen bis zu 80 cm langen Schwanz trägt.

Verwandtschaftliche Beziehungen: Am ehesten zu den Coraciae

Fossilnachweise: Oberes Eozän (Frankreich)

Ordnung **Rackenvögel** *Coraciae* (Tab. 91)

Charakterisierung: Bunt gefärbte Baumvögel. Schädel *desmognath;* 13–15 Halswirbel, Fuß *anisodactyl,* meist zu einem *syndactylen Sitzfuß* (II–IV basal verwachsen) mit breiter Sohle ausgebildet; die Beugesehnen aller vier Zehen sind gekoppelt (Ausnahme Upupidae); M. ambiens feh-lend; wenig Geschlechtsdimorphismus. Nesthocker

Lebensweise: Meist Anstandsjäger, die von einer Warte aus Insekten in kurzem Jagdflug erhaschen oder von einer Warte aus Tiere am Boden oder im Wasser angreifen; meist Höhlenbrüter, wobei gewöhnlich ♂ und ♀ sich an der Brutpflege beteiligen.

Verwandtschaftliche Beziehungen: Sowohl zu den Passeres als auch zu den Caprimulgi

Fossilnachweise: Oberes Eozän (Frankreich)

Ordnung **Spechte** *Pici* (Tab. 92)

Charakterisierung: Waldbewohnende Baumvögel mit teils desmognat-hem, teils aegithognathem Schädel; 14 Halswirbel, *zygodactyler Kletter-fuß* (Abb. 92 D1, S. 382), 2. und 3. Zehe an der Basis oft miteinander ver-wachsen, I, II und IV durch Sehnen gekoppelt, III weitgehend unabhän-gig; M. ambiens fehlend; Afterfeder meist klein, eutaxischer Flügel; ex-treme, beim Schlüpfen nackte Nesthocker

Lebensweise: Die meisten Pici sind Höhlenbrüter und legen weiße Eier.

Verwandtschaftliche Beziehungen: Zu primitiven Passeres

Fossilnachweise: Oberes Eozän (Frankreich)

Ordnung **Sperlingsvögel** *Passeres* (Tab. 93)

Charakterisierung: Größte Vogelordnung mit über 5000 Arten, mehr als die Hälfte aller Vögel umfassend; meist kleine bis mittelgroße Baumvö-gel; Schädel *aegithognath* (Abb. 111A4, S. 433), 14 Halswirbel, 5 Sternal-rippen, anisodactyler Fuß, meist *alle Vorderzehen frei beweglich;* M. ambiens fehlt; nur linke tiefe Karotis; Blinddärme stets klein; 9–11 Handschwingen, Afterfeder vorhanden, aber klein, Flügel eutaxisch; Junge sind extreme *Nesthocker mit Sperrverhalten* (Abb. 103 D, S. 415).

Tabelle 91 Familienübersicht Ordnung Coraciae

Familie	Coraciidae Racken, Erd-racken, Kurol	Alcedinidae Eisvögel, Lieste	Meropidae Bienenfresser	Momotidae Sägeracken	Todidae Todis	Upupidae Wiedehopfe, Baumhopfe	Bucerotidae Nashornvögel, Hornraben
Umfang	17 Sp, 6 G	88 Sp, 14 G	24 Sp, 7 G	8 Sp, 6 G	5 Sp, 1 G	7 Sp, 3 G	46 Sp, 12 G
Verbreitung	Tropen und Subtropen der Alten Welt	weltweit	Tropen und Subtropen der Alten Welt	Mittel- bis Südamerika	Antillen	Palaearktis, Afrika	Südostasien, Asien
Lebensraum	Wald, Steppe	Wald, Gewässer	offenes Gelände	Wald	Gebüsch	Felder, Wald	Wald, Steppe
Nahrung	Insekten, Kleintiere	Insekten, Reptilien, Fische	Insekten	Insekten	Insekten	Insekten, Schnecken, Würmer	Früchte, Kleintiere
Nest	Baum- und Erdhöhlen	horizontale Erdgänge, Baumhöhlen	Erdgänge	Erdgänge	Gänge in Uferböschungen	Höhlen jeder Art	Baumhöhlen, das brütende $\female$ wird eingemauert (Abb. 104H, S. 418)
Besonderheiten		Eisvogel als Stoßtaucher	fressen stachelbewehrte Insekten	Spatelschwanz, entstanden durch Abfressen subterminaler Federäste		Nestlinge wehren Feinde durch Kotbeschuß ab	Riesenschnabel mit bizarren Hornwülsten

Tabelle 92 Familienübersicht Ordnung Pici

	Bucconidae Faulvögel	Galbulidae Glanzvögel	Capitonidae Bartvögel	Picidae Spechte	Rhamphastidae Tukane	Indicatoridae Honiganzeiger
Umfang	32 Sp, 7 G	16 Sp, 5 G	78 Sp, 13 G	213 Sp, 38 G	40 Sp, 5 G	12 Sp, 4 G
Verbreitung	neotropisch	neotropisch	pantropisch, ausgenommen Australien	weltweit, ausgenommen Australien	neotropisch	Afrika, Südasien
Schädel	desmognath	desmognath	aegithognath / desmognath	keine Abknickung von Maxille zu Schädelbasis	desmognath	aegithognath
Karotiden	paarig	paarig	nur links	nur links	nur links	nur links
Bürzeldrüse	nackt	nackt	befiedert	befiedert	befiedert	befiedert
Blinddärme	lang	lang	klein	klein	klein	klein
Afterfeder	klein	klein	groß	groß	groß	groß
Schnabel	relativ kurz, schmal, kräftig	kräftig, kurz, spitz	kegelförmig, Oberschnabel oft gezähnelt	massiver, spitzer Meißel (Abb. 95B, S. 389)	Riesenschnabel, durch Pneumatisation leicht (Abb. 95G, S. 389) Rand gekerbt	kräftig, kurz

Nahrung	Insekten	Insekten	Früchte	Insekten, Spinnen	Früchte, Kleintiere	Honig, Bienen, Wachs
Nahrungsaufnahme	Jagdflug von Warte aus	Jagdflug von Warte aus	von Ast zu Ast hüpfend	an Stämmen kletternd, unter Borke hervorsuchend	Nahrungsbrocken werden in die Luft geworfen und aufgefangen	plündern Bienennester
Nest	Erdgang	Gänge in Uferböschungen	Höhlen in morschen Bäumen	selbst gezimmerte Baumhöhlen	Baumhöhlen	Brutparasiten
Besonderheiten	große Standorttreue	z. T. metallisch glänzendes Gefieder	Federborsten am Schnabelgrund	komplizierter Zungenapparat mit Klebezunge	riesiger Schnabel mit Signalzeichnung	locken durch auffälliges Verhalten andere Tiere zu den Bienennestern

Verwandtschaftliche Beziehungen: Nicht sehr enge zu Pici, Coraciae und Macrochires

Fossilbelege: Meisen- und Würgerähnliche Vögel aus dem Oberen Eozän (Frankreich)

Großgliederung: Die höheren Kategorien dieser Ordnung werden aufgrund der Verbindungsweise der Zehensehnen und des Baues des Stimmapparates (Syrinx) unterschieden:

1. Hauptgruppe: Unterordnung Eurylaimi; *Zehenbeugersehnen gekoppelt*

2. Hauptgruppe: alle übrigen Passeres; *Zehenbeugersehnen unabhängig*

Die 2. Hauptgruppe gliedert sich in 3 Unterordnungen:
Unterordnung Tyranni = Mesomyodae: Die Spannmuskelpaare des Stimmapparates setzen in der Mitte oder an einem Ende des Bronchienhalbrings an; *1–2 Spannmuskelpaare*

Die Unterordnung Tyranni zerfällt in 2 Gruppen:
Clamatores tracheophonae: *Syrinx* nur im Bereich der *Trachea* (Abb. 111C$_2$, S. 433)
Clamatores haploophonae: *Syrinx* im Bereich von *Trachea* und *Bronchen*

Unterordnung Menurae und Unterordnung Oscines = Diacromyodae: Spannmuskeln sind *symmetrisch an beiden Enden der Bronchenbögen befestigt; 2–3* Spannmuskelpaare bei Menurae, mehr als 3, *meist 7–9 Paare* bei Oscines (Abb. 111C$_1$, S. 433)

Tabelle 53 **Gliederung Ordnung Passeres**

	Spezies	Genera	Verbreitung*	Lebensraum	Nahrung	Nest	Spannmuskel-paare im Syrinx	Laufbeschilderung (Abb. 111B)	Habitus	Besonderheiten
Unterordnung Eurylaimi										
Eurylaimidae Breitmäuler	14	8	ae, o	Wälder	Insekten, Früchte	hängend	einfach	py	gedrungen, bunt, großer Kopf	breiter Rachen
Unterordnung Tyranni										
Überfamilie Furnarioidea: *Syrinx nur tracheal* (Abb. 111C₂, S. 433)										
Rhinocryptidae Bürzelstelzer	27	12	nt	Waldboden	Arthropoden	Erdhöhlen	1	ta	langbeinig, hochgestellter Schwanz	fliegen selten
Formicariidae Ameisenfresser	232	54	nt	Wald, Busch	Insekten	Napf	1	ta ex	Schlüpfer	oft auffälliger Bürzel
Furnariidae Töpfervögel	270	71	nt	verschieden	Insekten	Erdhöhlen, Lehmtöpfe (Abb. 104, S. 418)	2	en	verschieden	Topfnester einiger Formen
Überfamilie Tyrannoidea: *Syrinx tracheobronchial*										
Pittidae Pittas	23	1	ae, o	Unterwuchs	Arthropoden	Kugel	2	cn	kurzschwänziger Bodenschlüpfer	buntes Gefieder
Philepittidae Lappenpittas	4	2	Madagaskar	Wald	Früchte, Insekten	hängend	2	cn	Schlüpfer, langbeinig	Hautlappen am Kopf
Xenicidae Neuseeland-zaunkönige	4	3	Neuseeland	Wald, Busch	Arthropoden	Kugel	2	cn	extrem kurzschwänzig	
Tyrannidae Tyrannen	375	120	nt	verschieden	Insekten	Napf oder Kugel	2	ex	verschieden	z. T. bunt
Pipridae Schnurrvögel	57	21	nt	Wald	Beeren, Insekten	Napf	2	ex	meisenähnlich	♂ mit Prachtgefieder und Schaubalz

* ae aethiopisch, au australisch, ne nearktisch, nt neotropisch, o orientalisch, pa palaearktisch

Fortsetzung von Tabelle 93

	Spezies	Genera	Verbreitung*	Lebensraum	Nahrung	Nest	Spannmuskel-paare im Syrinx	Lautschilderung (Abb. 111B)	Habitus	Besonderheiten
Unterordnung Menurae										
Menuridae Leierschwänze	2	1	au	dichter Busch	Mollusken Würmer Arthropoden	überdacht, aus Reisig	3	ta	pfauenähnlich	Schaubalz
Atrichornithidae Dickichtvögel	2	1	au	Dickicht	Mollusken, Würmer, Arthropoden	überdachte Laube	2	ta		nahezu flugunfähig
Unterordnung Oscines Singvögel										
Alaudidae Lerchen	66	15	pa, o, ae, ne	offene Gebiete	Insekten, Samen	am Boden			schlicht gefärbt, spezielle „holaspide" Laufbeschilderung, Lerchensporn (verlängerte Kralle an I)	
Hirundinidae Schwalben	70	20	weltweit	offene Gebiete	Insekten, im Flug	in Höhlen, aus Erde gemauert (Abb. 104 G, S. 418)			Spindelgestalt, lange, schmale Flügel	
Pycnonotidae Haarvögel	120	15	ae, o	Busch	Früchte, Insekten	Napf im Gebüsch			drosselgroß, oft Haubenfedern	
Irenidae Blauvögel	14	3	o	Wald	Früchte	Napf auf Bäumen			intensiv blau, drosselgroß	
Campephagidae Stachelbürzler	71	9	ae, o, au	Wald	Insekten, Beeren	Napf auf Bäumen			kleir, bunt	
Muscicapidae Fliegenschnäpper	328	80	pa, ae, o	Bäume	Insekten, in kurzem Jagdflug von Warte aus	Halbhöhlen			oft flacher Schnabel	

Familie		Verbreitung	Lebensraum	Nahrung	Nest	Größe	Merkmale
Drosseln, Stein-schmätzer		weltweit	Wald, Busch	Insekten, Mollusken, Früchte	Napf in Astgabeln	mittelgroß	
Sylviidae Laubsänger, Rohr-sänger, Goldhähnchen	423 43	weltweit	Wald, Busch, Röhricht	Insekten, abgelesen	Napfnest (Abb. 104 D, S. 418)	klein bis drosselgroß	Pfahlbaunest der Rohrsänger
Timaliidae Timalien	281 54	weltweit, außer nt	verschieden	Insekten, Früchte	Napf auf Bäumen	klein bis krähengroß	sehr verschieden-gestaltig
Mimidae Spottdrosseln	31 13	ne, nt	Wald, Gebüsch	Insekten, Früchte, Samen	Napf auf Boden oder Bäumen	drosselgroß	Spottbegabung
Maluridae Staffelschwänze	91 25	au	Busch, Steppe	Insekten	Beutelnest	sehr klein, oft bunt	stark gestufter Schwanz
Troglodytidae Zaunkönige	59 14	ne, nt, pa	Waldboden, Gebüsch	Arthropoden	kugelig, in Bodennähe	kleine Schlüpfer mit kurzem Schwanz	
Cinclidae Wasseramseln	5 1	nt, ne, pa	in Nähe fließender Wasser	Wassertiere	am Wasser, über-dachtes Moos-nest	drosselgroß, kurz-schwänzig	taucht bei Nahrungs-suche und kann auf dem Grund der Ge-wässer gehen
Prunellidae Braunellen	12 1	pa	Gebüsch	Insekten, Bee-ren, Samen	Napf über Boden	schlicht, sperlingsgroß	fressen Samen ohne zu enthülsen
Motacillidae Bachstelzen Pieper	54 5	weltweit	offene Gebiete	Arthropoden, Mollusken	offen am Boden oder in Halbhöhlen	Pieper mit verlänger-ten Hinterkrallen, Stelzen mit Wipp-schwanz	
Laniidae Würger	74 12	pa, o, ae, ne	Busch	verschiedene Tiere, von Warte aus erspäht	Napf im Gebüsch	Hakenschnabel	räuberische Lebens-weise
Prionopidae Brillenwürger	13 4	ae	Busch	Kleintiere	Napf	drosselgroß	nackte Hautstellen am Kopf
Vangidae Blauwürger	13 9	Mada-gaskar	Wald, Busch	Kleintiere	Napf	sehr verschieden	ausgeprägte adaptive Radiation
Artamidae Schwalbenwürger	10 1	o, au	offenes Gelände	Insekten	Halbhöhlen	drosselgroß	
Bombycillidae Seidenschwänze, Palmschmätzer	9 6	ne, pa	Wald	Früchte, Beeren, Insekten	Napf auf Bäumen	gedrungen	weiches Gefieder, oft Haubenfedern

Fortsetzung von Tabelle 93

	Spezies	Genera	Verbreitung*	Lebensraum	Nahrung	Nest	Spannmuskelpaare im Syrinx	Laubbeschilderung (Abb. 111B)	Habitus	Besonderheiten
Certhiidae Baumläufer, Baumrutscher, Mauerläufer	16	4	pa, o, ae, ne, au	Wald, Bäume	Insekten, Spinnen unter Borke	oft in Höhlen			klein, feine gebogene Schnabelpinzette	klettern an Stämmen und Felsen
Sittidae Kleiber	6	1	weltweit außer nt, ae	Wald	Insekten, Nüsse	Höhlen, deren Eingang teilweise zugemauert wird			blaugraues Rückengefieder	können kopfabwärts klettern
Paridae Meisen, Schwanzmeisen, Beutelmeisen	65	11	weltweit außer nt, au	Wald, Busch	Insekten, Beeren	Höhlen, Beutelnester, überdachtes Nest			klein	lesen Insekten von Blättern und Baumstämmen ab
Dicaeidae Mistelfresser	58	7	o, au	Bäume	Insekten, Nektar, Früchte	Napf oder Beutel			sehr klein, bunt	teilweise stark rudimentierter Magen
Nectariniidae Nektarvögel	116	5	Tropen außer nt	Wald, Busch	Nektar, Insekten, Früchte	Napf bis Kugel			klein bis mittel, oft Schillergefieder, feiner Schnabel, Zunge als Saugröhre	Konvergenz zu den Kolibris
Meliphagidae Honigfresser	172	39	au, o, ae	Wald, Busch	Nektar, Insekten, Früchte	Napf, Kugel			klein bis krähengroß	Röhrenpinselzunge
Zosteropidae Brillenvögel	82	11	Tropen, außer nt	Wald, Busch	Insekten, Früchte	Napf			laubsängerähnlich, weißer Augenring	besiedelten fast alle Inseln im Pazifik und Indischen Ozean
Vireonidae Laubwürger	43	4	ne, nt	Wald, Busch	Insekten, Beeren	Napf auf Ästen			drosselgroß	Oberschnabel gekerbt
Drepanididae Kleidervögel	21	12	Hawaii	verschieden	verschieden	Napf			klein bis mittelgroß	ausgeprägte adaptive Radiation

				Wald	Früchte, Nektar, Insekten	Napf bis Kugel	klein bis drosselgroß	meistens sehr bunt
...llidae Tangaren, Zucker-vögel, Organisten	224	73	nt, ne	Wald				
Emberizidae Neuweltfinken								
Emberizinae Ammern	261	72	weltweit, außer au	Bäume, Busch	Samen, Insekten	Napf	schlicht gefärbt	entfernen Samenschale (Abb. 105 A', S. 424) durch Aufquetschen
Pyrrhuloxiinae Kardinäle	45	17	ne, nt	Wald, Bäume	Samen, Insekten	Napf	bunt, ♂ + ♀	entfernen Samenschale durch Aufquetschen
Geospizinae Darwinfinken	14	5	Galapagos	verschieden	verschieden	Napf	sehr verschieden	ausgeprägte adaptive Radiation
Parulidae Waldsänger	113	24	ne, nt	Wald	Insekten	Nest oder Kugel	laubsängerähnlich	
Icteridae Stärlinge	92	25	ne, nt	verschieden	verschieden	Napf, Kugel, Beutel	sperlings- bis krähengroß	bei einigen Gattungen Brutparasitismus
Fringillidae Altweltfinken								
Fringillinae Buchfinken	3	1	pa	Wald	Samen, Insekten	Napf	Geschlechtsdimorphismus	schneiden Samen auf (Abb. 105A, S. 424)
Carduelinae Zeisige	116	27	weltweit, außer au	verschieden	Samen	Napf	wenig Geschlechtsdimorphismus	schneiden Samen auf, Krautsamenspezialisten, Kropfatzung der Jungen (Abb. 95 D, E)
Sturnidae Stare	111	26	pa, o, ae	Bäume, Busch	omnivor	Höhlen	oft Schillergefieder	
Ploceidae Webervögel								
Sporopipinae Bartstrichweber	2	1	ae	Savanne, Steppe	Samen, Insekten	Kugeln	♂ = ♀	quetschen Samen auf (Abb. 105 A', S. 424)
Bubalornithinae Büffelweber	2	2	ae	Savanne	Insekten, Samen	kugelförmiges Gemeinschafts-nest mit Nist-kammern	drosselgroß	Brutkolonien

Fortsetzung von Tabelle 93

	Spezies	Genera	Verbreitung*	Lebensraum	Nahrung	Nest	Spannmuskel-paare im Syrinx	Laufbeschilderung (Abb. 111B)	Habitus	Besonderheiten
Passerinae Sperlinge	38	9	ae, pa, o	offene Gebiete	Samen, Insekten	kugelförmig, z. T. riesige Gemeinschaftsnester mit Nistkammern (Abb. 104 F, S. 418)			unscheinbar	quetschen Samen auf
Ploceinae Weber	60	6	ae, o	Savanne, Wald	Samen, Insekten	kunstvolle, hängende Nestbeutel (Abb. 104 E), Kolonien			oft schwacher Geschlechtsdimorphismus	quetschen Samen auf
Euplectinae Feuerweber	25	6	ae	Savanne	Samen	Nestkugeln			♂ mit zeitweiligem Prachtgefieder	quetschen Samen auf, Schaubalz
Viduinae Witwen	9	5	ae	Savanne	Samen	—			♂ mit zeitweiligem Prachtgefieder	Brutparasiten der Estrildidae
Estrildidae Prachtfinken	114	35	Tropen außer nt	Grasland, Wald	Samen, Früchte	Kugeln			klein, Junge mit Rachenzeichnungen und teilweise mit Leuchtpapillen	quetschen oder schneiden Samen auf, Kropfatzung der Jungen
Oriolidae Pirole	28	2	ae, o, pa	Wald	Insekten, Früchte	Napf			drosselgroß, gelb oder rot	
Dicruridae Drongos	20	2	Tropen außer nt	offenes Gelände	Insekten	Napf auf Bäumen			schwarz glänzend, würgerähnlich	oft extrem verlängerte Steuerfedern
Corvidae Krähen, Elstern, Häher	104	26	weltweit	verschieden	omnivor, carnivor, Nüsse, Samen	Reisignest			größte Singvögel, kräftiger Schnabel	z. T. ausgesprochen sozial
Cracticidae Flötenwürger	10	3	au	Bäume, offenes Ge-	große Insekten, kleine Wirbel-	Napf			elsterähnlich	

Familie			Verbreitung	Lebensraum	Nahrung	Nest	Größe / Besonderheiten	Nestbau
Grallinidae Drosselstelzen	4	3	au	offenes Gelände mit Bäumen	Insekten, Schnecken	Napf aus Erde	drossel- bis krähengroß	
Callaeidae Lappenkrähen	3	3	Neuseeland	Wald	Insekten	in Baumhöhlen	Hautlappen am Schnabelgrund; drossel- bis krähengroß	bei einer Form ♂ und ♀ (Abb. 95C) mit verschiedenem Schnabel
Ptilinorhynchidae Laubenvögel	17	8	au	Wald	omnivor	Napf auf Baum	drossel- bis krähengroß	♂ erbaut Balzlaube oder -turm (Abb. 105D, S. 424)
Paradisaeidae Paradiesvögel	40	20	Papua	Wald	Früchte, Beeren, Insekten	Napf auf Baum	extremer Geschlechtsdimorphismus	ungewöhnliches, dauerndes Prachtkleid der ♂♂, Schaubalz

Klasse Säugetiere *Mammalia*

Diagnose

Exklusive Säugetiermerkmale sind der **synapside Schädel**, das **sekundäre Kiefergelenk**, bei welchem das Dentale direkt mit dem Squamosum gelenkt; das Vorhandensein **dreier Gehörknöchelchen**, wobei sich zur Columella (Stapes) der primitiven Wirbeltiere der Hammer (umgewandeltes Articulare) und der Amboß (umgewandeltes Quadratum) gesellen, ein vom Tympanicum (umgewandeltes Angulare) umschlossenes Innenohr; ein sekundärer knöcherner Gaumen, gebildet aus Maxilla und Prämaxilla und gelegentlich Palatina, der die Mundhöhle von der Nasenhöhle trennt; der vollständig **reduzierte rechte Aortenbogen;** die Trennung von Brust und Bauchhöhle durch ein muskulöses Zwerchfell, sowie das Vorhandensein von **Milchdrüsen.**

Ebenfalls typisch, wenn auch nicht exklusiv, sind die durch ein *Septum vollständig* voneinander getrennten Herzkammern, das zumindesten embryonal auftretende *Haarkleid,* die Bezahnung mit höchstens 2 Zahngenerationen, äußere Gehöröffnungen mit einem langen äußeren Gehörgang, eine spezielle *Großhirnentwicklung* mit intensiver Oberflächenvergrößerung, die Verbindung der beiden Großhirnhemisphären durch die vordere Brücke (Commissura anterior) und durch das Corpus callosum bei den Placentalia oder die Commissura hippocampi bei den Marsupialia; hoch differenzierte Gesichtsmuskulatur; kernlose rote Blutkörperchen; das Vorhandensein von Allantois und Amnion, Viviparie (Ausnahme Monotremata) und intensive Brutpflege.

Unter den Säugetieren befinden sich die größten rezenten Tierformen (Blauwal 30 m lang, 150 Tonnen schwer). Das kleinste Säugetier, die Spitzmaus *Sorex cooperi,* wiegt hingegen nur 2,5 g.

Herkunft

Die Phylogenie der Säugetiere läßt sich dank einer Fülle von Fossilbelegen aus dem Erdmittelalter und der Erdneuzeit weit zurückverfolgen. Sie sind von den Reptilien abzuleiten, wobei die Ahnformen der Säuger am *synapsiden Schädel* zu erkennen sind. Die Konfiguration des Unterkiefers gilt als Unterscheidungsmerkmal zwischen Reptil und Säugetier.

Früheste synapside Reptilien, die Theromorpha, lassen sich schon im Karbon nachweisen. Bereits im Perm sind zwei deutliche Gruppen, die Pelycosauria und die Therapsida zu unterscheiden. Die letzteren werden als Ahngruppe der Säugetiere betrachtet (Tab. 94).

Innerhalb der Therapsida kommt es während des Perms wiederum zu einer Auffächerung in verschiedene Großgruppen säugetierähnlicher Reptilien, z. B. zu den

Tabelle 94   **Vergleich Reptil, säugetierähnliches Reptil, Säugetier**

Merkmal	Reptil	therapsides Reptil	Säugetier
Condylen	einfach	doppelt	doppelt
Gaumen	primär	sekundär	sekundär
Unterkiefer	aus mehreren Knochen	aus mehreren Knochen, Dentale vergrößert	nur aus Dentale
Kiefergelenk	primär	primär	sekundär
Quadratum	groß	reduziert	= Incus (Amboß)
Articulare	groß	reduziert	= Malleus (Hammer)
Gehirn	einfach	einfach	differenziert
Halsrippen	gelenkt mit Wirbelkörper	gelenkt mit Wirbelkörper	verschmolzen mit Wirbelkörper
Lendenwirbel	mit Rippen	mit Rippen	meist ohne Rippen
Beckenknochen	nicht verschmolzen	nicht verschmolzen	verschmolzen
Phalangenformel	2-3-4-5-3	2-3-3-3-3	2-3-3-3-3

Bauriamorpha, Ictidosauria, Tritylodontia und Cynodontia, die je unterschiedliche Säugetiermerkmale evoluierten (Mosaikmodus der Evolution). Sie liefern einen Hinweis dafür, daß die Säugetiere polyphyletisch entstanden sein könnten.

Eigentliche Säugetiere traten erstmals in der **Trias** auf (Abb. 112). In der Jurazeit findet eine *erste Radiationswelle* statt. Sie führt zu einer beträchtlichen Formenfülle in verschiedene Großgruppen, die sich am Bau der Molaren unterscheiden lassen. Hauptgruppen mittelmesozoischer Säugetiere sind

– Multituberculata: Jura bis frühes Tertiär; maus- bis bibergroße Pflanzenfresser, Vordergebiß erinnert an jenes moderner Nagetiere, Molaren vielhöckerig mit 2–3 Reihen hintereinander stehender Höcker; von ihnen leitet man die rezenten Kloakentiere (Monotremata) ab;

– Triconodonta: Jura und Kreide; carnivor, höchstens katzengroß, Molaren mit 3 hintereinanderstehenden Höckern;

– Docodonta; Obere Trias und Jura; ein Doppelkiefergelenk (Quadrato-Articular-Gelenk und Squamoso-Dental-Gelenk) und spezialisiertes Gebiß, Molaren mit einem Haupthöcker, einem kleineren Vorder- und Hinterhöcker sowie kleinen Nebenhöckern;

– Symmetrodonta: Jura und Kreide: dreihöckerige Molaren, bei welchen der Haupthöcker außen, zwei niedrige Nebenhöcker innen liegen;

– Pantotheria: Jura bis Tertiär; die formenreichste Gruppe, maus- bis rattengroß, wahrscheinlich insektenfressend, mehrhöckrige Molaren, bei welchen der größte Höcker innen liegt. Zahnstruktur und Zahnformel (4147 im Unterkiefer) ermöglicht eine Ableitung sowohl der Beuteltiere als auch der placentalen Säugetiere.

A

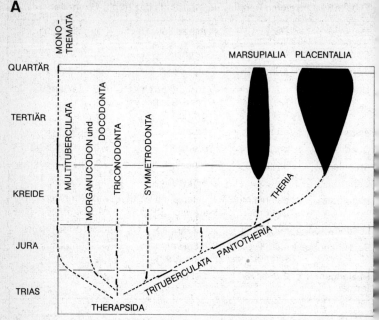

Abb. 112 Stammesgeschichte der Säugetiere. **A** Haupttrends der Säugetierevolution;

Die Pantotheria bildeten die Basis für eine *zweite Radiationswelle*, die während der Kreidezeit einsetzte und zur Bildung zweier Hauptstammlinien, derjenigen der Beuteltiere (Marsupialia) und der placentalen Säugetiere (Placentalia) führte. Innerhalb dieser beiden großen Hauptstammlinien setzte alsbald die *dritte Radiationswelle* ein. Bereits zu Beginn des Tertiärs lassen sich Ahnformen vieler heutiger Säugetierordnungen feststellen und unterscheiden (Abb. 112).

Ihre eigentliche Blütezeit, die ihren Höhepunkt am Ende des Pliozäns vor dem Einbruch des Eiszeitalters erreichte, erlebten die höheren Säugetiere während des Tertiärs.

Während der pliozänen Klimaverschlechterung, die in den Vereisungen des Pleistozäns endigte, starben sehr viele Säugetierformen aus. Eine starke Einbuße erlitt die Säugetierfauna Südamerikas zu Ende des Pliozäns, als Südamerika eine Landverbindung zu Nordamerika erhielt. Auf diesem Weg drangen moderne placentale Säugetiere in Südamerika ein und vernichteten die vorhandene vielfältige Fauna von Beuteltieren und primitiven placentalen Gruppen fast völlig.

Evolutive Differenzierung

Während des Tertiärs gelang es den Säugetieren, ähnlich wie den Vögeln, sich praktisch sämtliche Lebensräume der Erde zu erschließen. Ihren Erfolg mögen sie

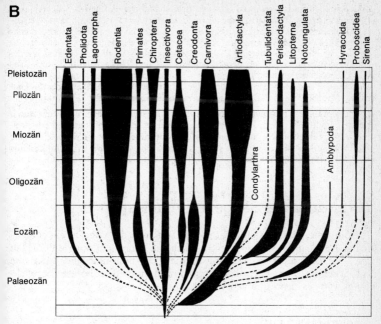

B Stammesgeschichte der Placentalia (nach *THENIUS, ROMER*)

in erster Linie der neu erworbenen Endothermie, ihrer Hirndifferenzierung sowie ihrer für das Junge besonders vorteilhaften Embryonalentwicklung im Mutterleib zu verdanken haben. Besonders faszinierend an der Säugetierevolution sind die zahlreichen Konvergenzen, die von verschiedenen Gruppen in Anpassung an bestimmte Lebensumstände unabhängig voneinander erreicht wurden.

So haben sich in vielen Ordnungen einzelne Formen an das Leben im Wasser angepaßt, z. B. von den Insectivora die Otter- und die Wasserspitzmäuse, von den Rodentia die Biber und Nutrias, von den Carnivora die Fischotter, dazu kommen die drei Ordnungen der Robben, Wale und Seekühe, deren Vertreter nicht näher miteinander verwandt sind.

Mindestens dreimal sind *Gleitflieger* entstanden, so die marsupialen Flugbeutler und die placentalen Flughörnchen und Pelzflatterer. Eine Ordnung, die Chiroptera, hat sich zu Flugspezialisten entwickelt.

Extreme Anpassungen erreichten zahlreiche Säugetierformen in bezug auf eine unterirdische Lebensweise (Maulwurf, Beutelmaulwurf, Spitzmäuse, Hamster usw.) oder auf kursorische Fortbewegungsweise (Känguruhs, Hasen, Gepard, Pferdeartige, Rinderartige, Giraffe, Kamele).

Starke *Konvergenzen* wurden ferner bei Tieren mit räuberischer Lebensweise entwickelt. So sei etwa an die Ähnlichkeit zwischen dem tasmanischen Beutelwolf und echten Caniden erinnert oder an hyänenähnliche Formen bei Beuteltieren (Borhyaenidae in Südamerika, die zu Ende des Pliozäns ausstarben), bei Insectivoren (Hyaenodontidae Nordamerikas, die im Jungtertiär ausstarben) und den echten Hyänen unter den Carnivora oder schließlich an den Habitustyp »Säbelzahntiger«, der mindestens viermal aus je unabhängigen Stammlinien erreicht wurde, so von den Beuteltieren mit dem südamerikanischen *Thylacosmilus* (Pliozän) sowie den placentalen Raubtieren mit den miteinander nicht sehr nah verwandten *Smilodon* (Pleistozän, Machairodontidae), *Dinictis* (Nimravinae, Miozän), *Eusmilus* (Miozän, Hoplophoneinae) und *Neofelis* (Felinae) (Abb. 122F, S. 509).

Die Evolutionsgeschichte der Säugetiere ist im Gegensatz zu jener der Vögel durch reiche Fossilfunde belegt. Besondere Glücksfälle stellen jene lückenlosen Fossilreihen vom Frühtertiär bis zur Gegenwart dar, wie sie etwa für die Kamele und die Pferde bekannt wurden und die uns ein verläßliches Bild des Evolutionsablaufs vom unspezialisierten Säugetier zur hochspezialisierten Endform vermitteln.

Grundzüge der Säugetierorganisation

Die Säugetiere lassen sich nicht so klar wie etwa die Vögel in ein einheitliches Konstruktions- und Funktionsschema einpassen, doch unterliegen auch sie bestimmten Gestaltungsnormen, die bestimmt sind durch die Endothermie, die Fortpflanzungsbiologie und den hohen Entwicklungsgrad des Zentralnervensystems.

Skelett (Abb. 113)

Der **Schädel** (Abb. 114) der Säugetiere gleicht in seinem Aufbau stark jenem primitiver Reptilien. Das Hinterhauptsbein (Os occipitale) ist ein einheitlicher Knochen, an dem die Ersatzknochen Basioccipitale, Supraoccipitale, Exoccipitale, sowie die Deckknochen Tabulare und Postparietale beteiligt sein können. Der *Condylus* ist *paarig*.

Das häufig einheitliche Schläfenbein (Os temporale) besteht aus dem Squamosum, Petrosum, Mastoideum und Tympanicum. Das Squamosum trägt die Gelenkfläche für das Kiefergelenk und den Processus zygomaticus. Das Felsenbein (Os petrosum), unten in der seitlichen Wand des Neurocraniums, beherbergt das Innenohr mit der Schnecke (Cochlea) und dem Vorhof (Vestibulum). Das *Paukenbein* (Tympanicum, z. T. homolog dem Angulare) bildet die bei einigen Säugetiergruppen mächtig angeschwollene Bulla tympanica, die die Paukenhöhle enthält. In der Dorsalbucht der *Paukenhöhle* liegen die *Gehörknöchelchen:* Steigbügel (Stapes, homolog dem Hyomandibulare), Amboß (Incus, homolog dem Quadratum) und Hammer (Malleus, homolog dem Articulare).

Mit Ausnahme bei den Prototheria mündet die Paukenhöhle über eine sehr lange Eustachische Röhre in den Schlundraum. Ferner steht die Paukenhöhle oft mit pneumatisierten Nebenhöhlen im Squamosum und Perioticum in Verbindung.

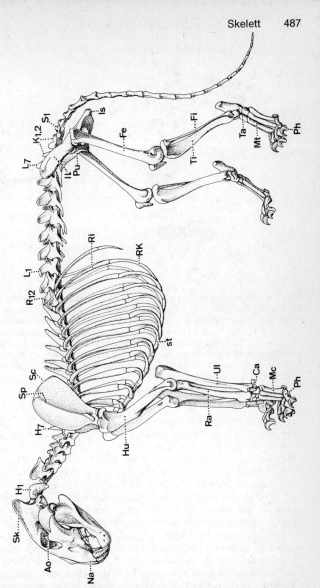

Abb. **113** Skelett eines Löwen. **Ao** Arcus orbitalis, **Ca** Carpalia, **Fe** Femur, **Fi** Fibula, **H** Halswirbel, **Hu** Humerus, **Il** Ilium, **Is** Ischium, **K** Kreuzwirbel, **L** Lendenwirbel, **Mc** Metacarpalia, **Mt** Metatarsalia, **Na** Nasenöffnung, **Ph** Phalangen, **Pu** Pubis, **R** Brustwirbel, **Ra** Radius, **Ri** Rippe, **RK** Rippenknorpel, **Sc** Scapula, **Sp** Spina scapulae, **st** Sternum, **Ul** Ulna, **Ta** Tarsalia, **Ti** Tibia (nach *ELLENBERGER, BAUM, DITTRICH*)

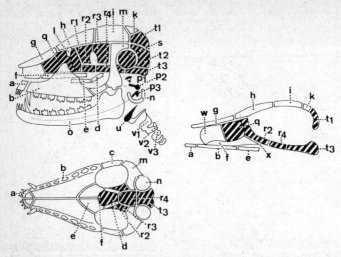

Abb. 114 Schematische Darstellung eines Säugetierschädels. Seitenansicht, Ventralansicht und Sagittalschnitt. **a** Prämaxillare, **b** Maxillare, **c** Zygomaticum, **d** Pterygoid, **e** Palatinum, **f** Vomer, **g** Nasale, **h** Frontale, **i** Parietale, **k** Interparietale, **l** Lacrimale, **m** Squamosum, **n** Tympanicum, **o** Dentale, **p1** Stapes, **p2** Incus, **p3** Malleus, **q** Ethmoid, **r1** Orbitosphenoid, **r2** Praesphenoid, **r3** Alisphenoid, **r4** Basisphenoid, **s** Perioticum, **t1** Supraoccipitale, **t2** Pleurooccipitale, **t3** Basioccipitale, **u** Hyale, **v1** Thyreoidknorpel, **v2** Arytaenoidknorpel, **v3** Cricoidknorpel, **w** Nasenscheidewand, **x** sekundäre Choane; schraffiert: Ersatzknochen (nach *KÜHN*)

Zu den wichtigsten Knochen der Hirnschädelbasis gehört das Basisphenoid, das sich oft mit dem anliegenden Alisphenoid, Praesphenoid und Orbitosphenoid zum Keilbein (Sphenoid) verbindet. Während das Parasphenoid bei den Säugetieren fehlt, gibt es vor dem Basisphenoid ein Praesphenoid mit seitlichen Flügeln, den Orbitosphenoidea. Vor dem Praesphenoid liegt ein neuer Knochen, das Mesethmoid. Gehirnkapsel und Nasenhöhle werden voneinander durch das Siebbein (Ethmoid) getrennt; es hat seinen Namen von einer durchlöcherten Zone, Lamina cribrosa, durch welche die Riechnerven zum Gehirn führen. Die über dem Gehirn liegenden Deckknochen, Scheitelbein (Parietale) und Stirnbein (Frontale) haben sich infolge der Gehirnentwicklung sekundär zu gewaltigen Deckplatten der Schädelkapsel entwickelt, wobei die noch vorhandene seitliche Lücke durch einen Ersatzknochen, das Alisphenoid (Epipterygoid der Reptilien), geschlossen wird. Nach vorne setzt sich das Schädeldach in den Nasalia fort, wobei sich öfters noch ein Interparietale einschiebt. Die Nasenhöhle wird durch das knorpelige Septum nasi unterteilt. Einen Teil der Augenhöhlenbegrenzung übernimmt das Tränenbein, Lacrimale. Den Säugetieren fehlen im allgemeinen Präfrontale,

Postfrontale, Postorbitale und oft auch Tabulare, Postparietale und Septomaxillare. Das Munddach ist ein *sekundärer Gaumen* (Abb. 114), d. h. eine Knochenplatte, die vom Palatinum und Maxillare ausgeht und im Schnauzenbereich den Atemkanal vom Speisekanal trennt.

Durch die Entwicklung des sekundären Gaumens mit sekundären Choanen (Ductus nasopharyngicus) sind voluminöse Hohlräume für die Plazierung des Riechorgans entstanden. Zur Oberflächenvergrößerung ragen eingerollte Knochenlamellen, Turbinalia, in die Nasenhöhle. Turbinalia können vom Ethmoid, den Maxillaria und den Nasalia ausgehen. Am mächtigsten entwickelt sind die Ethmoturbinalia, die das Labyrinth des Siebbeins bilden.

Die Maxillo-Turbinalia lassen sich mit der Reptilien-Concha homologisieren, während die anderen Turbinalia Neubildungen sind.

Von der Nasenhöhle aus können sich sekundär Hohlräume (Sinus pneumatici) in die Schädelknochen hinein ausdehnen. Insectivoren und Chiropteren besitzen nur einen Sinus maxillaris, höhere Säugetiere noch eine Stirnhöhle (Sinus frontalis). Die höchste Pneumatisation erreichte der Elefantenschädel, während Wale und Robben keinerlei solche Hohlräume mehr besitzen.

Neben den sekundären Choanen besitzen viele Säugetiere noch Reste primärer Choanen, die Nasen- und Mundhöhle im Bereich von Praemaxillare und Maxillare verbinden durch die Foramina incisiva. In diese Ductus nasopalatini (Stenosche Gänge) münden die Vomeronasalorgane. Bei Equiden, Giraffiden und Kamelen ist die Gaumenseite der Nasengaumengänge verschlossen.

Nach hinten schließt sich dem Maxillare das Jochbein (Zygomaticum) an, das einerseits einen Teil der Augenhöhlenbegrenzung bildet und anderseits Kontakt aufnimmt mit dem Squamosum, mit dem zusammen es den Jochbogen (Arcus zygomaticus) bildet.

Die paarigen Vomera der Reptilien wurden nach hinten verlagert und bilden als *einheitliches Pflugscharbein* (Vomer) einen Teil der Nasenhöhle. Die vorderste Begrenzung des Gesichtsschädels bildet das Zwischenkieferbein (Prämaxillare).

Der *Unterkiefer* besteht *ausschließlich* aus dem *Dentale*. Alle anderen Elemente des Reptilienschädels sind entweder nicht mehr ausgebildet oder haben einen neuen Platz am Gehirnschädel übernommen, so das Articulare als Malleus und das Angulare als Tympanicum. Der Unterkiefer ist ferner charakterisiert durch eine Reihe von Fortsätzen, die als Ansatzstellen für die Kaumuskulatur dienen; es sind dies der Proc. coronoideus, der Proc. articularis und der Proc. angularis.

Mit Zähnen besetzt sind in der Regel Maxillare, Praemaxillare und Dentale. Zum Schädel rechnet man ferner das Zungenbeinskelett (Hyoid) mit seinen verschiedenen Abschnitten sowie den Kehlkopf. Dieser besteht aus den knorpeligen Elementen Ring-, Stell- und Schildknorpel sowie dem Kehlkopfdeckel. Er dient als Aufhängevorrichtung für die Stimmbänder und Ansatzstelle für die Stimmuskeln.

Die Verwachsungslinien der einzelnen Knochenplatten sind meistens zeitlebens als *Zickzacknähte* (Suturae) sichtbar. Charakteristisch für viele Säugetiere sind bestimmte hervortretende Knochenkämme wie die Crista sagittalis bei Raubtieren als Ansatzstellen für die Kaumuskulatur.

Besonderheiten einiger Säugetiergruppen sind ferner *Geweih*- und *Gehörnbildungen* (Abb. 115), beides vorwiegend knöcherne Strukturen, die in der Region der Stirnbeine entstehen. Geweihe werden periodisch abgeworfen und unter einer Hauthülle (Bast), die später abgefegt wird, wieder nachgebildet. Hörner sind Knochenzapfen, die von einer Hornscheide überzogen sind und zeitlebens erhalten bleiben. Sowohl Geweihe wie Hörner sind oft beim weiblichen Geschlecht schwächer ausgebildet oder fehlen ganz.

Das **Axialskelett** (Abb. 113) besteht aus 26–90 Wirbeln (Vertebrae) und dazwischen liegenden Zwischenwirbelscheiben (Disci intervertebrales). Die Zwischenwirbelscheiben enthalten meist einen gallertigen Kern (Nucleus pulposus), der einen Rest der Chorda darstellt. Der Wirbeltyp der Säuger ist *haplospondyl*, d. h. er besteht aus einem massiven Wirbelkörper (Pleurocentrum), der überdacht ist von einem Neuralbogen, der das Rückenmark umschließt. Ein ventraler Hämalbogen ist in der Regel nur in der Schwanzregion ausgebildet. Am Neuralbogen springen verschiedene Fortsätze vor, ein unpaarer medianer Spinalfortsatz (Neurapophyse = Proc. spinosus), zwei Lateralfortsätze (Diapophysen) und 4 Gelenkfortsätze (Zygapophysen). Am Wirbelkörper selbst liegen in der Regel 4 Gelenkflächen, die Parapophysen. Der Spinalfortsatz ist besonders bei den Brustwirbeln der Artiodactyla und Perissodactyla stark entwickelt.

Nach der Lage und Struktur unterscheidet man Hals-, Brust-, Lenden-, Kreuz- und Schwanzwirbel.

Bekannt ist die *Konstanz der Halswirbelzahl,* die – abgesehen von wenigen Ausnahmen – stets 7 beträgt. Der erste Halswirbel (Atlas) enthält die Gelenkgruben für die beiden Hinterhauptshöcker (Condyli). Sein Wir-

---

Abb.115 Hörner und Geweihe. **A** Horn einer Gemse im Längsschnitt; **B1–B4** Wachstumsstadien eines Hirschgeweihs im Längsschnitt, **B1, B2** Bastgeweih, **B3** gefegtes Geweih, **B4** Abwurf der Stange, **a** Frontale, **b** Knochenzapfen, **c** Knochenzapfenhöhle, **d** Epidermis (Haut), **e1–e6** Hornscheiden, je einer Wachstumsstufe entsprechend; **C1–C4** Geweihe, **C1** Reh *(Capreolus capreolus)*, **C2** Wapiti *(Cervus elaphus canadensis)*, **C3** Karibu *(Rangifer tarandus)*, **C4** Alaska-Elch *(Alces alces gigas)*; **D1–D5** Gehörne, **D1** Schraubenziege *(Capra falconeri)*, **D2** Mufflon *(Ovis musimon)*, **D3** Weißschwanzgnu *(Connochaetes gnou)*, **D4** Kudu *(Tragelaphus strepsiceros)*, **D5** Gemse *(Rupicapra rupicapra)*; **E** Gabelhorn der Gabelhornantilope *(Antilocapra americana)*; **F** Zapfenhorn der Giraffen *(Giraffa)*; **G** die doppelten Nasenhörner des Spitzmaulnashorns *(Diceros bicornis)*, ausschließlich aus verschmolzenen Haaren aufgebaut (nach *FUSCHLEBERGER, NITSCHE, DILLER, HALTENORTH)*

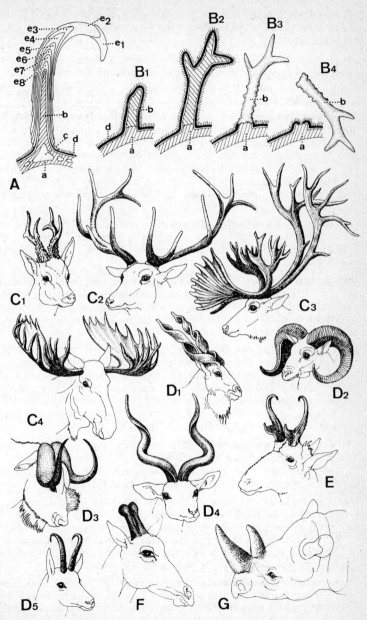

belkörper hat sich losgelöst und bildet den Zapfen (Dens) des zweiten Halswirbels (Axis = Epistropheus), der an der Innenfläche des ringförmigen Atlas gelenkt.

Bei den Gürteltieren und einigen anderen Formen können die folgenden 5 Halswirbel ganz oder teilweise miteinander verwachsen sein.

Die Brustwirbelzahl variiert je nach Gruppe zwischen 9 (Schnabelwale) und 25 (ein Faultier), wobei die meisten Säugetiere 13 Brustwirbel besitzen. Hauptcharakteristikum der Brustwirbel ist ihre bewegliche Verbindung mit Rippen. Caudal folgen die Lendenwirbel, deren vorderste ausnahmsweise noch mit Rippen versehen sein können, wobei diese, im Gegensatz zu den Brustrippen, fest mit dem Wirbel verwachsen sind. Die meisten Säugetiere haben 3 (Schnabeltier) bis 9 (Erdferkel) Lendenwirbel, nur die Wale haben bis zu 36 Lenden- und Kreuzwirbel. Bei Walen und Sirenen sind Lenden-, Kreuz- und Schwanzwirbel schwer gegeneinander abzugrenzen.

Die hintersten Rumpfwirbel, Kreuzwirbel, stellen die Verbindung zum Beckengürtel her, meistens sind sie zu einem Kreuzbein (Sacrum) verwachsen. Die Zahl der Kreuzwirbel variiert zwischen 1 (Nasenbeutler) und 9 (Riesengürteltier).

Schwanzwirbel können einen Hämalbogen tragen. Ihre Anzahl schwankt zwischen 1 (Flugfuchs) und 47 (Langschwanztenrek). Bei einigen Säugetierformen (Menschenaffen, Mensch) ist der Schwanz zurückgebildet, die terminalsten Schwanzwirbel können zu einem Steißbein (Os coccygis) verschmolzen sein.

Der Brustkorb wird von Brustwirbeln, Rippen und Brustbein gebildet. Die Rippen bestehen aus einem knöchernen, dorsalen Os costale, das gelenkig mit dem Wirbel in Verbindung steht und einer knorpeligen, ventralen Cartilago costalis, die bei den vorderen sternalen Rippen direkt mit dem Brustbein Verbindung aufnimmt. Die caudalen asternalen Rippen stehen über den knorpeligen Rippenbogen mit dem Sternum in Verbindung oder, seltener, enden frei in der Körperwand.

Das Brustbein (Sternum) ist meistens dreiteilig und besteht aus dem Manubrium, der mit den Schlüsselbeinen Kontakt aufnehmen kann, dem mehrgliedrigen Corpus sterni, mit dem sich die Rippen verbinden und dem Xiphosternum, das in einen Knorpel auslaufen kann.

Das Sternum kann sehr verschieden gestaltet sein. Bei den Schuppentieren ist der Proc. xiphoideus extrem verlängert und reicht bis in die Beckenregion. Er dient als Aufhängeapparat für die extrem verlängerte Zunge. Bei den Chiroptera springt am Sternum ein Kiel vor als Ansatzstelle für die Flugmuskulatur, bei den Cetacea schließlich läßt sich eine zunehmende Reduktion des ganzen Sternalkomplexes feststellen.

Der **vordere Gliedmaßengürtel** umfaßt Schulterblatt (Scapula), Schlüsselbein (Clavicula) und Rabenschnabelbein (Coracoid). Letzteres ist nur bei den Monotremata ein selbständiger Knochen, während es bei den übri-

gen Säugetieren nur noch als Fortsatz des Schulterblatts (Proc. coracoideus) erhalten ist, der neben dem Schulterblatt in unterschiedlichem
Maß an der Gelenkpfanne des Schultergelenks beteiligt ist. Die Scapula
besitzt als weiteren typischen Fortsatz das Acromion, über welches sie
gelenkigen Kontakt mit der Clavicula aufnehmen kann. Die Clavicula
steht – falls vorhanden – über die Interclavicula mit dem Sternum in
Verbindung.

Der Schultergürtel der Säugetiere ist nur durch Muskeln und Bänder mit
dem Rumpfskelett verbunden. Bei vielen Nagetieren, Zahnlosen und
Raubtieren ist die Clavicula verkleinert. Sie fehlt den Huftieren, Walen
und Sirenen, so daß die rechte und linke Hälfte des Schultergürtels nicht
mehr in Verbindung stehen. Einen abweichenden Schultergürtel besitzt
der Maulwurf, bei dem – offenbar in Zusammenhang mit den Grabbe-
wegungen – die Clavicula die Hauptgelenkfläche für den Humerus bildet.

Im Gegensatz zum Schultergürtel ist der **Beckengürtel** fest mit der Wirbelsäule verbunden und zwar besteht diese Verbindung über ein straffes
Gelenk (Articulatio sacroiliaca) vom Darmbein (Ilium) zu den Kreuzwir-
beln. Zwischen Schambein (Pubis) und Sitzbein (Ischium) bildet sich ein
Foramen obturatum. Das Darmbein ist meistens schmal und spatelför-
mig, bei Menschenaffen, Elefanten und Flußpferden hingegen eine breite
Platte. Eine Besonderheit der Monotremata und Marsupialia ist der stab-
förmige, dem Schambein aufsitzende Beutelknochen (Os marsupialis).
Bei den Cetacea und Sirenia ist der Beckengürtel bis auf zwei einfache
Knochenelemente zurückgebildet.

Die Gliedmaßen haben je nach Fortbewegungsweise wesentliche Abwandlungen vom allgemeinen Tetrapodenschema erfahren, doch beruhen diese Änderungen meist auf Proportionsänderungen oder Reduktion
gewisser Elemente, z. B. Verminderung einzelner Strahlen bei den Huftieren (Abb. 116 B, D).

Der Oberarmknochen (Humerus) ist meistens schlank und lang, nur bei
grabenden oder schwimmenden Formen ist er kurz. Der Gelenkkopf am
proximalen Ende ist halbkugelig, während er distal 2 Rollengelenkflä-
chen für Ulna und Radius trägt. Verschiedene Fortsätze, Leisten und
Epicondylen dienen als Ansatzstellen für Bänder und Muskulatur.

Häufig sind Elle (Ulna) und Speiche (Radius) annähernd gleich stark
ausgebildet. Bei Huftieren und Fledertieren hingegen ist die Ulna stark
zurückgebildet. Sowohl Ulna als auch Radius sind bei schwimmenden
Formen stark verkürzt.

Die Zahl der Handwurzelknochen (Carpalia) variiert von 6–9.

Die schon bei Reptilien feststellbare Tendenz zur Reduktion der Centra-
lia wurde auch bei den Säugetieren fortgesetzt; es ist nur noch ein Centrale vorhanden und in vielen Fällen ist dieses mit dem Radiale verschmolzen. Unter dem Einfluß der Humananatomie sind für die Carpalia
der Säugetiere verschiedene Synonyme in Gebrauch:

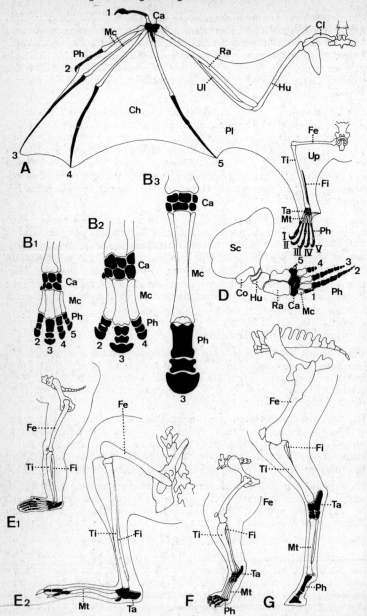

Proximale Reihe: Radiale (Os carpi radiale) = Naviculare = Scaphoid
Intermediale (Os carpi intermedium) = Lunatum = Semilunare
Ulnare (Os carpi ulnare) = Triquetrum = Pyramidale
Pisiform (Os pisiforme) = Accessorium

Mitte: Centrale (Os carpi centrale) = Intermedium v. Cuvier

Distale Reihe: Carpale 1 (Os carpale 1) = Trapezium = Multangulum
majus
Carpale 2 (Os carpale 2) = Trapezoid = Multangulum minus
Carpale 3 (Os carpale 3) = Capitatum = Magnum
Carpalia 4 und 5 (Ossa carpalia 4 et 5) = Hamatum = Uncinatum =
Unciforme

Die Carpalia 4 und 5 sind stets miteinander verwachsen. Bei Monotremata, Rodentia und Carnivora vereinigen sich Radiale und Intermedium
zu einem Scapholunatum. Beim Maulwurf liegt auf der radialen Seite ein
zusätzlicher Strahl, das Os falciforme.

Die Mittelhandknochen (Metacarpalia) und Fingerglieder (Phalangen)
sind gelenkig miteinander verbunden und verleihen der Hand oft eine
große Beweglichkeit. Bei ursprünglich gewerteten Säugetieren ist der
Daumen (Pollex) zudem abduzierbar und gegenüber der übrigen Hand
opponierbar. Jeder Strahl enthält ein Metacarpale, Strahl 2–5 je drei
Phalangen und Strahl 1, der Daumen, zwei Phalangen.

Die allgemeine *Phalangenformel* der Säugetiere lautet demnach 2, 3, 3,
3, 3. Abweichungen von dieser Formel sind relativ selten, z. B. bei Insectivoren (2, 2, 3, 2, 2), Sirenen (1, 3, 3, 3, 3) oder bei Walen, bei welchen
pro Strahl bis zu 13 Phalangen ausgebildet sein können (Abb. 116 D).

Die *Konstanz der Phalangenzahl* wird sogar bei Formen mit extremer
Verkürzung (Huftiere) oder Verlängerung (Fledermäuse) einzelner Strahlen beibehalten. In der Regel sind der 3. und 4. Strahl am längsten entwickelt. Eine spezielle Entwicklung erfuhr das vordere Gliedmaßenskelett der Chiroptera (Abb. 116 A). Bei ihnen sind Humerus und Radius
extrem verlängert, während die Ulna reduziert wurde. Die proximalen
Carpalia und das Centrale sind zu einem einheitlichen Knochen verwachsen. Von den Fingern bleibt der Pollex kurz, während die Metacarpalia und Phalangen der übrigen Finger stark verlängert wurden und feine Knochenspangen bilden, die die Flughaut stützen.

Abb. **116**   Gliedmaßenskelett der Säugetiere. **A** Flughund *(Pteropus);* **B1–B3** linke
Vorderextremität, **B1** Tapir *(Tapirus),* **B2** Nashorn *(Rhinoceros),* **B3** Pferd *(Equus);* **D**
linke Vorderflosse eines Delphins *(Delphinus);* **E1, E2** Hinterextremitäten von Sohlen-
gängern, **E1** Affe, **E2** Känguruh *(Macropus);* **F** Hinterextremität eines Zehengängers,
Wolf *(Canis lupus);* **G** Hinterextremität eines Zehenspitzengängers, Pferd *(Equus),* **Ca**
Carpalia, **Ch** Chiropatagium, **Cl** Clavicula, **Co** Coracoid, **Fe** Femur, **Fi** Fibula, **Hu** Humerus, **Mc** Metacarpalia, **Mt** Metatarsalia, **Ph** Phalangen, **Pl** Plagiopatagium, **Ra** Radius, **Sc** Scapula, **Ul** Ulna, **Up** Uropatagium, **Ta** Tarsalia, **Ti** Tibia; **1–5** Fingerstrahlen;
I–V Zehenstrahlen; schwarz: Carpalia bzw. Tarsalia, Phalangen (nach *WEBER, KÜHN*)

Die *Hinterextremitäten* sind vor allem für den Vorwärtsschub verantwortlich und zeigen öfters stärkere Anpassungen an eine bestimmte Fortbewegungsweise als die Vorderextremitäten, die die Hauptlast des Körpers zu tragen haben. Bei den Placentalia ist der Femurkopf seitlich abgesetzt, oft sogar durch einen Hals von beträchtlicher Länge, während er bei den Marsupialia und Monotremata in der Längsachse des Knochens liegt. 2–3 Trochanteren bilden proximal Ansatzstellen für die Muskulatur. Am Kniegelenk ist der Femur mit zwei Condylen beteiligt. Zwischen den beiden Condylen liegt die Fossa intercondylaris mit der Rollfläche (Facies patellaris) für die Kniescheibe (Patella). Sie liegt als Sesambein in der Sehne des M. quadriceps, der vorn über den Femur verläuft. Vielen Marsupialia und den Chiroptera fehlt die Patella. Meist ist nur die Tibia, die immer stärker entwickelt ist, am Kniegelenk beteiligt. Ausnahmen bilden die Monotremata, Marsupialia und Insectivora. Bei den Huftieren ist die Fibula besonders stark reduziert.

Die beiden proximalen Fußwurzelknochen (Tarsalia) stehen mit den beiden Unterschenkelknochen über Rollgelenke in Verbindung. Vor der Tibia liegt das Rollbein (Talus = Astragalus = Os tarsi tibiale), vor der Fibula das Felsenbein (Calcaneus = Os tarsi fibulare). Daneben blieb ein Centrale (Naviculare = Os tarsi centrale) erhalten. Die distale Reihe umfaßt normalerweise 4 Knochen, die Ossa tarsalia 1–3 (Ento-, Meso- und Ectocuneiforme) und das Cuboid, das durch Verschmelzung der Tarsalia 4–5 entstanden ist. Der Fuß ist ursprünglich *fünfstrahlig*, wobei die erste Zehe (Hallux) am ehesten zur Reduktion neigt. Analog wie bei der Vorderextremität umfaßt jeder Strahl einen Mittelfußknochen (Metatarsus) und zwei (Strahl 1) bzw. drei (Strahl 2–5) Zehenglieder (Phalangen). Die *Phalangenformel* für die Zehen heißt deshalb ebenfalls 2, 3, 3, 3, 3. Abwandlungen gegenüber dieser Grundformel sind bei der Hinterextremität häufiger, z. B. 2, 2, 3, 2, 2 bei einigen Insectivoren und Chiroptera. Normalerweise sind die Strahlen 3 und 4 die längsten. Beim Menschen und beim Gorilla ist der erste Strahl verlängert, bei Robben der 1. und 5. Zwischen den Gelenken der Strahlen können ebenfalls Sesambeine vorhanden sein.

Besonders auffällige Umgestaltung erfuhren die Extremitäten der Huftiere, wobei diese gleichsinnig für die Vorder- wie für die Hinterextremität verlief. Bei den Paarhufern (Artiodactyla) wurde der erste Strahl total reduziert, während 3 und 4 zu ungunsten von 2 und 5 evolutiv gefördert wurden. Bei den Schweinen berühren 2 und 5 noch den Boden, bei den Rindern und Hirschen sind sie zu bedeutungslosen Rudimenten, den Afterklauen reduziert. Die Fußentwicklung der Artiodactyla – hier wurden die Strahlen 3 und 4 zu tragenden Säulen – bezeichnet man als paraxonisch.

Bei den Unpaarhufern (Perissodactyla) wurde nur der 3. Strahl gefördert, während alle andern einer starken Reduktion zum Opfer fielen. Lediglich von den Metatarsalia und Metacarpalia 2 und 4 blieb ein Rest in Form der Griffelbeine erhalten (Abb. 116 G).

Für Säugetiere mit großem Sprungvermögen (Känguruhs) (Abb. 116 E2) sind verlängerte Hinterextremitäten typisch, wobei die Verlängerung in erster Linie auf einer Verlängerung der Metatarsalia beruht, bei springenden Halbaffen, die ihren Fuß zugleich als Greifhand benutzen, sind hingegen die proximalen Tarsen verlängert.

Muskulatur

Die **Muskulatur** der Säugetiere stimmt im Grundplan mit jener der Reptilien überein, zeichnet sich aber in bestimmten Bereichen durch Spezialisierung und funktionelle Umlagerungen aus.

Gegenüber jener der Sauropsiden ist die *epaxonische Rumpfmuskulatur* (Abb. 117) gut entwickelt. Eine Auflösung dieser Muskulatur in zahlreiche Einzelgruppen ermöglicht eine große Beweglichkeit der Wirbelsäule. Weitgehend unabhängig von der übrigen Rumpfmuskulatur ist die Halsmuskulatur geworden. Am oft sehr beweglichen Schwanz treten größtenteils Muskeln auf, die der epaxonischen Rumpfmuskulatur zugeordnet werden. Die hypaxonische Rumpfmuskulatur bildet zwischen Thorax und Becken eine bewegliche Verbindung, die die Baucheingeweide trägt, und beteiligt sich an den Atembewegungen. Bauch- und Brustmuskeln lassen sich deutlich trennen. Letztere werden durch die sie überlagernden Extremitätenmuskeln in die Tiefe gedrängt. Die Bauchmuskeln zeigen eine typische Dreiteilung in M. obliquus externus, M. obliquus internus, M. transversus abdominis. Eine weitere Exklusivität der Säugetiere ist das Zwerchfell (Diaphragma), das zum wichtigsten Atemmuskel geworden ist.

Die *Extremitätenmuskeln* haben sich an die spezialisierten Fortbewegungsweisen angepaßt und sind entsprechend vielgestaltig. Eine besondere Differenzierung erfuhren die Hand- und Fußmuskeln der Primaten, deren Phalangen sich durch größte Bewegungsmöglichkeit, z. B. Opponierbarkeit des Daumens (durch M. opponens pollicis) auszeichnen (Abb. 117B).

Die *viscerale Muskulatur* hat teilweise Umlagerungen in Zusammenhang mit dem Erwerb eines sekundären Kiefergelenks erfahren. So wirkt anstelle des (dem Zungenbeinbogen zugehörigen) M. depressor mandibulae der hintere Abschnitt des M. digastricus als Kieferöffner.

Unter den Muskeln des Kieferbogens ist der M. masseter, der vom Jochbogen zum Unterkieferwinkel führt, exklusiv (Abb. 139, S. 561).

Eine besondere Bedeutung hat der zum Zungenbeinbogen gehörende M. sphincter colli erfahren, der mit einer dünnen Muskelschicht die *Gesichts-* und äußere Ohrenregion bedeckt und vom VII. Gehirnnerven versorgt wird; er ist verantwortlich für die *Mimik*, die vielfältigen Ausdrucksbewegungen der Säugetiere (Abb. 117D). Die *Hautmuskulatur*, die ihre stärkste Ausbildung ebenfalls bei den Säugetieren erfahren hat, ist der somatischen Muskulatur zuzuordnen. Rumpf und Hals vieler Säugetiere werden von einer kontinuierlichen Hautmuskelscheide (Panniculus carnosus) eingehüllt, die meistens fest mit der Haut in Verbindung steht. Diese Hautmuskulatur ermöglicht beispielsweise das lokale Hautzucken der Pferde bei Belästigung durch Insekten, und die Einrollbewegungen des Igels (Abb. 117C). Derivate des Panniculus sind ferner der Beutelschließmuskel und ein Milch-Auspreßmuskel der Beuteltiere, sowie die Schließmuskeln des Afters.

Fortbewegung

Neben den Vögeln haben sich die Säugetiere sämtliche Lebensräume der Erde erschlossen. Damit verbunden ist die Spezialisierung auf verschiedene Fortbewegungsarten und entsprechende Umstrukturierung des Bewegungsapparates (Abb.

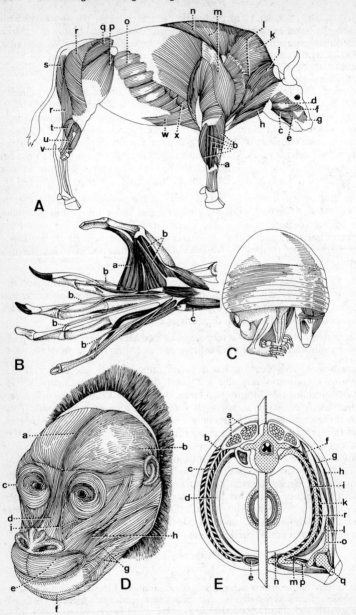

116). Die einfachste Fortbewegungsart auf vier (Bär) oder zwei (Mensch) Extremitäten ist das *Gehen*, aus dem sich bei Dickichtbewohnern das *Schleichen* (Zibetkatze) und das *Schlüpfen* (Ducker) entwickelt hat. *Trab* (Wolf), *Paßgang* (Kamele) und *Galopp* (fliehende Pferde), *Hüpfen* (Waldmaus) und *Springen* (Känguruhs) sind beschleunigte, vom Gehen ableitbare Gangarten. Unterirdisch bewegen sich Tiere *kriechend* (Spitzmaus), *wühlend* (Maulwurf) oder *grabend* (Erdferkel) fort. Vielfältig sind die Möglichkeiten, sich im Geäst der Bäume fortzubewegen. Gewandte *Stammkletterer* sind die Eichhörnchen und der Baummarder, Greifkletterer ist der Potto, mit *Hangeln* bewegen sich die Faultiere vorwärts, und die sich elegant von Baum zu Baum schwingenden Gibbons könnte man als Schwung-Hangler bezeichnen.

Zwei Formen des *Fluges* wurden realisiert, Aktivflug (Chiroptera) (Abb. 116 A) und passiver Gleitflug (Flughörnchen, Pelzflatterer, Beutelflughörnchen). Beinahe unübersehbar sind schließlich die vielen Tauch- und Schwimmtechniken, auf die sich die zahlreichen Wassertiere verlegt haben.

Integument

Charakteristisch sind eine Vielzahl *epidermialer Hornstrukturen* wie Finger- und Zehenballen, die bei den Primaten mit Papillarleisten strukturiert sind. Schuppenbildungen sind selten, so etwa am Schwanz bestimmter Nagetiere, bei Gürteltieren und vor allem bei Schuppentieren. Epidermiale Bildungen besonderer Art sind *Krallen, Nägel* und *Hufe* (Abb. 118). Die *Hörner* der Bovidae (Abb. 115 A, D) bestehen aus einer kompakten Horntüte, die einen Knochenzapfen überzieht.

Die **Haare** (Abb. 119 A) sind rein *epidermial*, abgesehen von einer *basalen Coriumpapille* für die Blutversorgung der Matrix. Am Haar unterscheidet man den aus der Haut heraustretenden Schaft und die im Co-

---

Abb. 117 Muskulatur der Säugetiere. **A** oberflächliche Muskulatur beim Wisent *(Bison bonasus)*, **a** Abductor pollicis, **b** Extensoren der Finger und der Carpalia, **c** Cutaneus labeorum, **d** Cutaneus facialis, **e** Zygomaticus, **f** Malaris, **g** Levator nasolabialis, **h** Sternomandibularis, **i** Brachiocephalicus, **k** Trapezius cercivis, **l** Omotransversarius, **m** Deltoideus, **n** Trapezius dorsi, **o** Obliquus abdominialis externus, **p** Tensor fasciae latae, **q** Gluteus medius, **r** Gluteobiceps, **s** Semitendinosus, **t** Flexor digitorum profundus, **u** Peroneus longus, **v** Peroneus tertius, **w** Pectoralis profundus, **x** Serratus ventralis; **B** Muskeln und Sehnen an der Hand eines Halbaffen *(Propithecus diadema)*, **a** Abductor des Daumens, **b** Flexoren der Finger, **c** Abductor des 5. Fingers; **C** Einrollmuskel eines Igels *(Erinaceus europaeus)*, aus Hautmuskeln bestehend; **D** Gesichtsmuskulatur eines Gorillas *(Gorilla gorilla beringei)*, **a** Frontalis, **b** Auricularis anterior, **c** Orbicularis oculi, **d** Procerus, **e** Orbicularis oris, **f** Quadratus labii inferioris, **g** Risorius, **h** Zygomaticus, **i** Quadratus labii superioris, **E** schematischer Querschnitt durch einen Wirbeltierkörper mit Anordnung der Rumpf- und Extremitätenmuskulatur, links Bauch-, rechts Brustregion, **a** tiefe Rückenmuskeln, **b** Obliquus abdominis ext., **c** Obliquus abdominis int., **d** Transversus abdominis, **e** Rectus abdominis, **f** Serrator post., **g** Rhomboideus, **h** Latissimus, **i** Intercostalis int., **k** Intercostalis ext., **l** Serrator anterior, **m** Subclavius, **n** Transversus thoracis, **o** Scapula, **p** Clavicula, **q** Humerus, **r** Rippe (nach *SWIEZYNSKI, MILNE, EDWARDS u. GRANDIDIER, WEBER, RAVEN)*

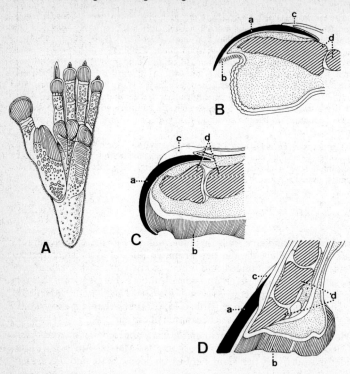

Abb. 118   Epidermis-Strukturen der Säugetiere. **A** Volaransicht des Fußes eines Halbaffen *(Lemur catta)* mit Ballen, Leisten und Furchen; **B** Krallennagel eines Halbaffen (Prosimiae); **C** Huf eines Kamels *(Camelus);* **D** Huf eines Pferdes *(Equus),* **a** Krallen- bzw. Hufplatte, **b** Krallen- bzw. Hufsohle, **c** Wall, **d** Phalange (nach *BIEGERT, BOAS, BECCARI)*

Abb. 119   Integument der Säugetiere. **A** Längsschnitt durch ein Haar; **B1** monoptyche Haarbalgdrüse, **B2** polyptyche Haarbalgdrüse, **B3** ekkrine Hautdrüse, **a** Epidermis, **b** Haarmuskel (M. arrector pili), **c** Corium, **c'** Coriumpapille, **d** äußere Haarwurzelscheide, **d'** innere Haarwurzelscheide, **e** Rinde, **f** Mark, **g** Bulbus, **h** Blutgefäße, **i** Haarbalg, **k** sezernierender Drüsenabschnitt, **l** Ausführgang; **C** Voraugendrüsen des Sambar *(Cervus unicolor);* **D** Voraugendrüse eines Duckers *(Cephalophus);* **E** Temporaldrüse eines Elefanten *(Elephas);* **F** Anal- und Genitalzone einer Zibetkatze *(Viverra),* Ventralansicht, **m** Präputium, **n** Prägenitaldrüse, **o** Drüsenausgang, **p** Hoden, **q** Circumanalwulst; **G** Brunstdrüse (Brunstfeige) beim Gemsbock *(Rupicapra rupicapra);* **H** Femoraldrüse des Schnabeltier-♂, eine Giftdrüse, **r** Drüse, **s** Gang, **t** Sporn; **I** Mündung der Carpaldrüse beim Schaf *(Ovis aries)* (nach *BÜTSCHLI, PORTMANN, MONTAGNA, SCLATER, POCOCK, BOAS, SCHICK, MARTIN u. TIDSWELL)*

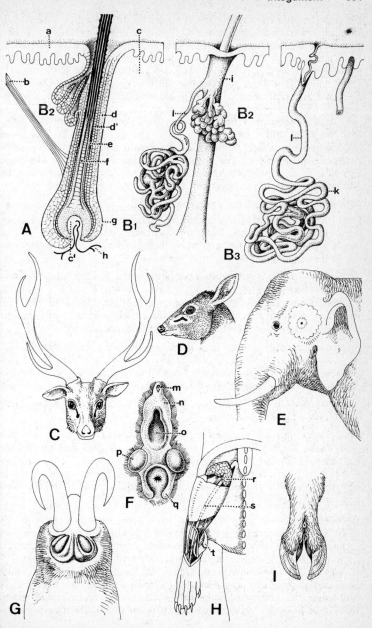

rium steckende Haarwurzel. Am Haarquerschnitt lassen sich von innen nach außen drei Schichten unterscheiden, Mark, Rindenschicht und Cuticula. Die Wurzel steckt in einer aus einer inneren und äußeren Schicht bestehenden epithelialen Wurzelscheide, die von einer Follikelscheide der Cutis umfaßt wird. Die Haarwurzel, der Bulbus, ist zwiebelförmig verdickt und enthält die Coriumpapille mit Bindegewebe und Blutgefäßen. Die Coriumpapille wird von Zellen der äußeren Wurzelscheide überzogen, die die eigentliche Wachstumszone des Haares (Matrix) bilden. Meistens münden Ausführgänge spezieller Talgdrüsen in die Haarfollikel. Am Haarfollikel inseriert ferner ein glatter Muskel, der das Haar aufrichten kann. Die Haarentwicklung ist nicht mit jener von Schuppen und Federn vergleichbar. Sie beginnt damit, daß die Epidermis zapfenartig in die Tiefe auswächst. An der Basis dieser Haarzapfen bildet sich die Matrix, die das darunter liegende Corium becherartig umwächst.

Die Haare sind entweder diffus (viele Raubtiere und Insektenfresser) oder in bestimmten *Mustern* angeordnet. Dadurch, daß die Haare einer bestimmten Körperregion gleichsinnig gerichtet sind, entsteht ein „Haarstrich". Wo Haarzonen mit unterschiedlich gerichteten Haaren aufeinander treffen, bilden sich Scheitel und Wirbel.

Im Fell lassen sich verschiedene Haartypen unterscheiden, lange *Kontur*- oder *Deckhaare* und kürzere, feine, gekräuselte *Wollhaare*. Bei den Konturhaaren unterscheidet man wiederum gerade, kräftige Leithaare und proximal gewellte, verjüngte Grannenhaare. Die Haardichte variiert stark. Sie bewegt sich zwischen 200 und 900 Haaren pro cm^2.

Spezialformen von Haaren sind *Borsten* (Schweine, Nashörner, Elefanten), *Stacheln* (Ameisenigel, Igel, Stachelschweine) und *Tasthaare* (Vibrissen, Sinushaare), die sich vor allem in der Schnauzengegend und in der Umgebung der Augen befinden.

Die *Hornbildung der Nashörner* (Abb. 115 G, S. 491) entsteht durch Verschmelzung von Haaranlagen.

Das Wachstum eines Einzelhaares ist zeitlich beschränkt. Nach beendigtem Wachstum fällt das Haar aus und aus dem gleichen Follikel entsteht ein neues Haar. Der Haarwechsel kann kontinuierlich erfolgen oder periodisch, z. B. in einem Saisonhaarwechsel Winterfell/Sommerfell, wobei die Beschaffenheit des Sommer- und Winterfells recht unterschiedlich sein kann (Reh, Hirsch, Alpenschneehase).

Pigmente finden sich nicht nur in den Haaren, sondern auch in der Haut. Die Pigmentierung der Haare wird vorwiegend durch Melanine in Brauntönen oder Schwarz hervorgerufen. Pigmentarme Haare erscheinen grau, pigmentfreie weiß. Daneben sind auch fettlösliche Lipochrome bekannt, die für bestimmte Rot-, Gelb- und Grüneffekte verantwortlich sind. Auffällig gefärbt sind etwa die goldgrün schimmernden Goldmulle und zahlreiche Affen mit goldgelben, roten, grünen und blauen Farben. Blau- und Finnwale erhalten oft durch einen Algenüberzug ein bräunlich-gelbes Aussehen. Einige Faultiere können im Haar grüne Algen einlagern.

Jungtiere tragen oft ein *Jugendkleid,* das vom *Adultkleid* beträchtlich abweichen kann.

Viele Säugetiere zeigen eine auffällige *Zeichnung,* die aus Streifen, Punkten oder großflächigen Kontrastmustern bestehen kann. Färbung und Zeichnung können je nach Art geschlechtstypisch (Mandrill) oder saisonmäßig (Hermelin) ausgeprägt sein. Ebenso sind Farbpolymorphismen bekannt (dunkelbraune und rotbraune Eichhörnchen). Die größte individuelle Variabilität in Färbung und Zeichnung zeigt der afrikanische Hyänenhund. Färbungsanomalien sind relativ häufig, z. B. Albinismus bei Rehen oder Melanismus (Schwärzlinge) bei Leoparden.

Die **Unterhaut** (Corium = Cutis = Dermis) ist weniger vielgestaltig als die Epidermis. Sie bildet eine dicke Bindegewebeschicht, in der sensible Nerven endigen. Im Corium können an exponierten Hautstellen auch ausgedehnte Kapillarnetze liegen, die eine wichtige Rolle für die Wärmeregulation spielen. Die Unterhaut vieler Säugetiere wird zu Leder verarbeitet. Die das Corium unterlagernde Subcutis kann Fett einbauen, das bei vielen Säugetieren, besonders bei Meeressäugetieren, den Körper als wärmeisolierende Schutzschicht (Panniculus adiposus) umgibt. Hautverknöcherungen sind bei Säugetieren selten, z. B. der Panzer der Gürteltiere besteht zur Hauptsache aus einem Mosaik von Hautverknöcherungszentren (Osteodermata).

Von allen Tetrapoden besitzen die Säugetiere die vielfältigsten **Hautdrüsen.** Man unterscheidet *polyptyche, talgsezernierende Drüsen* mit mehrschichtigem Epithel und *monoptyche* Drüsen mit einschichtigem Epithel und *wässrigem Sekret* (Abb. 119B).

Zu den polyptychen Hautdrüsen der Säugetiere gehören die *Haarbalgdrüsen* (Abb. 119B2) mit fettigem Sekret. Daneben gibt es rein polyptyche *Duftdrüsen* (z. B. Seitendrüsen vieler Nagetiere), die meist durch Konglomeration von Haarbalgdrüsen entstanden sind.

Die monoptychen Hautdrüsen werden nach Entstehung, Bauplan und Zusammensetzung des Sekretes in *„a-Drüsen"* und *„e-Drüsen"* eingeteilt. Die **a-Drüsen** entstehen von den **Haarbälgen** aus, sie haben gerade Ausführgänge und erweiterte Endstücke, und ihr Sekret enthält Salze, Protein, Fette, Pigmente und Zelltrümmer.

Sie sind die häufigsten Drüsen in der Säugetierhaut. Zu ihnen gehören z. B. die *Wollfettdrüsen* der Schafe, die *„Schweißdrüsen" der Pferde,* deren Schweiß erhebliche Anteile von Protein enthält, und vor allem zahlreiche in Zusammenhang mit der Reviermarkierung entwickelte *Duftdrüsen* (Schläfendrüse des indischen Elefanten, Kopfdrüsen vieler Paarhufer (Abb. 119).

Die ausgeprägtesten a-Drüsen sind die *Milchdrüsen* (Glandulae mammariae). Bei den Kloakentieren sind die Milchdrüsen noch zwei Anhäufungen von zahlreichen, je separat mündenden Drüsenschläuchen, deren Sekret in eine Mulde der Bauchoberfläche ausfließt und von den Jungen aufgeleckt werden kann. Die Mündungen dieser Drüsenschläuche stehen noch in direkter Beziehung zu je einem Haarfollikel.

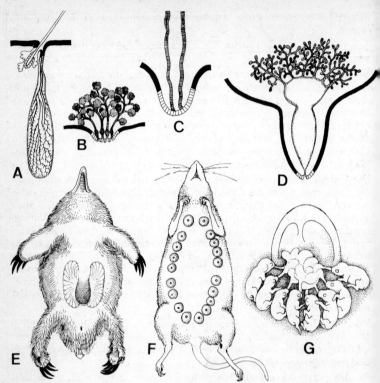

Abb. 120 Milchdrüsen. **A** Einzeldrüse aus dem Milchdrüsenfeld eines Schnabeligels *(Tachyglossus aculeatus)*, links oben: Haarbalgdrüse; **B** menschliche Zitze; **C** Raubtierzitze; **D** Euter eines Wiederkäuers mit Strichkanal und Zisterne; **E** Ameisenigel *(Tachyglossus aculeatus)*, Ventralansicht, mit eingezeichnetem Milchdrüsenbereich; **F** Anordnung der Milchdrüsen bei der Vielzitzenmaus *(Mastomys erythroleucus)*; **G** Zitzen und daran hängende Junge in der eröffneten Beuteltasche der Beutelratte *(Didelphis marsupialis)*; schwarz: Coriumwall, senkrechter Strichraster: Zitzentasche (nach *GEGENBAUR, BRESSLAU, TURNER, HAACKE, BRAMBELL u. DAVIS, BURNS*)

Bei den Beuteltieren und Placentaliern hingegen münden die Milchdrüsen stets in 2 oder mehr Zitzen (Mamillen), wobei ihre Anzahl korreliert ist mit der für eine Art üblichen Wurfgröße. Die Kommunikationssysteme der einzelnen Milchdrüse zu einem gemeinsamen Ausführsystem sind vielfältig (Abb. 120). Die Milchdrüsen der placentalen Säugetiere entstehen aus zwei Milchleisten, die an der ventrolateralen Rumpfwand des Embryos liegen; ihre Zitzen sind stets paarig angeordnet. Die Milchdrüsen der Beuteltiere hingegen entstehen aus zwei auf der Bauchseite gelegenen Feldern, die schwanzwärts konvergieren. Bei vielen Beuteltieren entstehen dabei auf diesen Feldern zwei Doppelreihen von Zitzen. Die Milchdrüsen der Beuteltiere und der placentalen Säugetiere sind somit wahrscheinlich nicht homolog zueinander.

Die e-Drüsen entstehen unabhängig von Haaren (Abb. 119B3). Sie haben stark gewundene Ausführgänge, das Endstück ist kaum erweitert, und das Sekret enthält nur wenig gelöste Stoffe. Sie sind bei Säugetieren eher selten. Am häufigsten finden sie sich in der Haut der Altweltaffen, wobei sie ihre höchste Dichte als *Schweißdrüsen des Menschen* erreichen, oder als Ballendrüsen an Hand- und Fußsohlen verschiedener Säugetiere. Einige *Duftdrüsenkörper* (Violdrüse des Fuchses, Brunstdrüse der Gemsen, Abb. 119G) entstehen aus dem Zusammenschluß von polyptychen und a-Drüsen.

Verdauungssystem

Unter den Säugetieren haben sich die verschiedensten Nahrungsspezialisten entwickelt, und entsprechend vielfältig sind die einzelnen Abschnitte des Verdauungssystems ausgebildet. In besonderem Maß gilt dies für die Zähne und die einzelnen Magenabschnitte.

Gegenüber den **Zähnen** aller anderen Wirbeltiere haben jene der Säugetiere eine wesentliche Erweiterung ihres Verwendungsbereichs erfahren. Neben dem Ergreifen, Festhalten, Zerreißen und Totbeißen der Nahrung kommt als wichtige Funktion das *Kauen* hinzu. Die meisten Säugetiere pflegen ihre Nahrung vor dem Fressen zu zerkleinern. Am ausgeprägtesten sind die Kaufunktionen bei den *Wiederkäuern* entwickelt. Ein speziell abgeflachtes Kiefergelenk und besonders entwickelte Mm. pterygoidei erlauben seitliche Kieferbewegungen.

Das Säugetiergebiß ist meistens heterodont, d. h. die Kiefer tragen verschiedene Zahntypen.

Die Grundlage des Zahnes bildet das *Dentin,* ein knochenähnliches, von *Odontoblasten* gebildetes Gewebe. Die Zahnhöhle beherbergt die Zahnpulpa mit Nerven und Blutgefäßen. Die Zahnkrone wird meist vom sehr harten *Schmelz* überzogen, der aus den *epithelialen Adamantoblasten* entstanden ist. Die Zahnwurzel steckt in einer tiefen Alveole des Kieferknochens und ist mit Zahnzement, einer zellarmen Knochenschicht, beschichtet. Die radiär ausstrahlenden Fasern der Wurzelhaut nehmen Kontakt mit der Knochenwand der Alveole auf und verleihen dem Zahn einen festen Halt. In bezug auf ihren Wachstumsablauf (Abb. 121A) unterscheidet man *brachyodonte* Zähne mit frühem Wurzelschluß und entsprechend frühem Abschluß des Wachstums und *hypselodonte* Zähne mit verlängertem Wachstum der Kronenhöcker, sowie Zähne mit offener Wurzel, die zeitlebens nachwachsen können, wie die Nagezähne der Rodentia.

Am Kiefer werden folgende vier Zahntypen unterschieden:

Schneidezähne, *Incisivi* (I), Eckzähne, *Canini* (C), vordere Backenzähne, *Praemolares* (P) sowie hintere Backenzähne, *Molares* (M). Die einzelnen

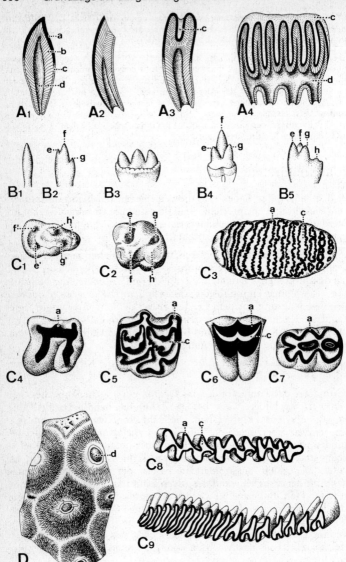

Zähne eines Typus werden von vorne (ab Kiefermitte) nach hinten numeriert.

Die Struktur und Anordnung der Zähne stellt einen ausgezeichneten taxonomischen Merkmalskomplex dar, mit dem sich praktisch jede Familie diagnostizieren läßt. Da sich Zähne in fossilem Zustand speziell gut erhalten, erlauben sie eine große Zahl verläßlicher phylogenetischer Ableitungen.

Die *Schneidezähne,* Incisivi, sitzen im Praemaxillare, bzw. im Dentale. Ihre Form ist entweder spitz kegelförmig oder kantig abgeflacht wie ein Meißel. Mit den Incisiven wird die Nahrung abgebissen. Dies kann nach dem Prinzip der Beißzange erfolgen, indem die Schneidezähne von Ober- und Unterkiefer aufeinanderstoßen (Pferde) oder nach dem Prinzip der Schere, indem die oberen Zähne über die untern greifen (Menschen). Bei den Wiederkäuern, bei welchen die obern Schneidezähne ganz fehlen, wird das Gras mit den untern Incisiven gegen eine Druckplatte im Gaumen gepreßt und abgerissen (Abb. 123 B4).

Ursprüngliche Säugetiere besitzen auf jeder Kieferhälfte bis zu 5 (Opossum) Schneidezähne. Bei den meisten heutigen Formen ist die Zahl jedoch reduziert. Spezielle Incisiven besitzen die Rodentia und die Lagomorpha. Ihre *meißelförmigen facettierten Schneidezähne* (Abb. 121 A2, 122 B, 123 B2) wachsen an der Wurzel ständig nach und werden an der Spitze abgenutzt. Ihre Schneide schärft sich durch ungleichmäßige Abnutzung, indem die harte Schmelzschicht an der Außenseite weniger stark abgenutzt wird als das weichere Dentin der Innenseite. Die Stoßzähne der Elefanten und der männlichen Dugong-Seekühe sind modifizierte Schneidezähne mit Dauerwachstum (Abb. 122 C, D).

Den Incisiven folgt auf jeder Kieferhälfte ein spitz kegelförmiger *Eckzahn.* Diese Eckzähne dienen bei fleischfressenden Formen als *Fangzähne.* Sie sind deshalb vor allem bei Insectivora, Chiroptera, vielen Prima-

---

Abb. **121** Zähne der Säugetiere. **A1–A4** Wachstumsformen der Zähne, **A1** brachyodonter Zahn mit früh schließender Wurzel, **A2** ständig wachsender Zahn mit offener Wurzel, vom Typ des Nagetier-Incisiven, **A3** hypselodonter Zahn, einfach, **A4** hypselodonter Zahn mit vermehrten Querjochen; **B1–B5** Zahnevolution, **B1** haplodonter Reptilienzahn, **B2** triconodont *(Dromotherium),* **B3** triconodont mit drei gleich großen Höckern *(Triconodon),* **B4** trigonodont *(Spalacotherium),* **B5** trituberculär; **C1–C9** Molarenoberflächen, **C1** sechshöckrig *(Pronycticebus,* eozäner Halbaffe), **C2** vierhöckrig, Mensch, **C3** polyolophodont *(Elephas),* **C4** einfach lophodont, Nashorn *(Rhinoceros),* **C5** selenolophodont, Pferd *(Equus),* **C6** selenodont, Rind *(Bos),* **C7** ob. Molar eines Zwerghamsters *(Cricetulus),* **C8** die drei ob. Molaren eines Steppenlemmings *(Lagurus),* **C9** ob. 4. Praemolar und die drei Molaren des Capybara *(Hydrochoerus);* **D** Querschnitt durch den Zahn eines Erdferkels *(Orycteropus afer),* Ausschnitt; **a** Schmelz, **b** Dentin, **c** Zement, **d** Pulpa, **e** Paraconus, **e'** Paraconid, **f** Protoconus, **f'** Protoconid, **g** Metaconus, **g'** Metaconid, **h** Hypoconus, **h'** Hypoconid (nach *LISON, PEYER, OSBORN, WEBER, PIVETEAU, BOURDELLE, ROMER, STEHLIN u. SCHAUB, DUVERNOY)*

ten und sämtlichen Pinnipedia und Carnivora kräftig ausgebildet. Mehrmals und unabhängig voneinander entwickelten sich die Canini bei fleischfressenden Tieren zu riesigen Säbelzähnen (Abb. 122 F). Eckzähne sind ferner die mächtigen Hauer im Oberkiefer der Walrosse (Abb. 122 A).

Eine Sonderentwicklung erfuhren die Canini bei vielen Schweineartigen im männlichen Geschlecht, so als Hauer des Wildschweins oder als „Hörner" des Hirschebers. Bei diesem wachsen die Eckzähne nicht in die Mundhöhle, sondern bogenförmig durch die Oberlippe.

Zu einem Geschlechtsmerkmal entwickelte sich auch der zu einem langen Stab ausgewachsene linke Caninus des Narwalmännchens (Abb. 122 E). Bei den blutleckenden Fledermäusen (Desmodontidae) wurden die oberen Canini zusammen mit den nächstliegenden Incisiven zu scharfen Skalpellen. Die Canini der Pflanzenfresser sind eher klein. Sie können ganz fehlen, wie im Oberkiefer der Boviden und Giraffen. Im Unterkiefer der Bovidae haben sie die Form von Schneidezähnen angenommen, sie wurden *incisiviform* (Abb. 123 B4).

Dem Caninus folgen die vorderen Backenzähne, die *Praemolaren*. Bei pflanzenfressenden Tieren (Känguruhs, Huftiere, Nagetiere und Hasentiere) liegt vor den Prämolaren stets eine größere zahnfreie Zone, das Diastema (Abb. 123 B2 , B4 , B6).

Prämolaren und Molaren sind viel komplizierter strukturiert als die einfachen, direkt aus dem einwurzeligen Reptilienzahn hervorgegangenen Incisivi und Canini. Der Bau ihrer Wurzeln und die Struktur ihrer Kaufläche geben ausgezeichnete Indizien für phylogenetische Studien.

Incisivi sind immer einwurzelig, Canini können bisweilen *zwei Wurzeln* aufweisen. Die Prämolaren und unteren Molaren sind meist zweiwurzelig, die oberen Molaren besitzen sogar drei Wurzeln.

Bei sekundärer Vergrößerung der Kronenoberfläche durch Querjoche (Elefanten) kann entsprechend auch die Zahl der Wurzeln vermehrt werden.

Die Kronen der Backenzähne (Prämolaren und Molaren) erfuhren je nach Beanspruchung eine spezielle Differenzierung (Abb. 121 B, C). Ursprünglichster Zahntyp ist der dreihöckrige Zahn *(triconodonter Typ)*, bei

---

Abb. **122**   Extreme Zahnbildungen bei Säugetieren. **A** Walrosse *(Odobenus)* mit zu Hauern vergrößerten obern Canini; **B** teilweise längs geschnittener Schädel einer Taschenratte *(Geomys)* mit riesigen Incisiven; **C** *Dinotherium* aus dem Altpliozän mit heruntergebogenem Unterkiefer und zu Stoßzähnen vergrößerten unteren Incisiven; **D** Mammut *(Mammonteus)* mit zu Stoßzähnen vergrößerten oberen Incisiven; **E** Narwal-♂ *(Monodon)* mit einem extrem verlängerten linken Incisivus; **F–F"** in konvergenter Evolution entwickelte obere Canini, **F** beim Beutelraubtier *(Thylacosmilus)* aus dem Pliozän, **F'** bei der Säbelzahnkatze *Smilodon* aus dem Pleistozän, **F"** dem Raubtier *Dinictis* aus dem Oligozän (nach *MOHR, BAILEY, GAUDRY u. ANDREWS, ROMER, PEYER, RIGGS, MATTHEW*)

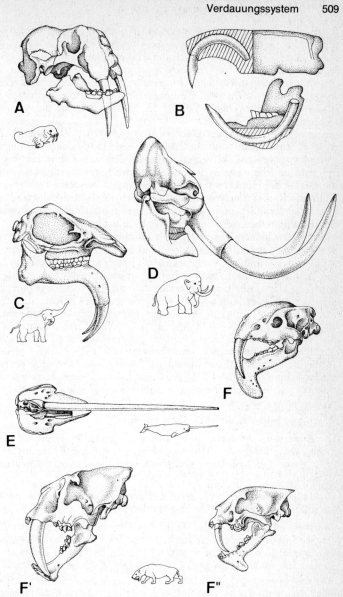

welchem drei Zahnhöcker hintereinander angeordnet sind. Dieser Zahntyp war bei den jurassischen Triconodonten typisch. Im Laufe der phylogenetischen Verbreiterung der Kaufläche entwickelten sich Typen, bei
welchen die Höcker im Dreieck angeordnet sind *(trituberculärer Typ)*.
Neben den ausgestorbenen Trituberculata besitzen unter den rezenten
Säugetieren die Beuteltiere, die Insektenfresser und die Halbaffen noch
solche Zähne. Im weiteren Verlauf der Evolution wurde die Anzahl der
Höcker vermehrt. So erhielt jeder untere Molar einen Anhang, das *Talonid* mit zwei zusätzlichen Höckern und viele Oberkiefermolaren einen
entsprechenden *Talonanhang*. Zwischen den Haupthöckern können sich
zusätzliche Nebenhöcker einschieben, so daß sich Zähne mit bis zu 6
Höckern bildeten. Herbivore und omnivore Formen reduzierten darauf
die Anzahl der Höcker auf vier, und die Kaufläche wurde rechteckig und
quadratisch. Bei omnivoren Formen (Schwein, Mensch) wurden die
Höcker abgerundet, man spricht vom *bunodonten* Zahn. Bei ausgesprochenen Pflanzenfressern verbinden sich die Höcker zu Leisten (Abb.
121 C) *(lophodonter Typ)* oder zu halbmondförmigen Lamellen *(selenodonter Typ)*, wodurch besonders effektive Reibflächen entstehen. Bei
Pflanzenfressern, deren Backenzähne oft hartes kieselsäurehaltiges Material bearbeiten müssen, stellt sich das Problem der Abnutzung. Ihre Bak-
kenzähne sind deshalb im Gegensatz zum niedrigkronigen *(brachyodon-
ten)* Typ mit einer hohen Krone versehen, d. h. ihre Höcker sind säulen-
förmig verlängert und in der Anlage mit einer dicken Zementschicht
überzogen *(hypselodonter* Zahn) (Abb. 121 A3). Durch Abnutzung werden auf einer solchen Zahnoberfläche die verschiedenen Hartsubstanzen
wie Dentin, Schmelz und Zement freigelegt. Infolge unterschiedlicher
Härte dieser Materialien entsteht ein bestimmtes Zahnrelief hervortre-
tender Schmelzleisten. Der Abnutzungsgrad der Zähne kann bei Säugetieren oft zur Altersbestimmung herangezogen werden.

Oft sind die Wände der Backenzähne nicht glatt, sondern gefaltet
(Pferd), sie heißen in diesem Fall *plicodont*.

Die Kronen der Molaren sind meistens stärker differenziert als jene der
Prämolaren. Placentale Säugetiere besitzen je Kieferhälfte maximal 4
Prämolaren und 3 Molaren, Beuteltiere können sogar bis 6 Molaren auf-
weisen.

Normalerweise sitzen von den Oberkieferzähnen die Incisivi im Praemaxillare, die übrigen Zähne im Maxillare.

In der Regel stehen sich die Zähne von Ober- und Unterkiefer nicht direkt gegenüber, sondern die Backenzähne des Unterkiefers sind eine halbe Zahnlänge nach vorne versetzt. Meistens treffen die Zahnreihen im
Ober- und Unterkiefer genau aufeinander, doch gibt es Ausnahmen
(Abb. 123 A).

Eine sekundäre Vereinfachung haben die Zähne der Zahnwale, Walrosse
und Gürteltiere erfahren. Das Gebiß dieser Tiere wird gleichförmig *(iso-
dont)* (Abb. 123 B5, 7), gleichzeitig fand bei einigen Formen (Flußdelphine

und einige Edentaten) eine Vermehrung der Zahnanlagen statt. Die Zähne der Erdferkel (Ordnung Tubulidentata) weichen vom allgemeinen Schema ab; sie setzen sich aus einer größeren Anzahl Dentinröhrchen zusammen, die untereinander mit Zement verbunden sind (Abb. 121 D).

Einige Säugetiere sind *zahnlos,* so die Schnabeligel, Ameisenbären, Schuppentiere und Bartenwale.

Die Gebißkonfiguration wird durch die *Zahnformel* dargestellt. Diese gibt die Anzahl der Incisivi, Canini, Prämolaren und Molaren einer Kieferhälfte wieder, wobei über dem Bruchstrich die Verhältnisse des Oberkiefers, und unterhalb des Bruchstriches jene des Unterkiefers angegeben werden.

also $\dfrac{ICPM}{ICPM}$

Als Zahnformel der ursprünglichsten Säugetiere wird $\dfrac{5145\text{–}6}{5145\text{–}6}$ betrachtet.

Die ursprünglichste Zahnformel der heute lebenden Beuteltiere lautet

$\dfrac{4135}{3136}$ (Ameisenbeutler),

jene der primitiven placentalen Säugetiere $\dfrac{3143}{3143}$ (Maulwurf, Rattenigel).

Alle höheren Säugetiere zeigen die Tendenz zu einer Reduktion der Anzahl der Zähne; es können sogar ganze Zahnkategorien ausfallen (Wegfall der Incisivi und Canini bei vielen Pflanzenfressern), z. B.

Spitzmaulnashorn $\dfrac{0043}{0033}$ Elefanten $\dfrac{1033}{0033}$

Giraffen, Bovidae $\dfrac{0033}{3133}$ Katzen $\dfrac{3131}{3121}$

Weitere Zahnformeln finden sich im systematischen Teil.

Die Backenzähne der Raubtiere, vor allem die Molaren, sind in verschiedenem Ausmaß reduziert und allgemein von einfacher Struktur. Eine spezielle Entwicklung erfuhr der vierte Prämolar im Oberkiefer und der erste Molar im Unterkiefer. Sie sind zu mächtigen Reißzähnen geworden (Abb. 123 B3). Säugetiere sind meistens *diphyodont,* d. h. es findet bei dem I, C und P2–4 ein einmaliger Zahnwechsel mit einem *Milchgebiß* zu einem *Dauergebiß* statt. Die Molaren und manchmal auch P1 entstehen erst am Dauergebiß und werden nicht erneuert. *Monophyodont* sind die Edentaten und Wale, bei welchen kein Zahnwechsel eintritt. Einen eigenartigen Zahnersatz haben Elefanten. Bei diesen ist jeweils nur ein riesiger Molar in Funktion, der nach Abnützung durch einen von hinten sich nachschiebenden Molar ersetzt wird.

Der **Mundbereich** der Säugetiere erfuhr eine Reihe entscheidender Spezialisationen. So wird die Mundhöhle apikal von *Lippen,* lateral von *Wangen* begrenzt. Lippen und Wangen bilden einen vor dem Kieferbo-

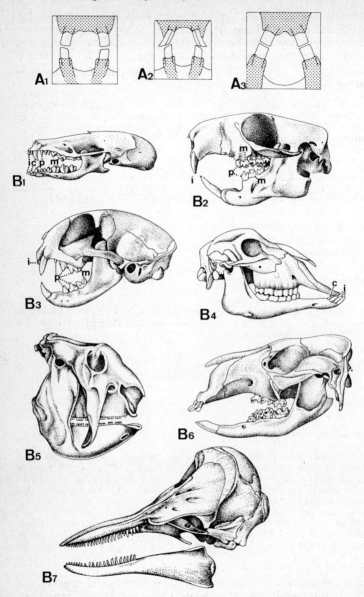

gen gelegenen Raum, das Vestibulum oris. Lippen, Wangen und Nase sind die gestaltenden Elemente der Säugetierschnauze und wirken bestimmend auf die Physiognomie. Die Lippen sind meistens unbehaart und reich an Muskulatur. Die Oberlippe der Rodentia, Lagomorpha, Felidae und Camelidae ist medial gespalten. Bei vielen Insectivoren, Tapiren, Schweinen und Elefanten gehen die Oberlippen zusammen mit der Nase in den Rüssel über. Beim Lippenbär und beim Spitzmaulnashorn sind die Lippen auf das Ergreifen von Laubblättern spezialisiert, beim Breitmaulnashorn sind die Lippenränder kantig und hart und dienen zum Abreißen von Gras. Viele Nagetiere (Hamster) besitzen *Backentaschen* zur Nahrungsspeicherung.

Bei Wiederkäuern ist die Wangenschleimhaut mit Papillen besetzt (Abb. 124 A). Der Gaumen ist apikal von Knochen überdacht *(harter Gaumen)*, nach hinten schließt eine muskulös-bindegewebige Platte *(weicher Gaumen)* an. Der Gaumen ist meistens mit quer verlaufenden Leisten versehen, die bei Pflanzenfressern verhornt sind und zum Zerreiben der Nahrung dienen. Bei den Bartenwalen sind aus den Gaumenleisten lange parallele Hornlamellen, die *Barten*, entstanden. Sie dienen als Seihapparat für kleinere Meerestiere.

Die **Zunge** hat bei den Säugetieren ihre höchste Entwicklung erfahren. Sie ist sehr beweglich und besitzt die differenzierteste *Eigenmuskulatur* der Wirbeltiere. Die Oberfläche ist oft stark verhornt und bei Wiederkäuern und Katzen mit Hornpapillen versehen. Typisch sind ferner Zungenpapillen, die im Dienste des Geschmackssinns stehen (s. unten) sowie der Drüsenreichtum.

Der hintere, zwischen den Molaren und Prämolaren liegende Teil der Zunge (Zungenkörper) ist oft besonders muskelreich und hat die Aufgabe, beim Kauen die Nahrung zwischen die Zähne zu schieben. Die Zungenspitze übernimmt oft Aufgaben bei der Nahrungsaufnahme. Giraffen und Rinder reißen mit ihr Pflanzenbüschel aus. Lange Leckzungen besitzen die fruchtfressenden Fledertiere sowie Lippen-, Malayen- und Brillenbär. Unabhängig voneinander haben mehrere Säugetiergruppen lange wurmförmige Zungen entwickelt, vor allem in Zusammenhang mit der Spezialisation auf Ameisen- und Termitennahrung (Ameisenigel, Ameisenbeutler, Erdferkel, Schuppentiere, Gürteltiere und Ameisenbären). Für das Vorschnellen der langen Wurmzungen sind zwei Muskeln ver-

---

Abb. **123** Zahnstellung und Gebiß der Säugetiere. **A1–A3** Stellung der Zähne des Oberkiefers und des Unterkiefers zueinander, **A1** Isognathie, Bisamratte *(Ondatra zibethica);* **A2** Anisognathie, Hase *(Lepus europaeus);* **A3** Anisognathie beim Sumpfbiber *(Myocastor coypus);* **B1–B7** Gebißtypen, **B1** Insektenfresser, Maulwurf *(Talpa europaea),* **B2** Nager, Alpenmurmeltier *(Marmota marmota),* **B3** Raubtier, Wildkatze *(Felis silvestris);* **B4** Wiederkäuer, Schaf *(Ovis aries),* **B5** Homodontie bei einem Pflanzenfresser, Riesengürteltier *(Glyptodon),* **B6** Pflanzenfressergebiß eines Beuteltiers, Känguruh *(Macropus),* **B7** Homodontie bei einem Fischfresser, Delphin *(Delphinus);* **i** Incisivus, **c** Caninus, **p** Prämolar, **m** Molar (nach *WEBER, GIERSBERG u. RIETSCHEL, BAUMANN, FRECHKOP, BURMEISTER, GREGORY, WEBER)*

antwortlich, der M. genioglossus als Protractor und der M. sternoglossus als Retractor. Letzterer inseriert am Schwertfortsatz des Sternums, das bei den Schuppentieren bis in die Beckenregion reicht (S. 492).

Unter der Zunge findet sich vielfach eine Falte, die als Rudiment der Sublingua (vgl. Reptilien) betrachtet wird. In der Sagittalebene verläuft oft ein Zungenbändchen, Frenulum linguae, das die Zungenspitze basal mit dem Mundhöhlenboden verbindet.

Die von den Säugetieren neu erworbene Fähigkeit des Kauens erfordert eine gute Durchspeichelung der Nahrung. Deshalb sind bei den Säugetieren die **Mundspeicheldrüsen** am stärksten entwickelt. Am größten sind sie bei Wiederkäuern und bei Tieren, die trockene Nahrung aufnehmen. Die Mundspeicheldrüsen sind serös, mucös oder gemischt. Der Speichel ist teils schleimig-zähflüssig, teils wäßrig-dünnflüssig und enthält oft Ptyalin, ein stärkespaltendes Ferment.

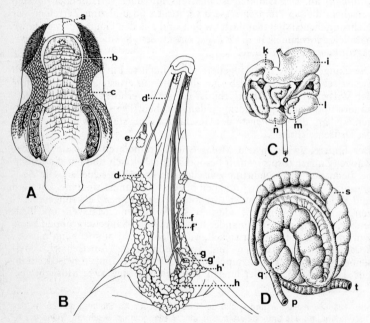

Abb. **124** Mund- und Verdauungstrakt der Säugetiere. **A** Munddach eines Hausrindes, **a** Lippenspalt, **b** Gaumenleisten (Rugae), **c** Papillenfeld; **B** Speicheldrüsen eines Ameisenbären, **d d'** Gl. parotis und ihr Ausführgang, **e** Augendrüse, **f f'** Unterzungendrüse (Gl. sublingualis) und ihr Gang, **g g'** Gl. submaxillaris und ihr Gang, **h h'** Gl. pectoralis und ihr Gang; **C** Magen und Darmtrakt eines Eichhörnchens, **i** Magen, **k** Pylorus, **l** Colon, **m** Blinddarm, **n** Harnblase, **o** After; **D** Dickdarmspirale und Blinddarm des Kaninchens, **p** Dünndarm, **q** Dickdarm, **s** Blinddarm, **t** Enddarm (nach *RETZIUS, FAHRENHOLZ, MUTHMANN)*

Die größte Speicheldrüse ist die *Ohrspeicheldrüse* (Glandula parotis). Ihr mächtiger Drüsenkörper kann sich bis in die Nackengegend erstrecken. Sie entleert ihr seröses Sekret über den Ductus parotidicus im Bereich der Backenzähne.

Die *Unterkieferdrüse* (Gl. submandibularis) und die Unterzungendrüsen (Gll. sublinguales) bilden ebenfalls große Drüsenkörper.

Daneben gibt es noch kleinere Drüsen, Gll. buccales, die einzeln oder in Drüsenfeldern in der Mundschleimhaut sitzen. Bei den Insektenfressern und beim Erdferkel produzieren die Unterkieferdrüsen eine Sekret, das die Zunge klebrig macht.

Im **Rachen** (Pharynx) kreuzen sich Atmungsweg und Verdauungstrakt. Während des Schluckaktes wird der Atmungsweg unterbrochen, dorsal durch das angespannte Gaumensegel und durch die an der Pharynxwand vorspringende Ringfalte, ventral durch den Verschluß des Kehlkopfes (Larynx) (S. 523). Die reichlich vorhandene Pharynxmuskulatur hilft, die Nahrung von der Mundhöhle in den Oesophagus zu befördern.

Der Oesophagus ist ein dehnbares Rohr. Seine Muskelwand besteht bei Wiederkäuern und einigen Hundeartigen durchgehend aus quergestreifter Muskulatur, im allgemeinen wird aber diese magenwärts in unterschiedlicher Ausdehnung von glatter Muskulatur ersetzt. Der Oesophagus ist mit einem mehrschichtigen Plattenepithel ausgekleidet, das besonders bei Pflanzenfressern verhornt ist. Häufig, vor allem bei Fleischfressern, lassen sich mucöse Oesophagusdrüsen nachweisen.

Der **Magen** der Säugetiere hat von allen Wirbeltieren die höchste Differenzierung in bezug auf Gliederung und Histoarchitektur (Abb. 125) erfahren.

Die meisten Säugetiere besitzen einen *einhöhligen* Magen. Es lassen sich an ihm verschiedene Regionen unterscheiden, die durch die Epithelien und die Struktur der Drüsen charakterisiert werden (Abb. 125 B1, B2).

Bei einigen Formen (Rodentia, Pferdeartige) wird der vorderste Abschnitt des Magens noch von Oesophagusepithel bedeckt (Abb. 125 B1,2,5).

– *Cardiaregion,* einschichtig-hochprismatisches Plattenepithel, rein seröse Drüsen mit langen Ausführgängen,

– *Fundusregion,* einschichtig-hochprismatisches Epithel, Fundusdrüsen (Gll. gastricae) tubulös, wenig verzweigt, münden zu mehreren in einen gemeinsamen Mündungstrichter; 3 verschiedene Zelltypen: Nebenzellen, mucös, umgeben kragenartig die Tubulusmündung, Hauptzellen, serös, basophil, bilden Pepsinogen, Belegzellen, serös, acidophil, bilden Salzsäure.

– *Pylorusregion,* einschichtig-hochprismatisches Epithel, mucöse Drüsen, weitlumig und verzweigt.

Einige Säugetiere besitzen einen *mehrhöhligen Magen*, der entweder durch intensive Kammerung (Delphine, blätterfressende Affen, Känguruhs, Wiederkäuer, Kamele) oder durch die Entwicklung von Magenblindsäcken (Nabelschweine, Flußpferde, Hasen, Faultiere, blutleckende Vampirfledermäuse) entstand (Abb. 125 B3, 4, 6–8).

Der Magen der *Wiederkäuer* gliedert sich in die *3 Vormägen* und in den eigentlichen *Drüsenmagen* (Abb. 123 A). Die Vormägen sind drüsenlos, mit mehrschichtigem Plattenepithel überzogen, und man unterscheidet *Pansen* (Rumen), *Netzmagen* (Reticulum) und *Blättermagen* (Omasus). Der Drüsen- oder *Labmagen* (Abomasus) entspricht dem einhöhligen Magen der übrigen Säugetiere.

Bei der Nahrungsaufnahme wird das Futter nur flüchtig gekaut und gelangt zuerst in den Pansen und Netzmagen, wo mit Hilfe von Bakterien und Ciliaten die Cellulosespaltung erfolgt. In rhytmischen Abständen gehen darauf mundgerechte Portionen wieder ins Maul zurück, wo sie intensiv zerkaut werden. Nach dem Abschlucken kommen sie wiederum in den Pansen und Netzmagen. Der Nahrungsbrei gelangt dann in den Blättermagen, der ihm das Wasser entzieht und die einzelnen Partikel nochmals zerkleinert, und schließlich in den Labmagen, wo die Verdauungssäfte wirken.

Wiederkauen ist auch von den Cameliden bekannt, doch unterscheidet sich ihr Magen von jenem der Ruminantia sowohl durch die Proportionen der einzelnen Magenabschnitte als auch durch ihre Epithelien und Drüsen. Man nimmt deshalb an, daß die Tylopoda und Ruminantia das Wiederkauen unabhängig voneinander erworben haben.

Im Gegensatz zu den Vögeln ist der Magen der Säugetiere eher schwach bemuskelt, mit Ausnahme des Faultiermagens, der ein Muskelmagen zur mechanischen Nahrungszerkleinerung ist.

Der **Darm** (Abb. 124 C, D) gliedert sich in drei Abschnitte des Mitteldarms – *Zwölffingerdarm* (Duodenum), *Leerdarm* (Jejunum) und *Hüftdarm* (Ileum) sowie drei Abschnitte des Enddarms – *Blinddarm* (Caecum), *Dickdarm* (Colon) und *Mastdarm* (Rectum).

Die drei Abschnitte des Mitteldarms lassen sich histologisch unterscheiden und gehen kontinuierlich ineinander über. Der Mitteldarm verläuft gewunden; seine Länge beträgt bei den meisten Säugetieren ein Mehrfaches der Körperlänge. Allgemein gilt, daß Pflanzenfresser einen relativ

---

Abb. 125   Magen der Säugetiere. **A** Wiederkäuermagen (Rind) im Längsschnitt; **B1–B8** schematische Darstellung von Mägen und ihren Abschnitten, **B1** Katze *(Felis)*, **B2** Seehund *(Phoca)*, **B3** Tümmler *(Tursiops)*, **B4** Vampirfledermaus *(Desmodus)*, **B5** Schwein *(Sus)*, **B6** Pekari *(Tayassu)*, **B7** Faultier *(Bradypus)*, **B8** Langur *(Presbytis)*; **a** Pansenvorhof, **a'** ventraler Pansensack, **a"** dorsaler Pansensack, **b** Netzmagen, **c** Blättermagen, **d** Labmagen, **e** Pylorus, **f** Oesophagus, **g** Schlundrinne; ausgezogene Pfeile: Eintritt in Pansen und Netzmagen und Wiederkauphase; gestrichelte Pfeile: Weg aus Pansen und Netzmagen in Blättermagen und Labmagen; Horizontalraster: Oesophagusepithel, Diagonalraster: Cardiaepithel, feiner Punktraster: Fundusepithel, grober Punktraster: Pylorusepithel, schwarz: Muskulatur des Muskelmagens (nach *PERNKOPF*)

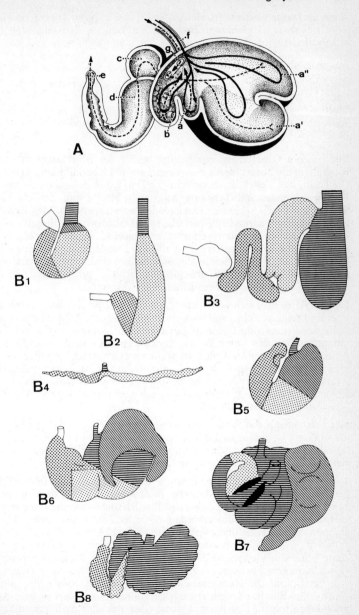

längeren Darm besitzen als Fleischfresser; die längsten Därme besitzen jedoch fisch- und planktonfressende Meeressäuger, den kürzesten die Vampirfledermäuse.

Beispiele (als Vielfaches der Körperlänge)

Waldspitzmaus	1,3	Wanderratte	9,0
Katze	1,5	Reh	11
Wolf	4,7	Schaf	23
Igel	7,0	Seehund	28
Bär	8,0	Blauwal	56

Zur inneren Oberflächenvergößerung besitzt der Mitteldarm meistens Ringfalten, ein ausgeprägtes Zottenrelief sowie Lieberkühnsche Krypten. Die häufigsten Zellen des einschichtigen Darmepithels sind die Saumzellen, die mit einem Stäbchensaum (Mikrovilli) besetzt sind. Zwischen den Saumzellen liegen schleimproduzierende Becherzellen. Die der Resorption dienenden Saumzellen überziehen die Darmzotten, während in den Lieberkühnschen Krypten vermehrt sezernierende Zellen vorkommen. Spezifisch für die Säugetiere sind die im Duodenum vorkommenden Brunnerschen Drüsen, tief in die Submucosa eindringende, stark verzweigte Drüsenkörper, die ausschließlich Schleim produzieren und die sich nur wenig von den Pylorusdrüsen unterscheiden.

Der Enddarm hebt sich vom Mitteldarm durch seine zottenfreie Schleimhaut und seine verschiedene Blutgefäßversorgung ab. An der Übergangsstelle des Ileums zum Colon zweigt öfters ein Blinddarm (Caecum) ab. Hauptfunktion des Colon ist die Rückresorption von Wasser, die Eindickung des Kots. Das Colon ist recht unterschiedlich gestaltet. Es ist meistens weitlumig und oft durch eine Reihe von sackartigen Ausstülpungen (Haustra) gegliedert. Beim Menschen und bei Fleischfressern ist es kurz und läßt sich in einen aufsteigenden, einen querliegenden und einen absteigenden Ast aufteilen.

Der aufsteigende Ast variiert beträchtlich nach Größe und Lage: Bei den Ruminantia ist er lang und dünn, bei den Schweinen ist er spiralig aufgewunden und bei den Pferden ist er zu einer weitlumigen U-Schleife geworden, wo die Celluloseverdauung stattfindet.

Der *Blinddarm* ist unpaar (Ausnahme einige Edentata). Er fehlt bei Insectivora, den Bären und Mardern. Beim Menschen und den Monotremata ist er klein, während er bei den Pferden und Schweinen eine riesige Gärkammer für die Celluloseverdauung bildet. In den sehr langen Blinddärmen der Rodentia und Lagomorpha (Abb. 124 D) wird zusätzlich Vitamin B synthetisiert, in speziellem Blinddarmkot ausgeschieden und dann gefressen. Vielfach ist der Blinddarm mit einer Ringfalte gegenüber dem Colon verschließbar, oft zeigt er ähnliche Ausstülpungen (Haustra) wie das Colon. Die Hyracoidea besitzen rectalwärts vom echten Blinddarm einen Blindsack, dem etwas weiter hinten noch zwei paarige Ausstülpungen folgen. Das Rectum ist zu einer Rektalampulle erweitert, in welchem der Kot gespeichert werden kann. Der Analteil des Rectums wird von glatter und quergestreifter Ringmuskulatur umfaßt.

Die beiden großen in den Mitteldarm einmündenden Drüsen, **Pankreas** und Leber, unterscheiden sich nicht prinzipiell von jenen der Reptilien und Vögel. Das in der Duodenalschlinge eingebettete Pankreas kann kompakt (bei den meisten Säugetieren), gegliedert (Rodentia) oder traubig verzweigt (Lagomorpha) sein. Der exokrine Anteil der Drüse produziert Fermente für die Eiweiß-, Kohlehydrat- und Fettverdauung und entläßt sie über ein oder zwei Ausgänge.

Die **Leber** unterscheidet sich in ihrer Funktion als Stoffwechselorgan und exokrine Drüse nicht wesentlich von jener der Reptilien und Vögel. Als Stickstoffabbauprodukt synthetisiert sie Harnstoff. Im allgemeinen ist die Leber bei Fleischfressern größer als bei Pflanzenfressern. Die äußere Form ist sehr variabel, da sie sich stark an ihre Umgebung anpaßt.

Man unterscheidet ein- (Wiederkäuer), zwei- (Cetacea, Chiroptera), drei- (viele Pferdeartige), vier- (Halbaffen, viele Edentaten) und viellappige Lebern (Marsupialia, Rodentia, Pinnipedia). Durch sekundäre Lappenbildung kann die Leber ein traubiges Aussehen erhalten. Baueinheit der Säugetierleber sind kleine Läppchen (Lobuli), gebildet aus Platten von Leberzellen, die bei Säugetieren ein-, zwei- oder mehrkernig sind. In der Mitte jedes Leberläppchens befindet sich eine Zentralvene, die das Blut über die Lebervene in die hintere Hohlvene leiten. Von außen führen Äste der Leberarterie und des Pfortadersystems in die Leberläppchen.

Die zwischenzelligen, verzweigten Gallenkapillaren sammeln sich außen an den Leberläppchen zu Gallengängen (Ductus biliferi), die sich schließlich zum Gallengang (Ductus hepaticus) vereinigen. Eine Abzweigung (Ductus cysticus) führt zur Gallenblase, wo die Galle gespeichert werden kann. Der Gallengang wird nach Aufnahme des Ductus cysticus zum Ductus choledochus, der auf einer Papille im Duodenum mündet.

Vielen Säugetieren fehlt eine *Gallenblase* (viele Rodentia, Cetacea, Perissodactyla, Artiodactyla und Edentata). Um den Gallenfluß in den Darm regulieren zu können, haben einzelne Formen spezielle Verschlüsse, z. B. Ringfalten um die Mündungsstelle des D. choledochus, entwickelt.

Ernährung

Die ernährungsbedingte Radiation innerhalb der Säugetiere und einzelner Gruppen übertrifft womöglich noch jene der Vögel. Es dürfte kaum Formen von belebter Substanz geben, die nicht von Säugetieren gefressen werden. Entsprechend vielfältig sind die verschiedenen Beutefang-, Äsungs- und Pflückmethoden und ist damit zusammenhängend, der Fortbewegungs-, Freß- und Verdauungsapparat differenziert.

Interessant ist, daß sich nach der frühtertiären Großradiation, die hauptsächlich auf Ernährungsspezialisation ausgerichtet war und die zur Bildung der heutigen Ordnungen führte, (z. B. der Insectivora, Carnivora und den pflanzenfressenden Huftieren und Rodentia), später innerhalb der Großgruppen weitere Radiationsvorgänge abspielten, wobei einzelne Äste wiederum weit vom allgemeinen Spezialisationstrend der betreffenden Ordnung abweichen konnten.

Erwähnt sei die Hauptverzweigung der Chiroptera in die fruchtfressenden Flughunde und die vorwiegend insektenfressenden Fledermäuse, innerhalb letzterer sich aber spezialisierte Fisch- und Krebsfänger, Kleinwirbeltierfresser, Blutlecker, Frucht-, Nektar- und Pollenfresser entwickelt haben.

Bezüglich der Ernährung lassen sich die Säugetiere verschiedenen Spezialisationsstufen zuordnen. Der niederste Spezialisationsgrad ist die Omnivorie. Omnivore Tiere haben ein breites Nahrungsangebot im vegetabilen und animalischen Bereich. Z. B. fressen Opossums nebst Pflanzenteilen und Früchten jeder Art auch sämtliche Tiere, die sie überwinden können, nebst Eiern, Aas und Kot; ähnlich sieht etwa der Speisezettel der omnivoren Wanderratte aus.

Beim nächsten Spezialisationsgrad fressen die Tiere mehr oder weniger nur Nahrung aus dem vegetabilen oder dem animalischen Bereich. Als generell fleischfressendes Raubtier können wir etwa den Tiger betrachten, dessen Speisezettel sich vom Gaur über Vögel zu Mäusen und Insekten erstreckt.

Jeder der beiden Nahrungsbereiche läßt weitere Spezialisationen zu. Innerhalb der animalischen Gruppe sind es etwa die Spezialisationsrichtungen auf Insekten (Spitzmäuse), Seeigel und Muscheln (Seeotter), Fische (Robben), warmblütige Tiere (Katzen), Aas (Hyänen), Zooplankton (Bartenwale), innerhalb der vegetabilischen Gruppe Gräser und Kräuter (Huftiere), Wurzeln (Warzenschweine, Maras), Laub (Giraffen, Elefanten), Knollen (Schweine), Samen (Waldmaus), Rinde (Baumstachler), Knospen, Triebe (Eichhörnchen), Beeren, weiche Früchte (Flughunde), Wasserpflanzen (Flußpferde, Sirenen).

Es folgen die extremen Nahrungsspezialisten mit exklusiver Anpassung, aber auch Abhängigkeit von einer bestimmten Nahrungssorte. Beispiele dafür sind etwa der Koala, der sich nur von den Blättern weniger Eukalyptussorten ernährt, die blutleckenden Vampirfledermäuse, die Spezialisten auf Ameisen (Ameisenigel, Ameisenbeutler, Schuppentiere) oder Termiten (Ameisenbären, Erdferkel, Riesengürteltier), und die Blütennektarsauger (Honigbeutler).

Im Zusammenhang mit dem Nahrungserwerb wurden auch viele spezifische Verhaltensweisen entwickelt. Zu ihnen gehören die Art des Beutefangs wie Belauern (Löwen an Wasserstellen), Anschleichen (Füchse beschleichen oft Hasen), Kurzstreckenjagd (Gepard), Langstreckenhetzjagd (Wolf, Rotwolf, Hyänenhund). Dabei können Raubtiere einzeln (Leopard) oder gruppenweise (Löwen, Wölfe) jagen. Vielfältig sind auch die Methoden des Beute-Aufspürens. Vorwiegend optisch orientiert sich der Gepard auf der Jagd, Füchse pflegen ihre Beute olfaktorisch auszumachen, während Fledermäuse Insekten akustisch orten. Unabhängig voneinander haben viele Tierarten Systeme der Vorratsspeicherung entwickelt. Neben der Fettspeicherung im eigenen Körper gehört dazu die Anlage spezieller Voratskammern, in welche Samen (Eichhörnchen, Hamster) oder sogar Kleintiere (Iltis) eingetragen werden.

Atmungssystem

Die Lunge der Säugetiere funktioniert wie jene der Reptilien und Amphibien nach dem *Blindsackprinzip* (Abb. 126). Von allen Lungen dieses Typs ist sie am intensivsten aufgezweigt in Bronchen, Bronchuli, Ductus alveolares, Sacculi alveolares (Lungenbläschen). Die weitlumigen Bronchen und Bronchuli sind mit einem Flimmerepithel ausgekleidet und dienen dem Gastransport, die Ductus alveolares und die Sacculi alveolares bilden das eigentliche Lungenparenchym, sie sind mit Respirationsepithel ausgekleidet und von einem dichten Kapillarnetz umsponnen. Vielfach liegt die Übergangszone von Flimmerepithel zum respiratorischen Epithel in den Bronchuli, in diesem Fall bezeichnet man den Flimmerepithel-Abschnitt als Bronchulus terminalis und den Respirationsabschnitt als Bronchulus respiratorius. Entsprechend der intensiven inneren Verästelung ist die Säugetierlunge auch äußerlich gegliedert in 2 Lungenflügel, in Lappen (Lobi) und Läppchen (Lobuli). Wegen der linksseitigen Lage des Herzens sind die beiden Lungenflügel meistens asymmetrisch. Durch die intensive Aufzweigung und Untergliederung wird eine gewaltige Vergrößerung der respiratorischen Oberfläche erreicht, so weist eine Katzenlunge rund 400 Millionen Lungenbläschen auf, die einer respiratorischen Oberfläche von 20 m² entsprechen.

Die Lungen liegen in der Brusthöhle, die caudal durch das muskulöse *Zwerchfell* abgeschlossen wird. Bei der Inspiration wird die Brusthöhle durch die Kontraktion des Zwerchfells und der äußeren Zwischenrip-

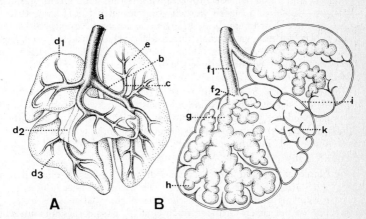

Abb. 126 Säugetierlunge. **A** Übersicht, Lunge des Igels *(Erinaceus europaeus);* **B** schematische Darstellung eines Lungenläppchens des Menschen, **a** Trachea, **b** Hauptbronchus, **c** erster Nebenbronchus, **d1–d3** rechte Lunge, **d1** vorderer, **d2** mittlerer, **d3** hinterer Lappen, **e** linke Lunge, **f1** Bronchulus terminalis, **f2** Bronchulus alveolaris, **g** Ductus alveolaris, **h** Alveole, **i** interlobuläres Septum, **k** interacinäres Septum (nach *MARCUS, KAEMPE, KITTEL, KLAPPERSTUECK*)

penmuskulatur erweitert; bei der Exspiration erschlafft das Zwerchfell und wölbt sich in die Brusthöhle vor, gleichzeitig kontrahiert sich die innere Zwischenrippenmukulatur und verengt den Brustraum. Die Lungenwand liegt stets der Brusthöhlenwand an, so daß sich ihr Volumen passiv mit demjenigen der Brusthöhle ändert. Bei intensivierter Atmung kann die Muskulatur der Brust, des Halses, des Schultergürtels und des Bauches die Atembewegung verstärken.

Bei lange tauchenden Walen ist das Zwerchfell caudal ausgebuchtet und ermöglicht so eine starke Erweiterung der Lunge.

Respirationsweg. Normalerweise tritt die Atemluft durch paarige Atemöffnungen der Nase ein, strömt über den Nasenrachenraum zum Kehlkopf (Larynx) und von dort über Trachea und Bronchen zu den Lungenflügeln.

Die mit mehr oder weniger großen Flächen von Riechepithel ausgekleideten Nasenhöhlen sind voneinander durch eine knorpelige Nasenscheidewand getrennt.

Die äußere *Nasenform* ist sehr variabel. Bei Makrosmaten (gut riechende Tiere) ist die äußere Nase meistens feucht und fühlt sich infolge der Verdunstungskälte kühl an. Bei Raubtieren ist dieses Nasensekret wäßrig, bei vielen Huftieren schleimig und klebrig. Vielfach besitzen die Makrosmaten lange, bewegliche Schnüffelnasen (viele Insektivoren, Ameisenbeutler, Tupajas, Erdferkel, Ameisenbären), nicht zu verwechseln mit den echten Rüsseln, an welchen neben der Nase auch die Oberlippe beteiligt ist und die neben Riechfunktionen meistens auch Greiffunktionen besitzen. Rüssel und Nasen werden von speziellen Knorpeln und Knochen gestützt. Nur einige Wale besitzen ein einziges Nasenloch. Die äußeren Nasenöffnungen können durch kleine Hautmuskeln verengt, oft auch erweitert werden (aufgeblähte Nüstern der Pferde), bei vielen wasserbewohnenden Formen können sie durch Ringmuskulatur dicht verschlossen werden.

In die Nasenhöhle (S. 489) münden die *Tränennasengänge* (Dd. nasolacrimales), die sich vor ihrer Mündung meistens in zwei Arme teilen. Bei wasserlebenden Säugetieren, aber auch bei den Elefanten, sind sie zurückgebildet. Neben der Geruchswahrnehmung (s. unten) hat die Nasenschleimhaut als Flimmerepithel die Hauptaufgabe, feste Partikel (Staub, Mikroorganismen) aus der Atemluft zurückzuhalten.

Die Nasenschleimhaut enthält neben diffus verteilten Becherzellen eigentliche Drüsenkörper (Gll. nasales). Die wichtigste Nasendrüse ist die in den Vorhof mündende Stenosche Nasendrüse (Gl. nasalis externa), daneben ist bei vielen Gruppen noch eine Gl. nasalis medialis ausgebildet, die ihr schleimiges Sekret ins Vomeronasalorgan entläßt.

Im Rachenraum kreuzen sich die Luft- und die Nahrungspassage (S. 515). Um den Eintritt von Nahrungspartikeln in den Kehlkopf zu verhindern, wird der Zugang beim Schluckakt mit dem Kehldeckel, Epiglottis, einer zungenförmigen Querfalte, verschlossen.

Der *Larynx* hat als Organkomplex der **Stimmbildung** eine extreme Spezialisation erfahren. Zu den Stellknorpeln und zum Ringknorpel der Amphibien und Reptilien tritt neu der Schildknorpel (Cartilago thyreoidea) auf, der sich mit Teilen des IV. und V. Kiemenbogens homologisieren läßt. Der Kehlkopfeingang liegt unmittelbar unter den Choanenöffnungen. Bei Walen und jungen Beuteltieren bildet die Epiglottis eine röhrenartige Verbindung zwischen Kehlkopf und Choanen, so daß sie auch während der Nahrungsaufnahme atmen können.

Am eigentlichen Stimmapparat sind neben den erwähnten Knorpeln paarige Falten zwischen Stellknorpeln und Schildknorpel, die *Stimmfalten*, Plicae vocales, und ein weiteres mundwärts gelegenes Paar, die Taschenfalten, Plicae ventriculares, beteiligt. Die Stimmfalten überziehen die aus elastischem Bindegewebe bestehenden Stimmbänder und bilden die Stimmlippen. Der Spalt zwischen den Stimmlippen heißt Stimmritze, Rima glottidis. Die Stimme kommt durch Schwingungen der Stimmlippen zustande. Der Larynx besitzt eine komplizierte Bemuskelung, welche die einzelnen Knorpel gegeneinander bewegt und durch verschiedene Spannung der Stimmlippen unterschiedliche Töne bewirken kann. Wie sich durch die Innervation (N. laryngeus superior, N. laryngeus inferior, den ersten und dritten Ast des X. Gehirnnervs) belegen läßt, ist diese Stimmuskulatur homologisierbar mit der Branchialmuskulatur der Fische (IV. und VI. Kiemenbogen).

Als Resonanzräume gibt es im Larynx bestimmter Säugetierformen an unterschiedlichen Stellen Ausbuchtungen, die *Kehlkopftaschen*. Eine obere ventrale Kehlkopftasche besitzen beispielsweise viele Paarhufer, Alt- und Neuweltaffen, eine untere ventrale Kehlkopftasche einige Fledermäuse, Bartenwale und Krallenäffchen, seitliche Ausstülpungen Pferde, Mähnenrobben und Menschenaffen und eine dorsale Kehlkopftasche zeigen schließlich viele Halbaffen. Tracheale Ausstülpungen zur Tonverstärkung besitzen schließlich die Hufeisennasen (Gruppe der Fledermäuse).

Neben den Vögeln besitzen die Säugetiere den ausgedehntesten Bereich **stimmlicher Äußerungen**, der bis zum Ultraschall, 175000 Schwingungen/s. bei Fledermäusen und 200000 Schwingungen/s. bei Walen, reicht und über eine beinahe unüberschaubare Vielfalt stimmlicher Ausdrucksweisen wie Pfeifen, Kreischen, Heulen, Knurren, Bellen, Quaken, Muhen, Wiehern, Brüllen, Singen und Sprechen verfügt.

Bei differenzierten Lautäußerungen, wie bei der menschlichen Sprache, haben Lippen, Zähne, Gaumen und Zunge zusätzlichen Anteil an deren Bildung.

Einzelne Säugetiere besitzen neben dem laryngealen System noch andere Möglichkeiten der Lauterzeugung, das vom Klatschen der Paviane, Brusttrommeln der Gorillas, Zähneklappern der Pekaris und Meerschweinchen, Stachelrasseln der Stacheltiere bis zum Instrumentalgebrauch des Menschen reicht.

Kreislaufsystem

Ähnlich den Vögeln haben die Säugetiere als *endotherme* Tiere ihren Kreislauf auf *höchste Leistungsfähigkeit* entwickelt durch strikte Trennung von Lungen- und Körperkreislauf, größtmögliche Vereinfachung des Aortenbogensystems und Weglassung des strömungstechnisch ungünstigen Nierenpfortadersystems. Diese Spezialisierung erfolgte getrennt von jener der höheren Reptilien und Vögel und läßt sich direkt auf die Verhältnisse bei Amphibien zurückführen.

Das Herz wird durch ein *vollständiges Septum* in zwei Herzkammern (Abb. 127 B), Ventrikel, unterteilt, wobei das Septum anfänglich unvollständig angelegt wird und sich erst im Laufe der Embryonalzeit schließt. Im Laufe der Säugetierphylogenie wurden die Stämme herznaher Gefäße größtenteils in die Herzwand eingebaut, so die Stämme der Venae pulmonales und ihre Rami, so daß bei den Placentalia vier Lungenvenen direkt in den linken Vorhof münden (Abb. 127 A). Ebenso wurde der größte Teil des Sinus venosus bis auf des Sinus coronarius in das rechte Atrium einbezogen, so daß bei den höheren Säugetieren nur noch zwei Hohlvenen (V. cava superior und V. c. inferior) in den rechten Vorhof münden. Die Monotremata, Marsupialia und Edentata zeigen in bezug auf die herznahen Gefäße ursprünglichere Verhältnisse. Bei den Monotremata münden die Lungenvenen noch in einem gemeinsamen Stamm, bei den Marsupialia in zwei Ästen. Monotremata und Marsupialia besitzen ferner zwei obere Hohlvenen.

Die Monotremata und Edentata besitzen zwei Sinus-Vorhofklappen, die übrigen Säugetiere hingegen nur noch Reste der rechten Klappe, die Valvula venae cavae inferioris und die Valvula coronarii.

Während bei den Monotremata ähnlich wie bei den Vögeln und Krokodilen im Ostium zwischen linkem Vorhof und linkem Ventrikel eine mediane und zwei laterale Klappen und im rechten Ostium nur eine Klappe vorhanden ist, sind bei den Marsupialia und den Placentalia links eine laterale und eine mediale (bilden zusammen die zweizipflige Klappe, Val-

Abb. 127 Zirkulationssystem bei Säugetieren. A Herz mit Coronargefäßen, Panzernashorn *(Rhinoceros unicornis)*, A Ventralseite, A' Dorsalseite; B eröffnetes Säugetierherz mit Reizleitungssystem; C1–C7 Variabilität in der Abzweigung der großen Arterienäste vom Aortenbogen, C1 Wiederkäuer, C2 Pferdeartige, C3 Schweine, Giraffen, Lamas, C4 Erdferkel, C5 einige Fledermäuse, Seekühe, Mensch, C6 einige Insektenfresser und Fledermäuse, Tümmler, C7 Indischer Elefant, Beutelmarder; D Arterien- und Venensystem einer Katze *(Felis)*; E Lymphgefäßsystem des Menschen, a Aorta, b A. pulmonalis, c Vv. pulmonales, d V. cava posterior, e V. cava superior, f rechtes, g g' rechter und linker Ventrikel, h h' rechter und linker Aurikel, i V. cordis magna, k V. cordis media. l A. coronaris dextra, l' A. coronaris sinistra, l'' A. c. anterior, l''' A. c. posterior, m m' rechte und linke A. carotis communis, n n' rechte und linke A. subclavia, o o' rechte und linke V. jugularis, p p' rechte und linke V. subclavia, q V. iliaca, r V. ischiadica, s V. caudalis, t V. renalis, u V. portae, w A. renalis, x A. coeliaca, y A. iliaca, z A. caudalis, az V. azygos, ha V. hemiazygos; Lymphgefäße: cc Cisterna chyli, dt Ductus thoracicus, nc Nodus cervicalis, ni Nodus intercostalis, nl Nodus lumbalis, tb Truncus bronchiomediastinalis; Reizleistungssystem: ak Atrioventrikularknoten, hb Hissches Bündel, se Septum, sk Sinusknoten (nach *FRICK, BENNINGHOFF, BARONE, KAEMPFE/KITTEL u. KLAPPERSTUECK, CORNING)*

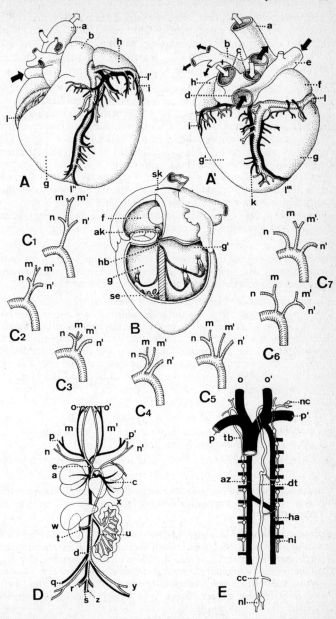

va bicuspidalis) und rechts 1 mediale und 2 laterale Klappen (bilden die dreizipflige Klappe, Valva tricuspidalis) vorhanden. Aus dem rechten Ventrikel entspringt die Lungenarterie, A. pulmonalis, aus dem linken ein Aortenstamm, Truncus arteriosus. Jeder der beiden Herzkammerausgänge ist mit drei Klappen, Valvulae semilunares, versehen.

Das Säugetierherz bildet in der Regel eine konische stumpfe Spitze im Bereich der Ventrikel, bei Formen mit hohem Metabolismus können die Ventrikel stark verlängert sein. Drei Furchen gliedern den Herzkörper, die dorsale und ventrale Herzkranzfurche und die Interventricularfurche. Infolge stärkerer Beanspruchung ist die linke Herzseite stets kräftiger entwickelt als die rechte. Als „Herzskelett" bezeichnete Hartstrukturen sind besonders entwickelt. Dazu gehören die Anuli fibrosi, die sich um die Ostien schließen und die Knoten, Trigona fibrosa, im Bereich zwischen Segel- und Aortenklappen. Diese Herzskelettpartien sind meistens knorpelig, bei einigen Huftieren ist der rechte Knoten sogar zu einem Herzknochen, Os cordis, verknöchert. Die Elemente des Herzskeletts bilden Ansatzstellen für die Längsmuskulatur der Vorhöfe und der Herzkammern.

Die Eigenversorgung des Herzens mit Blut erfolgt über zwei *Coronararterien,* die in der Gegend der Aortenklappen entspringen, sowie zwei Hauptvenen, die in den Sinus coronarius einmünden (Abb. 127A).

Die Kontraktion des Herzens wird von einem eigenen Reizbildungs- und Erregungsleitungssystem, das unter dem Einfluß des autonomen Nervensystems steht, gesteuert. Als primäres Reizbildungszentrum wirkt dabei der Sinusknoten bei der Eintrittstelle der Vena cava superior, als sekundäres Zentrum der Atrioventricularknoten auf dem Grund des rechten Vorhofes. Von ihm aus führt ein Bündel erregungsleitender Fasern (Hissches Bündel) über das Septum interventriculare und die Herzspitze zu den Papillarmuskeln und kann als tertiäres Zentrum wirken. (Abb. 127B).

Der *linke Aortenbogen ist funktionierend ausgebildet,* der *rechte ist jedoch nicht vollständig reduziert,* sondern er bildet den proximalen Abschnitt der Arteria subclavia (Abb. 127C).

Am Arteriensystem (Abb. 127D) sind folgende Besonderheiten bemerkenswert:

– Carotiden und die Aa. subclaviae (zu den Vordergliedmaßen führend) zweigen in gruppentypischem Verzweigungsschema vom Aortenbogen ab (Abb. 127C);

– unterschiedliche Aufzweigung der Karotiden im Kopfbereich, während bei den meisten Nichtsäugetieren Gesicht und Kieferregion durch einen Seitenzweig der Carotis, der A. orbitalis (homolog der A. stapedialis einiger Säugetiere) versorgt werden, wird bei den meisten Säugetieren die A. lingualis vergrößert und als A. carotis externa zum dominierenden Gefäß der Kiefer- und Gesichtsregion, während die A. stapedialis oft verloren geht;

– die bei den Nichtsäugetieren für die Versorgung der Hand maßgebenden A. interossea und ihre Fortsetzungen, die Arteriae digitales, sind bei den meisten Säugetieren reduziert zugunsten eines Seitenastes, der Arteria mediana. Bei den Primaten tritt diese wiederum zugunsten zweier Seitenäste zurück, der Arteria radialis und der A. ulnaris. Beide bilden zusammen im Handbereich einen Gefäßbogen, von dem aus die Versorgung der Finger erfolgt;

– Hauptarterienstamm der Hintergliedmaße ist die A. femoralis und nicht die A. ischiadica wie bei den Reptilien.

Das Venensystem (Abb. 127D) ist variabler gestaltet als das Arteriensystem; typische Besonderheiten sind:

– ein spezielles venöses Leitungssystem in der Hirnhöhle (Sinus durae matris);

– unterschiedliche Ableitungsverhältnisse durch die V. jugularis interna;

– Unterschiede in der Entwicklung der Venae cavae superiores. Es können beide Hohlvenen entwickelt sein (Monotremata, Marsupialia, Insectivora, Rodentia, Chiroptera), oder die vordere linke Hohlvene ist ganz reduziert (Edentata, Cetacea, Carnivora, Primates). Bei den Huftieren ist die linke vordere Hohlvene schwächer entwickelt und mit einer Anastomose mit der rechten vorderen Hohlvene in Verbindung, die zur Hauptsache die Ableitung des Blutes übernimmt;

– einfaches kaudales Venensystem infolge des *weggefallenen Nierenpfortadersystems*. Die V. cava inferior, eine Vereinigung der Venae iliacae, nimmt die Gefäße aus dem Keimdrüsen- und Nierenbereich und weiter cranial die Lebervenen auf;

– die V. c. inferior als Hauptvene des Körpers ist trotz ihres einfachen Verlaufs ein im Laufe der Stammesgeschichte auf komplizierte Weise aus Teilen der hinteren Kardinalvenen und Teilen des Lebervenensystems entstandenes Gefäß;

– an der Vorderextremität sind im Gegensatz zu den Reptilien ventrale Digitalvenen, Venae digitales volares, vorhanden. Neben den tiefen, parallel zu den entsprechenden Arterien verlaufenden Gefäßen finden sich oberflächliche Hautvenen, die ohne bestimmte Beziehung zu den Arterien verlaufen;

– Venöses Hauptgefäß der Hinterextremität ist die V. femoralis;

– an der Innenseite des Unterschenkels verlaufen zwei oberflächliche Venen, V. saphena parva und V. saphena magna, aus dem Venennetz des Fußrückens hervorgehend.

Lymphgefäßsystem

Hauptstrang des Lymphgefäßsystems (Abb. 127E) ist der *Milchbrustgang*, Ductus thoracicus. Er kann paarig oder unpaar auftreten. Tritt er paarig auf, so ist meistens der rechte Strang kleiner und kürzer und nimmt lediglich die Lymphgefäße des rechten Brustbereichs auf. Der D. thoracicus mündet an der Stelle in das Venensystem, wo die linke Jugularvene sich mit der V. subclavia vereinigt. Der Ductus thoracicus nimmt caudal die von den hinteren Gliedmaßen kommenden Trunci lumbales, den vom Darm her kommenden Tr. intestinalis in einen stark erweiterten Abschnitt, die Cisterna chyli, auf. Kurz vor der Einmündung ins Venensystem kommuniziert mit ihm der Tr. jugularis aus dem Hals- und Kopfgebiet.

Lymphherzen wurden bisher noch nicht beobachtet, hingegen sind zwischen dem peripheren Lymphgefäßnetz und den zentralen Gefäßen an verschiedenen Stellen spezifische Filterorgane, die Lymphknoten, eingeschaltet.

Blut

Das Blut unterscheidet sich von jenem anderer Wirbeltiere durch die kernlosen, runden Erythrozyten (nur bei Tylopoda haben sie eine ovale Form), sowie durch die kernlosen Blutplättchen (Thrombozyten), Fragmente von Megakaryozyten.

Typisch für das Säugetierblut ist die Verschiedenheit der Antigene innerhalb einzelner Arten. Praktisch bei allen bisher untersuchten Säugetierformen hat man das Vorhandensein mehrerer Blutgruppen nachweisen können.

Ausdruck für die stark erhöhte Leistungsfähigkeit des Kreislaufs der Säugetiere gegenüber demjenigen der exothermen Tiere sind etwa das gegenüber den Reptilien auf das Dreifache erhöhte Minutenvolumen des das Herz passierenden Blutes, das ungefähr verdoppelte relative Herzgewicht und die rund verzehnfachte Kapillardichte in der Muskulatur und anderen Organbereichen.

Die Arbeitsweise des Zirkulationssystems paßt sich innerhalb einer für jede Art typischen Spanne dem jeweiligen physiologischen Zustand wie Schlaf, Ruhe, Arbeit an (vgl. Tab. 98). Extrem variieren die Leistungen des Zirkulationssystems bei winterschlafenden Tieren.

Urogenitalsystem

Als Adultniere besitzen die Säugetiere eine **Nachniere** (Metanephros) mit einem aus dem Wolffschen Gang hervorgegangenen *sekundären Harnleiter*, dem *Ureter*. Embryonal wird auch bei den Säugetieren eine Vorniere angelegt, doch erreicht sie kaum ein funktionales Stadium. Funktionierende Embryonalniere ist die Urniere, Mesonephros.

In der Regel ist die Niere ein kompaktes Organ, doch kann sie auch mehr oder weniger intensiv gelappt sein. (Pinnipedia, Ursidae, Cetacea, Bovidae) (Abb. 128).

An der Nierensubstanz unterscheidet man eine *Rindenzone* und eine *Markzone*. Die Nephrone (Abb. 128 A) liegen mit den Nierenkörperchen und den gewundenen Abschnitten der Kanälchen (Tubuli contorti I und II) im Rindenbereich und mit den gestreckten Abschnitten der Kanälchen, welche die Henlesche Schleife bilden, im Mark. Die ebenfalls im Mark liegenden Sammelkanäle konvergieren zu einer oder mehreren Pyramidenspitzen (Papillae renales), durch welche der Harn in die *Nierenkelche*, Aufzweigungen des Nierenbeckens, übertritt. Trotz der einheitlichen Gestaltung der einzelnen Nephrone weisen die Säugetiernieren große Mannigfaltigkeit (Abb. 128 B–E) in bezug auf die äußere und innere Gliederung auf. So gibt es *einpyramidige* Nieren (Marsupialia, Insectivora), *mehrpyramidige* oder zusammengesetzte Nieren (Chiroptera, Pri-

Tabelle 95 **Kreislauf- und Atemphysiologie der Säugetiere.**
Angeführt sind, wenn nicht anders vermerkt, am ruhenden Tier
ermittelte Durchschnittswerte

	Gewicht in g	Herzgewicht in % d. Körpergewichts	Körpertemperatur in ° C	Herzschläge pro Minute	Atemzüge pro Minute
Igel	500	0,4	35	180	20
im Winterschlaf			6	18	5
Spitzmaus	4	1,4	42	1200	120
Ohrfledermaus	9	1,4	38	300	50
fliegend				900	400
Kapuzineraffe	3 000	0,8	38,5	160	46
Hausmaus	17	0,8	38	650	150
Meerschweinchen	460	0,4	38	290	90
Fuchs	7 000	0,9	38,5	100	24
Hund	20 000	1,0	38	80	40
rennend				280	160
Löwe	200 000	0,3	37	40	10
Finnwal	50 000 000	0,5	35	4	0,5*
Elefant	2 000 000	0,4	36	27	6
Pferd	600 000	0,9	38,5	40	14
schwer arbeitend				70	95

* maximale Tauchdauer 40 Minuten

mates, Edentata), Nieren, deren Sammelkanäle auf einer Leiste ausmünden (viele Carnivora und Artiodactyla), die *Renculusniere,* bei welchen ein stark verzweigtes Nierenbecken Kontakt mit einer Vielzahl kleiner Einzelnieren aufnimmt (Proboscidea, viele Perissodactyla) und die *Recessusniere,* bei welcher das Sammelsystem ohne Papillenbildung direkt in einen weitlumigen Gang des Nierenbeckens mündet.

Diese Spezialisierungen in der Nierenform stellen einerseits Anpassungen an bestimmte Lebensgewohnheiten dar, andererseits geben sie aber auch phylogenetische Trends wieder.

Das harnableitende System besteht aus dem *Nierenbecken, Harnleiter* (Ureter), *Harnblase* und *Harnröhre* (Urethra). Sie sind mit einem speziellen mehrschichtigen Epithel, dem Übergangsepithel, ausgekleidet, das sich mit seinen deformierbaren Deckzellen stets dem unterschiedlichen Füllungsgrad der Harnwege anpassen kann.

Normalerweise mündet der Ureter direkt in die Harnblase, nur bei den Monotremata mündet er in den Urogenitalkanal.

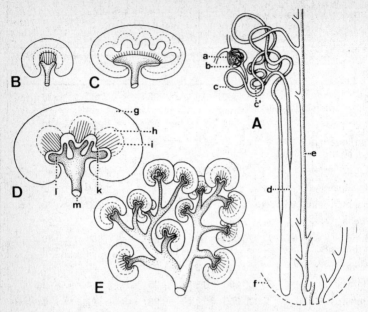

Abb. **128** Nephron und Nachniere bei Säugetieren. **A** Nephron, **a** Glomerulus, **b** Bowmansche Kapsel, **c c'** Tubulus contortus, **d** Henlesche Schleife, **e** Sammelrohr, **f** Grenze der Nierenkapsel; **B** einfache Niere (viele Insectivora, Rodentia); **C** Leistennie-re, bei welcher die Markpyramide eine Leiste bildet (Hyaenidae, viele Ruminantia); **D** Niere mit getrennten Kelchen (Mensch), **g** Rinde, **h** Mark, **i** Pyramide, **k** Papille, **l** Kelch, **m** Ureter; **E** Renculi-Niere (Cetacea, Ursidae) (nach *PETER, BROECK, OORDT, HIRSCH*)

Die Harnblase geht bei den Säugetieren embryonal aus der Kloake her-vor. Sie enthält dicke Lagen glatter Muskulatur.

Für den Verschluß und die Öffnung der Harnblase ist je ein quergestreif-ter und glatter Muskel verantwortlich. Der Harn wird rhythmisch durch die Urethra nach außen abgegeben.

Dem hohen Umsatz der homoiothermen Säugetiere entsprechend ver-richtet ihre Niere eine enorme Arbeit. So strömt bei einem Pferd innert 24 Stunden das fünffache Gewicht des Körpers an Blut (4500 l) durch die Nieren, beim Hund sogar das 25fache Körpergewicht.

Die Niere erfüllt dabei drei Hauptaufgaben: sie filtriert in den Nierenkörperchen den in der Leber aus dem Stickstoff der Aminosäuren synthetisierten Harnstoff aus dem Blut und reguliert den Wasser- und Mineralstoffhaushalt des Körpers durch Exkretion in den Nierenkörperchen oder Rückresorption in den Nieren-kanälchen.

Die täglich ausgeschiedene Harnmenge variiert nach der Lebensweise einer bestimmten Art, nach dem Proteinreichtum ihrer Nahrung und nach dem Schwitzvermögen. Demnach haben nicht schwitzende, proteinreiche Nahrung verzehrende Raubtiere eine hohe Harnausscheidung (Hund ca. 5% des Körpergewichts in 24 Stunden), während diese bei stark schwitzenden, proteinarme Pflanzennahrung aufnehmenden Huftieren klein ist (Pferd ca. 1% des Körpergewichts täglich).

Harn wird von vielen Säugetieren als Markierungssubstanz verwendet.

Der *Wasserhaushalt* ist vor allem bei Wüstentieren bemerkenswert. Die Känguruhratten ziehen sich tagsüber in tiefe Gänge zurück um einen hohen Verdunstungsschutz zu erreichen. Sie können zusätzlich in der Harnblase Wasser rückresorbieren. Ihr Harn hat schließlich eine Harnstoffkonzentration von 22,8% (Mensch ca. 5%) und eine Salzkonzentration von 8,7%.

Die Kamele, die auf einmal 120 l Wasser aufnehmen können, besitzen einerseits die Fähigkeit, den Harn einzudicken, anderseits ein enormes Wasserspeicherungsvermögen. Wasser wird dabei nicht in erster Linie im Magen und seinen Kammern mit höchstens 30 l Fassungsvermögen gespeichert, sondern in subkutanen Ödemen.

Meeressäugetiere pflegen in der Regel nicht zu trinken. Sie decken ihren Wasserbedarf ausschließlich aus dem mit ihrer Nahrung aufgenommenen Wasser.

Die eiförmigen **Hoden** und die ihnen anliegenden **Nebenhoden** (aus der Urniere und ihren Gängen hervorgegangen) verlagern sich im Laufe der Ontogenese nach caudal (Descensus testiculorum). Die Hoden sind durch ein Leitband, Gubernaculum testis, mit der unter ihnen liegenden Haut verbunden.

Die definitive Lage der Hoden kann je nach Gruppe verschieden sein:

– die Hoden bleiben in der Bauchhöhle (Monotremata, viele Insectivora, Proboscidea, Sirenia, Faultiere und Ameisenbären);

– die Hoden treten unmittelbar an die Bauchdecke heran (Cetacea, Gürteltiere);

– temporärer oder permanenter Durchtritt in eine Ausbuchtung, den Cremastersack (temporär: viele Insectivora, Tubulidentata, viele Rodentia; permanent: einige Beuteltiere, Schuppentiere, Tapire, Nashörner, Pinnipedia, einige Raubtiere);

– Descensus in einen eigentlichen Hodensack, Scrotum (temporär: einige Nagetiere, Chiroptera; permanent: die meisten Beuteltiere, die Huftiere, die meisten Raubtiere und die Primaten).

Bei einigen Säugetieren, vor allem bei verschiedenen Primaten, ist das *Scrotum* auffällig behaart oder gefärbt.

Die Lage des Scrotums zum Penis kann ebenfalls variieren. Bei den Beuteltieren liegt es vor dem Penis, bei den meisten Eutheria hinter diesem.

Im Inneren sind die Hoden durch Bindegewebssepten (Septula testis) in zahlreiche Lobuli aufgegliedert. In ihnen liegen die Samenkanälchen Tubuli seminiferi. Hier werden die Spermien gebildet, die über die Ductuli efferentes zum Nebenhoden gelangen und von diesem durch den Samenleiter, Ductus deferens, weggeführt werden. Mit den Ausführgängen steht eine Reihe akzessorischer Geschlechtsdrüsen in Verbindung; zu ihnen gehören die Samenblasen (Vesiculae seminales), die Vorsteherdrüse (Prostata) und die Cowperschen Drüsen (Gll. bulbourethrales) sowie mikroskopisch kleine Urethraldrüsen. Das Sekret dieser Drüsen reinigt nach der Ejakulation die Harnröhre, bei den Nagetieren verschließt es die weiblichen Genitalwege mit einem Pfropf. Das alkalische Sekret der Prostata neutralisiert andererseits das durch Harnsäure angesäuerte Milieu der Harnröhre.

Alle männlichen Säugetiere besitzen ein Kopulationsorgan, den **Penis**. Bei den Monotremata liegt dieser noch auf der ventralen Innenseite der Kloake und ist nur von einem Samenkanal durchzogen, während der Harnkanal vorher vom Harnsamenleiter abzweigt. Auch bei den Beuteltieren steht der Penis in enger Lagebeziehung zur Kloakenbucht und ist nach hinten gerichtet. Er wird nur im erigierten Zustand sichtbar.

Der Penis der placentalen Säugetiere liegt stets außen, oft in der Nähe des Afters. Der Vorderteil des Penis, meistens als Eichel ausgebildet, liegt in einer Hautfalte, dem Präputium. Der Penis kann frei hängen, Penis pendulus, wie bei vielen Primaten, oder er ist auf längere Distanz mit der Bauchhaut verbunden, Penis appositus (Rinder). Bei Wassersäugetieren ist der Penis bis auf die Mündung der Präputialtasche in die Bauchhaut eingelassen.

Die Erektion des Penis kommt durch Blutstauung in Schwellkörpern zustande. Eine zusätzliche Versteifung bewirkt der bei vielen Formen im vorderen Teil des Penis eingelagerte *Penisknochen* (Insectivora, Chiroptera, Rodentia, Carnivora, Pinnipedia). Die **Ovarien** sind relativ einheitlich ausgebildet mit Ausnahme jener der Monotremata, die sehr dotterreiche Eier, ähnlich jenen der Reptilien, produzieren.

Die Eier werden von den Müllerschen Gängen übernommen, die sich in die Abschnitte Eileiter (Tuba uterina), Gebärmutter (Uterus) und Scheide (Vagina) gliedern. Die Kommunikationsmöglichkeiten der einzelnen Abschnitte und ihre Proportionen sind je nach Gruppe sehr verschieden:

- paariger Uterus, direkt ohne Vagina (Abb. 129 A) in den Sinus urogenitalis mündend (Monotremata);

- *paariger Uterus*, paarige Vagina (Abb. 129 B) (Marsupialia);

- paariger Uterus, getrennt in Vagina mündend: *Uterus duplex* (Abb. 129 D) (Rodentia, *Elephas*);

- paariger Uterus caudal kommunizierend mit durchgehender Scheidewand: *Uterus bipartitus* (Carnivora, Suidae, Cetacea);

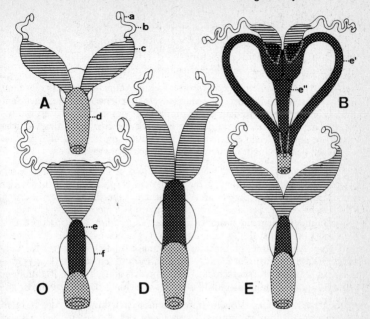

Abb. **129** Weibliches Genitalsystem der Säugetiere. **A** paarige Uteri ohne Vagina (Monotremata); **B** Paarige Uteri und Vaginae, unpaarer Sinus vaginalis (Marsupialia, Känguruhs); **C** Uterus simplex; **D** Uterus duplex; **E** Uterus bicornis; **a** Ostium tubae, **b** Tuba uterina, **c** Uterus, **d** Vestibulum vaginae (= Sinus urogenitalis), **e** Vagina, **e'** paarige Vagina der Marsupialia, **e"** unpaarer Sinus vaginalis, **f** Harnblase (nach *WEBER, VAN DEN BROEK*)

– Uterus caudal vereinigt, craniale Teile divergierende Uterushörner bildend: *Uterus bicornis* (Abb. 129 E) (Insectivora, Perissodactyla, viele Ruminantia, Prosimiae);

– vollständige Verschmelzung beider Uteri: *Uterus simplex* (Abb. 129 C) (Primates ohne Prosimiae).

Die weiblichen Säugetiere besitzen als Homologon zum Penis im Bereich des Scheideneingangs eine Clitoris, die bei Insectivoren mit der Harnröhre verbunden ist. Eine äußerliche Ähnlichkeit mit einem Penis erreicht die Clitoris der Tüpfelhyänen, bei welchen die Schamlippen die Clitoris ähnlich einer Vorhaut umgeben und zudem einen Hodensack vortäuschen.

Nervensystem

Parallel zu jenem der Vögel hat das **Gehirn** der Säugetiere einen hohen Entwicklungs- und Differenzierungsgrad erreicht, wobei innerhalb der beiden Klassen nicht die gleichen Hirnanteile gefördert wurden.

Zwischen primitiven und hoch entwickelten Säugetierformen bestehen enorme Unterschiede im Anteil der einzelnen Hirnabschnitte, in ihrem Differenzierungsgrad und in der Komplexität der nervösen Verbindungen. Bei den Metatheria und den Eutheria ist die Evolution des Gehirns wiederum eigene Wege gegangen; Marsupialier- und Placentaliergehirne lassen sich deshalb nicht in allen Teilen miteinander vergleichen.

Das Großhirn primitiver Placentalier erinnert in seinem Aufbau noch stark an jenes der Reptilien. Gegenüber dem Reptiliengroßhirn hat der Hirnmantel (Pallium) bereits eine wesentliche Oberflächenvergrößerung erfahren, indem neben das Archipallium und Palaeopallium ein neuer dominierender Hirnrindenanteil tritt, das *Neopallium* (Neocortex). Der *Neocortex* weist histologisch bereits die 6 typischen Schichten des Säugetiercortex auf: Molekularschicht (Lamina zonalis), Äußere Körnerschicht (Lamina granularis ext.), Äußere Pyramidenschicht (L. pyramidalis ext.), Innere Körnerschicht (L. granularis int.), Innere Pyramidenschicht (L. pyramidalis int.) und Polymorphe Schicht (L. multiformis).

Im Gegensatz zu den Vögeln unterscheiden sich hingegen die basalen Großhirnanteile nur geringfügig von jenen der Reptilien. Neu ist ein Strang von Projektionsfasern, der als Capsula interna vom Pallium zum Zwischenhirn führt und der das Neostriatum in zwei Abschnitte, den medianen Nucleus caudatus und das laterale Putamen, unterteilt.

Das Palaeostriatum persistiert als Tuberculum olfactorium und hat neben der Funktion als sekundäres Riechzentrum jene eines Zentrums des Schnauzenspürsinns. Das Archistriatum (= Epistriatum) erhält Fasern aus dem sekundären Riechzentrum und ist somit zum tertiären Riechzentrum geworden. Sein rostraler Abschnitt heißt Claustrum, sein caudaler bildet den Mandelkörper (Corpus amygdaloideum). Das primäre Riechzentrum, das Riechhirn, ist vor allem bei den Makrosmaten gut ausgebildet, lediglich bei Wassersäugetieren und höheren Primaten ist es klein.

Bei primitiven Säugetieren ist das Neopallium noch ungefurcht *(lissencephal)*, bei höheren Säugern sind die Integrationsgebiete des Neocortex mächtig vergrößert, dadurch, daß das Neopallium die übrigen Gehirnteile nach caudal und lateral überwächst und dadurch, daß die Großhirnrinde in Windungen (Gyri) mit dazwischenliegenden Furchen (Sulci) aufgegliedert wird *(gyrencephales Gehirn)*.

Durch die Umbiegung der vergrößerten Hemisphären nach dem hinteren Teil der Schädelhöhle entsteht lateral je eine tiefe Furche, die Fissura cerebri lateralis.

Das Archipallium, ursprünglich tertiäres Riechzentrum, bildet einen ins Lumen der Seitenkammern des Ventrikels III vorspringenden Längswulst, den Hippocampus. Er entsendet efferente Bahnen zu Epithalamus und Hypothalamus. Zu den ursprünglichen Querverbindungen der Riechhirnhälften und des Archipalliums, der Commissura anterior und der Commissura pallii, entwickelten die Säugetiere eine zusätzliche, dorsal der Commissura pallii liegende Kommissur, den Balken (Corpus callosum). Dieser umfaßt bei den primitiven Formen ein kleines Areal, bei den höheren Formen dehnt er sich entsprechend der Hemisphärenvergrößerung weit nach caudal aus.

Die Großhirnrinde umfaßt zur Hauptsache Projektionsfelder, die von den Projektionskernen des Thalamus erregt werden, und Assoziationsfelder, die afferent und efferent mit den Projektionsfeldern in Verbindung stehen und zusätzliche Erregungen aus den Assoziationskernen des Thalamus erhalten. Der Komplex der nervösen Verbindungen zwischen den Assoziations- und Projektionsfeldern unter sich und zu den Kernen des Thalamus stellt die funktionell-morphologische Basis für jene geistigen Leistungen dar, die die Sonderstellung des Menschen bedingen. Bei Säugetieren mit niederem Cerebralisationsgrad sind die Assoziationsfelder, verglichen mit den Projektionsfeldern, nur gering entwickelt; im Laufe der Höherentwicklung nimmt der Anteil der Assoziationsfelder zu, und beim Menschen übertreffen diese die Projektionsfelder an Ausdehnung.

Der wichtigste efferente Nervenstrang, die Pyramidenbahn, verbindet das Neopallium direkt mit den motorischen Neuronen des Rückenmarks, andere Nervenstränge führen vorerst zu corticalen Zentren, z. B. zu Kleinhirn, Pons, Tectum, Nucleus ruber, Nucleus niger und Pallium. Diese Zentren stehen über das extrapyramidal-motorische System ebenfalls mit den Effektoren des Rückenmarks in Verbindung.

Das *Zwischenhirn* (Diencephalon) zeigt vor allem im Bereich des Thalamus eine Reihe von Besonderheiten. Während bei Vögeln und Reptilien der ventrale Thalamusabschnitt stark an Bedeutung verloren hat, wurde dieser – neben dem ebenfalls gut entwickelten dorsalen Abschnitt – sekundär wieder stark gefördert. Ventraler und dorsaler Thalamus empfangen die afferenten Fasern aus praktisch allen Bereichen der Sensibilität und führen efferente Fasern zum Pallium, vom ventralen Thalamus aus führen efferente Fasern zur Striatumzone des Großhirns. Entsprechend der zunehmenden Aufgliederung der Hirnrinde in morphologisch und funktionell definierbare Felder gruppieren sich die efferenten Ausstrahlungen des Thalamus zu Bündeln.

Der Säugerthalamus wird damit zur wichtigsten Sammel- und Verteilungsstelle sensibler Impulse.

Sämtliche zum Bewußtsein gelangenden Impulse erreichen die Großhirnrinde nur über den Thalamus.

Das *Mittelhirn*, bei anderen Vertebraten ein wichtiges Integrationszentrum, hat seine Bedeutung bei den Säugetieren weitgehend verloren. So führen auch die Opticusfasern und die Fasern akustischer Wahrnehmung zum Thalamus. Die Tori semicirculares – akustisches Zentrum der Nichtsäuger – sind zu den Colliculi caudales der Säuger geworden und dienen nur noch als Schaltstelle für die Reflexbeantwortung bestimmter akustischer Reize. Die Colliculi rostrales hingegen sind Schaltstellen für Augenreflexe. Das Mittelhirnlumen ist zu einem engen Kanal, dem Aquaeductus cerebri, eingeengt.

Ähnlich wie bei den Vögeln hat auch das *Kleinhirn* (Cerebellum) bei den Säugetieren einen Höchststand der Entwicklung erreicht. Während das Kleinhirn bei jenen einen kompakten, nur durch Querfurchen gegliederten Körper darstellt, erfuhr es hier zusätzlich eine Längsgliederung durch zwei longitudinale Furchen in zwei seitliche Hemisphären und einen Mittelwulst, Vermis. Daneben sind die Flocculi gut entwickelt. In Querrichtung ist das Cerebellum durch Spalten (Fissurae) und weniger tiefe Furchen (Sulci) in Läppchen und Blätter unterteilt. Von den drei Hauptlappen des Cerebellums wurde vor allem der mittlere (Hauptteil des Lobus posterior) besonders entwickelt. Der Ventrikel des Kleinhirns ist stark eingeengt. Typisch für die Säugetiere und Vögel sind die Kleinhirnkerne, in welchen die meisten Nervenfasern der Kleinhirnrinde enden. Diese Kerne empfangen einerseits Erregungen vom Cortex des Großhirns über die Kerne des Pons und über eine Abzweigung der Pyramidenbahn. Auch das extrapyramidale System steht mit dem Kleinhirn in Verbindung.

Andererseits stehen die Kleinhirnkerne efferent sowohl mit dem Großhirn als auch mit den motorischen Wurzelneuronen in Kontakt. Die mächtigen Faserbündel dieser Verbindungen treten teilweise als „Kleinhirnarme" aus dem Körper des Cerebellums hervor.

Die auffälligste Besonderheit im *Verlängerten Rückenmark* (Medulla oblongata) ist die *Brücke* (Pons), wo sich die Faserzüge zwischen Großhirn und Kleinhirn kreuzen, und die Hauptolive (Oliva), ein vielseitiges Schaltzentrum.

Die aus dem Großhirn kommenden Pyramidenbahnen kreuzen sich auf ihrem Weg zum Rückenmark im Bereich des verlängerten Rückenmarks in der Pyramidenkreuzung (Decussatio pyramidum).

Das Dach des Verlängerten Rückenmarks wird von einer dünnen quergefalteten Platte, dem Plexus chorioideus, gebildet und überdeckt den vierten Ventrikel. Die meisten Säuger besitzen im Bereich des Pl. chorioideus ein Ausgleichssystem für Überdruck der Gehirnflüssigkeit. Durch drei Öffnungen in diesem Bereich kommuniziert das System der Ventrikel und des Rückenmarkkanals mit dem subarachnoidalen Hohlraumsystem.

Auch bei den Säugetieren ergeben Cerebralisations-Indices, Quotienten aus den höheren Hirnanteilen – hier des Neopalliums – und ursprünglichen Hirnanteilen wertvolle Aufschlüsse über die Cerebralisationshöhe einzelner Formen.

Neopallium-Indices (nach PORTMANN)

Igel *(Erinaceus europaeus)*	0,77
Bisamratte *(Ondatra zibethicus)*	2,75
Kaninchen *(Oryctolagus cuniculus)*	4,6
Iltis *(Mustela putorius)*	12,9
Halbaffen (Prosimii)	13,5
Meerkatzen *(Cercopithecus)*	38
Menschenaffen (Hominoidea)	49
Mensch *(Homo sapiens)*	170

Gehirnnerven. Der N. terminalis ist bei allen Säugetieren embryonal nachweisbar und auch bei den meisten Formen (Ausnahme: Wassersäugetiere, Fledermäuse und Primaten) im adulten Zustand vorhanden.

Während bei Nichtsäugetieren die Kreuzung der Sehnervaxone im Chiasma opticum eine nahezu vollständige ist, verlaufen die *Fasern der beiden äußeren Augenhälften ungekreuzt zum Sehzentrum der gleichen Seite.* Das rechte Sehzentrum erhält somit direkt Erregungen aus dem rechten Gesichtsfeldbereich des rechten Auges und über die Kreuzung solche aus dem rechten Gesichtsfeldbereich des linken Auges. Diese unvollständige Sehnervenkreuzung ermöglicht stereoskopisches Sehen.

An den übrigen Gehirnnerven müssen folgende Besonderheiten der Säuger erwähnt werden: Verschmelzung der Epibranchialganglien beider Teilnerven des N. trigeminus, des Ganglion ophthalmicum mit dem G. maxillo-mandibulare. Vom N. facialis hat der motorische Anteil (Ramus mandibularis externus) eine besondere Bedeutung als Versorger der mimischen Gesichtsmuskulatur erlangt.

Vom N. glossopharyngeus sind die rein viscero-sensiblen Äste zum N. tympanicus vereinigt, der die Wand der Paukenhöhle innerviert. Typisch ist der N. accessorius, ein selbständig gewordener Ast des N. vagus.

Besondere Bedeutung hat ein Ast des Vagus, der Ramus intestinalis, erlangt, der einen wesentlichen Anteil an der Innervierung der Eingeweide erlangt und sich an der Bildung der prävertebralen Nervengeflechte beteiligt.

Das **Rückenmark** verfügt als Exklusivität über direkte Nervenverbindungen zum Großhirncortex, die *Pyramidenbahnen* (Tractus corticospinales) mit Axonen der Pyramidenzellen aus dem Cortex. Diese Pyramidenbahnen verlaufen bei niederen Säugetieren im Dorsalstrang, bei höheren im Lateralstrang. Im Bereich der Spinalnerven und Wurzelausstrahlungen haben die Säugetiere die vollständigste funktionelle Trennung erreicht, indem die Ventralwurzeln praktisch ausschließlich motorische und die Dorsalwurzeln nur sensible Fasern enthalten. Nach der Vereinigung der dorsalen und ventralen Wurzel erfolgt eine Entflechtung der motorischen und der sensiblen Anteile auf die drei Äste: Ramus dorsalis und Ramus ventralis enthalten je somatosensible und somatomotorische

Fasern ihres Versorgungsgebietes, während der Ramus visceralis viscero-motorische und viscerosensible Fasern führt.

Während bei niederen Wirbeltieren zwischen dem **parasympathischen** und dem **sympathischen** Nervensystem eine regionale Arbeitsteilung besteht, indem das eine das Kopf- und das andere das Rumpfgebiet versorgt, dehnen bei den höheren Wirbeltieren beide Systeme ihren Einflußbereich nach caudal aus und werden dort zu *Antagonisten* des Eingeweidesystems. Bei den Säugern ist diese Tendenz am ausgeprägtesten. Bei ihnen innervieren sympathische und parasympathische Fasern des Plexus pelvicus sogar Enddarm, Harnblase und Genitalorgane. Höchste Diffe-renzierung erfuhr das Wandnervensystem (intramurales Nervensystem) mit autonomen Nervengeflechten in Verdauungstrakt, Uterus und Harnblase. Für den Verdauungstrakt sind zwei Nervengeflechte typisch, der die Tunica muscularis innervierende Plexus myentericus (Auerbachs Plexus) und der Plexus submucosae (Meissnerscher Plexus), der die Mucosa versorgt.

Sinnesorgane

Innerhalb der landbewohnenden Vertebraten haben die Säugetiere den am höchsten entwickelten **Geschmackssinn**, wahrscheinlich in Zusammenhang mit der Kautätigkeit. Die Chemorezeptoren des Geschmackssinns sind in Sinnesknospen lokalisiert.

Die Geschmackssinnesknospen können entweder diffus in der Schleimhaut des Gaumens und der Epiglottis verteilt sein, oder sie finden sich gruppiert zu Geschmackspapillen.

Man unterscheidet:

– *Wallpapillen* (Papillae vallatae), von einem Ringgraben umgeben, in welchen seröse Spüldrüsen münden, meist in der Mitte der Zungenwurzel liegend,

– *Pilzpapillen* (Pp. fungiformes), über weite Bereiche der Zunge verteilt, drüsenlos,

– *Blätterpapillen* (Pp. foliatae), an den hinteren Zungenrändern, lamellenartige Organe.

Ein weiterer Papillentyp sind die fadenförmigen Papillen (Pp. filiformes), oder die kegelförmigen Papillen (Pp. conicae), die jedoch keine Geschmacksknospen tragen.

Die Verteilung der Papillen und die Dichte der Sinnesknospen in ihnen variiert beträchtlich und richtet sich nach der Ernährungsweise.

Unter den Wirbeltieren besitzen die Säugetiere den am besten entwickelten **Geruchssinn**. In der Nasenhöhle sind bei primitiv gewerteten Säugetieren alle Turbinalia (S. 489) mit Riechepithel bedeckt, während bei höheren Formen nur die Ethmoturbinalia Riechepithel tragen.

Das Riechepithel, ein Sinnesepithel, besteht aus nichtsensorischen Stützzellen und Sinneszellen, die am apikalen Pol Riechhärchen tragen und am basalen Pol je einen Neuriten zum Riechhirn entsenden.

Die Geruchswahrnehmung hängt von der Ausdehnung des Riechepithels ab. Formen mit gutem Riechvermögen bezeichnet man als *Makrosmaten*, z. B. Hund mit bis zu 120 cm² Riechepithel und bis zu *225 Millionen* Riechzellen. Tiere mit schlechtem Geruchssinn, *Mikrosmaten*, sind viele Meeressäuger und die Primaten (Mensch mit 5 cm² Riechepithel und 500 000 Riechzellen). Nicht riechen können beispielsweise die Wale, die zu den *Anosmaten* gehören.

Ein Rudiment des Vomeronasalorgans (Organon vomeronasale = Jacobsonsches Organ) liegt bei den Säugern ventral in der Nasenhöhle und mündet meistens in den Nasengaumengang (D. nasopalatinus), seltener in die Nasenhöhle direkt (Rodentia). Bei Walen und Primaten fehlt das Vomeronasalorgan.

Tast- und **Temperaturrezeptoren** finden sich in mannigfacher Ausprägung und in verschiedensten Verteilungsmustern. Wie bei anderen Wirbeltierklassen gibt es in vielen Geweben freie Nervenendigungen, teils zu Netzen, Schlingen oder Endbäumchen (Ruffinische Endbüschel) zusammengefaßt. Oft sind diese nervösen Endgeflechte von Bindegewebskapseln umgeben *(Ruffinische Körperchen)*. Sie liegen in den tieferen Schichten des Coriums und gelten als Wärmerezeptoren.

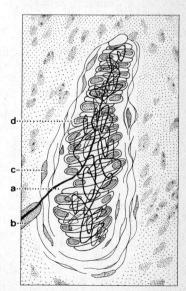

Abb. **130** Meißnersches Tastkörperchen bei einem Säugetier (s. auch Abb. 101). **a** Axon, **b** Schwannsche Scheidezelle, **c** Bindegewebezelle, **d** Sinneszelle

Nervenendigungen von komplizierterem Kapselaufbau sind die Lamellenkörperchen, bei welchen mehrere konzentrische Lamellen den Achsenzylinder umgeben. Typisch für die Säugetiere sind die *Krauseschen Endkolben* mit wenig Lamellen und stark gewundener Nervenfaser, in den oberflächlichen Coriumschichten liegend. Sie gelten als Kälterezeptoren. Ähnlich sind die *Dogielschen Körperchen* in den Schleimhäuten der äußeren Geschlechtsorgane. Stark verzweigte Nervenendigungen enthalten die *Golgi-Mazzonischen Körperchen* im Lippen- und Extremitätenballenbereich. Eine Vielzahl von Lamellen besitzen die *Vater-Pacinischen Körperchen,* Druckrezeptoren in Corium, Pericard, Mesenterien und vielen anderen Organbereichen (Abb. 101, S. 408).

Zu den kapsulären Sinnesorganen gehören ferner die Muskel- und Sehnenspindeln, in welchen stark verästelte Endigungen sensibler Fasern an die Muskel-, bzw. Sehnenfasern herantreten und den Dehnungszustand registrieren.

Während die bisher beschriebenen Rezeptoren stets das Ende der peripheren Nervenfaser eines sensiblen Neurons enthalten, basieren andere Tastkörperchen auf einer Sinneszelle, die die Reizaufnahme und Reizumwandlung besorgt. Diese sekundären Sinneszellen stehen ihrerseits mit den peripheren Fasern der sensiblen Neurone in synaptischem Kontakt, welche die Erregungsleitung übernehmen. Solche Sinnesorgane im engeren Sinn sind die Merkelschen Tastzellen in der Epidermis und im Corium. Bei Säugetieren finden sie sich gehäuft in empfindlichen Hautstellen (Rüsselscheibe der Schweine, Basis der Tasthaare). In höchster Dichte finden sie sich in der Epidermis der Schnauzenspitze des Maulwurfs *(Eimersches Organ).*

Sekundäre Sinneszellen, die zusätzlich von einer festen Bindegewebehülle umgeben sind, sind die *Meissnerschen Körperchen* (Abb. 130) der Primaten. Sie finden sich in hoher Dichte im Corium der Volar- und Plantarhaut (ca. 15000 am Kleinfinger des Menschen).

Das häutige **Labyrinth** des Innenohrs entspricht im wesentlichen jenem der anderen kiefertragenden Wirbeltiere. Während der Utriculus und die von ihm ausgehenden Bogengänge praktisch unverändert blieben, haben der Sacculus und dessen Ausstülpung, die Lagena, morphologische und z. T. funktionelle Umgestaltung erfahren. Mit steigender Entwicklungshöhe wird die Lagena verlängert und schließlich schneckenförmig zum Ductus cochlearis *(Schneckengang)* eingerollt, gleichzeitig wird ein Funktionswechsel eingeleitet, indem die Papilla basilaris, die sich über die ganze Länge des Ductus cochlearis erstreckt, zur akustischen Sinnesendstelle wird, während die den statischen Sinnen dienende Macula lagenae an Bedeutung verliert oder wie bei den Metatheria und Eutheria gänzlich fehlt; die Lagena enthält das *rein akustische Cortische Organ.* Die Anzahl der Umgänge im Schneckengang variiert von 3/4 (Schnabeligel, *Tachyglossus*) bis 5 (Wasserschwein, *Hydrochoerus*).

Histologisch unterscheidet sich die Papilla basilaris von jener der Sauropsiden durch die in Reihen angeordneten Sinneszellen und die ein kompliziertes Verstrebungssystem bildenden Stützzellen. Eine Besonderheit im perilymphatischen System ist die Verbindung des Ductus perilymphaticus mit dem Cavum subarachnoidale der Hirnhaut durch den Canaliculus cochleae. Ähnlich wie bei den Sauropsiden liegen das vestibuläre und das cochleare Fenster nahe beisammen.

Von den schallübertragenden Gehörknöchelchen (S. 486) nimmt der Malleus Kontakt mit dem Trommelfell auf, der Incus bildet das Mittelstück und der Stapes überträgt die Schwingungen auf das Ovale Fenster (Fenestra vestibuli). Neben dem Musculus stapedius, der Trommelfell und Stapes miteinander verbindet, besitzen die Säugetiere einen Spannmuskel für das Trommelfell, der sich vom Perioticum zum Griff des Hammers erstreckt.

Das äußere Ohr besitzt einen *sehr langen äußeren Gehörgang,* der durch Knorpelringe gestützt wird und neben Talgdrüsen auch monoptyche a-Drüsen enthält. Der anschließende knöcherne Gehörgang endet beim Trommelfell, das im Anulus tympanicus eingespannt ist. Als einzige Wirbeltiere besitzen die Säugetiere meist große *bewegliche Ohrmuscheln* als Schallkollektoren und mimische Organe. In Kopfnähe sind die Ohrmuscheln ähnlich aufgebaut wie der äußere Gehörgang, distal werden sie durch eine einheitliche Knorpelplatte gestützt.

Das Hörvermögen der meisten Säugetiere ist ausgezeichnet, bei vielen Formen erstreckt sich die Wahrnehmungsfähigkeit weit in den Ultraschallbereich hinein.

Bei mehreren Säugetiergruppen erlaubt der Hörsinn zusätzlich *Echopeilung,* so bei den Chiroptera und Walen.

In seinem Aufbau und seiner Funktion unterscheidet sich das **Säugetierauge** wenig von jenem der Sauropsiden. Die Augenbulbus sind in der Regel kugelförmig. Außer bei den Monotremata fehlen die Knocheneinlagerungen der Sclera, die hier aus straffem Bindegewebe besteht. Die Aderhaut (Chorioidea) enthält vielfach ein Tapetum lucidum, das den Augenhintergrund bei Lichteinfall aufleuchten läßt und das Licht auf die Retina zurückwirft. Die Reflexion kommt durch Guaninkörner zustande, die in den Tapetumzellen eingelagert sind. Nach dem histologischen Aufbau unterscheidet man ein Tapetum cellulosum mit epithelähnlichem Aufbau (Carnivora, Bartenwale) und ein Tapetum fibrosum, aus einem feinen Fasergeflecht bestehend (Huftiere, Zahnwale, nächtliche Halbaffen, einige Beuteltiere). Unterschiede zu den anderen Vertebraten bestehen vor allem in bezug auf den Akkommodationsmodus. So ist die *Akkommodationsmuskulatur* bei den Säugern stets *glatt.* Während bei den Sauropsiden Muskeln des Ziliarkörpers durch Druck auf den Ringwulst die Form des vorderen Linsenabschnittes verändern, besitzen die Säugetiere keinen Ringwulst; ihre Linse ist allein an den Fasern der Zonula ciliaris aufgehängt, die durch *Zug* die *Linse auf Fernakkommodation* halten. Durch Kontraktion der Ciliarmuskeln wird der Zug der Zonulafasern aufgehoben und die Linse wölbt sich infolge ihrer eigenen Elastizität vor allem an ihrer Außenfläche vor (Nahakkommodation).

Die *Akkommodationsfähigkeit* ist bei Primaten relativ hoch (10–12 Dioptrien), bei Makrosmaten, Wassersäugetieren und Nachttieren gering: 0–3 Dioptrien.

Die *Irismuskulatur* ist im Gegensatz zu jener der Vögel *glatt.* Sie verengt bei unterschiedlichem Lichteinfall reflexmäßig die Pupillengröße. Die Form der Pupille ist bei den einzelnen Gruppen außerordentlich verschieden. Runde, nicht erweiterungsfähige Pupillen besitzen die Monotremata. Bei mehreren Gruppen (Wiederkäuer, Pferde, Wale) sitzen auf der Iris knotenförmige Wucherungen (Traubenkörner) von unbekannter Funktion, die in die Pupille hineinragen können.

Die Sehzellschicht (Retina) wird durch unmittelbar an sie herantretende Kapillaren der Aderhaut versorgt, wobei die Kapillaren (bei einigen Nagetieren) sogar zwischen die Sehzellen treten können. Zudem liegt in der Ganglienschicht der Retina ein ausgedehntes Kapillarnetz, das von der Arteria centralis retinae ausgeht. Die Dichte und Verteilung dieser Kapillaren ist beim größten Teil der Säugetiere diffus. Bei Lagomorphen beschränken sich die Kapillaren auf bestimmte Bezirke, und bei den Monotremata, Marsupialia und Pferden ist die Retina praktisch gefäßfrei.

Generell verfügen Säugetiere über Stäbchen- und Zapfenzellen, wobei letztere keine Ölkugeln besitzen. Nächtlich lebenden Säugetieren (viele Insectivoren, Fledermäuse) fehlen die Zapfenzellen, während bei einigen tagaktiven Nagetieren (Eichhörnchen, Wiesel) die Stäbchenzellen fehlen. Während die Stäbchenzellen mehr gegen die Randzone der Retina hin vorkommen, konzentrieren sich die Zapfen um die Stelle des schärfsten Sehens (Area centralis). Säugetiere besitzen nur eine solche Area, die bei einigen Formen (Primaten) eine Vertiefung (Fovea) aufweist. Enthält die Fovea, wie bei den Primaten, gelbe Farbstoffe, so spricht man vom Gelben Fleck (Macula lutea). Die Dichte der Sehzellen pro mm² beträgt bei der Hauskatze ca. 400 000, bei der Wanderratte sogar 1 400 000. Allgemein gehören zu einer Nervenzelle der Retina eine Vielzahl von Sehzellen, wobei der relative Anteil der Sehzellen bei Nachttieren wiederum größer ist (Tiger 2 500 : 1, Mensch 130 : 1).

Das Pigmentepithel, das die Retina gegenüber der Chorioidea abgrenzt, beteiligt sich an der Bildung des Sehfarbstoffes. Einzig bei den Opossums enthält es auch Guanin und bildet dort ein retinales Tapetum lucidum. Der *Augenspalt,* der ventrale Verschluß des Augenbechers, verschließt sich bei den Säugetieren *ganz.* An der Verschlußstelle, der Papilla nervi optici, mündet bei den adulten Säugetieren die Arteria und Vena centralis retinae.

Die Bewegung des Augapfels erfolgt durch die 6 Augendrehmuskeln. Dabei entspringt der obere schiefe Augenmuskel (M. obliquus superior) als

Besonderheit gemeinsam mit den geraden Augenmuskeln am Grund der Augenhöhle. Seine Sehne wird über eine Sehnenschlinge zur dorsonasalen Wand des Augapfels umgelenkt. Der 7. Augenmuskel (M. retractor bulbi) legt sich entweder manschettenförmig um den Sehnerv, oder er gliedert sich in vier Portionen auf. Bei Primaten und Chiropteren fehlt er völlig.

Säugetiere besitzen die drei *Augenlider* der Sauropsiden, wobei allerdings das Ober- und Unterlid besonders stark, die Nickhaut hingegen nur mittelmäßig ausgebildet ist. Bei den Primaten ist die Nickhaut zu einer kleinen Falte der Bindehaut reduziert.

Am Schließen des Auges ist bei den Säugetieren vor allem das *obere Augenlid* beteiligt, das vom M. levator palpebrae superioris, einem Derivat des oberen geraden Augenmuskels, bewegt wird (Ausnahmen: Elefanten mit einem Unterlidmuskel und Wale und Robben mit Derivaten aller vier geraden Augenmuskeln in ihren Lidern). Ferner strahlen einzelne Faserbündel der Gesichtsmuskulatur in die Augenlider ein.

Die Ränder der Säugetierlider sind meistens mit *Wimpern* besetzt.

Im Bereich der Augenlider finden sich den Wimpern zugehörige *Haarbalgdrüsen,* die monoptychen Gll. ciliares, und die auf der Innenseite der Lider mündenden polyptychen Liddrüsen (Gll. tarsales). Daneben sind eigentliche Drüsenkörper ausgebildet, deren Sekret das unverhornte Epithel der Cornea feucht hält. Im inneren Augenwinkel münden die *Hardersche Drüse* mit fetthaltigem Sekret und die *Nickhautdrüse* mit Tränenflüssigkeit. Wassersäugetiere besitzen in der Regel nur die Hardersche Drüse, bei den Rindern sind beide Drüsen zu einem Körper vereinigt und bei den Primaten fehlt die Hardersche Drüse überhaupt.

Die eigentlichen *Tränendrüsen* liegen im Bereich des äußeren Augenwinkels. Dominierende Drüse ist hier die oft mehrteilige Gl. lacrimalis, von der mehrere Ausführgänge meistens unter das obere Augenlid führen. Daneben sind bei einigen Säugetieren noch zwei weitere Drüsen bekannt, die sich beide ins untere Augenlid ergießen, die äußere Augendrüse (Gl. praeparotidea) und die Jochbogendrüse (Gl. zygomatica). Der Abfluß der Tränenflüssigkeit erfolgt über die Tränenkanälchen in den Tränennasengang (D. nasolacrimalis) (S. 522).

Unterirdisch lebende Säugetiere und der Flußdelphin *(Platanista gangetica)* haben ihre Sehorgane in verschieden hohem Grad *reduziert.* Ausgehend von einer bloßen Verkleinerung des Augapfels (Spitzmäuse) kann die Bildung des Glaskörpers verhindert sein (Beutelmaulwurf), die Linse kann nur noch fragmentarisch angelegt werden oder ganz fehlen (Flußdelphin). Auf einer anderen Reduktionsstufe schließt sich der Augenbecher nicht mehr völlig, oder die sekundäre Augenlidöffnung unterbleibt (Blindmaus, südeuropäischer Maulwurf).

Endokrines System

Die verschiedenen innersekretorischen Drüsen zeigen morphologisch wenig klassentypische Besonderheiten. Zu erwähnen sind der besonders große *Hypophysenhinterlappen,* die aus zwei statt drei Paaren von Körperchen bestehenden *Nebenschilddrüsen,* die deutliche Scheidung des Nebennierengewebes in eine *Rinden-* und eine *Markschicht,* die Ausbildung eines ausschließlichen *Brustthymus* und höchstens noch eines Halsthymus, sowie die Umbildung der Epiphyse zur *Zirbeldrüse*.

Das Spektrum der in diesen Drüsen produzierten Hormone ist bei den Säugetieren am besten erforscht und gilt als besonders vielfältig; in letzter Zeit wurde jedoch der größte Teil der bei Säugetieren gefundenen Stoffe auch bei anderen Tierklassen nachgewiesen (s. Vögel).

Entwicklung

Die **Eier** der Monotremata sind *polylecithal* (dotterreich) und gleichen den Sauropsideneiern. Die Furchung ist *meroblastisch*. Die Eihüllen werden im Eileiter gebildet. Die Eischale wirkt pergamentartig und besteht größtenteils aus Keratin.

Die Eier der Marsupialia sind kleiner als jene der Monotremata und größer als jene der Placentalia. Sie besitzen eine große Dottervakuole; der Furchungsablauf ist je nach Gruppe verschieden.

Die Eier der Placentalia sind sehr klein und dotterarm *(oligolecithal)*. Die Furchung, die im Eileiter stattfindet, verläuft *anfänglich holoblastisch*.

Sehr früh muß jedoch eine äußere Epithelschicht aufgebaut werden, die sich an der Bildung der Placenta beteiligt, sobald der Keim in den Uterus gelangt. Die Säugetierblastocyste (Abb. 131A) besteht deshalb aus zwei Teilen mit unterschiedlichem Schicksal, einer inneren Zellanhäufung, *Embryoblast*, aus dem der Embryo hervorgeht, und einer äußeren Zellkugel, *Trophoblast*, der mit dem uterinen Gewebe Kontakt aufnimmt. Der Trophoblast wird später zum Chorion. Die Gastrulation verläuft anders als jene der übrigen Amniota, wobei sich der Ablauf bei einzelnen Gruppen unterschiedlich vollziehen kann. Innerhalb der Blastocyste entstehen früh zwei Hohlräume, die durch eine zweischichtige Zellage voneinander getrennt sind, *Amnionhöhle* und *Dottersack*. Die zwischen Amnion und Dottersack zweischichtige Zellplatte bildet den Embryo (Abb. 131B). Die großen, der Amnionhöhle zugewandten Zellen bilden das Keimplattenektoderm, die dem Dottersack zugewandte Schicht kleinerer Zellen das primäre Entoderm. Zwischen Entoderm und Ektoderm schieben sich von außen her Mesenchymzel-

---

Abb. 131 Embryologie der Säugetiere. **A1–A4** Frühentwicklung des Makaken *(Macaca mulatta)*, **A1** freie Blastocyste, **A2** Anheftung der Blastocyste an die Uteruswand, **A3** Kontaktaufnahme zwischen den Trophoblastlakunen mit den mütterlichen Blutgefäßen, **A4** Bildung des extraembryonalen Mesenchyms; **B1–B6** Entwicklungsstadien einer Fledermaus *(Scotophilus)*, **B1** Beginn der Somitenbildung, **B2** Somitenstadium, **B3** spätes Somitenstadium, **B4–B6** Stadien fortschreitender Extremitätendifferenzierung; **a** Trophoblast, **b** Embryonalpol, **c** Uteruswand (Endometrium), **d** Trophoblastlakune, **e** Endothel eines mütterlichen Blutgefäßes, **f** Trophoblast des Embryonalpols, **g** Amnionhöhle, **h** Keimschild, **i** embryonales Ektoderm, **k** Mesenchym, **l** Dottersack, **m** Medullarrinne, **n** Primitivknoten, **o** Somit, **p** Hirnanlage, **q** Allantois, **r** extraembryonales Coelom, **s** Nabelschnur mit Venen und Arterien, **t** Amnion, **u** Chorion, **v** vorderste, **w** zweitvorderste Kiemenspalte, **x** Herzwulst, **y** Anlage der Flughaut (nach *STARCK, STRAUSS, KÜHN, KOIKE*)

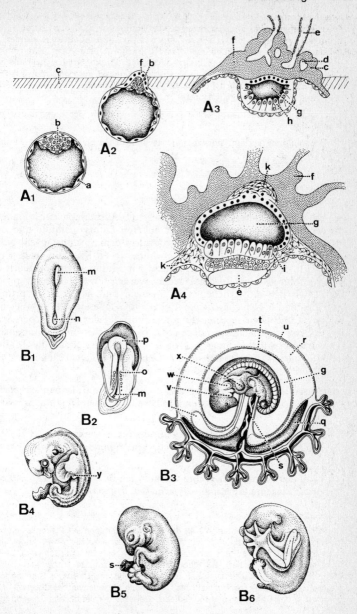

len ein, hervorgegangen aus frühen Furchungs- bzw. Trophoblastzellen. Nun entsteht, ähnlich wie bei anderen Amniota, ein Primitivstreifen, der rostral an den Primitivknoten heranreicht. Der Kopffortsatz des Primitivknotens bildet die Chordaanlage, vor welcher die entodermale Prächordalplatte liegt. Das embryonale Mesenchym (Mesoderm) breitet sich vom Primitivstreifen her aus und nimmt mit dem extraembryonalen Mesenchym Kontakt auf. Die letzte Embryonalhülle, die Allantois, wächst etwas verzögert vom hinteren Ende des Darmrohres aus und legt sich an das Chorion an.

Dottersack- und Allantoisstil vereinigen sich im Verlaufe der Entwicklung zum Nabelstrang.

Die Organbildung verläuft im wesentlichen ähnlich derjenigen anderer Amniota (Abb. 131B4–6).

Placenta

Für die lebendgebärenden Säugetiere ist die Ausbildung einer **Placenta** als Verbindungsorgan zwischen der äußeren Embryonalhülle und dem Uterus typisch. Die Placenta dient vor allem dem Stoffaustausch; Nährstoffe und Sauerstoff gelangen vom mütterlichen Kreislauf in den embryonalen, Abbaustoffe von der Frucht zur Mutter. Der Austausch der Stoffe erfolgt selektiv. In der Placenta werden ferner Hormone produziert. Zwischen mütterlichem und foetalem Blut liegen im ursprünglichen Zustand 6 *Gewebeschichten,* nämlich Gefäßendothel, uterines Bindegewebe und Uterusepithel (Endometrium) auf der mütterlichen Seite, Chorionepithel, foetales Bindegewebe und Endothel auf der kindlichen Seite. Im Verlauf der Säugetierevolution läßt sich vielfach die Tendenz zur *Reduktion der mütterlichen Gewebeschichten* erkennen (Abb. 132A):

– Uterusepithel und Chorionepithel grenzen überall aneinander: *epitheliochoriale Placenta* (Lemuren, Pholidota, Cetacea, Dugong, Schweine, Pferde);

– Ausfall des Uterusepithels, die Chorionzotten nehmen direkt Kontakt mit dem mütterlichen Bindegewebe auf: *Syndesmochoriale Placenta* (die meisten Ruminantia);

– Ausfall des Uterusepithels und des uterinen Bindegewebes: *endotheliochoriale* Placenta (Spitzmäuse, Carnivora, *Tupaja);*

Abb. 132 Säugetierplacenten. **A1–A4** die vier Placentartypen. **A1** Placenta epitheliochorialis, **A2** Pl. syndesmo-chorialis, **A3** Pl. endothelio-chorialis, **A4** Pl. haemo-chorialis; **B1–B4** die äußere Form der Placenten. **B1** Placenta diffusa (Schwein), **B2** Placenta cotyledonata (Schaf), **B3** Placenta zonaria (Katze), **B4** Placenta discoidalis (Meerschweinchen). **a** Uterusepithel, **b** Bindegewebe des Uterus, **c** Gefäßendothel des Uterus, **d** Epithel (Trophoblast) des Chorions, **e** Mesenchym des Chorions, **f** Gefäßendothel des Chorions; **a–c** mütterliches Gewebe, **d–f**: kindliches Gewebe (nach *HESSE)*

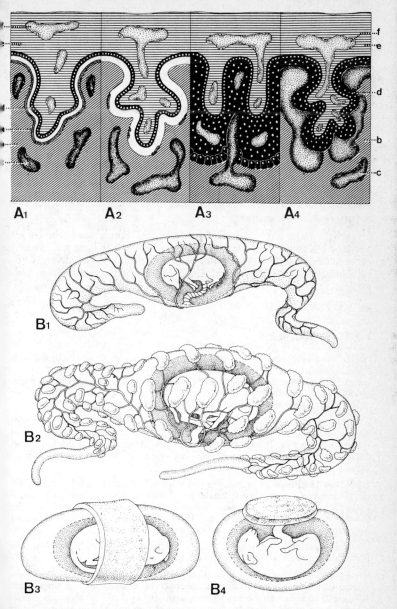

A₁   A₂   A₃   A₄

B₁

B₂

B₃   B₄

– Ausfall des mütterlichen Endothels: *haemochoriale Placenta* (viele Insectivora, Lagomorpha, Rodentia, Gürteltiere, Proboscidea, Primates);

– bei einigen Nagetieren liegen die Gefäße des Embryos direkt in den mütterlichen Bluträumen: haemoendotheliale Placenta;

Unterschiede bestehen auch in bezug auf die Verteilung der Placentaareale im Chorion. Man unterscheidet (Abb. 132B):

Placenta diffusa: Das Chorion ist überall gleichmäßig mit der Mucosa des Uterus verbunden (Schweine, Flußpferde);

Placenta cotyledonata: Viele vereinzelte Placentastücke (Placentome) bedecken das Chorion (Ruminantia);

Placenta zonaria: Die Placenta umgibt gürtelförmig das Chorion (viele Carnivora);

Placenta discoidalis: Die Placenta bildet eine einzige Scheibe (viele Primaten, Rodentia, Chiroptera).

Einfachere Placenten bilden die Beuteltiere aus. Formen mit sehr kurzer Tragzeit besitzen eine *Dottersackplacenta,* solche mit längerer Tragzeit oft eine *Chorio-Allantoisplacenta.* Beim Beuteldachs verschmelzen Chorionepithel und Uterusepithel zu einem einheitlichen Gewebe, einem Syncytium.

Fortpflanzung

Der *Sexualdimorphismus* kann stark ausgeprägt sein oder fehlen. Während sich beim Maulwurf und bei der Tüpfelhyäne die Geschlechter nicht einmal an den äußeren Genitalien unterscheiden lassen, weichen Männchen und Weibchen anderer Formen beträchtlich voneinander ab, z. B. in Größe (Gorilla), Behaarung (Löwe) oder in geschlechtstypischen Geweihen oder Hörnern (Abb. 115, S. 491).

Ist ein Geschlechtsdimorphismus vorhanden, so sind meistens die Männchen auffälliger gestaltet als die Weibchen. Besondere Exklusivbildungen männlicher Säugetiere sind etwa die bunten Gesichtsfarben des Mandrills, der mächtige Rüssel des See-Elefanten, die Knollennase der Nasenaffen, der Brüllapparat der Brüllaffen und der Moschusbeutel der Moschustiere.

Eigentliche Hochzeitskleider, wie bei den Vögeln, findet man nicht, doch sind öfters bestimmte Geschlechtsmerkmale zur Fortpflanzungszeit intensiver ausgeprägt. Dazu gehören die erhöhte Aktivität von Duftorganen (Brunftfeigen der Gemse, Viodrüse des Fuchses) (Abb. 119, S. 501), das Anschwellen bestimmter Hautpartien (Analkallositäten der Makaken und Paviane) usw.

Die *Brunft* äußert sich durch spezielle Verhaltensäußerungen und dient dazu, die Fortpflanzungsbereitschaft der Geschlechter zu synchronisieren.

Häufig folgen Begattung und Befruchtung kurz hintereinander. Bei einigen Tierformen wurden zur Überbrückung ungünstiger Jahreszeiten Verzögerungseffekte entwickelt. So speichern die im Herbst begattenden Fledermäuse gemäßigter Breiten die Spermien, und die Befruchtung erfolgt erst im Frühling. In anderen Fällen

(Reh, Marder, Dachs, Bär) macht der befruchtete Keim im Blastocystenstadium eine Ruhepause durch. Er bleibt eine gewisse Zeit (Vortragszeit) frei im Uterus liegen, implantiert und entwickelt sich später (Austragzeit).

Die *Trächtigkeit* (Gravidität) dauert von der Befruchtung des Eis bis zur Geburt. Die Tragzeit ist in der Regel für eine Tierart ziemlich konstant. Ihre Dauer ist meistens größenkorreliert, d. h. kleine Formen haben eine kürzere Tragzeit als größere. Bei den placentalen Säugetieren variieren die bekannten Tragzeiten zwischen 16 (Goldhamster) und 660 Tagen (Elefanten). Bei den Beuteltieren bleiben die Embryonen 8–42 Tage im Mutterleib, dann folgt eine Säugezeit von mindestens 65 Tagen; die Verweildauer des Jungen im Beutel kann bis zu 250 Tagen dauern.

Zur *Geburt* suchen Säugetiere nach Möglichkeit ungestörte Plätze auf. Häufigste Stellung des Jungen bei der Geburt ist die Kopflage. Hingegen kommen Wale vorwiegend in Schwanzlage zur Welt.

Die neugeborenen Jungen können, je nach Art, einen recht unterschiedlichen Entwicklungsgrad aufweisen. Bei den Beuteltieren kommen die Jungen als winzig kleine, unterentwickelte Larven zur Welt und müssen noch während längerer Zeit im Beutel der Mutter heranreifen. Bei den placentalen Säugern gibt es von ausgesprochenen *Nesthockern* (Abb. 133 A) (Mäuse, Kaninchen, Raubtiere), die völlig unbeholfen und blind zur Welt kommen, alle Zwischenstadien bis zu extremen *Nestflüchtern* (Abb. 133 C) (Huftiere, Elefanten, Wale), die soweit entwickelt zur Welt kommen, daß sie kurze Zeit nach der Geburt bereits der Mutter folgen können. Eine intermediäre Stellung nehmen die „Tragtiere" ein, jene Formen, die ihr Junges längere Zeit mit sich herumtragen (Abb. 133 B).

Nesthocker haben in der Regel ein geringeres relatives Geburtsgewicht als Nestflüchter, ebenfalls sind Junge aus Mehrlingswürfen relativ kleiner als Einzelgeborene.

Beispiele von Gewichtsverhältnissen neugeborener Jungtiere in Beziehung zum Gewicht der Mutter:

Riesenkänguruh: 0,0003%, Kamtschatkabär: 0,166%, Puma: 0,7%, Nilpferd: 1%, Blauwal: 3%, Mensch: 5%, Seehund: 10%, Greifstachler: 30%, Delphin: 30%, Fledermaus: 10 bis 40%.

Nesthocker kommen sehr oft nackt zur Welt, während die Nestflüchter behaart sind.

Verhalten

Daß die Säugetiere mit ihrem höchst entwickelten Gehirn eine adäquate Fülle von teilweise extrem komplexen Verhaltensweisen an den Tag legen, ist zu erwarten. Durch die gewaltige Vergrößerung des Neocortex bedingt, läßt sich bei den höheren Säugetieren eine entsprechende Steigerung des Lernvermögens konstatieren. Bei ihnen gewinnen deshalb erlernte Verhaltensweisen zunehmend an Bedeutung und sprengen den Rahmen der ererbten Reaktionsnormen. Neben dem Fortbewegungs-, dem Ernährungs- und dem Fortpflanzungsverhalten, die schon früher behandelt wurden, sei hier noch auf einige andere Aspekte des Säugetierverhaltens eingegangen.

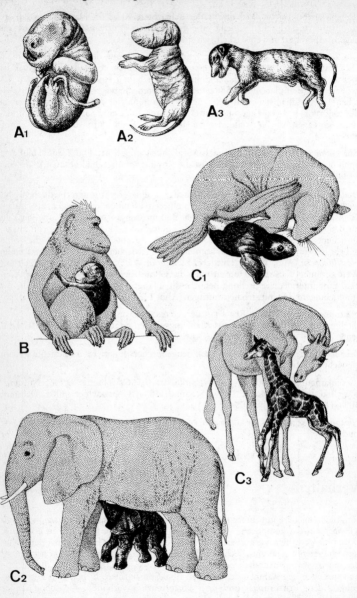

Tabelle 96   **Fortpflanzungsbiologie einiger Säugetiere**

	Fortpflanzungsreife nach	Maximale Lebensdauer	Fortpflanzungszyklus	Tragzeit in Tagen	Wurfgröße	Anzahl Würfe / Jahr
Schnabeltier	2 J.	10 J.	Mo	12/12*	1–3 Eier	
Opossum	8 M.	7 J.	Po	13	–12	2
Rot. Riesenkänguruh	1 J.	16 J.	Mo	30–40	1	1
Igel	2 J.	4 J.	Mo	40	–10	1
Maulwurf	2 J.		Mo	28–42	–7	1–2
Großohrfledermaus	2 J.	15 J.	Mo	50–70	2	1
Hausmaus	2–3 M.	3 J.	Po	20–21	4–9	4–5
Feldhase	8 M.	8 J.	Po	42	1–5	4–7
Fuchs	10 M.	12 J.	Mo	54	3–6	1
Wolf	3 J.	14 J.	Mo	65	4–9	2
Steinmarder	2 J.	15 J.	Mo	260	3–5	1
Hauskatze	1 J.	27 J.	Po	58	3–6	2
Tiger	4–5 J.	19 J.	Po	105	2–3	alle 2–3 J.
Braunbär	5 J.	34 J.	Mo	240	2–4	1
Seehund	4 J.	20 J.	Mo	330	1	1
Blauwal	4–6 J.	38 J.	Po	320	1–2	alle 2 J.
Wildschwein	1,5 J.	27 J.	Po	126	3–12	1
Nilpferd	2,5 J.	50 J.	Po	247	1	1
Edelhirsch	2 J.	19 J.	Po	240	1–2	1
Pferd	3 J.	34 J.	Po	336	1	1
Indischer Elefant	12 J.	36 J.	Po	660	1	alle 4–6 J.
Makak	2 J.	18 J.	Po	168	1	1
Schimpanse	9 J.	40 J.	Po	240	1	alle 2–3 J.

J = Jahr   M = Monat   T = Tage   Mo = monoestrisch   Po = polyoestrisch
* Eireifung / Brutzeit

Abb. **133** Nesthocker-Nestflüchter bei Säugetieren. **A1–A3** neugeborene Nesthokkertypen, **A1** Riesenkänguruh *(Macropus giganteus),* extremer Nesthockertyp von 14 mm Länge, **A2** Ratte *(Rattus norvegicus),* **A3** Löwe *(Panthera leo);* **B** Tragjunges, Schimpanse *(Pan troglodytes);* **C1–C3** Nestflüchtertypen, **C1** Seelöwe *(Arctocephalus)* bei der Geburt, **C2** Junges des Afrikanischen Elefanten *(Loxodonta)* beim Saugen an der brustständigen Zitze, **C3** Giraffe *(Giraffa)* (nach *PORTMANN, ANDERSEN)*

Da viele Formen als ausgesprochene Makrosmaten weniger auf die optische Orientierung angewiesen und als endotherme Tiere auch weniger von der direkten Sonneneinstrahlung abhängig sind, sind viele Säugetiere in bezug auf ihr Aktogramm unabhängig von der Nacht oder sogar speziell nachtaktiv. Im besonderen Maß gilt dies für teilweise oder ganz unterirdisch lebende Tiere (viele Insectivora und Nagetiere), deren Aktogramm oft dadurch charakterisiert ist, daß keine große Schlafperiode eingeschaltet wird, sondern daß kurze Schlaf- und Aktivitätsperioden einander folgen.

Relativ zahlreiche Säugetiere besitzen die Fähigkeit, den Winter als Zeit der Nahrungsknappheit in einem *Winterschlaf* zu verbringen. Sie stellen ihre aktive Lebensweise vollständig ein, drosseln ihre Körperaktivitäten, im besonderen die Atmung und Zirkulation, auf ein Minimum und fallen in einen Zustand tiefer Lethargie. Unter den Monotremata ist der Schnabeligel ein echter Winterschläfer. In den kühlen Tagen des Südsommers verfallen die Tiere in Südaustralien und Tasmanien in Winterschlaf, und ihre Körpertemperatur sinkt bis auf 9°C. Kleinere Beuteltiere, wie Zwergbeutelratten in Patagonien und tasmanische Kletterbeutler, verfallen ebenfalls in einen Winterschlaf. Unter den placentalen Säugetieren sind es vor allem die Igel, Fledermäuse, Wiesel, Murmeltiere, Hamster und Schlafmäuse gemäßigter und kalter Zonen, die einen echten Winterschlaf durchführen. Beim Igel tritt der Winterschlaf etwa bei einer Körpertemperatur von 14,5°C ein, sein Körper kann sich weiter bis auf ca. +1°C abkühlen.

Der echte Winterschlaf ist gekennzeichnet durch ein Absinken der Körpertemperatur bis nahe an 0°C heran. Durch diese drastische Drosselung der Lebensfunktionen unterscheidet sich der Winterschlaf von der Winterruhe. Tiere mit Winterruhe ziehen sich bei ungünstiger Witterung in ihren Bau zurück und fallen in einen tiefen, ruhigen Schlaf, ohne daß Körpertemperatur, Atemfrequenz und Blutdruck unter die Werte eines normal schlafenden Tieres sinken.

Während der Winterruhe zehren die Tiere von ihren Fettdepots und anderen Reservestoffen; teilweise wird sie auch unterbrochen, und die Tiere machen sich hinter eventuelle Nahrungsvorräte. Winterruhe ist typisch für Eichhörnchen, Präriehunde und Braunbären.

Analog zu den Winterschläfern können bestimmte Tropentiere Trockenperioden in einem Lethargiezustand überdauern. Sehr oft werden auf diesen Trockenschlaf hin ebenfalls Fettreserven angelegt. Ein Trockenschlaf ist belegt für die Erdferkel, einige Tenreks, das Schnabeltier, einige Insectivoren und Halbaffen. Beim Turkestanischen Ziesel wird sowohl eine Winterruhe als auch ein Trockenschlaf festgestellt.

Besonders typisch für viele Säugetiere ist das Errichten von *Behausungen* oder der Bezug von natürlichen Unterschlupfen wie Baumhöhlen, Felsklüften oder Nestern anderer Tiere, zu Zwecken, die nicht wie bei den Vögeln ausschließlich der Jungenaufzucht, sondern als allgemeine Aufenthaltsorte, z. B. während der Ruhezeit (Dachs), dienen.

Oberirdische Behausungen sind meistens einfache Konstruktionen, oft nur mit etwas Gras ausgepolsterte Mulden auf offenem Feld (Hasenlager), ausgescharrte Kessel (Wildschweine) oder aus zusammengescharrtem Gras und Laub errichtete „Betten" (Damwild). Die Anlage überdachter Baumnester wurde bei Menschenaffen beschrieben, aber auch bei Känguruhratten.

Kunstvoll verflochtene Nestkugeln können Eichhörnchen und Haselmäuse bauen.

Ihre höchste Entwicklung haben Säugetierbauten jedoch im Bereich der Erdbauten erreicht. Unter den Monotremata errichtet vor allem das Schnabeltier einen bis zu 15 m langen unterirdischen Gang, der mit einem Ende unter den Spiegel eines Gewässers führt, während der andere Ausgang an verborgener Stelle auf dem Land mündet. Der Möglichkeit von Hochwasser wird Rechnung getragen, indem die Gänge stets schräg aufwärts führen. Mit dem Gang kommunizieren vertikale Luftschächte. Zentrum des Systems ist eine mit Wasserpflanzen ausgepolsterte Nestkammer.

Nach ähnlichem Prinzip sind die Gänge der Fischotter konstruiert. Mehr oder weniger komplizierte Erdbauten sind auch von zahlreichen Beuteltieren bekannt (Beuteldachse, Wombats). Unter den Insectivora legen vor allem Maulwürfe komplexe Gangsysteme an. Diese dreidimensionalen Röhrensysteme umfassen ein engeres Wohngebiet und ein Jagdgebiet. In der Regel gehen von einer zentralen Nestkammer radial Gänge ab, die in einen oder mehrere konzentrisch um das Nest angelegte Ringkanäle münden. Von den Ringkanälen führen Gänge ins eigentliche Jagdgebiet, das vom Maulwurf regelmäßig nach Regenwürmern und anderen Kleintieren abgesucht wird. Beim Bau der persistierenden Gänge preßt der Maulwurf die ausgeschaufelte Erde mit dem Körper gegen die Wände, mitunter schiebt er sie auch nach außen und häuft sie zu Maulwurfshaufen. Daneben kann sich der Maulwurf auch durch die Erde arbeiten, indem er einfach die ausgeschaufelte Erde hinter sich liegen läßt. In einzelnen Maulwurfshaufen wurden steil zum Grundwasserspiegel hinunter führende „Trinkröhren" beobachtet.

Ausgedehnte Gangsysteme sind von einigen marder- oder hundeartigen Formen (Dachs, Fuchs) bekannt, vor allem aber von zahlreichen bodenbewohnenden Nagetieren (Hamster, Ziesel, Kammratten, Wühlmäuse, Präriehunde, Murmeltiere).

Die raffiniertesten Wohnbauten legen sich die Biber an, aus Lehm und Holz errichtete Konstruktionen mit einem unter dem Wasser gelegenen Zugangssystem und einer Regulation des Wasserstandes durch Dammbauten.

Die differenziertesten Verhaltensweisen bei Säugern betreffen das *Sozialleben*. Abgesehen von ausgesprochen solitär lebenden Formen (Hamster, Gürteltiere, Stachelschweine, Opossums) leben die meisten Säugetiere vergesellschaftet. Quantitativ lassen sich die Gruppierungen nach KRUMBIEGEL gliedern in Paare (1♂, 1♀), Familien (Eltern mit Jungen), Sprünge (5–10), Rudel (11–20) und Herden (20 – mehrere Hundert). Nach ihrer Struktur unterscheidet man (nach DEEGENER): Sympädium, Kinderfamilie (Klippschliefer); Gynopädium, Mutterfamilie (Bären); Patrogynopädium, Elternfamilie (Gorilla); Synchorium, Platzgemeinschaft (übernachtende Fledermäuse); Syncheimadium, Wintergemeinschaft (überwinternde Fledermäuse); Symphagium, Freßgemeinschaft (Eichhörnchen an zapfentragenden Bäumen); Synepeilium, Beutegenossenschaft (Wölfe); Symporium, Wandergemeinschaft (Lemminge).

Besondere Aspekte der Säugetiersoziologie bietet das bei vielen Formen ausgeprägte Territorialverhalten und damit verbunden das *Markierungs-, Droh-* und *Imponierverhalten*, sowie vor allem die bei höheren Formen ausgeprägten Strukturen sozialer Hierarchie. Der makrosmatischen Orientierung der meisten Säugetiere entsprechend spielen Duftmarken bei der Kennzeichnung der Territorien eine ausschlaggebende Rolle (vgl. Hautdrüsen, S. □); praktisch sämtliche territorialen Säugetiere verfügen deshalb über ein Duftmarkierungssystem.

Verbreitung (Abb. 134)

Die klassische Einteilung der Erdoberfläche in zoogeographische Regionen basiert in erster Linie auf den geologischen Verhältnissen und den zoologischen Ausbreitungsvorgängen während des Tertiärs, also jener letzten 70 Millionen Jahre, in der sich die heutigen Säugetiere zur Hauptsache differenzierten und ihre Areale besetzten. Die historische Zoogeographie (Abb. 140, S. 620) ist deshalb entscheidend geprägt durch die Verbreitungsverhältnisse der Säugetiere. Da die Säugetiere allgemein weniger vagil sind als die Vögel, sind ihre Ausbreitungsverhältnisse klarer und übersichtlicher. Vielfach decken sich die Areale ganzer Großgruppen mit jenen der zoogeographischen Regionen.

Relativ viele Säugetiere ursprünglichen Charakters konnten sich ferner als Relikte auf Inseln halten.

Endemismen

Form oder Gruppe	Gebiet
Unterklasse Prototheria	Notogaea
Unterklasse Metatheria	Notogaea, teilweise Neogaea
Ordnung Didelphida	Neogaea
Ordnung Caenolestia	Neogaea
Ordnung Edentata	Neogaea
Ordnung Tubulidentata	Äthiopische Region
Ordnung Dermoptera	Orientalische Region
Familie Solenodontidae	Kuba, Haiti
Familie Tenrecidae	Madagaskar
Familie Lemuridae	Madagaskar
Familie Indridae	Madagaskar
Familie Cebidae	Neogaea
Familie Callithricidae	Neogaea
Familie Hylobatidae	Orientalische Region
Familie Pedetidae	Äthiopische Region
Familie Hippopotamidae	Äthiopische Region
Familie Giraffidae	Äthiopische Region

Da von allen tertiären Tierformen die Säugetiere am reichsten fossil dokumentiert sind, konnte man für einige Gruppen die Ausbreitungsgeschichte und die *Wanderungen während des Tertiärs* genau rekonstruieren. Klassische Beispiele sind die Ausbreitungsgeschichte der Elefanten (Abb. 135) und jene der Pferdeartigen (Abb. 136). Eine vor allem die Säugetiere betreffende, durch besondere Dynamik gekennzeichnete Faunengeschichte erlebte Südamerika. Dieser Kontinent war während des ganzen Tertiärs von Nordamerika isoliert. Die seit der Kreidezeit dort vorkommenden marsupialen und placentalen Säuger evoluierten während des Tertiärs zu großer Formenvielfalt. Gegen Ende des Tertiärs verfügte Südamerika über eine reiche Beuteltierfauna, die jener Australiens kaum nachstand, und gleichzeitig über eine Formenfülle von Placentaliern (Edentata mit Riesenfaultier und Riesengürteltier), den ausgestorbenen Ordnungen von „Urhuftieren" (Litopterna, Notoungulata) und platyrhinen Primaten, deren Ahnen möglicherweise als

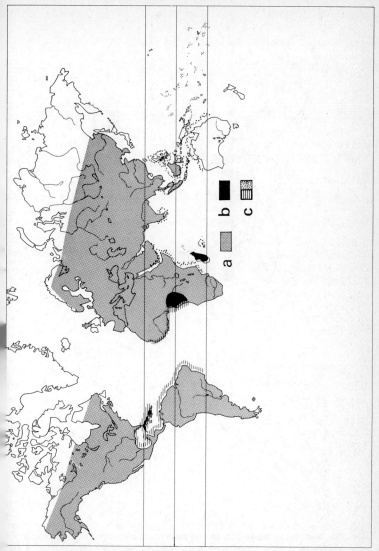

Abb. **134** Verbreitungsmuster bei Säugetieren. **a** die weitgehend kosmopolitische Verbreitung der Katzenartigen (Felidae), **b** die disjunkte Verbreitung primitiver Insektenfressergruppen, der Solenodontidae auf Kuba und Haiti, der Potamogalidae im Kongogebiet und der Tenrecidae auf Madagaskar, **c** die küstennahe Verbreitung der Seekühe, Linienraster: Manatidae; Punktraster Dugongidae (nach *BARTHOLOMEW*)

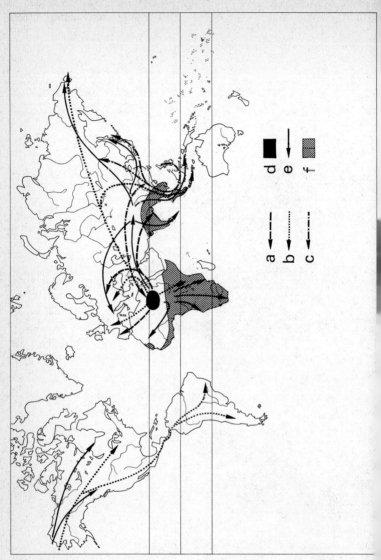

Abb. 135 Ausbreitungswege und heutige Verbreitung der Rüsseltiere (Proboscidea). Ausbreitungswege, **a** der Dinotherien, **b** der Mastodonten, **c** der Stegodonten, **e** der eigentlichen Elefanten und Mammuts; **d** Verbreitungsgebiet der ursprünglichsten Proboscidea, der Moeritherien, **f** Verbreitungsgebiete der heutigen Elefanten, *Loxodonta* und *Elephas* (nach *DE BEER, THENIUS*)

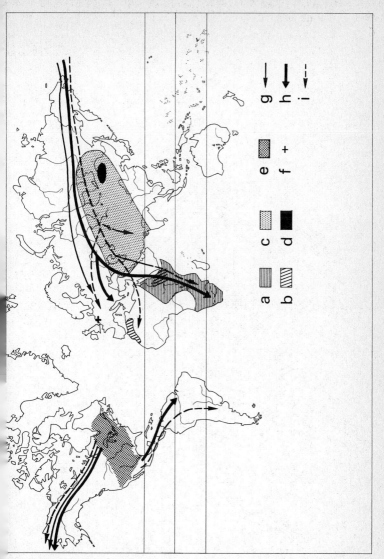

Abb. 136 Heutige Verbreitung und Ausbreitungswege der Pferdeartigen. **a** Verbreitung der Zebras *(Hippotigris quagga, H. grevyi)*, **b** Verbreitung der Wildesel *(Asinus)*,
c Verbreitung der Halbesel *(Hemionus)*, **d** Verbreitung des Asiatischen Wildpferdes
(Equus przewalskii), **e** Evolutionszentrum der Pferdeartigen während des Alt- bis
Jungtertiärs, **f** Fundort von *Hyracotherium (= Eohippus)* aus dem untersten Eozän, **g**
miozäne Einwanderung der Anchitherien, **h** pliozäne Einwanderung von *Pliohippus*
nach Südamerika und der *Hipparion*formen in die Alte Welt, **i** pleistozäne Einwanderung der modernen Pferdeartigen (nach *DE BEER, THENIUS*)

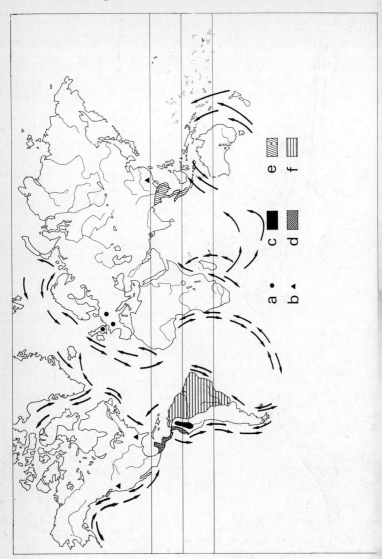

Abb. 137 Disjunkte Verbreitung der Tapire, Verbreitung und Küstenwanderung des Buckelwals *(Megaptera novaeangliae)* (Pfeile), **a** Fundorte pliozäner Tapire, **b** Fundorte pleistozäner Tapire, **c** Bergtapir *(Tapirus pinchaque)*, **d** Baird's Tapir *(T. bairdi)*, **e** Indischer Tapir *(T. indicus)*, **f** Flachlandtapir *(T. terrestris)* (nach *DE BEER, KELLOGG)*

„Inselhüpfer" während des Tertiärs über den Antillenbogen in Südamerika einge-
wandert waren.

Zu Ende des Tertiärs kam über die zentralamerikanische Landbrücke eine Landverbindung mit Nordamerika zustande, über die eine Großzahl jener placentalen
Säuger in Südamerika eindringen konnten, die sich inzwischen in der Nearktis,
der Palaearktis, der äthiopischen und der orientalischen Region herandifferenziert
hatten. Zwischen der Nearktis und der Alten Welt bestand übrigens ein intensiver
Faunenaustausch über Landbrücken, die mehrmals im Bereich der Beringstraße
bestanden.

Die in Südamerika eindringenden Formen (Raubtiere, Huftiere) waren in der Regel den autochthonen Formen überlegen. Durch Konkurrenz und Prädation wurden in kürzester Zeit der größte Teil (95% der Marsupialia, sämtliche Urhuftiere
und mehr als die Hälfte der Edentaten) der südamerikanischen Endemiten ver-
nichtet. Einzig die Opossums und die Gürteltiere konnten sich nicht nur mit Erfolg halten, sondern auch eine Gegeninvasion nach Norden antreten und ihre
Areale bis in die gemäßigte Zone der Nearktis ausdehnen.

Eine verbreitungsgeschichtlich besonders turbulente Zeit für die Säugetiere bildete
das dem Tertiär folgende Quartär mit dem Eiszeitalter einerseits und dem Auftreten und der zivilisatorischen Entwicklung des Menschen andererseits. Den Klima-
verschlechterungen des Pleistozäns fielen zahlreiche Formen zum Opfer, im Auf
und Ab der Eiszeiten und Zwischeneiszeiten wurden bestimmte Areale eingeengt,
andere erweitert; während der Eiszeiten kam es zu Disjunktionen (Abb. 137) (ar-
boreale Gebiete), aber auch zu Kommunikationen (zusammenhängende Tundrengürtel, umfangreiche Landverbindungen in der Folge eustatischer Meeresspiegel-

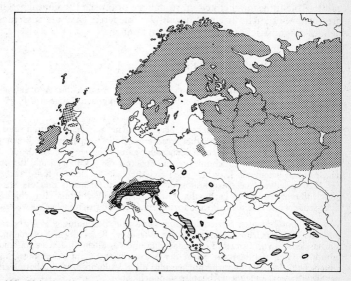

Abb. 138 Disjunkte Verbreitung von Säugetieren. Punktraster: arkto-alpine Disjunktion beim Schneehasen *(Lepus timidus);* Horizontalraster: oreale Disjunktion bei der
Gemse *(Rupicapra rupicapra)* (nach *MARCUS, VAN DEN BRINK)*

senkungen) und zu reziproken Vorgängen während der Zwischeneiszeiten (Abb. 138). Diese kurzfristigen Arealverschiebungen und Veränderungen der Lebensbedingungen leiteten eine Zeit erhöhter evolutiver Aktivität ein, die zu einer intensiven Aufsplitterung auf dem Niveau der Subspezies und Spezies führte.

Das schicksalhafteste Ereignis in der Ausbreitungs- und Evolutionsgeschichte der Säugetiere ist die Entstehung des Menschen, der im Laufe des Pleistozäns nicht nur die ganze terrestrische Erdoberfläche besiedelte und für sich allein in Anspruch nahm, sondern die Weiterexistenz jeglichen Lebens unmittelbar bedroht.

Durch Übernutzung (Jagd zu Fleisch- und Pelzgewinnung, kommerzieller Großfang, wie Walfang und Robbenschlägerei), Vernichtung aus Konkurrenzangst, Biotopzerstörung und Faunenfälschung (Einschleppen von Ratten, Aussetzen von Mungos) hat der Mensch in den letzten 300 Jahren mehr als 100 Säugetierarten ausgerottet und mehr als 500 Formen an den unmittelbaren Rand des Aussterbens gebracht.

Systematik der Säugetiere

Die Säugetiersystematik ist heute in weiten Teilen, vor allem was die Großgruppenhierarchie betrifft, nicht mehr umstritten. Sie verdankt dies zwei entscheidenden Vorteilen: der reichen Fossildokumentation aus dem ganzen Tertiär und einem nahezu idealen taxonomischen Merkmal, den Zähnen. Die Zähne, als außerordentlich gut fossilisierbare Hartstrukturen, erlauben in bezug auf ihren Bau und ihre Anordnung ungezählte Ableitungsmöglichkeiten, so daß sie praktisch für sämtliche Großgruppen, aber auch für eine Vielzahl von niederen Taxa als ausschlaggebendes diagnostisches Kriterium dienen können.

Taxonomische Merkmale

Zähne. Wie schon erwähnt, bilden die Zähne, ihre Anzahl, ihre Anordnung und vor allem ihre Struktur ein taxonomisches Merkmal ersten Ranges (Abb. 121 bis 123, S. 506, 509, 512).

Schädel. Viel zur Diagnostizierung herangezogene Schädelstrukturen sind das Vorhandensein und der Ausprägungsgrad einer Bulla tympanica, die Beschaffenheit der Orbita, die von einem Knochenring ganz umgeben sein kann oder aber mit der Schläfengrube kommuniziert, die Struktur der Jochbogen und der Anteil der an ihnen beteiligten Knochen, die Beschaffenheit der Unterkieferfortsätze und des Kiefergelenkes, die Ausdehnung des sekundären Gaumens und die Struktur und Differenzierung der Turbinalia. Oft werden das Verhältnis Hirnschädel-Gesichtsschädel und eventuelle Pneumatizität zur Charakterisierung herangezogen.

Von den postcranialen Skelettelementen sind von Bedeutung die Wirbelzahlen und die Verschmelzungsverhältnisse der Wirbel (z. B. zu einem Kreuzbein), das Vorhandensein von Coracoid und Clavicula und vor allem die Extremitätenkonfiguration. Hier erlauben vor allem der Verwachsungs- und Erhaltungsgrad der Unterschenkel- und Unterarmknochen und die Reduktion bzw. Förderung einzelner Strahlen ausgezeichnete Ableitungsmöglichkeiten.

Muskulatur. Die Anordnung und Struktur einzelner Muskelkomplexe kann gute Argumente, vor allem zur Unterordnungs- und Familiendiagnostizierung liefern,

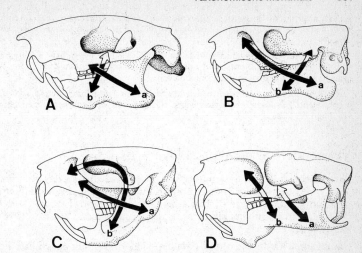

Abb. **139** Anordnung der mittleren und tiefen Portionen des Masseter-Muskels bei Nagetieren. **A** primitiv sciuromorph (= protrogomorph); **B** sciuromorph; **C** myomorph; **D** hystricomorph; **a** Masseter lateralis, **b** Masseter profundus (nach *WOOD, ROMER*)

z. B. die *Masseter- und Temporalismuskulatur* für die Großgliederung der Rodentia (Abb. 139).

Verdauungstrakt. Einzelne Abschnitte des Verdauungstraktes erlauben, Trends in der Ernährungsspezialisation zu verfolgen, so der Aufbau des Magens, die Darmlängen und die Größe von Blinddärmen und Blindsäcken (Abb. 124, S. 514, Abb. 125, S. 517). Da in diesem Bereich konvergente Entwicklungen sehr häufig sind und da der Verdauungstrakt sich nicht fossil dokumentiert, darf der taxonomische Wert dieser Strukturen jedoch nicht überbewertet werden. Vielfach werden zur Diagnostizierung auch die Grobmorphologie von Leber und Niere herangezogen.

Fortpflanzungssystem. Praktisch in jeder Großgruppendiagnose werden die Struktur des Uterus (Abb. 129, S. 533), Gestalt und histologischer Aufbau der Plazenta (Abb. 132, S. 547), Form und Ossifikation des Penis und die Lage der Hoden erwähnt. Für diese Merkmale gilt Ähnliches wie für jene des Verdauungstraktes.

Gehirn. Die Gehirndifferenzierung, vor allem die Größe des Riechhirns, die Dimensionen und der Faltungsgrad der Großhirnhemisphären sowie der Aufbau des Kleinhirns ermöglichten wertvolle Hinweise für die Beurteilung einzelner Gruppen. Da sich die Grobmorphologie des Gehirns vielfach auch bei Fossilien anhand von Schädelkapselausgüssen rekonstruieren läßt, stellt es neben der Muskulatur von allen Weichstrukturen den für die Systematik interessantesten Merkmalskomplex dar.

Ontogenesestadium der Neugeborenen (Abb. 133, S. 550). Die Beschreibung des ontogenetischen Zustandes der Jungen, ob Nestflüchter (Laufjunges, Schwimmjunges), Tragjunges oder ausgesprochener Nesthocker wird zwar in den meisten Diagnosen gegeben, doch ist der taxonomische Wert dieser Angaben gering, da innerhalb nahverwandter Gruppen verschiedenste Ontogeniegrade vorkommen können.

Serologie. Die vergleichende Serologie hat in neuerer Zeit wesentliche Erkenntnisse gefördert und hat oft entscheidende Hinweise für die definitive Zuordnung bislang noch umstrittener Gruppen geliefert.

Zahlreiche Säugetiere wurden in den letzten beiden Jahrzehnten *cytologisch* und vergleichend *ethologisch* analysiert. Die Resultate dieser Untersuchungen haben vor allem zur Lösung von Problemen der Feinsystematik beigetragen.

Verwendete Systemvorschläge

Für die nachfolgende Systemübersicht halten wir uns an das von SIMPSON (1945) begründete System, unter Berücksichtigung der Modifikationen von GREGORY (1947), HALTENORTH (1969) und THENIUS (1969). Für die Gattungsnomenklatur war der Katalog von WALKER (1964) maßgebend.

Die rezenten Ordnungen und Familien sind vollständig angeführt. Von den fossil nachgewiesenen Gruppen erwähnen wir nur die größten und diejenigen, die für die Phylogenie der rezenten Säugetiere bedeutsam sind.

Systemübersicht

Die rezenten Säugetiere werden gegliedert in 3 Unterklassen, 23 Ordnungen, 122 Familien, 1027 Gattungen, 4250 Arten und mehr als 15 000 Unterarten.

Unterklasse Prototheria

Ordnung **Kloakentiere** *Monotremata* (Tab. 97)

Familie Tachyglossidae, Ameisenigel 5 Sp, 2 G
Familie Ornithorhynchidae, Schnabeltiere 1 Sp

Charakterisierung: Die Monotremata haben von allen Säugetieren am meisten reptilienhafte Züge. Solche Merkmale sind : *Zweiteiliges Frontale* (bei *Ornithorhynchus), Processus ascendens des Zwischenkiefers, Amboß und Hammer* miteinander verwachsen, großes *selbständiges Coracoid und Epicoracoid,* Beckengelenkpfanne ohne Kerbe und mit einem sauropsidenartigen Loch (bei Tachyglossidae). Exklusive Merkmale sind ferner rudimentäre *Coriumpapillen,* mit den Primordien der Reptilschuppen homologisierbar, ein Hornschnabel statt ausgebildeter Zähne, *zitzenlose Milchdrüsenfelder* in der Bauchgegend, giftführende Oberschenkeldrüsen beim ♂ (Abb. 119H, S. 501), Krallen ohne Nagelwall ; ein Rückziehmuskel (M. retrahens) des Unterkiefers, auf der Innenseite unterhalb des Gelenks ansetzend; ein nur als Commissura dorsalis ausgebildeter Balken (Corpus callosum) im Großhirn; drüsenloser Magen, direkt in eine Kloake mündendes Urogenitalsystem (Abb. 129 A, S. 533), Nieren ohne unterscheidbare Mark- und Rindenzone; hypocystische (zwischen Harnblase und Kloake) Mündung des Ureters, reptilienähnlicher, ausschließlich samenführender Penis, an der vorderen Kloakenwand austretend; getrennt in den Urogenitalkanal mündende Eileiter, *meroblastische Eier mit Keratinschale*, Eizahn des Jungen

Lebensweise: Nahrung Kleintiere; Körpertemperatur um 30°C, Oviparie, die Eier werden in Bruttasche oder in einem Nest bebrütet. Junge schlüpfen in embryonalem Zustand und lecken Milchsaft vom Bauchdrüsenfeld der Mutter (Abb. 120 A, E, S. 504).

Verwandtschaftliche Beziehungen: Man nimmt heute allgemein an, daß die Monotremata weit isoliert von den anderen rezenten Säugetieren stehen. Allgemein betrachtet man die Multituberculata des Erdmittelalters, die sich schon während der Trias als selbständige Gruppe manifestieren, als direkte Ahnen der Monotremata.

Fossilnachweis: Erst ab Pleistozän

Tabelle 97   **Familienübersicht Ordnung Monotremata**

	Tachyglossidae Schnabeligel	Ornithorhynchidae Schnabeltiere
Verbreitung	Neuguinea, Australien, Tasmanien	Australien, Tasmanien
Lebensraum	Wald, Busch, Steppe, bis 2500 m	an Gewässern
Integument	Stachelpanzer, röhrenförmiger Hornschnabel	Haarkleid, „Entenschnabel"
Zähne	keine angelegt	embryonal $\frac{0\ 1\ 2\ 3}{5\ 1\ 2\ 3}$
Zentralnervensystem	sehr großes Riechhirn, Hemisphären gefurcht	sehr großer N. trigeminus als Versorger der Schnabeltastkörperchen, Großhirn ungefurcht
Lebensweise	terrestrisch, in Defensive sich einrollend	gewandte Taucher und Schwimmer, mit Schwimmhäuten zwischen den Zehen
Fortpflanzung	7- bis 10tägiges Bebrüten der Eier im Brutbeutel	kein Brutbeutel, 10- bis 12tägiges Bebrüten der Eier in ausgepolstertem Nest

Unterklasse Beuteltiere *Metatheria* (= *Marsupialia*)

Charakterisierung: Relativ kleiner Hirnschädel, verglichen mit jenem der Prototheria ist der Marsupialierschädel säugetiertypisch mit fehlendem Praevomer und fehlendem Proc. ascendens des Zwischenkiefers, dafür sind vorhanden das aus der Verschmelzung von Petrosum und Squamosum hervorgegangene Schläfenbein *(Temporale),* ein Lacrimale mit einem Foramen lacrimale, *säugetiertypische Gehörblase,* ein Paukenbein (Tympanicum) mit Keilbeinflügel (Alisphenoid), Schuppenbein (Squamosum) und Warzenfortsatz (Mastoid) verschmolzen. Am übrigen Skelett sind typisch das *embryonal* angelegte *Coracoid,* das beim adulten Tier den Proc. coracoideus der Scapula bildet, meist vorhandene Clavicula, sowie ein Paar *Beutelknochen* (Ossa marsupialia) in der Gegend des Schambeins (Pubis).

Einfach gebautes Groß- und Kleinhirn. Die ungefalteten Hemisphären bedecken in der Regel das Kleinhirn nicht. Sehr großes Riechhirn, Balken (Corpus callosum) nur als Commissura dorsalis ausgebildet.

Nur eine durchbrechende Zahngeneration (Monophyodontie) mit Ausnahme des P4. Oft hohe Zahnzahl (bis 56), 4–5 P sind die Regel. Homologisierbarkeit der Zähne nach Stellung mit jener der Placentalia unsicher.

Am Kreislaufsystem sind der *Ductus Cuvieri* und die *Vena azygos* (eine oder beide) noch vorhanden.

Die *Urniere* ist *im Geburtszustand noch aktiv;* die Harnleiter münden direkt in die Harnblase; die Hoden bleiben dauernd außerhalb des Körpers; der Penis ist vom Samenleiter durchzogen, während die Harnröhre entweder in den terminalen Enddarm oder an der Basis des Penis mündet. Der Penis liegt zwischen Anus und Skrotum in einer Penistasche; 2 Uteri und 2 Vaginae mit unterschiedlichem Verwachsungsgrad, die Vaginae bilden oft gebogene Schläuche, die an der Ansatzstelle des Uterus kommunizieren und ein schlauchförmiges Mittelstück (Sinus vaginalis) bilden können (Abb. 129 B, S. 533).

Entwicklung: Vieleiige Follikel, spontane Ovulation, 1–11 Junge, je nach Art; mit Ausnahme von *Perameles keine Placenta;* Embryo wird von Ausscheidungen der Uterusschleimhaut ernährt, die durch Chorionzotten aufgenommen werden, sehr kurze Tragzeit (8–42 Tage); *Junge* kommen *in embryonalem* Zustand (Abb. 133 A1, S. 550) zur Welt (0,5–30 mm) und werden meistens in einem Brutbeutel untergebracht, wo sie sich an einer Zitze festsaugen; vielfach sekundäre Verwachsung des Jungen mit der Zitze; lange Beuteltragzeit (bis 250 Tage)

Verbreitung: Südamerika (seit Pleistozän auch in Zentral- und Nordamerika), Australische Region (bis Celebes, Bismarck-Archipel und Salomonen)

Verwandtschaftliche Beziehungen: Metatheria und Eutheria leiten sich von triassischen Pantotheria ab. Die Aufzweigung, die zu den beiden Unterklassen führte, erfolgte bereits zur Jurazeit.

Früheste Fossilnachweise: Obere Kreide

Gliederung: Die Gliederung der Marsupialia ist noch keine einheitliche, so bestehen vor allem Schwierigkeiten in der Bündelung der Familien. Manche Autoren gruppieren diese zu Überfamilien und betrachten alle Beuteltiere als Angehörige einer einzigen Ordnung, Marsupialia. Andere Autoren unterteilen die Unterklasse in verschiedene Ordnungen. Zieht man die Maßstäbe heran, die für die Umschreibung der Ordnungen placentaler Säugetiere angewandt wurden, so scheint uns die Gliederung der so vielfältigen Metatheria in verschiedene Ordnungen durchaus gerechtfertigt. Wir halten uns im folgenden an den letzten Gruppierungsvorschlag von HALTENORTH (1969). Die Unsicherheit in der Bewertung einzelner Beuteltier-Großgruppen beruht großenteils auf der unterschiedlichen Deutung zweier taxonomischer Hauptmerkmale, der Incisiven-Konfiguration (Polyprotodontie-Diprotodontie) und der Tendenz zur Syndactylie. Je nachdem, ob man diesen Merkmalen mono- oder polyphyletischen Charakter zumißt, fallen auch die taxonomischen Bündelungsversuche verschieden aus.

Ordnung Beutelratten *Didelphida*

Familie Didelphidae, Beutelratten 76 Sp, 12 G

Verbreitung: Während der Kreide in ganz Amerika, während des Tertiärs nur in Südamerika, ab Pleistozän wieder in Nordamerika

Charakterisierung: Maus bis rattengroß, spitzschnauzig, langer nackter Schwanz, bisweilen Greifschwanz, Wirbel C 7, Th 13, L 6, S 2, Ca 19–35; Hand und *Fuß 5strahlig* mit Krallen, mit Ausnahme des opponierbaren Hallux; *polyprotodont* (viele Incisivi), spitzhöckrige M.

$$\frac{5.1.3.4.}{4.1.3.4.} = 50;$$ Beutel verschieden gestaltet oder fehlend;

Ureter an der Basis des Penis mündend, mediane Vagina

Lebensweise: Boden- oder Baumtiere (Ausnahme: die amphibisch lebende Gattung *Chironectes*); omnivor, insectivor oder carnivor; vorwiegend nachtaktiv, außerordentlich anpassungsfähig und zählebig; Tragzeit 12–13 Tage, Wurfgröße 4–11 (Abb. 120G, S. 504), Laktation ca. 70 Tage, ♀ trägt ältere Junge noch lange auf dem Rücken herum.

Verwandtschaftliche Beziehungen: Am ehesten zu den ausgestorbenen Borhyaenidae

Frühester Fossilnachweis: Obere Kreide

Ordnung   Opossummäuse *Caenolestia*

Familie Caenolestidae, Opossummäuse 8 Sp, 3 G

Verbreitung: Anden von Venezuela bis Chile

Charakterisierung: Spitzmausähnlich, *5strahlige Extremitäten; polyprotodont,* ob. C meistens zweiwurzlig, Backenzähne spitzhöckrig,

$$\frac{4.1.3.4}{3.1.3.4} = 46;$$ sehr ursprüngliches Gehirn mit großem Riechhirn; Beutel fehlt

Lebensweise: Bodenbewohner der Bergurwälder, insectivor

Verwandtschaftliche Beziehungen: Noch umstritten

Frühester Fossilnachweis: Paläozän

Ordnung   Marderbeutler *Dasyuria* (Tab. 98)

Charakterisierung: Kleine bis mittelgroße, meistens langschwänzige *Kleintierfresser* oder *Fleischfresser* mit kurzhaarigem Fell. C 7, Th 13, L 6, S 2, Ca 18–25.

Vorderfuß 5strahlig, Hinterfuß 4–5strahlig; gut ausgebildete C, spitzhöckrige, besonders im hinteren Bereich gut ausgebildete Backenzähne.
$$\frac{3-4.1.2-4.4}{3.1.2-4.\quad4} = 40-50.$$ Beutel meist nur während der Beuteltragzeit gut ausgebildet, 4–12 Zitzen. Vom Rectum separierter Sinus urogenitalis, Ureter an der Penisbasis mündend, längsgeteilte Medianvagina, die den Sinus urogenitalis erreicht, mit ihm aber nicht kommuniziert

Lebensweise: Meistens boden-, seltener baumbewohnende Dämmerungs- oder Nachttiere, in verschiedensten Biotopen; Tragzeit 8–30 Tage, Jungenzahl 3–10; Junge verbringen bis 150 Tage im Beutel.

Verwandtschaftliche Beziehungen: Die Ordnung hat eine lange, selbständige Entwicklung seit der Kreidezeit hinter sich. Sie besitzt größere Affinitäten zu den Phalangeria als zu den Didelphida.

Frühester Fossilnachweis: Jungtertiär

Ordnung   Nasenbeutler *Peramelia*

Familie Peramelidae, Beuteldachse 19 Sp, 8 G

Verbreitung: Australien, Tasmanien, Neuguinea und Umgebung

Charakterisierung: Ratten- bis fuchsgroße *Fleisch-* oder *Kleintierfresser* von känguruhartigem Habitus; die 2. und 3. Hinterfußzehe sind miteinander verwachsen; polyprotodont; spitzhöckerige Backenzähne und oft verlängerte C.

Tabelle 98   **Familienübersicht Ordnung Dasyuria**

	Dasyuridae Beutelmarder*	Myrmecobiidae Ameisenbeutler	Notoryctidae Beutelmaulwürfe
Umfang	42 Sp, 11 G	1 Sp	2 Sp, 1 G
Verbreitung	Australien, Tas- manien, Neu- guinea und Um- gebung	Australien	Australien
Zähne	s. Ordnung	$\dfrac{4.1.4.4}{3.1.4.4} = 50$	$\dfrac{3-4.1.2.4}{3.1.2.4} = 40-42$
Lebensweise	terrestrisch, teilweise arbo- ricol	terrestrisch	unterirdisch wühlend
Ernährung	Fleisch, Kleintiere	Ameisen, Termiten	Bodentiere
Besonderheiten	Konvergenz zu placentalen Raubtieren	Konvergenz zu be- stimmten Edentaten und den Schuppen- tieren	Konvergenz zu pla- centalen Maulwür- fen mit reduzierten Augen und Ohren sowie Grabextremi- täten

* Die Familie Dasyuridae wird in drei gut unterscheidbare Unterfamilien gegliedert, die maus- bis rattengroßen Beutelmäuse (Phascogalinae), die Fuchsgröße erreichenden Beutelmarder (Dasyurinae) im engeren Sinn sowie die Beutelwölfe (Thylacinae) mit einem Vertreter, dem vor wenigen Jahrzehnten ausgerotteten Beutelwolf, *Thylacinus,* von Tasmanien. Der Beutelwolf weist eine frappierende Konvergenzähnlichkeit zu den placentalen Hundeartigen auf.

$$\frac{5-4.1.3.4}{3.1.3.4} = 46-48.$$

Nach hinten und unten sich öffnender Beutel, als Exklusivität innerhalb der Beuteltiere *chorio-allantoide Placenta*

Lebensweise: Nachttiere, Bodenbewohner

Verwandtschaftliche Beziehungen: Noch nicht gesichert. Betrachtet man die Zehenverwachsung am Hinterfuß als einmaliges Evolutionsereignis innerhalb der Beuteltiere, so wären die Beuteldachse nahe Verwandte der Phalangeria, betrachtet man die Syndactylie hingegen als Konvergenz, so spricht die Polyprotodontie der Beuteldachse für enge Beziehungen zu den Dasyuria.

Frühester Fossilnachweis: Pleistozän

Ordnung **Zehenbeutler** *Phalangeria* (Tab. 99)

Charakterisierung: Von der Größe einer Maus bis zu jener eines Riesen-känguruhs; Hinterextremität oft gegenüber Vorderextremität stark ver-größert und mit auf Schreit-, Greif- oder Springfunktion *spezialisiertem Fuß;* verschiedener Syndactyliegrad und teilweise Zehenreduktion; entsprechend verschiedener Ernährungsspezialisation sehr unterschiedliche Ausprägung des Gebisses; gemeinsames Merkmal aller Angehörigen der Gruppe ist die gegenüber anderen (polyprotodonten) Beuteltieren die reduzierte Zahl der I. im Unterkiefer *(Diprotodontie);* 2–4 Zitzen, außerordentlich lange Beuteltragzeit

Lebensweise: Sehr stark divergierend, vgl. Familienübersicht

Ernährung: Vegetabilisch

Verwandtschaftliche Beziehungen: Evtl. zu den Peramelia, s. o.

Frühester Fossilnachweis: Pliozän; aus dem jüngeren Tertiär Australiens sind einige bemerkenswerte Fossilformen heute ausgestorbener Beuteltiere bekannt, so die bärenähnlichen, pflanzenfressenden Diprotodontidae, die während des jüngeren Pleistozäns Riesenformen von nahezu Nashorngröße erreichten.

Tabelle 99   **Familienübersicht Ordnung Phalangeria**

	Phalangeridae* Kletterbeutler	Vombatidae Wombats	Macropodidae* Känguruhs
Umfang	42 Sp, 15 G	2 Sp, 2 G	51 Sp, 17 G
Verbreitung	Notogaea	Australien	Notogaea
Zähne	Vergrößerte untere Incisivi, Backenzähne spitz- oder rundhöckrig	Nagetierartig verlängerte Incisivi mit Dauerwachstum, Backenzähne mit niedern Höckern	Untere Incisiven meißelartig verlängert, zweijochige Molaren (Abb. 123B$_6$, S. 512)
Hinterextremitäten	Greiffuß	5strahliger Schreitfuß	Extrem verlängert, Syndactylie, Reduktion der äußern Strahlen (Abb. 116E$_2$, S. 495)
Habitus	Vielgestaltig s. Unterfamiliengliederung	Schwanzlose, plumpe Bodentiere	Känguruhhabitus mit langem Schwanz und stark entwickelter Hinterextremität
Fortbewegung	Kletterer oder Gleitflieger	schreitend	springend oder schlüpfend
Zahnformel	wie Ordnung	$\dfrac{1.0.1.4}{1.0.1.4} = 24$	$\dfrac{3.0-1.1-2.4\,(7)}{1.0.1-2.4\,(7)} = 30-34\,(44)$

Unterklasse Mutterkuchentiere *Eutheria* (= *Placentalia*)

Charakterisierung: Die placentalen Säugetiere zeigen am Schädel und am übrigen Skelett die schon bei den Metatheria als besonders säugetiertypisch dargestellten Merkmale. Ihr Gebiß zeigt die mannigfachsten Ableitungen von der Grundformel $\dfrac{3.1.4.3}{3.1.4.3} = 44$.

I, C und P entstehen meistens in zwei Zahngenerationen *(Diphyodontie)*. Das *Großhirn* ist in der Regel höher differenziert als jenes der Metatheria, wobei zwischen einzelnen Gruppen sehr große Unterschiede im Cerebralisationsgrad bestehen können. Der *Balken* (Corpus callosum) ist stets deutlich ausgeprägt. Am Kreislaufsystem sind meistens die Vena azygos und der Ductus Cuvieri total zurückgebildet. Die Urniere ist im Stadium der Geburt nicht mehr aktiv.

Exklusivstes Merkmal der Eutheria ist die **Placenta,** das Kontaktorgan zwischen mütterlichem und kindlichem Organismus. Verglichen mit den Metatheria durchlaufen alle Jungen der Eutheria eine lange Embryonalperiode im Uterus. Der Penis ist meist auf seiner ganzen Länge von der Harnröhre durchzogen, die Vagina ist fast stets unpaar.

Entsprechend der ungemein intensiven Radiation in bezug auf Fortbewegungsart und Ernährung erfuhren die einzelnen Organkomplexe der einzelnen plazentalen Säugetierformen vielfältigste Abwandlungen.

Verbreitung: Die placentalen Säugetiere haben alle Gebiete der Erde besiedelt. In der Notogaea sind sie allerdings spärlich vertreten (nur Chiroptera und einige Rodentia).

Verwandtschaftliche Beziehungen: Die Stammlinie der Eutheria läßt sich bis in die Jurazeit zurückverfolgen. Als gemeinsame Ahnen der Metatheria und Eutheria betrachtet man die triassischen Pantotheria.

Frühester Fossilnachweis: Jura – Kreide

Gliederung: Üblicherweise gliedert man die placentalen Säugetiere in 17 Ordnungen, ca. 113 Familien, ca. 1000 Gattungen und ca. 4000 Arten.

---

* Die Macropodidae werden in drei Unterfamilien, die kleinen nacktschwänzigen Moschusrattenkänguruhs (Hypsiprymnodontinae), die kaninchengroßen Kaninchenkänguruhs (Potoroinae) und die Eigentlichen Känguruhs (Macropodinae) gegliedert. Die Phalangeridae werden ebenfalls in drei Unterfamilien unterteilt. Die erste, die Eigentlichen Kletterbeutler (Phalangerinae), sind maus- bis fuchsgroße Kletterer (Kusus und Kuskus) oder Gleitflieger mit einer Flughaut zwischen den Extremitäten. Die zweite Unterfamilie, Rüsselbeutler (Tarsipedinae), umfaßt nur eine Art, den spitzmausartigen, baumbewohnenden Honigbeutler mit langer Leckzunge. Die dritte Unterfamilie, Ringbeutler (Phascolarctinae), enthält die marderähnlichen, aber pflanzenfressenden Eigentlichen Ringbeutler mit einem Ringelgreifschwanz, den eichhörnchenartigen Großflugbeutler, sowie den auf bestimmte Eukalyptusblätter spezialisierten Koala.

Ordnung **Insektenfresser *Insectivora*** (Tab. 100)

Verbreitung: Weltweit, außer Australien und einem großen Teil Südamerikas.

Umfang: Der Umfang der Ordnung ist umstritten. Wir halten uns hier an den Systemvorschlag von HALTENORTH (1969), der eine Vielzahl von Familien in dieser Ordnung zusammenfaßt, deren monophyletische Herkunft nicht sicher erwiesen ist. Aufgrund des Molarenreliefs und des Gehirnbaus postulieren zahlreiche Autoren eine Aufteilung in zwei Ordnungen, die **Insectivora** im engeren Sinn (Soricidae, Talpidae und Erinaceidae) und die **Zalambdodonta** (übrige Familien) (Tab. 100). Nicht gesichert ist ferner die Stellung der Rüsselspringer (Macroscelididae), Spitzhörnchen (Tupaiidae) und Gleitflieger (Dermoptera). HALTENORTH (1969) folgend ordnen wir die Rüsselspringer den Insectivora und die Tupaiidae den Primates zu, während wir die Gleitflieger als separate Ordnung betrachten.

Charakterisierung: Schädel mit gering entwickelter Gehirnkapsel und *stark vorspringender Schnauzenpartie* (Abb. 123B1, S. 512), Orbita meistens nach caudal offen, meistens fehlender oder reduzierter Jochbogen. Meist 5strahlige, plantigrade Extremitäten, Daumen nie opponierbar; Ulna und Radius stets getrennt, Tibia und Fibula nur distal verwachsen; Schlüsselbeine meist vorhanden, Lendenwirbel mit deutlichen *Intercentra*. Stets spitzhöckerige Backenzähne mit zwei verschiedenen Zahnhöckerkonfigurationen *(zalambdodont mit V-Anordnung oder dilambdodont mit W-Anordnung* bei Insectivora i. e. S.).

$$\frac{2-3.0-1.2-4.3-4}{1-3.0-1.2-3.3-4} = 26\text{--}48.$$ Die C können die Gestalt von I oder von P annehmen.

Haarkleid sehr mannigfach ausgeprägt von extrem kurz und dicht (Maulwürfe) bis zu Stachelbildung (Igel, Tenreks).

Primitives, ungefurchtes Großhirn, dessen Hemisphären nie das Kleinhirn überlagern, stark entwickeltes Riechhirn, oft rüsselartig ausgezogene Schnauze, meist relativ kleine oder gar reduzierte Augen.

Uterus bicornis, discoidale Placenta mit Decidua (Abb. 132, S. 547); Hoden im Rumpf oder in einem Scrotum, das vor dem Penis liegt. Meist Nesthocker

Lebensweise: Vorwiegend Kleintierfresser; teils omnivor. Bodengänger, Wühler und Gräber, Schwimmer, selten Kletterer

Verwandtschaftliche Beziehungen: Die Insectivora sind näher verwandt mit den Chiroptera, Dermoptera und Primates.

Frühester Fossilnachweis: Kreide; von den zahlreichen fossilen Gruppen sind besonders die Deltatheridia bemerkenswert, die raubtierähnliche Formen wie das riesige *Sarkastodon* mit 50 cm Schädellänge (Eozän) hervorbrachten.

Tabelle 100 Familienübersicht Zalambdodonta

	Umfang	Verbreitung	Habitus	Haarkleid	Zehen	Zähne	Zitzenzahl	Lebensweise	Ernährung
Solenodontidae Schlitzrüßler	2 Sp, 1 G	Kuba, Haiti (Abb. 134 b, S. 555)	rattenähnlich, nackter Schwanz, sehr lange Rüsselschnauze	borstig	5/5	zalambdodont I 2 mit tiefer Furche auf Innenseite $\frac{2.1.4.3}{2.1.4.3} = 40$	2	terrestrisch, nächtlich	Kleintiere
Tenrecidae Borstenigel	30 Sp, 10 G	Madagaskar, Komoren, Maskarenen (Abb. 134 b, S. 555)	vielgestaltig, teils igelähnlich	borstig-stachelig	5/5	zalambdodont $\frac{2-3.1.3.2-4}{2-3.1.2-3-2-3} = 32-40$	bis 12	unterschiedlich	Kleintiere, teils Fische
Potamogalidae Otterspitzmäuse	3 Sp, 3 G	West- und Zentralafrika (Abb. 134 b, S. 555)	fischotterähnlich	fein, kurz, dicht	5/5 mit Schwimmhäuten hinten, 2 und 3 verwachsen	zalambdodont I eckzahnartig C P-artig $\frac{3.1.3.3}{3.1.3.3} = 40$	2	gewandte Schwimmer und Taucher	Wassertiere
Chrysochloridae Goldmulle	15 Sp, 5 G	Afrika	maulwurfähnlich	fein, kurz, dicht, oft mit grün-goldenem Schimmer	4/5 Grabklauen	zalambdodont $\frac{3.1.3.3}{3.1.3.3} = 40$	4	Wühler, dicht unter der Oberfläche	Bodentiere

Fortsetzung von Tabelle 100

Familienübersicht Insectivora i. e. S.

	Umfang	Verbreitung	Habitus	Haarkleid	Zehen	Zähne	Zitzenzahl	Lebensweise	Ernährung
Erinaceidae Igel (Abb. 117c, S. 498)	20 Sp. 8 G	Afrika, Vorderindien, Palaearktis		stachelig oder Haare	5/5, selten 5/4	2wurzelige C $\frac{3.1.3-4.3}{2-3.1.2-4.3}$ = 36–44	4–10	terrestrisch	omnivor
Soricidae Spitzmäuse	263 Sp. 20 G	weltweit, außer Australien und großen Teilen Südamerikas		kurz, dicht	5/5	I 1, groß $\frac{2-3.0.2-4.3}{1-3.0.2-3.3}$ = 26–32 Milchgebiß vor Geburt resorbiert	4–10	terrestrisch, bodenbewohnend, aquatil	Kleintiere, teils Wassertiere
Talpidae Maulwürfe	29 Sp. 15 G	Holarktis, Teile der orientalischen Region		kurz, dicht	5–6/5, zur Bildung der Grabschaufel kann vorne ein Sesambein einen 6. Strahl bilden	$\frac{3-2.1.3-4.3}{1-2.0-1.3-4.3}$ = 32–42 (Abb. 123 B, S. 512)	6–8	unterirdisch, wühlend und grabend	Kleintiere, Würmer
Macroscelididae* Rüsselspringer	21 Sp. 5 G	Afrika		kurz, dicht	4–5/4–5	I 1, groß 2wurzelig $\frac{1-3.1.4.2-3}{3.1.4.2-3}$ = 36–44	4–6	Steppen- oder buschbewohnende Hüpfer oder Schlüpfer	omnivor

* Mit großen Augen und Ohren, relativ großer Gehirnkapsel, gut ausgeprägtem Jochbogen und Gehörkapsel, unterscheiden sich die Macroscelididae vom allgemeinen Insectivoren-Habitus.

Ordnung Gleitflieger (= Pelzflatterer) *Dermoptera*

Familie Cynocephalidae, Hundskopfgleitflieger 2 Sp, 1 G

Verbreitung: Orientalische Region inkl. Sundainseln

Charakterisierung: Katzengroß; geschlossener Orbitalring mit gut entwickeltem Postorbitalfortsatz, stark modifizierte, 5strahlige Extremitäten. *Behaarte Flughaut,* die sich vom Kopf über die Extremitäten bis zur Schwanzspitze erstreckt. Scharfe, vortretende Krallen.

Obere I mit mehreren Spitzen, obere C 2wurzelig, nach hinten verschoben, untere I mit kammartigen Kerben, I 2 und 3 unten mit 2 Wurzeln. Mehrspitzige Backenzähne.

$$\frac{2.1.2.3}{3.1.2.3} = 34.$$

Lemurenähnlicher Kopf, große Augen, kleine Ohren; Großhirn gering entwickelt, Riechhirn groß; auf Pflanzennahrung adaptierter Verdauungstrakt mit großen Blinddärmen und Magenaussackungen. Scheibenförmige Placenta mit langem, persistierendem Dottersack, Uterus duplex, 4 brustständige Zitzen, Skrotum hinter Penis liegend.

Nesthocker, 1 Junges, das herumgetragen wird.

Lebensweise: Nächtlich lebende Kletterer und hochentwickelte *Gleitflieger,* Ernährung von Blättern, Knospen und Blüten.

Verwandtschaftliche Beziehungen: Die Dermoptera sind als frühe Deszendenten der Insektivorenverwandtschaft zu betrachten.

Frühester Fossilnachweis: Paläozän

Ordnung Fledertiere *Chiroptera* (Tab. 101, 102)

Verbreitung: Weltweit, mit Ausnahme der Polarzonen

Charakterisierung: Zum *aktiven Flug* befähigte Säugetiere mit stark umgestalteten Vorderextremitäten und einer wenig bis nicht behaarten Flughaut, die sich von den Schultern zu den Enden der Phalangen, den Hinterfüßen bis zum Schwanz ausbreitet (Abb. 116A, S. 495). Am ausgewachsenen *Schädel* sind *keine Suturen* mehr erkennbar; massiver Schultergürtel, *Sternum mit Kiel,* mehr oder weniger reduzierter Beckengürtel. Das Spanngerüst für die Flughaut wird zur Hauptsache aus den verlängerten distalen Elementen der Vordergliedmaße, besonders den Phalangen und Metacarpalia, gebildet. Zehen 5/5.

$$\frac{0-2.1.1-3.1-3}{1-3.1.1-3.1-3} = 20-38.$$

Die Ausbildung und Struktur der einzelnen Zähne ist sehr unterschiedlich.

Großes Riechhirn, wenig entwickeltes Großhirn, das das Kleinhirn nicht überdeckt.

Scheibenförmige Placenta (Abb. 132, S. 547), einfacher oder zweihörniger Uterus, großes Allantochorion, verkümmerter Dottersack, 2 achselständige Zitzen, Penis pendulus mit Penisknochen. Meistens 1 Junges, das herumgetragen wird

Verwandtschaftliche Beziehungen: Die Chiroptera sind wie die Primates und Dermoptera frühe Abkömmlinge der Insektivorenverwandtschaft.

Frühester Fossilnachweis: Eozän

Tabelle 101   **Gliederung Ordnung Chiroptera**

Unterordnung	Megachiroptera Flughunde	Microchiroptera Fledermäuse
Umfang	1 Familie Pteropidae 4 Unterfamilien 150 Sp, 39 G	16 Familien 839 Sp, 141 G
Verbreitung	Tropen und Subtropen der Palaearktis, Afrikas, der orientalischen Region und der Notogaea	weltweit, außer Polarzonen
Habitus	hundeähnlicher Kopf, bis fuchsgroß, bis 150 cm Spannweite	typischer Fledermauskopf mit kurzem Gesichtsschädel und Anhängen, klein
Backenzähne	flachkronig, mit niedrigen Randhöckern	meist spitzhöckerig
Zahnformel	$\frac{1-2.1.2-3.1-2}{2-0.1.2-3.2-3} = 24-34$	$\frac{0-2.1.1-3.1-3}{0-3.1.1-3.1-3} = 20-38$
Augen	groß, Hauptorientierungsorgan	klein
Ohren	mittelgroß, ohne Ohrdeckel	sehr groß, Hauptorientierungsorgan für Ultraschallwahrnehmung und Echopeilung, Ohrdeckel (Tragus)
2. Finger	3gliedrig, mit Kralle	2gliedrig, ohne Kralle
Schwanz	frei	frei oder in Flughaut einbezogen
Lebensweise	Dämmerungstiere	vorwiegend Nachttiere
Ernährung	Frucht-, Nektar- und Blütenfresser	vorwiegend Insektenfresser, aber auch Fisch- und Krebsfänger, Nektar- und Pollenfresser, Blutlecker, Räuber auf kleine Wirbeltiere

Tabelle 102   **Familienübersicht Unterordnung Microchiroptera**

	Umfang	Verbreitung	Taxonom. Hauptmerkmale und Besonderheiten
Rhinopomatidae Klappnasen	4 Sp, 1 G	Nordafrika, Südasien	langer Schwanz, frei von Flughaut
Emballonuridae Freischwänze	52 Sp, 12 G	Tropen der Alten und Neuen Welt	Schwanz durchbohrt Flughaut
Noctilionidae Hasenfledermäuse	2 Sp, 1 G	Tropisches Amerika	Ergreifen mit Hinterextremitäten Fische und Krebse von Wasseroberfläche
Nycteridae Hohlnasen	20 Sp, 1 G	Afrika, Südasien	blattartig umrandete Stirngrube
Megadermatidae Klaffmäuler	5 Sp, 4 G	Afrika, Südasien, Australien	Ohren über dem Kopf verwachsen, Nase mit Aufsatz
Rhinolophidae Hufeisennasen	75 Sp, 2 G	weltweit, außer Amerika	hufeisenförmiger Nasenaufsatz, 3gliedrige Hinterfußzehen
Hipposideridae Hufeisennasen mit 2gliedrigen Zehen	77 Sp, 9 G	Afrika, Südasien, Australien	hufeisenförmiger Nasenaufsatz, 2gliedrige Hinterfußzehen
Phyllostomatidae Blattnasen	143 Sp, 53 G	tropisches und subtropisches Amerika	blattartige Nasenaufsätze, Frucht-, Pollen- und Saftfresser
Desmodontidae Vampirfledermäuse	3 Sp, 3 G	Südamerika	Blutlecker mit skalpellartigen Incisiven (Abb. 125 B_4, S. 517)
Natalidae Trichterohren	11 Sp, 1 G	Zentralamerika und angrenzende Zonen	große Trichterohren
Furipteridae Furienfledermäuse	2 Sp, 2 G	tropisches Südamerika	große Trichterohren, reduzierter Daumen
Thyropteridae Amerikanische Haftscheibenfledermäuse	2 Sp, 1 G	tropisches Amerika	Haftscheiben an Daumenbasis und Fußgelenk, Ruhestellung mit Kopf oben
Myzopodidae Madagassische Haftscheibenfledermäuse	1 Sp, 1 G	Madagaskar	sehr große Daumenhaftscheiben, riesige Ohren
Vespertilionidae Glattnasen	322 Sp, 39 G	weltweit innerhalb Waldgrenze	größte Familie der Fledermäuse

Fortsetzung von Tabelle 102

	Umfang	Verbreitung	Taxonom. Hauptmerk-male und Besonderheiten
Mystacinidae Neuseeland-Fledermäuse	1 Sp, 1 G	Neuseeland	großer Daumen, Lauf-fuß, erbeuten Kleintiere laufend und kletternd
Molossidae Bulldoggfleder-mäuse	119 Sp, 10 G	weltweit	gedrungener mops-artiger Kopf, Schwanz überragt Flughaut

Ordnung   **Herrentiere** *Primates* (Tab. 103–105)

Verbreitung: Mensch weltweit, übrige Primaten tropisches Amerika, Afrika, Madagaskar, Südasien, Ostasien bis Japan, Malaiischer Archipel bis Celebes, Philippinen

Charakterisierung: Plantigrade, vorwiegend baumbewohnende Formen; Schädel mit normalerweise *geschlossener Orbita, Augenhöhlen nach vorn gerichtet;* gut entwickelte Schlüsselbeine, 5strahlige Extremität mit opponierbarem erstem Strahl (Abb. 117B, S. 498), Finger und Zehen vorwiegend mit Nägeln versehen, seltener mit Krallen; Hand- und Fußsohlen meistens nackt; unterschiedliche Zahnstruktur.

$$\frac{1-2.0-1.1-3.2-3}{1-3.0-1.0-3.2-3} = 18-38;$$

großes Auge, Großhirn klein bis sehr groß, dann mit intensivster Furchung; Uterus bicornis oder simplex (Abb. 129C, E, S. 533), Placenta diffus oder discoidal (Abb. 132, S. 547), Penis pendulus, Hoden in Cremastersack oder Scrotum, häufig Penisknochen; 2–6 Zitzen (Abb. 120B, S. 504) in Brust- oder Achselgegend; Junge als Nesthocker oder Tragjunge (Abb. 133B, S. 550).

Lebensweise: Teils Tag-, teils Nachttiere, mehrheitlich Baumbewohner, seltener terrestrisch; Pflanzenfresser, teilweise Omnivorie

Verwandtschaftliche Beziehungen: Die Primaten werden als frühe Deszendenten der Insektivoren betrachtet. Von den rezenten Primaten zeigen die Spitzhörnchen, Tupaiidae, die größten Affinitäten zu den Insektenfressern.

Frühester Fossilnachweis: Paläozän; von 18 Familien sind 12 rezent.

Tabelle 103 **Übersicht Ordnung Primates**

Unterordnung	Prosimii	Anthropoidea
Umfang	7 Familien 57 Sp, 22 G	6 Familien 139 Sp, 37 G
Verbreitung	Madagaskar, Afrika, Südostasien	wie Ordnung, auf Madagaskar fehlend
Habitus	Gesichtsschädel weit vorspringend	Gesichtsschädel mehr oder weniger verkürzt
Orbitalhöhle	mit Temporalgrube kommunizierend	von Temporalgrube getrennt
Großhirn	wenig entwickelt, nicht oder nur wenig gefurcht	sehr hoch entwickelt, intensiv gefurcht
I 1 oben	durch Lücke getrennt	zusammenstehend
Finger und Zehen	mit Krallen (Abb. 118B, S. 500)	mehrheitlich mit Nägeln

Ordnung **Zahnarme** *Edentata (= Xenarthra)* (Tab. 106)

Verbreitung: Bis zum Pleistozän nur in Südamerika, heute mit den Gürteltieren bis nach Nordamerika (35° n. Br.) vorstoßend

Charakterisierung: Meist mittelgroße Tiere von sehr verschiedenem Habitus; *ursprüngliche Schädelmerkmale* wie Parasphenoid und Septomaxillare; P und C fehlend, Backenzähne, wenn vorhanden, immer *homodont,* ohne Schmelz, mit Dauerwachstum und sekundär vermehrt, bis zu 100 Stück (Abb. 123B₅, S. 512);

Brust- und Lendenwirbel sind mit akzessorischen Gelenkfortsätzen (xenarthrale Gelenkung) versehen, die Anzahl der Halswirbel kann als große Ausnahme innerhalb der Säugetiere 6–9 betragen, die Sakralwirbel sind zu einem Kreuzbein verwachsen, in der Regel kräftiges Sternum; Strahlenkonfiguration 2–5/3–5, die Vorderextremitäten sind oft mit riesigen Krallen besetzt;

großes Riechhirn, gering entwickeltes Großhirn mit schwacher Furchung; Uterus simplex, der kontinuierlich in die Vagina übergeht, mikroallantoide Placenta unterschiedlicher Struktur mit Decidua; bauchständige Hoden, Penis ohne Knochen, 2–4 Zitzen, Nesthocker oder Tragjunge

Lebensweise: Terrestrisch, grabend oder arboricol mit sehr verschiedener Ernährungsspezialisation

Tabelle 104 Familienübersicht Unterordnung Prosimii

Familie	Tupaiidae Spitzhörnchen	Lemuridae Lemuren	Indridae Indris	Daubentoniidae Fingertiere	Lorisidae Loris	Galagidae Galagos	Tarsiidae Koboldmakis
Umfang	18 Sp, 5 G	20 Sp, 6 G	4 Sp, 3 G	1 Sp	5 Sp, 4 G	6 Sp, 2 G	3 Sp, 1 G
Verbreitung	Südostasien, Malaiischer Archipel	Madagaskar, Komoren	Madagaskar	Madagaskar	Afrika, Südostasien	Afrika	Malaiischer Archipel, ohne Java, Celebes, Philippinen
Zähne	$\frac{2.1.3.3}{3.1.3.3} = 38$ oberer I caniniform, C klein und prämolarenartig, Backenzähne spitzhöckerig	$\frac{0-2.1.3.3}{2.1.3.3} = 32-36$ unterer I und C schräg nach vorn gerichtet, Backenzähne spitzhöckerig, unterer P1 caniniform	$\frac{2.1.2.3}{2.0.2.3} = 30$ oberer I und C groß, unterer I schräg nach vorn gerichtet und P1 caniniform	$\frac{1.0.1.3}{1.0.0.3} = 18$ I groß, meißelförmig mit Dauerwachstum, M flachkronig mit flachen Höckern	$\frac{2.1.3.3}{2.1.3.3} = 36$ oberer C incisiviform, nach vorn gerichtet, oberer und unterer P1 caniniform	$\frac{2.1.3.3}{2.1.3.3} = 36$ unterer C incisiviform, nach vorn gerichtet und unterer P1 caniniform, M trituberculär	$\frac{2.1.3.3}{1.1.3.3} = 34$ oberer I groß, spitz, unterer I geradestehend, C klein, M spitzhöckerig
Gliedmaßen	mittellang, hintere wenig länger als vordere	mittellang, hintere wenig länger als vordere	schlank, lang, hintere ca. 30% länger als vordere	schlank, hinten länger als vorn	gleich lang	hinten länger als vorn, Femur, Tibia und Fibula vor allem verlängert	hinten viel länger als vorn, Verlängerung im Tarsus
Finger, Zehen	Krallen	Nägel, 2. Zehe mit Kralle, Kuppen verbreitert (Abb. 118 A, S. 500)	Nägel, 1. Strahl sehr kräftig, Kuppen verbreitert (Abb. 117 B, S. 498)	Kuppen verbreitert mit Krallen, 1. Zehe mit Nagel, 2.–4. Finger sehr lang, 3. Finger extrem dünn	2. Zehe mit Kralle, sonst Nägel, 2. und oft auch 3. Finger kurze Stummel, breite Kuppen	Nägel, dünne Strahlen, breite Kuppen	2. und 3. Zehe mit Krallen, übrige Strahlen mit Nägeln, stark vergrößerte Haftkuppen
Schwanz	lang, meist buschig	lang, meist buschig	verschieden	lang, buschig	verschieden	lang, buschig	lang
Zitzen	2–6	2–4	2	2, leistenständig	4–6	4	6
Peniskochen	vorhanden	vorhanden	vorhanden	vorhanden	vorhanden	vorhanden	fehlend
Lebensweise	kletternd, tagaktiv, omnivor	teils terrestrisch, teils arboricol, meist nächtlich, omnivor	kletternde und springende Baumbewohner, meist tagtäglich, Pflanzenfresser	kletternd, arboricol, nächtlich, frißt hauptsächlich Bambus- und Zuckerrohrschosse nebst Insekten	langsame Greifkletterer, nächtlich, omnivor	arboricol, gewandte Springer, nächtlich, omnivor	arboricol oder terrestrisch, Springkletterer, nächtlicher Kleintierfresser

Tabelle 105 **Familienübersicht Unterordnung Anthropoidea**

Familie	Cebidae Greifschwanzaffen	Callithricidae Krallenaffen	Cercopithecidae Hundsaffen	Hylobatidae Gibbons	Pongidae Menschenaffen	Hominidae Menschen
Umfang	37 Sp. 12 G	32 Sp. 4 G	58 Sp. 15 G	7 Sp. 2 G	4 Sp. 3 G	1 Sp
Verbreitung	tropisches Südamerika, Zentralamerika	tropisches Südamerika, Zentralamerika	Afrika, Südasien, Malaiischer Archipel, Philippinen, Japan	Hinterindien, Malaiischer Archipel	Waldgebiete von Afrika, Sumatra, Borneo	weltweit
Zähne	$\frac{2.1.3.3}{2.1.3.3} = 36$ obere M 4höckerig, untere M 4–5höckerig	$\frac{2.1.3.2}{2.1.3.2} = 32$ obere M 3höckerig, untere M 4höckerig	$\frac{2.1.2.3}{2.1.2.3} = 32$ obere C lang, M 3–5höckerig	$\frac{2.1.2.3}{2.1.2.3} = 32$ C teilweise vergrößert	$\frac{2.1.2.3}{2.1.2.3} = 32$ C vergrößert	$\frac{2.1.2.3}{2.1.2.3} = 32$ (Abb. 121 C_2, S. 506) C nicht vergrößert
Gliedmaßen	lang, dünn	hinten länger als vorn	verschiedene Proportionen	sehr lang und schlank, vorne länger als hinten	vorne länger als hinten	hinten länger als vorn
Finger, Zehen	Nägel, lange Finger, Daumen nur abspreizbar, Großzehe opponierbar	Krallen, Großzehe mit Nagel, Daumen nur abspreizbar	Nägel, Daumen und Großzehe opponierbar	sehr lange Finger, Daumen verkürzt, bei Siamang 2. und 3. Finger verwachsen	Daumen kurz, Finger verlängert, Großzehe opponierbar	Großzehe nicht opponierbar, mit anderen Zehen in einer Reihe liegend
Schwanz	häufig kräftiger Greifschwanz mit nackter Greiffläche	buschig	lang, fehlend	fehlt	fehlt	fehlt
Lebensweise	arboricol, Springer, Kletterer, Hangler, teils tag-, teils nachtaktiv, Pflanzenfresser, teilweise omnivor	arboricol, Springer, Kletterer, tagaktiv, Pflanzen- und Kleintierfresser	teils arboricol, teils terrestrisch, Bodengänger, teils Pflanzenfresser (Abb. 125 Ba, S. 517), teils omnivor	arboricol, schwingen sich hangelnd von Ast zu Ast, tagaktiv, Pflanzen- und Kleintierfresser	terrestrisch, teilweise arboricol, tagaktiv, vorwiegend Pflanzenfresser, Tendenz zu aufrechtem Gang	aufrechter Gang, omnivor, Benutzung und Erzeugung von Feuer und Werkzeugen, kulturell schöpferische Tätigkeit mit Erfahrungsüberlieferung
Gliederung	6 Unterfamilien: Pitheciinae Satansaffen Aotinae Nachtaffen Alouattinae Brüllaffen Cebinae Kapuzineraffen Atelinae Klammeraffen Callimiconiae Springtamarins	4 Genera	3 Unterfamilien: Papiinae Paviane, Makaken Cercopithecinae Meerkatzen Colobinae Stummelaffen Nasenaffen, Schlankaffen	2 Gattungen: Symphalangus (Siamang), Hylobates (Gibbon)	4 Arten: Pongo pygmaeus, Orang, Pan troglodytes, Schimpanse, Pan paniscus, Zwergschimpanse, Gorilla gorilla, Gorilla mit 2 Ssp. (Abb. 117 D, S. 498)	nur eine rezente Art, Homo sapiens, aber verschiedene Rassen

Verwandtschaftliche Beziehungen: Innerhalb der rezenten Placentalia stehen die Edentata isoliert da, sie lassen sich von kreidezeitlichen Proto-Insectivoren ableiten.

Fossilnachweis: Ab Paläozän

Evolutionsgeschichte: Die Edentaten erlebten während des Tertiärs im isolierten Südamerika eine ähnliche Radiation wie die Marsupialia. Durch das Eindringen „moderner" Säugetiere während des Pleistozäns wurden 6 Familien ausgerottet. Die Evolutionsgeschichte der Edentata ist durch eine Fülle paläontologischer Fakten belegt. Markante Vertreter der ausgestorbenen Edentaten waren die Glyptodontidae mit dem über einen Meter hohen Riesengürteltier (Abb. 123B5, S. 512) und die Megatheridae, mit dem Riesenfaultier, das nahezu die Dimensionen eines Elefanten erreichte.

Ordnung   **Schuppentiere** *Pholidota*

Familie Manidae, Schuppentiere, 7 Sp, 1 G

Verbreitung: Afrika, Südostasien, Malaiischer Archipel

Charakterisierung: Unverkennbar an den *großen Hornschuppen,* die den Tieren ein tannenzapfenähnliches Aussehen geben. Reduzierte oder fehlende Zygomatica und gut ausgebildete Pterygoidea. Der *Unterkiefer* ist zu zwei einfachen Knochenspangen *reduziert,* ohne Angular- und Artikularprocessus. Die Lendenwirbel besitzen keine Gelenkfortsätze, ein Schlüsselbein fehlt. Die kürzeren Vorderextremitäten tragen mächtige Grabkrallen; Vorder- und Hinterfuß tragen Krallen und sind 5strahlig.

Zähne fehlen; Zunge lang und wurmförmig, sehr muskulöser Magen; Körperoberseite und der ganze Schwanz sind mit großen Hornschuppen bedeckt, Körperunterseite und Innenseite der Beine sind behaart;

Riechhirn groß, Großhirn primitiv;

Uterus bicornis, megallantoide Placenta mit diffusen Zotten, 2 achselständige Zitzen; leistenständige Hoden, Penis ohne Knochen; das Junge ist ein Tragjunges.

Lebensweise: Terrestrisch, arboricol oder grabend; halten sich tagsüber meist in Höhlen auf; spezialisierte Ameisen- und Termitenfresser

Verwandtschaftliche Beziehungen: Bestimmte Ähnlichkeiten zu den Gürteltieren sind reine Konvergenzerscheinungen. Die Schuppentiere bilden eine isolierte Gruppe, die sich seit dem Erdmittelalter von den Protoinsectivoren getrennt hatte und eine selbständige Entwicklung durchmachte.

Frühester Fossilnachweis: Oligozän

Tabelle 100 Familienübersicht Ordnung Edentata

	Myrmecophagidae Ameisenbären	Bradypodidae Faultiere	Dasypodidae Gürteltiere
Umfang	3 Sp, 3 G	7 Sp, 2 G	21 Sp, 9 G
Verbreitung	Tropisches Südamerika	Urwälder des tropischen Südamerikas	Südamerika und Nordamerika bis 35 Grad n. Breite
Kopf	klein, mit langer bis extrem langer, röhrenförmiger Schnauze und wurmförmiger Leckzunge	rund, ohne vorspringende Gesichtspartien, nach vorn gerichtete Augen	klein, mit spitz zulaufender Schnauze
Gliedmaßen	vorne mit sehr kräftigen Grabkrallen, 4–5/4–5 Strahlen, dritter Finger vergrößert	vorne länger als hinten, mit sehr langen Krallen; 2–3/3 Strahlen	kurze Beine, 3–5/5 Strahlen
Halswirbel	7	6–9	7
Schwanz	lang, meist mit nach unten hängender Haarfahne	fehlend oder kurzer Stummel	verschieden lang
Zähne	fehlend	homodont, bis 18 Backenzähne	$\frac{0.0.7.9}{0.0.7.9} = 28-36$ bei einer Gattung bis 100 homodonte Zähne
Integument	Haare strähnig, lang	Haare strähnig, mit eingelagerten Algen, die die Tiere grün färben können	dermaler Knochenpanzer, darüber Hornschicht, teilweise mit Borsten; Panzer in Kopf-, Schulter- und Kruppenschild und 2–13 bewegliche Rückengürtel gegliedert (Abb. 123 B5, S. 512)
Lebensweise	tag- oder nachtaktiv	tagaktiv	vorwiegend nachtaktiv
Fortbewegung	terrestrisch, auf Handrücken auftretend	arboricol, sehr langsam mit allen 4 Extremitäten hangelnd	teils terrestrisch gehend, teils unterirdisch grabend
Ernährung	Ameisen, Termiten (Abb. 124 B, S. 514)	Blätter (Abb. 125 B7, S. 517)	omnivor

Ordnung **Hasentiere *Lagomorpha*** (Tab. 107)

Verbreitung: Weltweit, außer dem südlichen Südamerika und Australien (durch den Menschen auch dort ausgesetzt)

Charakterisierung: Schädel mit *seitlich durchbrochenen Maxillaria,* kurzem Gaumen, *großen Foramina incisiva,* großem Orbitosphenoid und meist gut entwickelten Supraorbitalfortsätzen; Hinterbeine meist länger als Vorderbeine. Tibia und Fibula sind distal verwachsen, die Fibula artikuliert mit dem Calcaneum, Ellbogen- und Kniegelenk sind nicht zur Rotation befähigt. Strahlenkonfiguration 5/5, bei den eigentlichen Hasen ist der Daumen allerdings stark verkürzt.

Gebiß $\dfrac{2.0.2–3.2–3}{1.0.2.2–3} = 26–28.$

Ein angelegter oberer I 3 fällt unmittelbar nach der Geburt aus, der I 2 schiebt sich hinter den I 1 (daher der frühere Name Duplicidentata). Die I 1 sind ganz von Schmelz überzogen, meißelartig und zeigen Dauerwachstum. C fehlen immer, so daß eine große Lücke (Diastema) zwischen den I und P entsteht. Feine dichte Behaarung, kurzer oder fehlender Schwanz; behaarte Sohlen. Großhirn gering entwickelt; einfacher Magen, spiralisierte Blinddärme (Abb. 124 D, S. 514). Bauchständige Hoden mit periodischem Descensus; kein Penisknochen. Scheibenförmige Placenta mit Decidua (Abb. 132, S. 547), 4–10 Zitzen, Uterus duplex; junge Nesthocker oder Nestflüchter, hohe Fortpflanzungsrate

Lebensweise: Terrestrische, häufig in selbstgegrabenen Höhlen lebende Pflanzenfresser. Zweierlei Kotausscheidung, weicher Blinddarmkot, der wieder gefressen wird, und harter Darmkot als Faeces

Verwandtschaftliche Beziehungen: Ähnlichkeiten zu den Rodentia beruhen auf Konvergenz. Die Entwicklung der Lagomorpha erfolgte seit Ende des Erdmittelalters selbständig. Serologisch konnten bestimmte basale Affinitäten zu den Artiodactyla nachgewiesen werden.

Frühester Fossilnachweis: Paläozän

Tabelle 107   **Familienübersicht Ordnung Lagomorpha**

	Ochotonidae Pfeifhasen	Leporidae Hasen
Umfang	14 Sp, 1 G	53 Sp, 9 G
Verbreitung	holarktisch	heute weltweit; in Südamerika, Australien und Neuseeland durch Mensch eingeführt
Habitus	meerschweinchenartig, mittellange Ohren, Vorderbeine nicht viel kürzer als Hinterbeine	hasenartig, lange bis sehr lange Ohren, Hinterbeine wesentlich länger als Vorderbeine, Lippen tief gespalten
Schädel	Frontale ohne Postorbitalfortsatz	Frontale mit gut entwickeltem Postorbitalfortsatz
Zähne	Schneide der I_1 v-förmig $\frac{2.0.3.2}{1.0.2.3} = 26$	Schneide der I gerade $\frac{2.0.3.2–3}{1.0.2.3} = 26–28$
Lebensweise	tagaktiv, herbivor, leben in selbstgegrabenen Höhlen oder in Felsspalten	Dämmerungstiere oder nachtaktiv, teils in Erdbauten lebend, vorwiegend herbivor
Junge	Nesthocker	teils Nesthocker, teils Nestflüchter

Ordnung   **Nagetiere** *Rodentia* (Tab. 108–112)

Verbreitung: Weltweit, mit Ausnahme von Gebieten der Notogaea, wo aber einzelne Vertreter durch den Menschen eingeschleppt wurden

Charakterisierung: Schädel mit einer von vorn nach hinten reichenden *Glenoidgrube,* der Artikularfortsatz der Mandibel ist entsprechend zu Vor-Rückbewegungen fähig, die Orbitae kommunizieren mit den Schläfengruben, von der Prämaxilla reicht ein Fortsatz bis zum Frontale. Die Extremitäten sind normalerweise plantigrad, Tibia und Fibula können getrennt oder verwachsen sein, Radius und Ulna sind nie verwachsen, das Ellbogengelenk ermöglicht eine Rotation des Unterarms. 4–5/3–5 Strahlen, die mit Krallen versehen sind.

Hauptcharakteristikum der Ordnung sind die *Zähne,* mit nur einem I, der meißelförmig gestaltet ist (Abb. 121A2, S. 506) und auf der Vorderseite einen dicken Schmelzüberzug trägt und zu Dauerwachstum befähigt ist; Backenzähne mit geschlossenen oder offenen Wurzeln, teilweise mit Dauerwachstum und kompliziertem Oberflächenrelief.

$$\frac{1.0.0–3.0–3}{1.0.0–3.0–3} = 8–28.$$

Geringe Großhirnentwicklung, großes Riechhirn; Penis mit Knochen, Hoden mit periodischem Descensus, Uterus duplex (Abb. 129 D, S. 533), micrallantoide, discoidale Placenta mit Decidua (Abb. 132, S. 547), 2–24 Zitzen (Abb. 120 G, S. 504). Junge teils Nesthocker (Abb. 133 A2, S. 550), teils Nestflüchter

Lebensweise: Außerordentlich verschieden

Verwandtschaftliche Beziehungen: Die Rodentia haben keine näheren Beziehungen zu anderen Säugetiergroßgruppen, sie leiten sich ebenfalls von mesozoischen Ur-Placentalia ab.

Frühester Fossilnachweis: Frühtertiär

Gliederung: Diese größte und erfolgreichste Säugetierordnung umfaßt rund 1800 Arten, 364 Gattungen und 32 Familien, deren phylogenetische Stellung nicht in allen Teilen gesichert ist. Eine viel verwendete Großgruppierung erfolgt nach der Konfiguration der Kaumuskulatur, im besonderen der Massetermuskeln, und des Jochbogens, nach der vier Grundkonstellationen, *protrogomorph, sciuromorph, caviomorph und myomorph*, unterschieden werden (Abb. 139). Mit Ausnahme der caviomorphen Konfiguration erwiesen sich diese Typen als gute Hauptmerkmale zur Definition von Unterordnungen. Die Nagetiere mit caviomorpher (= hystricomorpher) Kaumuskulatur hingegen lassen sich nicht zu einer Unterordnung vereinigen.

Aufgrund des sehr verschieden abzuleitenden Backenzahnreliefs muß angenommen werden, daß die neuweltlichen Caviomorphen mit den altweltlichen Nagern mit caviomorpher Kaumuskulatur nicht näher verwandt sind, so daß man mit Vorteil neben die neuweltliche Unterordnung Caviomorpha eine selbständige altweltliche Unterordnung, Hystricomorpha, setzt.

Stammesgeschichtlich gesehen betrachtet man die Protrogomorpha mit ihrem einzigen heutigen Vertreter als Produkte einer ersten, frühtertiären Radiationswelle, die Sciuromorpha als zweite, mitteltertiäre Radiationsgruppe und die Myomorphen und Hystricomorphen als Endprodukte einer letzten Entfaltungswelle.

Tabelle 108 **Übersicht Ordnung Rodentia**

Unterordnung	Protrogomorpha Stummelschwanzhörnchen	Sciuromorpha Hörnchenartige (Tab. 109)	Myomorpha Mäuseartige (Tab. 110)	Caviomorpha Meerschweinchenartige (Tab. 111)	Hystricomorpha Stachelschweinartige (Tab. 112)
Umfang	F. Aplodontidae Biberhörnchen 1 Sp, 1 G	7 Familien	9 Familien	11 Familien	4 Familien
Verbreitung	Pazifikküste Nordamerikas	weltweit, außer Notogaea und Polargebiete	weltweit	Neue Welt	Afrika, Eurasien, Malaiischer Archipel
Kaumuskulatur	protrogomorph (Abb. 139 A)	sciuromorph (Abb. 139 B)	myomorph (Abb. 139C)	caviomorph (Abb. 139 D)	caviomorph (Abb. 139 D)
Jochbogen	schwach	kräftig	schwach, oft abwärts gedreht	sehr kräftig	sehr kräftig
Foramen infraorbitale	klein	klein	mit oberer großer Öffnung für Masseter und unterer kleiner Öffnung für Sehnerv	sehr groß	groß
Zähne	$\dfrac{1.0.2.3}{1.0.1.3} = 22$	$\dfrac{1.0.1\text{-}2.3}{1.0.1\text{-}2.3} = 20\text{-}24$	$\dfrac{1.0.0\text{-}1.1\text{-}3}{1.0.0\text{-}1.1\text{-}3} = 8\text{-}20$	$\dfrac{1.0.1.3}{1.0.1.3} = 20$	$\dfrac{1.0.1.3}{1.0.1.3} = 20$
Backenzähne	P₃ oben kleiner Stummel, mit offenen Wurzeln	brachyodont-hypselodont, bunodont-polylophodont	brachyodont-hypselodont, bunodont-polylophodont	meist brachyodont, bi-pentalophodont (nicht homolog zu Lophodontie der Hystricomorpha)	meist hypselodont, tri-pentalophodont (nicht homologisierbar mit Lophodontie der Caviomorpha)

Tabelle 109 **Familienübersicht Unterordnung Sciuromorpha**

Familie	Sciuridae Eichhörnchen, Flughörnchen, Murmeltiere	Geomyidae Taschenratten	Heteromyidae Taschenmäuse	Castoridae Biber	Anomaluridae Dornschwanzhörnchen	Pedetidae Springhasen	Ctenodactylidae Kammfinger
Umfang Verbreitung	245 Sp, 46 G wie Unterordnung	39 Sp, 9 G südliches Nordamerika, Zentralamerika, nördliches Südamerika	71 Sp, 5 G nördliches Südamerika	1 Sp, 1 G Holarktis	8 Sp, 4 G Westafrika, Zentralafrika	1 Sp, 1 G Südafrika, Ostafrika	4 Sp, 4 G Nordafrika
Zähne	wie Unterordnung $\frac{1.0.1.3.}{1.0.1.3.} = 20$ P und M mit Höckern, bewurzelt (Abb. 123 B$_2$, S. 512)	$\frac{1.0.1.3.}{1.0.1.3.} = 20$ P und M mit Dauerwachstum (Abb. 122 B, S. 509)	$\frac{1.0.1.3.}{1.0.1.3.} = 20$ P und M bewurzelt, einfaches Relief, I fein und dünn	$\frac{1.0.1.3.}{1.0.1.3.} = 20$ I sehr kräftig, P und M bewurzelt, extrem hypselodont	$\frac{1.0.1.3.}{1.0.1.3.} = 20$ P und M mit schmalen Leisten und großen Zwischenzonen, brachyodont	$\frac{1.0.1.3.}{1.0.1.3.} = 20$ große P, P und M mit vereinfachtem Relief	$\frac{1.0.1-2.3.}{1.0.1-2.3.} = 20-24$ P und M mit Dauerwachstum und vereinfachter Struktur
Schädel	vom Frontale nach unten reichender Postorbitalfortsatz, breite Jochbogenplatte	sehr massiv, Squamosa bilden kräftigen Sagittalkamm	extrem leicht und dünnwandig	massiv, sehr kräftiger Jochbogen, hohe Schnauzenpartie	großes Infraorbitalforamen	massiv, kräftiger Jochbogen, hervortretende Mastoidregion	extrem flach, Proc. coronoideus fehlend
Extremitäten	5/5 Strahlen, Tibia und Fibula unvollständig verwachsen, teilweise Flughaut zwischen Vorder- und Hinterextremitäten	5/5 Strahlen, vorne mit mächtigen Grabkrallen	5/5 Strahlen, vorne mit Grabkrallen, hinten extrem lange Springbeine	5/5 Strahlen, an den Hinterfüßen mit Schwimmhäuten verbunden, gespaltene Putzkrallen an der 2. und 3. Zehe	Daumen fehlend oder reduziert, zwischen Vorder- und Hinterextremität Flughaut, die zusätzlich durch einen am Olecranon entspringenden Knorpelstab gestützt wird	Strahl 5/4, Zehen hufartig bekrallt. Vorderextremität klein, hinten stark vergrößerte Sprungbeine mit total verwachsener Tibia und Fibula	Strahlen 4/4, innere Strahlen der Hinterfüße mit Kämmen aus Borstenhaaren als Stütze beim Klettern

	Habitus	Lebensweise	Ernährung	Besonderheiten
	oft langer, buschiger Schwanz und Pinselohren	terrestrisch, arboricol, teils Gleitflieger (Flughörnchen), tagaktiv	oft spezialisierte Nuß- und Koniferensamenfresser	
	Schwanz mittellang, Ohren und Augen sehr klein	unterirdisch wühlend	Wurzeln	innen behaarte, große Backentaschen
	sehr langer Schwanz, oft mit Endquaste, Augen groß, Ohren mittelgroß	terrestrisch, ans Steppenleben angepaßte Hüpfrenner, nachtaktiv	vorwiegend Vegetabilien, legen Nahrungsvorräte an, außergewöhnliche Trockenadaptation	innen behaarte, große Backentaschen
	zweitgrößter Nager, kurze Ohren, abgeplatteter, nackter Schwanz	amphibische Lebensweise, Baumfäller, Dammbauer, baut Wohnburgen	vegetabilisch	interessantes Bau- und Sozialverhalten
	Flughaut, große Augen und Ohren, große Hornschuppen auf der Ventralseite der Schwanzwurzel als Stütze beim Klettern	arboricole Urwaldtiere, Gleitflieger, tagaktiv	Früchte, Samen, Blätter	Gleitflug, Schwanzbeschuppung
	kaninchengroß, Känguruhhabitus, riesiger Schwanz	terrestrische, springende Steppenbewohner, nachtaktiv	Gras	Fortbewegung konvergent zu jener der Känguruhs, springen bis zu 2 m weit, leben truppweise in Erdbauten
	meerschweinchenartig, große Augen, kleine Ohren	Felsenbewohner, tagaktiv	Gras, Samen	Kammfinger

Tabelle 110 . **Familienübersicht Unterordnung Myomorpha**

Familie	Cricetidae Hamster, Lemminge, Wühl- mäuse, Rennmäuse	Spalacidae Blindmäuse	Rhizomyidae Wurzelratten	Muridae Mäuse, Ratten
Umfang	361 Sp, 53 G	3 Sp, 1 G	18 Sp, 3 G	493 Sp, 106 G
Verbreitung	weltweit, außer Notogaea	östliches Mittel- meergebiet, Ost- europa	Afrika, orientali- sche Region	weltweit
Zähne	$\frac{1.0.0.3}{1.0.0.3} = 16$	$\frac{1.0.0.3}{1.0.0.3} = 16$	$\frac{1.0.0.3}{1.0.0.3} = 16$	$\frac{1.0.0.2-3}{1.0.0.2-3} = 12-16$
	M mit Höckern, La- mellenrelief oder prismatisch (Abb. 121 C$_{7, 9}$, S. 506)	I sehr groß, M mit geschlossenen Wurzeln	I groß und dick, M hypselodont	M bunodont oder lophodont
Schädel	unterteilte Infra- orbitalöffnung, kein Postorbital- fortsatz	nach vorn gerich- tete Orbita, Joch- bogenplatte ver- schmälert und ab- wärts gedreht	reduziertes Infra- orbitalforamen, Jochbogenplatte mit Rostrum ver- wachsen	Infraorbitalforamen groß, Jochbogen- platte verbreitert und nach oben ge- dreht
Extremitäten	5/5 Strahlen, teils generalisierter Typ, teils Anpassungen an grabende oder springende Fort- bewegung		5/5 Strahlen, Grab- extremitäten mit kurzen, stumpfen Krallen	verschieden ausge- prägt, in der Regel Großzehe mit redu- zierter Kralle
Habitus	sehr unterschied- lich, teils maul- wurfähnlich, teils vom Springmaus- typ	wühlmausartig, kein Schwanz, keine Ohr- muscheln, funk- tionslose Augen	wühlmausartig, kurzer Schwanz, winzige Augen und Ohren	sehr unterschied- lich, z. B. vom Typ der Ratten und Mäuse, vom Wühl- maus-, Hörnchen- oder Springmaus- typ
Lebensweise	sehr unterschied- lich, terrestrisch, arboricol oder un- terirdisch wühlend	unterirdisch wühlend	unterirdisch wüh- lend, graben mit Hilfe der riesigen Incisiven, in Bam- buslichtungen der Wälder und Bam- bussavannen	sehr unterschied- lich, terrestrisch, arboricol oder un- terirdisch wühlend
Ernährung	eher vegetabilisch	Wurzeln in felsigem Gelände	Wurzeln, Bambus- schosse	omnivor – vegeta- bilisch

Gliridae Schläfer, Haselmäuse	Platacanthomyidae Stachelbilche	Seleviniidae Salzkrautbilche	Zapodidae Hüpfmäuse	Dipodidae Springmäuse
28 Sp, 7 G	2 Sp, 2 G	1 Sp, 1 G	11 Sp, 4 G	25 Sp, 10 G
Eurasien, Afrika	Südostasien	Kasakstan	Eurasien, Nordamerika	Palaearktis, Südasien
$\frac{1.0.1.3}{1.0.1.3} = 20$	$\frac{1.0.0.3}{1.0.0.3} = 16$	$\frac{1.0.0.3}{1.0.0.3} = 16$	$\frac{1.0.0-1.3}{1.0.0.3} = 16-18$	$\frac{1.0.0-1.3}{1.0.0.3} = 16-18$
P und M brachyodont mit Querleistenrelief	M subhypselodont, mit Querleistenrelief	M sehr klein und einwurzelig, mit einfachem Relief, I gefurcht	I teilweise gefurcht, P und M brachyodont-subhypselodont	P und M hypselodont, mit Querleistenrelief
kleines Infraorbitalforamen, stark vorspringende Bulla tympanica	Im Gaumen zwischen den Zahnreihen eine Serie von Foramina, kleine Bulla, schmale Jochbogenplatte, großes Foramen infraorbitale	stark hervortretende Bulla, lange Palatalforamina, kleines Infraorbitalforamen	kleine Bulla, großes Infraorbitalforamen, einfacher Jochbogen, schwacher Unterkiefer	große Bulla und Infraorbitalforamina, kleiner Jochbogen
5/5 Strahlen, Tibia und Fibula extrem verwachsen, Kletterbeine	Kletterextremitäten, hinten länger als vorne. Daumenstummel, schmale, kleine Krallen	Kletterextremitäten	teilweise Springextremitäten	hinten extrem verlängerte Springbeine mit reduzierten Außenstrahlen und teilweise verwachsenen drei Innenstrahlen (Konvergenz zu Känguruhs)
eichhörnchenartig, große Augen und Ohren, buschiger Schwanz	hausmausähnlich, aber mit langem, behaartem, oft buschigem Schwanz, auf dem Rücken borstige Haare	walzenförmiger Körper, kurze Ohren, langer, behaarter Schwanz	große Ohren, große Augen, springmausähnlich, mit extrem langem Schwanz	große Augen und Ohren, sehr langer Schwanz mit Endquaste, extremer Springhabitus
vorwiegend arboricol und nachtaktiv, Wald- und Buschbewohner, Winterschläfer	arboricole Waldbewohner	terrestrisch, arboricol, nachtaktive Bewohner von Trockengebieten, Winterschläfer	terrestrisch, nachtaktive Dickichtbewohner, Winterschläfer, Speicherung enormer Fettreserven vor dem Winterschlaf	terrestrische, weit springende Bewohner von Trockengebieten, teilweise Winterschlaf
Nüsse, Sämereien, teilweise omnivor	vegetabilisch	insectivor	vegetabilisch – omnivor	vegetabilisch

Tabelle 111   Familienübersicht Unterordnung Caviomorpha

	Erethizontidae Baumstachler	Cavidae Meerschweinchen, Maras	Hydrochoeridae Wasserschweine	Dinomyidae Pakaranas	Dasyproctidae Agutis, Pakas
Umfang	11 Sp., 4 G	15 Sp, 6 G	2 Sp, 1 G	1 Sp, 1 G	17 Sp., 4 G
Verbreitung	Amerika	Mittel-, Südamerika	Panama, Südamerika	Südamerika	Mittel-, Südamerika
Zähne	$\frac{1.0.1.3}{1.0.1.3} = 20$	$\frac{1.0.1.3}{1.0.1.3} = 20$	$\frac{1.0.1.3}{1.0.1.3} = 20$	$\frac{1.0.1.3}{1.0.1.3} = 20$	$\frac{1.0.1.3}{1.0.1.3} = 20$
	P und M bewurzelt, subhypselodont, flachkronig	P und M mit Dauerwachstum, einfaches Relief	P und M mit Dauerwachstum, differenziertes Relief, M₃ sehr groß (Abb. 121 C₉, S. 506)	P und M extrem hypselodont mit Dauerwachstum, Lamellenrelief	I relativ dünn, P und M hypselodont, schwach bewurzelt
Schädel	vorspringende Bulla, stark gebogener Angularfortsatz des Unterkiefers	vorspringende Bulla, Angularfortsatz nicht gebogen	ähnlich Cavidae	mäßig große Bulla, auswärts gebogener Angularfortsatz	für beide Unterfamilien sehr unterschiedlich. Pakas mit enorm großem Jochbogen und kleiner Bulla, Agutis mit sehr großer Bulla und mäßig großem Jochbogen
Extremitäten	kurz, mit Kletterfüßen, lange gebogene Krallen, Daumen meist fehlend und ersetzt durch einen Wulst	Strahlenreduktion zu 4/3, Tibia und Fibula nur teilweise verwachsen	Strahlenreduktion 4/3, Zehen durch kurze Schwimmhäute verbunden	Strahlen 4/4, breite Füße mit kräftigen Krallen	Rennbeine, mit Zehenreduktion, Vorderfuß mit 4 Strahlen, hufähnlich, Hinterfuß dreistrahlig, ebenfalls mit hufähnlichen Strukturen
Habitus	verschieden stark entwickeltes Stachelkleid, Konvergenz zu Altwelt-Stachelschweinen	sehr kurzer Schwanz, Meerschweinchen gedrungen, mittelgroße Augen und Maras hochläufig, von Hasenhabitus	größte Nager, schweinegroß, kurzbeinig, gedrungen, großer Kopf, kleinen Augen und kleinen Ohren	Schwanz und Extremitäten mittellang, großer Kopf mit kleinen Augen und Ohren, Gewicht bis 15 kg	reduzierter Schwanz, relativ groß, langer Kopf, mittel- bis hochläufig
Lebensweise	arboricol, gut kletternd	terrestrisch, Steppen-, Busch- oder Felsenbewohner, tagaktiv	Ufer von Gewässern bewohnend, tagaktiv	tagaktiv, terrestrisch	Pakas nachtaktiv, terrestrisch, Agutis tagaktiv, kursorisch
Ernährung	vegetabilisch	vegetabilisch	vegetabilisch	vegetabilisch	vegetabilisch
Besonderheiten	Stachelkleid, das in Defensive und Offensive aufgestellt werden kann				

Fortsetzung Tabelle 111   Familienübersicht Unterordnung Caviomorpha

	Chinchillidae Chinchillas, Viscachas, Hasenmäuse	Capromyidae Ferkelratten, Nutrias	Octodontidae Trugratten	Ctenomyidae Kammratten	Abrocomidae Chinchillaratten	Echimyidae Stachelratten
Umfang	6 Sp, 3 G	11 Sp, 5 G	8 Sp, 6 G	27 Sp, 1 G	2 Sp, 1 G	43 Sp, 14 G
Verbreitung	Pampas, Anden	Antillen, Zentral-, Südamerika	Südamerika	Südamerika	Anden	Antillen, Süd-, Mittelamerika
Zähne	$\frac{1.0.1.3}{1.0.1.3} = 20$ I dünn, P und M mit Dauerwachstum und dicht angeordneten Leisten	$\frac{1.0.1.3}{1.0.1.3} = 20$ P und M mit Dauerwachstum und Faltenrelief, oberer P und M hypselodont	$\frac{1.0.1.3}{1.0.1.3} = 20$ M und P vereinfacht, oberer P und M mit einem 8-förmigen Querschnitt	$\frac{1.0.1.3}{1.0.1.3} = 20$ I sehr kräftig, P und M vereinfacht, mit nierenförmigem Relief, M_3 stark reduziert	$\frac{1.0.1.3}{1.0.1.3} = 20$ kleine I, P und M mit Dauerwachstum mit äußeren und inneren Einbuchtungen	$\frac{1.0.1.3}{1.0.1.3} = 20$ P und M flachkronig, bewurzelt
Schädel	große Lacrimalia, langer Angularfortsatz mit wenig Drehung	langer, flacher Schädel	große Bulla	Parietalia mit Knochenkamm	große Bulla, lange schmale Schnauzenpartie, kurzes Palatinum mit langen, engen Foramina incisiva	vorspringende Bulla, breite Frontalia
Extremitäten	Strahlen reduziert 5/3–4, Daumen klein, Fibula reduziert und nicht verwachsen, Hinterbeine länger	Strahlen 5/5, kurze Beine, bei Nutria Schwimmhäute	5/5 Strahlen, kleiner Daumen mit Nagel	kurze Beine, sehr kräftige Zehen mit starken Krallen, besonders vorne, breite Fußsohle mit deutlichen Leisten	Strahlen 4/5, kurze Beine, schwache Krallen	teils unspezialisiert, teils Kletterfüße mit sehr langen Strahlen, oft Syndactylie sowie 2 und 2 Strahlen in Oppositionsstellung
Habitus	feines Fell, langer Schwanz, gedrungene Gestalt, große Augen	gedrungen, Schwanz meist lang, Nutrias biberähnlich	kräftig, Kopf groß, Schnauze spitz, langer behaarter Schwanz	gedrungen, kräftig, großer Kopf, langer, wenig behaarter Schwanz	rattenähnlich, feines Fell, langer Schwanz	rattenähnlich, borstiges Fell, langer Schwanz
Lebensweise	terrestrisch, oft in felsigem Gebiet, oft in Steppen	tagaktiv, terrestrisch oder arboricol, Nutrias gute Schwimmer	unterirdisch wühlend	unterirdische Wühler mit großen Bauten	terrestrisch, in Erdgängen felsiger Gebiete, oder wühlend in Kolonien	terrestrisch, arboricol, oder wühlend, in tropischen Feuchtgebieten
Ernährung	herbivor	vegetabilisch-omnivor	vegetabil, Anlegen von unterirdischen Vorratskammern	Wurzeln	vegetabilisch	vegetabilisch
Besonderheiten	begehrtes feines Fell	Nutrias als Konvergenz zu Bibern				

Tabelle 112 Familienübersicht Unterordnung Hystricomorpha

Familie	Hystricidae Altwelt-Stachelschweine	Thryonomyidae Rohrratten	Petromyidae Felsenratten	Bathyergidae Sandgräber, Nacktmulle
Umfang	19 Sp, 5 G	2 Sp, 1 G	1 Sp, 1 G	16 Sp, 5 G
Verbreitung	Alte Welt	Afrika	Südwestafrika	Afrika
Zähne	$\frac{1.0.1.3}{1.0.2.3} = 20$ P und M mit offenen Wurzeln, unregelmäßige Faltung, hypselodont	$\frac{1.0.1.3}{1.0.1.3} = 20$ I sehr kräftig, obere I mit tiefen Rillen, P und M bewurzelt, subhypselodont	$\frac{1.0.1.3}{1.0.1.3} = 20$ I schwach, P und M vereinfacht, mit geschlossenen Wurzeln, hypselodont	$\frac{1.0.1\text{-}3.0\text{-}3}{1.0.1\text{-}3.0\text{-}3} = 8\text{-}28$ große I, P und M variabel, mit geschlossenen Wurzeln, hypselodont, vereinfacht zu einfachem Schmelzring
Schädel	pneumatisiert, weites Infraorbitalforamen, kleine Bulla	massiv, mit Knochenkämmen, ausgedehnte Occipitalregion	flach, mit großer Bulla, Angularfortsatz nach außen gebogen	Infraorbitalforamen eng, Frontale auf Zone zwischen Augen beschränkt, Angularfortsatz nach außen gedreht
Extremitäten	Strahlen 5/5, kurze Beine, plantigrad	kurze Beine, Daumen- und Großzehe reduziert oder fehlend, 5. Zehe klein, dicke, kräftige Krallen	kleine Füße und schmale Krallen, Zehen des hinteren Fußes mit einem Kamm von steifen Stacheln, Daumen reduziert, Großzehe fehlend	kurze Beine, Tibia und Fibula ganz verwachsen, Krallen lang bis sehr lang

Habitus	bis Dachsgröße, mehr oder weniger lange, aufrichtbare Stacheln, Schwanz lang mit Quaste oder kurz mit Stachelbüschel, Augen und Ohren klein	kräftiger Schlüpfer, kurzer Schwanz, kleine und runde Ohren	hörnchenartig, behaarter Schwanz, kleine, runde Ohren	wühlmausartig, Nacktmulle unbehaart mit reduzierten Augen und Ohren
Lebensweise	terrestrisch, nachtaktiv	terrestrische, in Wassernähe lebende Urwaldbewohner, tagaktiv, teilweise auch grabend	Bewohner arider Felsgebiete, tagaktiv	unterirdische Wühler
Ernährung	vegetabilisch	vegetabilisch	vegetabilisch	Wurzeln, legen Vorräte an

Ordnung **Wale, Delphine** *Cetacea* (Tab. 113–115)

Verbreitung: In allen Meeren, teilweise im Brackwasser und im Unterlauf größerer Ströme

Charakterisierung: Ständig im Wasser lebende Säuger; *Fischgestalt,* unbehaart, quergestellte Schwanzflosse, Rückenflosse, flossenähnlich *umgestaltete Vorderextremitäten* (Abb. 116 D, S. 495) und reduzierte Hinterextremitäten; die Subcutis enthält eine bis 35 cm dicke Speckschicht zur Wärmeisolation, Konturgebung und als Druckschutz; unter der Fettschicht ein den ganzen Körper umgebender Hautmuskelschlauch.

Kopf mit verlängerter Schnauzenpartie, weit oben liegenden Nasenöffnungen und kleinen Augen, Ohrmuscheln fehlen; am Schädel sind auffällig die sehr *langen Kiefer,* nach hinten verschobenes Nasale, nach hinten verlängerte Maxillaria und nach der Seite gedrängte Parietalia.

Das ursprüngliche Gebiß war nach der Formel $\dfrac{2.1.4.3}{2.1.4.3} = 40$ aufgebaut,

bei den heutigen Zahnwalen ist Homodontie (Abb. 123 B7, S. 512) mit bis zu 250 Zähnen die Regel, möglich ist eine Reduktion auf zwei kräftig entwickelte untere Canini (Schnabelwale) oder einen speerartig verlängerten linken oberen Caninus (Narwal) (Abb. 122 E, S. 509). Wale sind monophyodont. Bartenwale sind nachgeburtlich zahnlos und tragen einen Seihapparat aus Barten (verhornte Gaumenleisten). Vorderextremitäten 4–5strahlig, wobei die einzelnen Phalangen bis 14 Glieder aufweisen können, hinterer Gliedmaßengürtel bis auf einige Rudimente im Körperinneren reduziert.

Riechhirn reduziert, Großhirnhemisphären mächtig vergrößert und intensiv gefurcht; dreiteiliger Magen (Abb. 125 B3, S. 517); 2 in der hinteren Bauchregion versenkte Zitzen, Uterus bipartitus, diffuse Placenta (Abb. 132, S. 547); spiraliger, vollständig einziehbarer Penis, Hoden im Körperinneren. Die Jungen sind Nestflüchter und folgen der Mutter sofort nach der Geburt. Tragzeit 10–16 Monate, nur ein Junges pro Fortpflanzungsperiode. 1–38 m lang, bis 135 000 kg schwer

Lebensweise: Ausgezeichnete Schwimmer und Taucher, Antrieb vor allem durch die Schwanzflosse, Finnwale können Geschwindigkeiten von über 55 km/h erreichen. Pottwale können bis zu 1000 m tief tauchen und bis 90 Minuten unter Wasser bleiben ohne Atem zu holen. Orientierung und teilweise Beuteortung mit Ultraschall-Echolot.

Verwandtschaftliche Beziehungen: Nach neueren Untersuchungen bestehen Affinitäten zwischen den Walen und ursprünglicheren Paarhufern, z. B. Schweinen. Man neigt heute dazu, die Wale und die Paarhufer auf eine frühe gemeinsame Ahnengruppe, kreidezeitlich–frühtertiäre Creodontier, zurückzuführen.

Frühester Fossilnachweis: Urwale (Archaeoceti) aus dem Paläozän

Tabelle 113 **Übersicht Ordnung Cetacea**

Unterordnung	Odontoceti Zahnwale	Mysticeti Bartenwale
Bezahnung	stets vorhanden	postembryonal fehlend, durch Barten ersetzt
Unterkiefer	gleich lang oder kürzer als Oberkiefer, im Querschnitt abgeplattet	länger als Oberkiefer
Nasenbeine	verkümmert	gut ausgebildet
Nasenlöcher	1	2
Hand	5strahlig	4–5strahlig
Blinddarm	fehlt	vorhanden

Tabelle 114 **Familienübersicht Unterordnung Mysticeti**

Familie	Eschrichtiidae Grauwale	Balaenopteridae Furchenwale, Finnwale, Blauwale	Balaenidae Glattwale
Umfang	1 Sp, 1 G	6 Sp, 2 G	3 Sp, 3 G
Verbreitung	Nordpazifik	weltweit	weltweit, weniger in Tropenmeeren
Länge	10–15 m	9–30 m	6–20 m
Barten	280–350, 40 cm lang	500–950, 1 m lang	400–800, 4,5 m lang
Halswirbel	unverwachsen	unverwachsen	verwachsen
Kehle	2–4 Längsfurchen	10–100 Längsfurchen von Kehle bis Bauch	keine Furchen
Flossen	keine Rückenflosse, lange, schmale Brustflossen	kleine, hinten liegende Rückenflosse, meist kurze Brustflossen	Brustflossen klein, Rückenflosse fehlend oder klein
Aufenthalt	oft in Küstennähe, unternehmen große Wanderungen	Hochsee, teilweise Wanderverhalten (Abb. 137, S. 558)	Hochsee, teilweise Wanderverhalten
Nahrung	kleine Krebse (Krill), kleine Fische (Sardinen)	kleine Fische, Krill, Plankton	Krill, Plankton

Tabelle 115   Familienübersicht Unterordnung Odontoceti

Familie	Susuidae Flußdelphine	Delphinidae Delphine Tümmler Schwertwale	Phocoenidae Schweinswale Braunfische	Monodontidae Gründelwale Narwale Weißwale	Physeteridae Pottwale	Hyperoodontidae Schnabelwale Schwarzwale Entenwale
Umfang	4 Sp, 4 G	41 Sp, 16 G	6 Sp, 3 G	2 Sp, 2 G	2 Sp, 2 G	15 Sp, 5 G
Verbreitung	Flüsse von Vorderindien, China und der südamerikanischen Atlantikküste	alle Meere, viele Flußmündungen	viele Küstengewässer und Flußmündungen	nördliche Meere	Weltmeere	alle Meere
Länge	2–3 m	2–9 m	1,2–1,8 m	3,5–5 m	2,5–20 m	5–12 m
Zähne	100–220	2–260 (Abb. 123 B7, S. 512)	60–108	26 bei Weißwal; beim Narwal—♂ ein verlängerter, nach vorn gerichteter, linker oberer C (Abb. 122 E, S. 509)	18–60	meist nur 2 große
Kopf	vom Rumpf abgehoben, Schnauze lang, schnabelförmig abgesetzt	stumpfschnauzig	konisch oder stumpf	stumpf	stumpf; Pottwal quadratisch mit Hohlraum, der mit Öl gefüllt ist	schmale, schnabelförmige Schnauze

Flossen	Brustflossen kurz und breit	Rückenflosse vorhanden	Rückenflosse breit und kurz	keine Rückenflossen	Brustflossen klein, rund, Rückenflossen fehlend oder reduziert	Brustflossen sichelförmig
Halswirbel	nicht verwachsen	2 ersten verwachsen	2 ersten verwachsen	unverwachsen	alle verwachsen	Tendenz zu Verwachsung
Wasseraufenthalt	Grundbewohner, sich langsam bewegend	schnelle und gewandte Schwimmer und Springer, Wanderverhalten	schnelle Schwimmer, Wanderverhalten	gute Schwimmer, eher am Grund	gute Schwimmer, tauchen sehr tief	gute Schwimmer
Nahrung	Grundfische, Crustaceen	Fische, Tintenfische, Schwertwal auch Pinguine, Robben, andere Wale	Fische, Tintenfische	Grundfische, Crustaceen	Tintenfische, Crustaceen	Fische, Tintenfische

Ordnung **Röhrenzähner** *Tubulidentata*

Familie Orycteropidae, Erdferkel 1 Sp

Verbreitung: Afrika

Charakterisierung: Schweineähnlich, langgestreckte, *röhrenförmige Schnauze,* sehr große Ohren, kleine Augen, gewölbter Rücken, mittellanger, an der Basis sehr dicker Schwanz, dicke rosa-graue Haut mit spärlicher Behaarung; Schädel mit dünnem, aber vollständigem Jochbogen, dünne Praemaxillaria, Zähne

$$\frac{0.0.2.3}{0.0.2.2-3} = 18-20,\ \text{von aberrantem Bau.}$$

Die gleichförmigen *Backenzähne* bestehen je aus 1000–1500 *Röhrchen aus Dentin* (Abb. 121D, S. 506), die mit Zement zusammengekittet sind; die Zähne sind wurzellos und haben Dauerwachstum, keine durchbrechenden Milchzähne; plantigrade Extremitäten mit Anpassungen zum Graben, vorne Daumen fehlend, dafür die anderen Strahlen sehr kräftig, mit enormen Nägeln; Hinterfuß mit 5 Strahlen; ausstreckbare, wurmförmige Zunge, mit klebrigem Sekret bedeckt, einfacher muskulöser Magen; großes Riechhirn, einfaches, fast ungefurchtes Großhirn; Uterus duplex (Abb. 129D, S. 533), Placenta zonaria, megallantoid, ohne Decidua (Abb. 132, S. 547), Penis ohne Knochen, Hoden abdominal, 4 Zitzen, aber nur ein Junges vom Stadium des fortgeschrittenen Nesthockers

Lebensweise: Nächtlich, solitär lebend; Ameisen- und Termitenfresser; verbringt den Tag in selbstgegrabenen Höhlen

Verwandtschaftliche Stellung: Heute betrachtet man die Tubulidentata als aberrante Abkömmlinge urtümlicher Huftiere.

Frühester Fossilnachweis: Eozän

Ordnung **Raubtiere** *Carnivora* (Tab. 116)

Verbreitung: Weltweit, außer Antarktis, in Australien nur vertreten mit dem durch die Ureinwohner eingeführten Dingo, einem verwilderten Haushund

Charakterisierung: Schädel mit massiven Kiefern, Unterkiefer mit quergestelltem Gelenkkopf, der in einer tiefen Gelenkgrube sitzt, *kräftiger Jochbogen;* Extremitäten plantigrad oder digitigrad (Abb. 116 F, S. 495), vollständige, stets unverwachsene Unterarm- und Unterschenkelknochen (Abb. 113, S. 487), Hand und Fuß meistens 5 strahlig, bekrallt; ursprüngliche Zahnformel $\frac{3.1.4.3}{3.1.4.3} = 44$ mit Tendenz zur Reduktion von bestimmten P und M, C *kräftig, lang,* meist gebogen, I klein und schmal, obere P_4 und untere M_1 oft als Reißzahn ausgebildet (Abb. 123 B_3, S. 512),

P spitzhöckerig, M spitzhöckerig mit schmaler Krone oder niedrighöckerig mit breiter Krone; gut entwickeltes Riechhirn und gut entwickeltes, tief gefurchtes Großhirn; einfacher Magen (Abb. 125 B₁, S. 517), Uterus bipartitus, discoidale Placenta mit Decidua (Abb. 132, S. 547), Penisknochen, Hoden in Sack, Junge Nesthocker (Abb. 133 A₃, S. 550).

Verwandtschaftliche Beziehungen: Sehr enge Beziehungen zu den Pinnipedia, mit welchen sie früher zu einer Ordnung zusammengefaßt wurden. Die Raubtiere leiten sich von frühtertiären Creodonta, einer durch bestimmten Zahnbau charakterisierten Sammelgruppe ab, die sich ihrerseits wieder von Insektivoren-Frühformen ableiten.

Frühester Fossilnachweis: Miacidae aus dem Paläozän

Ordnung **Robben** *Pinnipedia* (Tab. 117)

Verbreitung: Alle Meere, eher in Küstennähe

Charakterisierung: Auf das *Leben im Wasser* spezialisierte Tiere mit großer anatomischer Ähnlichkeit zu den Carnivora; *große Orbita;* Zähne weniger spezialisiert als jene der Carnivora

$$\frac{1-3.1.3.0-3}{0-2.1.3.0-2} = 18-38.$$

I oft reduziert, schmale, spitze Backenzähne zum Festhalten der Beute, Milchgebiß reduziert; fehlende Clavicula und reduziertes Ilium, Hand und Fuß zu Paddeln mit Schwimmhäuten umgeformt, 5/5 Strahlen, von welchen die äußersten meistens die längsten sind, Knorpelverlängerungen an den Zehenspitzen als Stütze für Schwimmhaut, Krallen; torpedoförmige Gestalt, bei der Ellbogen und Knie in der Körperkontur verschwinden, Hintergliedmaßen nach hinten gerichtet mit Stummelschwanz; dickes, subkutanes Fettpolster, dichtes kurzes Fell, verschließbare Nasenlöcher und Ohröffnungen, große Augen; einfacher Magen Abb. 125 B₂, S. 517), viellappige Leber und Nieren; Uterus bipartitus, Placenta zonaria mit Decidua (Abb. 132, S. 547), After und Vulva in eine Hauttasche mündend, Penisknochen, subkutane Hoden, meist 1 Junges vom Nestflüchtertyp

Lebensweise: Ausgezeichnete Schwimmer und Taucher, die aber regelmäßig an Land gehen und auch auf dem Lande die Jungen zur Welt bringen; oft in großen Kolonien zusammenlebend. Nahrung: Fische, Krebse und Tintenfische. Teilweise Ultraschall und Echopeilung vermutet

Verwandtschaftliche Beziehungen: Die nächsten Verwandten der Pinnipedia sind die Carnivora, mit welchen sie oft zu einer Ordnung zusammengefaßt werden; innerhalb der Carnivora haben sie die größten Affinitäten zur Bärenverwandtschaft.

Frühester Fossilnachweis: Miozän

Tabelle 116 **Familienübersicht Ordnung Carnivora**

	Canidae* Hundeartige	Ursidae Bären, Großer Panda	Procyonidae Vorbären, Waschbären, Nasenbären, Kleiner Panda
Umfang	29 Sp, 6 G	8 Sp, 7 G	9 Sp, 6 G
Verbreitung	weltweit	Südamerika, Holarktis, orientalische Region	Amerika, Südostasien
Zähne	$\dfrac{3.1.4.1-4}{3.1.4.2-4} = 38-48$ C mächtige Reißzähne, P und M spitzhöckrig	$\dfrac{2-3.1.3-4.2}{3.1.3-4.3} = 36-42$ Tendenz zur Reduktion von P1–P3, M bunodont, keine Reißzähne	$\dfrac{3.1.3-4.2}{3.1.3-4.2-3} = 36-42$ Tendenz zu Bunodontie, kleine Reißzähne
Extremitäten	digitigrad, 5/5 Strahlen mit Tendenz zur Reduktion von Daumen und Großzehe, Krallen nicht rückziehbar	plantigrad, 5/5 Strahlen, lange, nicht rückziehbare Krallen	plantigrad, 5/5 Strahlen, kräftige, nur ausnahmsweise halb einziehbare Krallen
Schädel	lange Schnauze, Bulla hervortretend, innerlich teilweise durch Septen unterteilt	massiv, mittellange Schnauze, Bulla klein, ohne Septen	kurzschnauzig, hervortretende Bulla, ohne Septen
Habitus	niedrig- bis hochbeinig, mittelgroße Augen, oft große Ohren, mittellanger Schwanz	massiv, plump, kleine Augen und Ohren, Stummelschwanz	kurzbeinig, Augen mittelgroß bis groß, Ohren klein bis mittel, langer, oft geringelter Schwanz
Lebensweise	kleine Formen, meist insecti-carnivor, Schleicher; große Formen Hetzjäger	meist omnivor, Eisbär rein carnivor, Panda reiner Bambusfresser, teilweise Winterruhe	arboricol, omnivor, teils tagaktiv, teils nachtaktiv

* Die Canidae werden in 4 Unterfamilien, Caninae (Eigentliche Hunde) mit Wölfen, Füchsen, Schakalen, Mähnenwolf und Marderhund, Speothoninae (Waldhunde) mit dem südamerikanischen Waldhund, Lycaoninae (Hyänenhunde) mit dem afrikanischen Hyänenhund und dem orientalischen Rotwolf und Otocyoninae (Löffelhunde) mit dem afrikanischen Löffelhund gegliedert.

Ordnung **Elefanten *Proboscidea*** (Tab. 118)

Familie Elephantidae, Elefanten 2 Sp, 2 G

Verbreitung: Äthiopische und Orientalische Region (Abb. 135, S. 556)

Charakterisierung: Größte Landsäugetiere von unverkennbarem Habitus, bis 4 m Schulterhöhe und bis zu 6 t Gewicht; stark *verkürzter hoher*

Schädel; Zähne $\dfrac{1.0.3.3}{0.0.3.3} = 26$; obere I als lange schmelzlose Stoßzähne

mit Dauerwachstum (Abb. 122C, D, S. 509), Backenzähne aus senkrechten Platten von Dentin, die mit Zement verbunden sind, immer nur ein Backenzahn pro Kieferast funktionstüchtig (Abb. 121C3, S. 506); die drei ersten sich folgenden Backenzähne sind Milchzähne; sehr massive, säulenförmige Beine, 5/5 Strahlen, äußere jedoch verkürzt, jedes Strahlenende

Mustelidae** Marderartige	Viverridae*** Schleichkatzenartige	Hyaenidae Hyänen, Erdwölfe	Felidae**** Katzenartige (Abb. 113, S. 487)
63 Sp, 24 G	72 Sp, 32 G	4 Sp, 3 G	35 Sp, 19 G
weltweit, außer Notogaea und Madagaskar	Afrika, südliche Palaearktis, orientalische Region	Afrika, südliches Asien	weltweit, außer Notogaea und Madagaskar
$\frac{3.1.2-4.1}{2-3.1.2-4.1-2} = 28-38$	$\frac{3.1.3-4.1-3}{3.1.3-4.1-3} = 32-42$	$\frac{3.1.3-4.1}{3.1.3.1} = 32-34$	$\frac{3.1.2-3.1}{3.1.2.1} = 28-30$
M mit breiten Kronen und niedrigen Höckern, C starke Reißzähne	M spitzhöckrig-bunodont, Reißzähne gut entwickelt	mit Ausnahme des Erdwolfs gewaltige Reißzähne	P und M schmal, spitzhöckrig, Reißzähne vorhanden (Abb. 123 B$_3$, S. 512)
5/5 Strahlen, plantigrad-digitigrad, Krallen nicht rückziehbar, bei Ottern Schwimmhäute	4–5/4–5 Strahlen, digitigrad, Krallen teilweise rückziehbar	Strahlen 4/4–5, digitigrad, Krallen nicht rückziehbar	Strahlen 5/4 digitigrad, scharfe, rückziehbare Krallen
meist kurzschnauzig, Bulla mäßig groß	lang, flach, Bulla vollständig durch Septen unterteilt	sehr massiv mit kräftigem Sagittalkamm, hervortretende Bulla, unvollständige Septen	kurzschnauzig, Bulla hervortretend und durch Septen unterteilt
kurzbeinig, schlank bis plump, meist kleine Augen und Ohren, Schwanz oft lang und buschig, Stinkdrüsen	kurzbeinig, langschwänzig, Analdrüsen (Abb. 119 F, S. 501)	hochbeinig, Rücken abfallend, Analdrüsen	Augen groß, Ohren mittelgroß, Beine mittellang bis lang, Schwanz kurz bis lang
sehr verschieden, terrestrisch, arboricol oder amphibisch; omnivor, carnivor, piscivor oder insectivor	terrestrische Schleicher oder arboricol, omnivor-carnivor	terrestrisch, Aasfresser (Hyänen), Insektenfresser (Erdwolf)	terrestrisch oder arboricol, meist nachtaktiv; Räuber, die ihre Beute meistens anschleichen und anspringen

** Die Mustelidae werden in 5 Unterfamilien unterteilt: Mustelinae (Wiesel) mit Wiesel, Marder, Hermelin, Iltis und Vielfraß, Mellivorinae (Honigdachse), Melinae (Dachse), Mephitinae (Skunke) mit den amerikanischen Stinktieren und Lutrinae (Otter)

*** Die Viverridae können in 6 Unterfamilien gegliedert werden: Viverrinae (Ginsterkatzen) mit Ginsterkatzen und Zibetkatzen, Cryptoproctinae (Frettkatzen) mit der madegassischen Fossa, Paradoxurinae (Roller) mit Pardelroller, Musang und Binturong, Hemigalinae (Civetten) mit der madagassischen Fanaloka und den Civetten, Galidiinae (Madagaskarmungos) und Herpestinae (Mungos) mit Ichneumons, Pharaonenratten und Mangusten

**** Die Felidae gruppieren sich in 4 Unterfamilien: Felinae (Kleinkatzen) mit Wildkatze, Falbkatze, Ozelot, Serval und Puma, Lyncinae (Luchse), Pantherinae (Großkatzen) mit Löwe, Tiger, Leopard, Jaguar und Schneeleopard, und Acinonychinae (Geparde)

mit hufförmigen Nägeln, Fußsohle aus elastischem Bindegewebekissen; gut entwickeltes Riechhirn, sehr differenziertes, reich gefurchtes Großhirn; langer, stark bemuskelter *Rüssel;* Magen einfach; Uterus bicornis oder duplex (Abb. 129 D, E, S. 533), Placenta zonaria mit Decidua (Abb. 132, S. 547), 2 brustständige Zitzen, Penis lang, ohne Knochen, Hoden bauchständig; Haut bei Geburt dunkel behaart, adult nackt. Meistens 1 Junges, Nestflüchter (Abb. 133 C$_2$, S. 550)

Lebensweise: Eher tagaktiv, Laubäser, intensives Sozialleben

Tabelle 117 Familienübersicht Ordnung Pinnipedia

	Otariidae Ohrenrobben, Seelöwen, Seebären, Mähnenrobben	Odobenidae Walrosse	Phocidae Seehunde, Ringelrobben, Kegelrobben, Mönchsrobben, Klappmützen, See-Elefanten
Umfang	12 Sp, 6 G	1 Sp, 1 G	18 Sp, 13 G
Verbreitung	Atlantik, Pazifik	Nordatlantik, Nordpazifik, nördliches Eismeer	alle Meere, Baikalsee
Länge	150–350 cm	250–450 cm	120–600 cm
Zähne	$\frac{3.1.4.1\text{–}3}{2.1.4.1} = 34\text{–}40$ äußere I caniniform, C lang und gebogen	$\frac{1.1.3.0}{0.1.3.0} = 18$ obere C mächtig verlängert, (Abb. 122 A, S. 509), untere C molariform, P flachhöckerig	$\frac{2\text{–}3.1.4.1}{1\text{–}2.1.4.1} = 30\text{–}34$ I konisch, $P_{2\text{–}4}$ und M zweiwurzelig
Schädel	gut entwickelte Orbitalfortsätze, mäßig vorspringende Bulla	kein Postorbitalprozeß, mächtiger Mastoidprozeß	kein Postorbitalprozeß, stark hervortretende Bulla
Extremitäten	Beine zum Laufen geeignet, Hinterbeine können nach vorn gedreht werden; Hauptantrieb im Wasser durch Vorderextremität	ähnlich Otariidae	Beine mehr auf Wasserleben spezialisiert. Hinterbeine bilden mit Schwanz ein nach hinten gerichtetes Ruder, das den Hauptantrieb übernimmt
Habitus	Kleine Ohrmuschel vorhanden, nackte Sohlen, Nasenlöcher auf Schnauzenspitze, ♂ viel größer als ♀	sehr dick, keine Ohrmuscheln, ♂ 1/3 schwerer als ♀	keine Ohrmuscheln, Sohlen behaart, Nasenöffnungen subterminal, wenig Geschlechtsunterschiede
Ernährung	Fische, Mollusken, Krebse	vom Grund aufgewühlte Meertiere, vor allem Muscheln, Krebse und Grundfische	Fische, Mollusken, Krebse

Verwandtschaftliche Beziehungen: Die Elefanten, die Schliefer und die Sirenen, sind Abkömmlinge eines gemeinsamen frühtertiären Stammes, den man als Subungulata bezeichnet.

Fossilgeschichte: Die Proboscidea haben während des Tertiärs (Abb. 135, S. 556) eine überaus reiche Differenzierung und Aufspaltung erlebt, die fossil gut belegt ist. Als Ausgangsformen betrachtet man die nilpferdähnlichen Moeritherien aus dem Eozän von West- und Nordafrika. Von ihnen führt eine Stammlinie zu den riesigen Dinotherien, elefantenähnlichen Tieren mit Unterkieferstoßzähnen (Abb. 122 C, S. 509), die in Afrika bis ins Pleistozän überlebten, und eine zweite zur Mastodonten-Elefanten-Verwandtschaft, die sich während des mittleren und jüngeren Tertiärs zu großer Formenvielfalt aufgliedert, z. B. die elefantenähnlichen Stegodontidae (bis ins Pleistozän Afrikas und Asiens), das *Platybelodon,* bei dem Unterkiefer und Unterkieferstoßzähne eine Art Löffel bilden (Miozän und Pliozän von Amerika), die über je 2 Stoßzähne in Ober- und Unterkiefer verfügenden Rhynchotherien und Tetralophodonten und die vielen Mastodontenformen, die in Amerika bis weit ins Eiszeitalter überlebten und während des frühen Pleistozäns sogar Südamerika erreichten. Innerhalb der engeren Elefantenverwandtschaft erreichten neben den heutigen beiden Gattungen vor allem die Mammute *(Mammonteus)* das jüngste Eiszeitalter (Abb. 122 D, S. 509)

Tabelle 118   **Unterscheidung der rezenten Elefanten**

Spezies	*Elephas maximus* Indischer Elefant	*Loxodonta africana* Afrikanischer Elefant
Subspezies	Indischer Elefant Ceylonelefant Sumatraelefant Malaiischer Elefant	Steppenelefant Waldelefant
Verbreitung:	Hinterindien, Vorderindien, Ceylon, Sumatra, Malai- ische Halbinsel, Nord- borneo	Afrika
Stirn	rund	abgeflacht
Ohren	mittelgroß	sehr groß
Rüsselende	mit einem Greiffinger	mit 2 Greiffingern
Rippenpaare	19	21
Schwanzwirbel	33	26
Backenzähne	Lamellenmuster	Rautenmuster

Ordnung Schliefer *Hyracoidea*

Familie Procaviidae, Schliefer 8 Sp, 3 G

Verbreitung: Afrika, Palästina, Arabien

Charakterisierung: Murmeltierähnlich, kurze Ohren, kurze Schnauze, gespaltene Oberlippe, mittelgroße Augen, mittellanges dichtes Fell, Rükkendrüse, reduzierter Schwanz.

Schädel kurz und mäßig flach; Zähne $\dfrac{1.1.4.3}{2.1.4.3} = 38$, obere I lang und

gebogen, von dreieckigem Querschnitt und Dauerwachstum, untere I schräg nach vorn gerichtet, mit Einkerbungen an der Krone, P und M quadratisch mit 2 zusammenhängenden Doppelhöckern; an den Extremitäten Zehenreduktion 4/3, an den Zehen hufartige Nägel, an der Innenzehe hinten ein gespaltener Putznagel, nackte, gut haftende Sohlen; Claviculae fehlend; Riechhirn groß, Großhirn mäßig entwickelt; Magen zweikammerig, langer Darm und Blinddarm und ein zusätzliches Paar lange Darmblindsäcke; Uterus bicornis (Abb. 129 E, S. 533), Placenta diffusa-zonaria, Penis ohne Knochen, Hoden bauchständig, 1–3 Paar Zitzen; Nestflüchter

Lebensweise: Tagaktive, sozial lebende Felskletterer (Klippschliefer) in ariden Zonen oder nachtaktive, paarweise lebende, arboricole Urwaldbewohner (Baumschliefer); Nahrung hauptsächlich vegetabilisch, auch Insekten und Kleintiere

Verwandtschaftliche Beziehungen: vgl. Proboscidea

Frühester Fossilnachweis: Oligozän

Ordnung Seekühe *Sirenia* (Tab. 119)

Verbreitung: vgl. Familien (Abb. 134 c, S. 555)

Charakterisierung: Plumpe, robbenähnliche *Wassertiere* mit nahezu nackter, runzeliger Haut und dicker subkutaner Fettschicht; Schnauze mit Borsten und an der Spitze nach unten gebogen, verschließbare Nasenlöcher, fehlende Ohrmuscheln; Schwanz zu quergestellter Flosse umgewandelt;

relativ großer Schädel, rudimentäre Nasalia, die Praemaxillaria bilden eine lange, schmale obere Schnauzenpartie; Kiefer stellenweise mit hornigen Reibplatten besetzt, C fehlend, I, wenn vorhanden, durch große Lücke von den Backenzähnen getrennt. Backenzähne mit Querhöckern, immer nur einer funktionstüchtig, die anderen werden im Laufe der Zeit von hinten nachgeschoben; Vorderextremität zu 5-strahliger Flosse umgewandelt, Hintergliedmaßen zurückgebildet, nur noch rudimentäre Becken und teilweise Oberschenkelrudimente; Kreuzwirbel nicht zu Sacrum verwachsen; gut entwickeltes Riechhirn, gering differenziertes Großhirn; vielkammriger, kompliziert aufgebauter Magen, langer Darm, großer zweiteiliger Blinddarm; Uterus bicornis (Abb. 129E, S. 533), Placenta zonaria ohne Decidua; Penis ohne Knochen, rückziehbar, Hoden bauchständig; 2 brustständige Zitzen; 1 Junges im Nestflüchterstadium

Lebensweise: Sozial lebende Wasserpflanzenäser in seichten Küstengewässern und Strommündungen

Verwandtschaftliche Beziehungen: vgl. Proboscidea

Frühester Fossilnachweis: Eozän

Tabelle 119   **Familienübersicht Ordnung Sirenia**

Familie	Trichechidae Manatis	Dugongidae Dugongs	Rhytinidae Stellers Seekuh
Umfang	3 Sp, 1 G	1 Sp	1 Sp
Verbreitung	Tropische Atlantik-küste und in sie mündende Flüsse, Tschadsee	Küsten des Indi-schen Ozeans bis Nordaustralien	Beringmeer 1884 ausgerottet
Länge	2,5–4,5 m	2,5–3 m	ca. 7,5 m
Vorderschnauze	wenig abgebogen	sehr stark abge-bogen	mäßig abgebo-gen
Schwanzflosse	abgerundet, spatel-förmig	gegabelt	gegabelt
Zähne	I $\frac{2}{2}$, gehen im Laufe der Ontogenese verloren, M $\frac{10}{10}$, aber höchstens 6 auf einmal im Ge-brauch, niedrig-kronig, mit Schmelz und offenen Wur-zeln	Oben 2 stoßzahn-artige I, beson-ders beim ♂, M $\frac{6}{6}$, aber höchstens $\frac{3}{3}$ funktionstüchtig, ohne Schmelz und mit geschlossenen Wurzeln	zahnlos
Halswirbel	6	7	7

Ordnung **Unpaarhufer** *Perissodactyla* (Tab. 120)

Verbreitung: Südamerika, Zentralamerika, Afrika, Eurasien

Charakterisierung: Mittelgroß bis groß, großer Kopf, massiver Rumpf, mittellange bis lange Beine, kurzer bis langer Schwanz, bewegliche, muskulöse Lippen, Oberlippen teilweise rüsselförmig vergrößert; *Zehenspitzengänger* mit *Förderung des mittleren Strahls* und mehr oder weniger fortgeschrittener Reduktion der übrigen Strahlen, ausgeprägte Hufbildung, Carpalia und Tarsalia nicht verschmolzen, mindestens 22, normalerweise 23 Rücken-Lendenwirbel; Schädel mit stark verlängertem Gesichtsteil; Backenzähne lophodont oder bunodont; I meißel- oder kegelförmig, C nicht größer als I, zwischen C und P ein großes Diastema, P1 persistiert als Milchzahn, übrige P molariform; Riechhirn groß, Großhirn reich differenziert, mittelgroß; einteiliger Magen, großer Blinddarm, fehlende Gallenblase; Uterus bicornis (Abb. 129E, S. 533), Placenta diffusa ohne Decidua (Abb. 132, S. 547), Penis lang, ohne Knochen, in Tasche rückziehbar, Hoden leistenständig oder in Sack, 2 Zitzen; Junge als Nestflüchter

Lebensweise: Meist tagaktive Pflanzenfresser, gesellig

Verwandtschaftliche Beziehungen: Die Unpaarhufer leiten sich als einheitliche Gruppe von paläozänen Condylarthra ab; sie haben keine näheren Beziehungen zu den Paarhufern.

Fossilgeschichte: Die Fossilgeschichte der Perissodactyla ist die am besten belegte von allen Säugetieren. Als der gemeinsamen Stammform nahestehend betrachtet man *Tetraclaenodon* aus dem mittleren Paläozän von Nordamerika. Im Eozän und Oligozän erlebte die Gruppe eine ungemein reiche Aufsplitterung in mindestens 15 Familien, von welchen 12 heute ausgestorben sind. Besonders auffällige Formen waren etwa der giraffenähnliche *Moropus* und das *Indricotherium* oder das *Brontotherium* mit zwei Knochenzapfen auf der Nase. Alle Stammlinien, die zu den rezenten drei Familien führen, sind durch Fossilien reich belegt, vor allem der klassische Pferdestammbaum läßt sich durch lückenlose Fossilreihen bis auf die gemeinsame Stammform im Eozän, das *Hyracotherium,* zurückverfolgen (Abb. 136, S. 557)

Ordnung **Paarhufer** *Artiodactyla* (Tab. 121–125)

Verbreitung: Weltweit, außer Notogaea und Antarktis

Charakterisierung: Kleine bis sehr große Tiere von vielfältiger Gestalt, oft mit *Hörnern, Geweihen* (Abb. 115, S. 491) oder herausragenden Zähnen. An den Extremitäten wurden der *3. und 4. Strahl zum hauptsächlichsten Tragelement* entwickelt, während der 1. Strahl total und der 2. und 5. mehr oder weniger stark reduziert wurden; mediane Metacarpalia und Metatarsalia tendieren zur Verschmelzung zu einem *„Kanonen-*

bein". Enden der Strahlen mit Hornhufen (= Klauen) (Abb. 118C, S. 500);
I und C nur bei Schweinen vollständig, bei den übrigen teilweise reduziert, Backenzähne mit differenziertem, buno- oder selenodontem Relief;
ausgeprägtes Diastema zwischen Vorder- und Backenzähnen; Schädel
mit weitgehend oder ganz geschlossenem Orbitalring; 19 Rückenlenden-
wirbel, fehlende Claviculae; Magen einfach bis vielfach unterteilt, langer
Darm, kurze Blinddärme; Riechhirn groß, mittelgroßes, hochdifferen-
ziertes Großhirn; Uterus duplex (Abb. 129D, S. 533), Placenta diffusa oder
cotyledonata (Abb. 132, S. 547) ohne Decidua, 2–4 Zitzen (Abb. 119 D),
Penis ohne Knochen, lang und dünn, Hoden leistenständig oder in Sack;
Junge Nestflüchter (Abb. 133C3, S. 550)

Lebensweise: Vorwiegend Pflanzenfresser verschiedenster Prägung

Verwandtschaftliche Beziehungen: Der Stammbaum der Paarhufer ist
fossil ebenfalls gut belegt, vor allem jener der Camelidae. Die Ordnung
läßt sich von paläozänen Condylarthra ableiten und hat sich schon während des Eozän in eine Vielzahl von Gruppen (mindestens 25 Familien,
von welchen 16 ausstarben) aufgespaltet, im besonderen in die drei
Hauptstämme, die zu den heutigen drei Unterordnungen, den Nichtwie-
derkäuern (Nonruminantia), den Wiederkäuern (Ruminantia) und den
Kamelartigen (Tylopoda) führen, wobei letztere den Wiederkau-Mecha-
nismus unabhängig von den Ruminantia erworben haben. Besonders
auffällige ausgestorbene Paarhufer waren etwa das riesige, wildschwein-
ähnliche *Daeodon, Synthetoceras* mit einem Paar Hörner auf den Frontalia
und einem Paar auf den Maxillaria, oder die gigantischen Sivatherien,
Verwandte der Giraffen, mit kurzem Hals und geweihartig verzweigten
Hörnern.

Unterordnung **Schwielensohler, Kamelartige** *Tylopoda*

Familie Camelidae, Kamele, Lamas, 4 Sp, 2 G

Gemeinsam sind allen Angehörigen der Familie die verschließbaren Nasenlöcher, das kurze bis mittellange Fell sowie elastische Sohlenkissen.

Für die altweltlichen Kamele sind ferner typisch Rückenhöcker als Fett-
speicher und Hornschwielen an den Extremitätengelenken. 2 Arten – das
einhöckrige Dromedar, *Camelus dromedarius,* ursprünglich in Arabien
beheimatet, heute domestiziert in vielen tropischen Trockengebieten, und
das Trampeltier *(C. bactrianus),* wild noch in Innerasien überlebend und
domestiziert im ganzen gemäßigten Asien.

Die neuweltlichen Kamele, die Lamas, besitzen keine Höcker und bewohnen Grasländer und Gebirge. Die Wildformen, Guanako *(Lama guanacoë)* und Vikugna *(Lama vicugna),* beide in Südamerika, sind heute
beinahe ausgerottet. Sowohl das Lama als auch das Alpaka sind dome-
stizierte Formen des Guanako.

Tabelle 120   Familienübersicht Ordnung Perissodactyla

Familie	Tapiridae Tapire	Rhinocerotidae Nashörner	Equidae Pferdeartige
Umfang	4 Sp, 1 G	5 Sp, 4 G	8 Sp, 4 G
Verbreitung	tropisches Mexiko, Mittelamerika, tropisches Südamerika, Malaya, Sumatra (Abb. 137, S. 558)	Hinterindien, Malaya, Sumatra, Java, Afrika	Palaearktis, Südasien, Afrika (Abb. 136, S. 557)
Zähne	$\frac{3.1.4.3}{3.1.3-4.3} = 42-44$ I meißelförmig, P und M niedrig, wenig spezialisiert	$\frac{0-1.0.3-4.3}{0-1.0-1.3-4.3} = 24-34$ I kegelförmig, fallen oft aus, P und M hypselodont (Abb. 121 C4, S. 506)	$\frac{3.1.3-4.3}{3.1.3.3} = 40-42$ I meißelförmig, P und M hochkronig, mit offener Wurzel und mit sehr differenziertem Schmelzfaltenrelief, Dauerwachstum (Abb. 121 C5, S. 506)
Schädel	seitlich zusammengepreßt, Orbital- und Temporalgrube kommunizierend	groß und schwer, Orbital- und Temporalgrube zusammenhängend	sehr lange Gesichtspartie, Orbita mit vollständigem Knochenring
Extremitäten	kurz, säulenförmig, Strahlen 4/3, der Außenstrahl vorne erreicht den Boden nicht, elastisches Sohlenpolster (Abb. 116 B1, S. 495)	säulenförmig, kurz, 3/3 Strahlen, mittlerer am längsten, Sohlenpolster (Abb. 116 B2, S. 495)	lang, nur 1 Zehe funktionstüchtig, mit kompaktem Rundhuf (Abb. 118 D, S. 500), Ulna und Fibula unvollständig und distal mit Radius und Tibia verwachsen (Abb. 116 B3, S. 495)

Habitus	beweglicher Rüssel überragt Unterlippe, Augen klein, Ohren mittelgroß, nackter Stummelschwanz, kurzes Fell, gewölbter Rücken	großer Kopf mit hornähnlichen, aus zusammengeklebten Haaren bestehenden Zapfen auf Nasenrücken (Abb. 115G, S. 491), Augen klein, nackte, oft zu dicken Platten gefaltete Haut, mittellanger Schwanz mit Endquaste	langer Kopf, mittelgroße Augen, Ohren mittelgroß bis groß, kurzes bis mittellanges Fell, Schwanz mit Quaste oder Schweif
Lebensweise	eher solitäre Urwald- und Dickichtbewohner, Dämmerungstiere, die sich von Blättern, Schossen und Früchten ernähren	Savannen- oder waldbewohnende Laub- und Grasäser	tagaktive Grasfresser in Savannen, Steppen und Wüsten
Formen	Schabrackentapir (Südostasien), Flachland-, Berg- und Bairdtapir (alle Amerika)	orientalisch: Sumatranashorn (2 Hörner), Indisches Panzernashorn (1 Horn) aethiopisch: Spitzmaulnashorn (2 Hörner), Breitmaulnashorn (2 Hörner)	Asiat. Wildpferd (1 Sp) Zebras (3 Sp) Halbesel (3 Sp) Wildesel (1 Sp)

Tabelle 121 **Übersicht Ordnung Artiodactyla**

Unterordnung	Nonruminantia Nichtwiederkäuer (Tab. 122)	Ruminantia Wiederkäuer (Tab. 123)	Tylopoda Kamelartige
Orbita	offen	geschlossen	geschlossen
Unterkiefer	Proc. muscularis und Proc. articularis gleich breit und hoch	Proc. muscularis schmal, den Proc. articularis überragend	Proc. muscularis schmal, Proc. articularis überragend
Zähne	I$_1$ stets vorhanden, P und M bunodont	obere I fehlen, untere C incisiviform, P und M selenodont (Abb. 121C$_7$, 123B4, S. 506, 512)	obere I$_1$ und I$_2$ fehlen, untere C eckzahnförmig, P und M selenodont
Magen	einfach, höchstens dreiteilig, kein Wiederkauen, keine Schlundrinne (Abb. 125B$_5$, $_6$, S. 517)	vierteilig mit zweilippiger Schlundrinne, Wiederkauen (Abb. 125A)	vierteilig, einfache Schlundrinne, Wiederkauen nicht homolog zu jenem der Ruminantia
Kopf	mit langer, rüsselförmiger Schnauze, mit Rüsselscheibe oder breitem Flußpferdmaul	mit gespaltenen, abwärts gezogenen Oberlippen, feuchter Nasenspiegel (Abb. 124 A, S. 514)	meist mit breitem Maul und feuchtem Nasenspiegel

Tabelle 122 **Familienübersicht Unterordnung Nonruminantia**

Familie	Suidae Schweine	Tayassuidae Nabelschweine (= Pekaris)	Hippopotamidae Flußpferde
Umfang	8 Sp, 5 G	2 Sp, 1 G	2 Sp, 2 G
Verbreitung	weltweit, in Australien eingeführt	südliche USA, Argentinien	Afrika
Zähne	$\frac{1-3.1.3-4.3}{2-3.1.2-4.3} = 32-44$ C zu Hauern vergrößert, gebogen	$\frac{2.1.3.3}{3.1.3.3} = 38$ obere C gerade, von dreieckigem Querschnitt	$\frac{2.1.4.3}{1-2.1.4.3} = 38-40$ C sehr groß, I und C mit Dauerwachstum
Schädel	mit vorspringendem Occipitalkamm und einem speziellen Vornasenknochen	ähnlich Suidae	stark vergrößerte und verbreiterte Schnauzenpartie, röhrenartig vorstehende Orbita
Extremitäten	Klauen 4teilig, Strahlen 2 und 5 kleiner und hinter 3 und 4 gestellt	Strahlen 4/3	4/4 Strahlen, die den Boden berühren, Schwimmhäute
Habitus	schweineartig, Haut nackt bis dicht beborstet oder behaart, häufig Warzen- und Höckerbildungen, Augen klein, Ohren mittelgroß, Schwanz mittellang, oft mit Quasten, 2–12 Zitzen	schweineartig, glattes Fell, keine Gesichtsschwarzen, Rückendrüse, kein Schwanz	sehr plump, Beine und Schwanz kurz, breite Schnauze, kleine Augen und Ohren, Nasenlöcher verschließbar, nackte Haut
Lebensweise	omnivore Wald- oder Steppenbewohner	omnivore, gesellig lebende Steppen- oder Waldbewohner	amphibisch lebende Pflanzenfresser

Tabelle 123   **Familienübersicht Unterordnung Ruminantia**

Familie	Tragulidae Zwergböckchen, Moschustiere	Cervidae Hirsche (Tab. 127)	Giraffidae Giraffen, Okapis	Antilocapridae Gabelhornantilopen	Bovidae Rinderartige (Tab. 128)
Umfang	4 Sp, 2 G	32 Sp, 11 G	2 Sp, 2 G	1 Sp, 1 G	99 Sp, 42 G
Verbreitung	Südostasien, Indonesien, Afrika	weltweit außer tropisches Afrika, in Australien eingeführt	Afrika	Nordamerika	weltweit, in Südamerika und Australien eingeführt
Zähne	$\frac{0.1.3.3}{3.1.3.3} = 34$	$\frac{0.0-1.3.3}{3.1.3.3} = 32-34$	$\frac{0.0.3.3}{3.1.3.3} = 32$	$\frac{0.0.3.3}{3.1.3.3} = 32$	$\frac{0.0.2-3.3}{3.1.2-3.3} = 28-32$
	obere C bei ♂ dolchartig verlängert	obere C lang bis fehlend	obere C fehlen	obere C fehlen	P_2 oft reduziert (Abb. 123 B4, S. 512)
Besonderheiten	sehr klein, Dolchzähne der ♂♂	Geweihbildungen (Abb. 115 B, C, S. 491) Voraugendrüsen (Abb. 119 C, S. 501)	hautbedeckte Hornzapfen auf Parietalia und Frontale, (Abb. 115 F)	Frontale mit Knochenzapfen mit jährlich gewechselten, gegabelten Hornscheiden (Abb. 115 E)	hörnertragend (Abb. 115 D)
Lebensweise	Dickichtschlüpfer, herbivor	Wald- oder Graslandbewohner	Laubäser in Savannen (Giraffen) oder Urwald (Okapi)	Präriebewohner	sehr verschieden, meistens herbivor

Tabelle 124 **Übersicht Familie Cervidae***

Unterfamilie	Verbreitung	Metacarpalia	Geweih, obere Canini	Beispiele
Moschinae Moschushirsche	Ostasien	tm**	fehlend, C vergrößert	Moschustier
Hydropotinae Wasserrehe	Jangtsebecken	pm***	fehlend, C verlängert	Wasserreh
Muntiacinae Muntjaks	Südasien – Ostasien	tm	lange Rosenstöcke, kurze Geweihstangen, C lang	Muntjak, Schopfhirsch
Odocoilinae Trughirsche	Palaearktis, Amerika	tm	Rosenstock lang, Geweihstange mehrendig (Abb. 115C1, S. 491), C reduziert	Reh, Weißwedelhirsch, Virginiahirsch, Andenhirsche, Spießhirsche, Pudus
Alcinae Elche	Holarktis	tm	Schaufelgeweih (Abb. 115C4), C fehlen	Elch
Rangiferinae Rentiere	nördliche Holarktis	tm	♂ und ♀ mit vielendigem Stangengeweih (Abb. 115C3), C reduziert	Rentier, Karibu
Cervinae Echte Hirsche	Eurasien, Nordafrika, Nordamerika	pm	Rosenstock kurz, oft vielendiges Geweih (Abb. 115C2), C reduziert oder fehlend	Davidhirsch, Damhirsch, Rothirsch, Wapiti, Sambar, Axishirsch, Sikahirsch

* Die Hirsche lassen sich in zwei phyletische Großgruppen unterteilen, in die telemetacarpalen (untere Enden der Mittelhandknochen erhalten) und die plesiometacarpalen (obere Enden der Mittelhandknochen erhalten) gliedern. HALTENORTH unterscheidet 7 Unterfamilien.

** telemetacarpal
*** plesiometacarpal

Tabelle 125 **Übersicht Familie Bovidae** (Abb. 117A, S. 498)

Unterfamilie	Verbreitung	Lebensraum	Gehörn	Beispiele
Cephalophinae Ducker	Afrika	Dickicht- und Waldschlüpfer	klein, einfach	Ducker
Neotraginae Kleinböckchen	Afrika	Savannen	mittellang, einfach	Zwergböckchen, Dikdik, Klippspringer
Antilopinae Antilopen	Afrika, Arabien, Vorderindien	Savannen, Steppen, Waldlichtungen	meist groß, einfach bis bizarr geformt (Abb. 115D₃, ₄, S. 491)	Nilgau, Schirrantilope, Rappenantilope, Kudus, Elenantilope, Wasserböcke, Riedböcke, Leierantilope, Kuhantilope, Buntbock, Gnus, Oryx
Gazellinae Gazellen	Afrika, Arabien, Südasien	Savannen, Steppen, Wüsten, lichter Wald	meist nach hinten geschwungen	Hirschziegenantilope, Gazellen, Giraffengazelle
Saiginae Saigas	Südrußland–Mongolei	Steppen	nur ♂ gehörnt, aufblasbare, fleischige Nase	Saiga
Pantholopinae Tibetantilope	Tibet	Hochsteppe	aufblähbare Nüstern, nur ♂ mit mittellangem Horn	Tschiru
Caprinae Ziegen, Schafe	Eurasien, Nordamerika, Nordafrika	vorwiegend Gebirge	krucken-, säbel-, schneckenförmig (Abb. 115D₃, ₄)	Goral, Serau, Schneeziege, Gemse, Bezoarziege, Steinbock, Schraubenziege, Mähnenschaf, Thar, Blauschaf, Mufflon

Budorcatinae Takins	Osthimalaya – Mittelchina	Gebirge	mittelgroß, leicht geschwungen	Takin
Ovibovinae Moschusochsen	nördl. Nordamerika, Grönland	Tundra	breite Basis, herunter-gezogen	Moschusochse
Bovinae Rinder	Eurasien, Nordamerika, Afrika	Grassteppen, Wald-lichtungen	meist gebogen	Büffel, Anoa, Bison, Wisent, Gaur, Banteng, Auerochse

Wichtige fossile Säugetierordnungen

Von mehreren nur fossil nachgewiesenen Säugetierordnungen erwähnen wir nur wenige, die entweder als Ahngruppen heutiger Säugetiere oder durch besondere Entfaltung während bestimmter Zeitabschnitte von Bedeutung sind.

Deltatheridia (= Hyaenodonta). Insectivorenähnliche Säugetiere, bereits in der Kreide nachgewiesen, die sich aber in der Molarenstruktur deutlich von den Insectivora und Zalambdodonta unterscheiden. Die Gruppe erlebte im Alttertiär eine Blütezeit mit raubtierähnlichen Formen wie *Oxyaena*, dem riesigen *Sarkastodon* und dem säbelzahnbewehrten *Machaeroides*.

Condylarthra, Urhuftiere. Frühtertiäre Sammelgruppe, deren monophyletischer Ursprung noch nicht erwiesen ist. Einige Familien kommen als Ahngruppen moderner Artiodactyla, Perissodactyla, Proboscidea, Tubulidentata, Hyracoidea und Sirenia in Frage. Während einige Gruppen eine raubtierähnliche Bezahnung mit großen C und spitzhöckerigen Bakkenzähnen aufweisen (Arctocynoidea, Mesonychoidea), zeigt sich bei anderen die Tendenz zur Umstrukturierung der Backenzähne in Richtung Bunodontie, Lophodontie und Selenodontie (Phenacodontidae, Hyopsodontidae, Didolontidae, Meniscotheriidae und Periptychidae), d. h. einige Formen entwickelten sich zu Pflanzenfressern.

Litopterna. Mittel- bis jungtertiäre Abkömmlinge der Condylarthra, die ausschließlich in Südamerika sich reich entfalteten und eine analog zu jener der Pferde verlaufende Strahlenreduktion und Hufbildung erreichten, ohne aber mit den Perissodactyla verwandt zu sein. Bereits im unteren Miozän, also lange vor den Pferden, erreichten sie mit *Thoatherium* die vollständige Einhufigkeit. Mit kamelähnlichen Riesenformen wie *Maxrauchenia* erreichten die Litopterna das Jungpleistozän.

Notoungulata. Ebenfalls auf Südamerika beschränkte, huftierähnliche Formen, die von kreidezeitlichen Condylarthra abstammen, mit den übrigen Huftieren aber nicht näher verwandt sind. Die frühesten Notoungulata lassen sich im Alttertiär nachweisen; im mittleren und jungen Tertiär erlebte die Gruppe eine außerordentliche Entfaltung, gekennzeichnet durch herbivore Spezialisierung (Lophodontie der Backenzähne, Molarisierung der Backenzähne und zunehmende Hypselodontie) und den Trend zur Zehenreduktion, die im Extremfall zu Zweizehigkeit *(Miocochilius)* mit Hufbildung führt. Pleistozäne Endformen waren die nashorngroßen und -ähnlichen Toxodontidae.

Anhang

Erdgeschichtliche Tabelle (Tab. 126)

Großepochen der Lebensgeschichte

Phanerozoikum: Zeit der phylogenetisch verwendbaren Fossildokumentation, bis 570 Mio. Jahre zurück; umfaßt Känozoikum, Mesozoikum und Paläozoikum

Jüngeres Proterozoikum: Sporadische Fossildokumente niederer Pflanzen und Tiere, bis 1100 Mio. Jahre zurück

Älteres Proterozoikum: Sporadische Dokumente niederster Pflanzen, bis ca. 2000 Mio. Jahre zurück

Tabelle 126

Zeitalter und Dauer in Mio. J.	Periode	Beginn vor Mio. J.	Epoche	Tierwelt (nach Fossilbelegen)
Känozoikum (70) = Erdneuzeit	Quartär	1	Holozän = Alluvium = Jetztzeit	Heutige Vielfalt der Spezies und Subspezies
			Pleistozän = Diluvium = Eiszeit	Wechsel von Eis- und Zwischeneiszeiten bewirken Aussterben vieler Großtierformen und fördern die Bildung neuer Arten und Unterarten
	Tertiär	70	Pliozän	Heutige Gattungen der Säugetiere
			Miozän	Entfaltung der grasfressenden Säugetiere
			Oligozän	Ursprung der heutigen Säugetierfamilien
			Eozän	Entstehung der heutigen Säugetierordnungen; alle Vogelordnungen vertreten
			Paläozän	Entfaltung der placentalen und marsupialen Säuger

Zeitalter und Dauer in Mio. J.	Periode	Beginn vor Mio. J.	Epoche	Tierwelt (nach Fossilbelegen)
Mesozoikum (155) = Erdmittelalter	Kreide	135	Obere K.	14 Vogelordnungen vorhanden; älteste Kloaken- und Beuteltiere sowie placentale Säuger. Aussterben der Dinosaurier
			Untere K.	und Ammoniten
	Jura	190	Malm, Dogger, Lias	ursprüngliche Säugetierformen, Archaeopteryx, höchste Blütezeit der Reptilien. Erste Teleosteer
	Trias	225	Keuper, Muschelkalk, Buntsandstein	älteste Säugetiere, erste Dinosaurier, Schildkröten, Ichthyosaurier, Plesiosaurier
Paläozoikum (345) = Erdaltertum	Perm	280	Zechstein, Rotliegendes	Reptilien werden zu den dominierenden Wirbeltieren
	Karbon	345	oberes K. unteres K.	Blütezeit der Amphibien, erste Reptilien, Blütezeit der Selachier
	Devon	395	oberes D. mittleres D. unteres D.	Divergenz der Fische erste Amphibien
	Silur	500	Gotlandium Ordovicium	Festlandarthropoden, Brachiopoden erste Wirbeltiere, Blütezeit der Cephalopoden und Brachiopoden
	Kambrium	570	oberes K. unteres K.	Alle Avertebratenstämme bereits vorhanden; Vorherrschaft der Trilobiten

Zoogeographische Grundbegriffe

Teilgebiete

Chorologie oder Arealkunde
Ihre Aufgabe besteht darin, für eine Tierform oder eine systematische Gruppe das Areal (Verbreitungsgebiet) möglichst genau zu erfassen und zu beschreiben.

Faunistik
Die Faunistik versucht, die in einem bestimmten Gebiet vorkommenden Tierformen oder -gruppen möglichst vollständig zu registrieren.

Systematische Zoogeographie
Sie befaßt sich mit dem Gesamtverbreitungsgebiet größerer taxonomischer Kategorien unter Einbezug der Resultate der Chorologie und Faunistik.

Biozönotische Zoogeographie
Sie registriert zusätzlich die zusammen mit einer bestimmten Tierform auftretenden übrigen Glieder der Lebensgemeinschaft.

Ökologische Zoogeographie
Sie deutet die Verbreitung und die Ausbreitungsgesetzlichkeiten der Tiere in Abhängigkeit der sie umgebenden biotischen und abiotischen Lebensbedingungen.

Historisch-phylogenetische Zoogeographie
Sie versucht, aus den Resultaten der beschreibenden Zoogeographie, der Paläontologie und der Evolutionsforschung die Verbreitungsgeschichte der Tiere zu rekonstruieren und kausal zu deuten.

Zoogeographische Regionen

Die grundlegende Einteilung der terrestrischen Erdoberfläche in zoogeographische Regionen und Subregionen erfolgte durch SCLATER (1857) und WALLACE (1876).

Diese Einteilung gilt in erster Linie für tertiäre Tiergruppen wie Säuger, Vögel, Reptilien, Süßwasserfische und moderne Insektenordnungen.

Für mesozoische und paläozoische Formen wie Lungenfische, Süßwassermollusken, Oligochaeten und Krebse hat sie nur beschränkte Gültigkeit.

Maßgebend für die Einteilung der Regionen war der Anteil der endemischen Tierformen eines Gebietes. In einer Region müssen mehr als 50% der vorkommenden Formen endemisch sein (endemisch: nur im betreffenden Gebiet vorkommend).

Die Anzahl der endemischen Wirbeltiergattungen für einzelne Regionen wird wie folgt geschätzt: Paläarktis 138, Nearktis 70, Äthiopische Region 270, Orientalische Region 220, Notogaea 230, Neotropische Region 600.

Haupteinteilung (Abb. 140)

Reich	Region	
Arctogaea	Paläarktische Region:	Eurasien ohne Tropen, Nordafrika
	Nearktische Region:	Nordamerika, ausgenommen tropisches Mexiko
	Äthiopische Region:	Afrika, ausgenommen Nordafrika, südl. Arabien
	Orientalische Region:	tropisches Asien und benachbarte Inseln
Neogaea	Neotropische Region:	Süd- und Zentralamerika, tropisches Mexiko
Notogaea	Australische Region:	Australien, Neuguinea und umliegende Inseln, Neuseeland, Südwestpazifische Inseln

Paläarktische und nearktische Region werden als Holarktis zusammengefaßt.

Subregionen (Abb. 140)

Die klassische Gliederung der Regionen in Subregionen wird zwar heute zum Teil von den Tiergeographen abgelehnt; wir führen sie trotzdem an, weil ihnen praktischer Wert für die Gliederung großer Regionen zukommt.

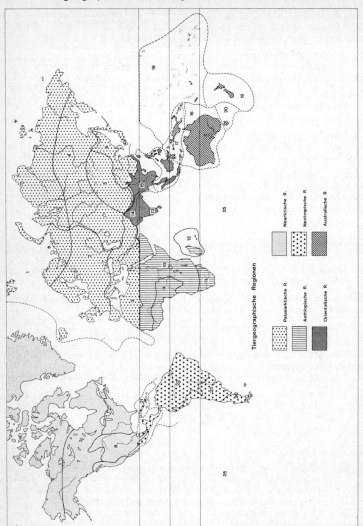

Abb. **140** Zoogeographische Regionen und Subregionen. *Palaearktische Region:*
1 arktische, **2** europäische, **3** mediterrane, **4** sibirische, **5** innerasiatische, **6** mandschurische; Nearktische Region: **7** kanadische, **8** sonorische; *Äthiopische Region:*
9 westafrikanische, **10** ostafrikanische, **11** südafrikanische, **12** madagassische; *Orientalische Region:* **13** südindische mit Ceylon, **14** vorderindische, **15** hinterindische mit Südchina; *Australische Region:* **16** australische, **17** papuanische, **18** polynesische, **19** neuseeländische, **20** tasmanische; *Neotropische Region:* **21** westindische, **22** brasilianische, **23** chilenische, **24** patagonische, **25** antarktische Subregion

Arealbegriff

Bei vielen Tieren zerfällt das Areal in einen Wohn- und einen Wanderraum. Viele Vögel besitzen eine dreiteilige Arealgliederung: Brutgebiet, Zugweg, Überwinterungsgebiet.

Bei mehreren Tierformen ist das Fortpflanzungsgebiet relativ klein und beschränkt, das Wander- oder „Weidegebiet" hingegen sehr groß.

Beispiele:	Fortpflanzungsgebiet	übriges Wohngebiet
Lachs	europäische Flüsse	Atlantik
Aal	Sargassomeer	europäische Flüsse
Albatrosse	bestimmte kleine Inseln im Pazifik	in allen Weltmeeren

Homogenität der Besiedlung eines Areals ist sehr selten. Extremfälle für inhomogene Arealbesiedlung sind herumziehende Tierformen, die invasionsartig in einem bestimmten Gebiet auftauchen können und dann wieder für Jahre nicht mehr gesehen werden, z. B. Tannenhäher, Kreuzschnabel, Karmingimpel, Bergfink, Seidenschwanz.

Arealgröße. Die Arealgröße kann sehr variabel sein, sogar zwischen sehr nahe verwandten Formen. Kleinstareale sind nicht nur von Bewohnern kleiner Inseln bekannt, sondern auch von Formen auf Kontinenten, z. B. bestimmten Höhlentieren oder Seenbewohnern.

Beispiele:
Kleine Areale: Grottenolm, in bestimmten Karsthöhlen; Papageiamandine, in einem ca. 20 km² großen Waldgebiet der Fijiinsel Viti Levu; Zitronenzeisig, Alpengebiet; Pyrenäensteinbock, Pyrenäen
Kosmopoliten: Fischadler, Schleiereule

Dimension der Areale. Die Areale der meisten landbewohnenden Tierformen lassen sich in der Regel zweidimensional begrenzen. Für Meerestiere hingegen spielt die 3. Dimension, die Tiefe, oft die wichtigste Rolle bei der Begrenzung ihrer Areale.

Kontinuität. Zusammenhängende Areale einer bestimmten Form oder Gruppe bezeichnet man als kontinuierlich. Hängen die einzelnen Areale einer bestimmten Form oder Gruppe nicht zusammen, so bezeichnet man diese Areale als disjunkt. Die häufigste Form von Disjunktion ist die Reliktdisjunktion. Sie kommt dann zustande, wenn eine Form nur noch Teile ihres ursprünglichen Areals bewohnen kann.

Beispiel: Alpenschneehuhn, Moorschneehuhn und Schottisches Moorschneehuhn als postglaziale Relikte.

Sympatrie – Allopatrie. Wenn zwei näher miteinander verwandte Formen verschiedene Gebiete bewohnen und sich die Areale nirgends überschneiden, spricht man von allopatrischer Verbreitung. Wenn beide Formen zudem ähnliche ökologische Ansprüche stellen, so spricht man von gegenseitiger Vertretung, von Vikarianz.

Beispiel: Nachtigall, *Luscinia megarhynchos* in Südwesteuropa; Sprosser, *Luscinia luscinia* in Nordosteuropa.

Klima-Vegetationsgürtel

Die Verbreitung der Tiere deckt sich oft mit den Klima-Vegetationsgürteln.

Waldgürtel:
nördlich gemäßigte, mit Maximum der Luftfeuchtigkeit und Wärme im Frühling und Sommer,
aequatoriale mit doppelter Regenzeit,
südlich gemäßigte mit Feuchtigkeitsmaxima im Herbst und Winter.

Savannen-Steppengürtel:
Übergang von ozeanischen zu kontinentalen Bedingungen, unregelmäßige Niederschläge

Wüsten (wirksamste, oft absolute Verbreitungsschranke):
nördlich kalte Wüsten: Tundra
nördlich warme Wüsten: Gobi, Thar, Arabien, Sahara
südlich warme Wüsten: Australien, Pampas, Kalahari
südlich kalte Wüsten: Patagonien, Kerguelen, Falklandinseln

Klimatypen
Ozeanisches Klima:
hohe Luftfeuchtigkeit, geringe Temperaturschwankungen, Vegetationsreichtum.
Ozeanische Gebiete zeigen großen Artenreichtum – Westafrika, Amazonien
Kontinentales Klima:
geringe Luftfeuchtigkeit, extreme Temperaturschwankungen, Vegetationsarmut.
Kontinentale Gebiete zeigen Armut an Arten – Asiatische Steppen und Wüsten

Großlebensräume

terrestrisch
arboreal   Waldfauna im weitesten Sinn
eremial   Fauna der Trockengebiete (Wüsten und Steppen)
oreal   mehr oder weniger baumfreie Gebiete im Bereich der Hochgebirge
tundral   mehr oder weniger baumfreie Gebiete im polaren Bereich
aquatil
pelagial   Lebensraum des freien Wassers
benthos   Lebensraum des Gewässergrundes
abyssal   Lebensraum des Meeres unterhalb 200 m Tiefe, Tiefsee

Systematik und Taxonomie
Aufgabe

Systematik: Aufgabe der zoologischen Systematik ist es, die einzelnen Tierformen zu beschreiben und zu ordnen und die Verschiedenheit und die Beziehungen dieser Formen zueinander zu studieren.

Klassifikation: Das Ordnen der einzelnen Formen zu Gruppen

Nomenklatur: Die Bezeichnung der Formen und Gruppen mit wissenschaftlichen Namen, nach internationalen Nomenklaturregeln

Taxonomie: Die Theorie der Klassifikation, ihre Prinzipien, Methoden und Regeln

Klassifikationsprinzip

Das Klassifikationsprinzip, welches der klassisch orientierte Systematiker anstreben will, ist der Grad der natürlichen Verwandtschaft. Diese läßt sich jedoch nur dann mit absoluter Sicherheit belegen, wenn von den rezenten Formen lückenlose Fossilreihen bis zurück zu gemeinsamen Vorfahren vorhanden sind.

Da solche Fossilreihen für die wenigsten Tierformen existieren, muß mit behelfsmäßigen Methoden versucht werden, Anhaltspunkte für die Verwandtschaft der einzelnen Formen zu gewinnen. Als praktisches, vorläufiges Ordnungsprinzip dient deshalb die Bestimmung der relativen Ähnlichkeit der Formen zueinander. Diese relative Ähnlichkeit ist jedoch nur bedingt ein Ausdruck für echte Verwandtschaft, da nie mit völliger Sicherheit entschieden werden kann, ob die Übereinstimmung zweier Formen in einem Merkmal auf gemeinsamer Entwicklung oder auf Konvergenz beruht.

Konvergente und divergente Evolutionstrends zu erkennen und entsprechend zu bewerten, ist dabei eine der Hauptaufgaben des Systematikers, der auf dem Wege des Ähnlichkeitsvergleichs eine auf der natürlichen Verwandtschaft basierende Klassifikation anstreben will.

Homologie – Analogie

Die Homologielehre befaßt sich mit der Bewertung von Strukturen und Funktionen im Hinblick auf ihre ontogenetische und phylogenetische Entstehung.

Homolog sind Strukturen, wenn sie im Grundplan, in ihrer Stellung zum Gesamtplan und in den wesentlichen Abläufen ihrer entwicklungsphysiologischen Entstehung übereinstimmen. Ihr endgültiges Aussehen und ihre Funktion kann dabei sehr verschieden sein. Homologe Strukturen verschiedener Formen können auf eine stammesgeschichtlich gemeinsame Struktur zurückgeführt werden.

Man unterscheidet

allgemeine Homologien: über den ganzen Körper verteilte, gleichartige Strukturen; z. B. Säugerhaare, Vogelfedern, Reptilschuppen

seriale Homologien: sich entsprechende Strukturen in verschiedenen Körperabschnitten; z. B. Beinpaare der Arthropoden, Wirbel

direkte Homologien: homologe Organe oder Strukturen an sich direkt entsprechenden Körperstellen; z. B. Brustbein der Wirbeltiere, Auge der Wirbeltiere

Analog sind Strukturen von ähnlichem Aussehen und ähnlicher Funktion, aber unterschiedlichem Grundplan und verschiedener ontogenetischer Herkunft. Erwiesene Analogien können für die Beweisführung für die verschiedene phylogenetische Herkunft zweier Formen herangezogen werden.

Konvergenz-Divergenz

Mit diesen Begriffen wird der Verlauf der Evolutionslinien beschrieben, die zu bestimmten Merkmalen geführt haben.

Divergenz Innerhalb einer Verwandtschaftsgruppe können homologe Strukturen in Anpassung an verschiedene Aufgaben in Form und Funktion sich stark unterscheiden, sie haben eine divergente Entwicklung durchgemacht. Wenn sich innerhalb einer Tiergruppe eines engeren Verbreitungsgebietes die einzelnen Formen, in Anpassung an spezielle Lebensbedingungen, in ihrem Aussehen oder in ihren Verhaltensweisen wesentlich voneinander entfernt haben, spricht man von adaptiver Radiation (Darwinfinken, Kleidervögel, Vangawürger).

Konvergenz Umgekehrt können bei sehr verschiedenen Tiergruppen in Anpassung an eine bestimmte Funktion Organe unterschiedlicher ontogenetischer Herkunft ein ähnliches Aussehen erhalten. Dieses Phänomen bezeichnet man als konvergente Entwicklung (Fischgestalt der Ichthyosaurier, Wale, Robben und Pinguine).

Nomenklatorisches Beispiel

Für die Grundsätze und Regeln der zoologischen Nomenklatur verweisen wir auf den International Code of Zoological Nomenclature, herausgegeben vom International Trust for Zoological Nomenclature, London; deutsche Ausgabe durch Senckenbergische Naturforschende Gesellschaft, Frankfurt a. M.

Die noch am klarsten zu definierende taxonomische Kategorie (Taxon) ist die Art. Sie wird binär bezeichnet, der Artname umfaßt also zwei Namen, den Gattungsnamen und den darauffolgenden Artnamen. Unterarten werden trinär bezeichnet, dem Artnamen schließt sich noch ein Unterartnamen an.

Als nomenklatorisches Beispiel wählen wir einen afrikanischen Prachtfinken, das Glanzelsterchen, *Spermestes bicolor*. Die Zahlen bezeichnen die Anzahl gleichwertiger Taxa innerhalb der nächsthöheren Kategorie.

Unterart (Subspezies)	*Spermestes bicolor poensis* (Gitterflügelelsterchen)
Art (Spezies)	6 *Spermestes bicolor* (Glanzelsterchen)
Überart (Superspezies)	2 *Spermestes bicolor* und *fringilloides*
Untergattung (Subgenus)	2 [*Spermestes*]; stets in eckiger Klammer
Gattung (Genus)	3 *Spermestes* (Elsterchen)
Tribus	2 Spermestini; Endung auf -ini
Unterfamilie	3 Lonchurinae (Nonnen)
Familie	Estrildidae (Prachtfinken)
Überfamilie	Ploceoidea
Unterordnung	4 Oscines (Singvögel)
Ordnung	11 Passeres (Sperlingvögel)
Überordnung	2 Dendrornithes (Baumvögel)
Unterklasse	2 Neornithes (Neuvögel)
Klasse	7 Aves (Vögel)
Unterstamm	4 Vertebrata (Wirbeltiere)
Stamm	Chordata (Chordatiere)

Literatur

A   Handbücher und Handbuchreihen

Boas, U. E. U.: Lehrbuch der Zoologie, Fischer, Jena 1890

Böker, H.: Vergleichende biologische Anatomie der Wirbeltiere, Bd. II. Fischer, Jena 1937

Bolk, L., E., Göppert, E. Kallius, W. Lubosch: Handbuch der vergleichenden Anatomie der Wirbeltiere. Urban & Schwarzenberg, Berlin 1937

Bromer, P.: Fauna von Deutschland, 10. Aufl. Quelle & Meyer, Heidelberg 1969

Bütschli, O.: Vorlesungen über vergleichende Anatomie. Leipzig 1910

Claus, C., K. Grobben, A. Kühn: Lehrbuch der Zoologie, 11. Aufl. Springer, Berlin 1932 (Nachdruck 1971)

Ellenberger, W., H. Baum: Handbuch der vergleichenden Anatomie der Haustiere, 17. Aufl. Springer, Berlin 1932

Gegenbaur, C.: Grundriß der vergleichenden Anatomie. Leipzig 1874

Giersberg, H., P. Rietschel: Vergleichende Anatomie der Wirbeltiere, Bd. I–II. Fischer, Jena 1967–1971

Goodrich, E. S.: Studies on the structure and development of Vertebrates. Macmillan, London 1930 (Nachdruck Dover, New York 1959)

Grassé, P. (Hersg.): Traité de Zoologie, Masson, Paris 1948 ff

Grzimek, B. (Hersg.): Grzimeks Tierleben, Bd. IV–XIII. Kindler, Zürich 1970–1972

Hadorn, E., R. Wehner: Allgemeine Zoologie. Thieme, Stuttgart 1974

J.-G. Helmcke, H. v. Lengerken (Hrsg.): Handbuch der Zoologie. de Gruyter, Berlin 1955 ff.

Ihle, J. E. E., F. v. Kampen, J. Nierstrasz, J. Versluys: Vergleichende Anatomie der Wirbeltiere. Springer, Berlin 1927 (Nachdruck 1971)

McNeill, R.: The Chordates. Cambridge University Press, London 1975

Nickel, R., A. Schummer, E. Seiferle: Lehrbuch der Anatomie der Haustiere, Bd. I–V. Parey, Berlin 1961–1973

Peyer, B.: Comparative Odontology. University of Chicago Press, Chicago 1968

Portmann, A.: Einführung in die vergleichende Morphologie der Wirbeltiere, 4. Aufl. Schwabe, Basel 1967

Romer, A. S.: Vergleichende Anatomie der Wirbeltiere, 3. Aufl. Parey, Hamburg 1971

Stempell, W.: Zoologie im Grundriß, Bornträger, Berlin 1926

Torrey, T. W.: Morphogenesis of the Vertebrates, 2. Aufl. Wiley, New York 1967

Witschi, E.: Development of Vertebrates. Saunders, Philadelphia 1956

Wurmbach, H.: Lehrbuch der Zoologie, 2. Aufl. Fischer, Stuttgart 1968–1970

Young, J.: The Life of Vertebrates, 2. Aufl. Oxford University Press, London 1962

B   Nomenklatur

XV. Internationaler Kongreß für Zoologie: Internationale Regeln für die Zoologische Nomenklatur, hrsg. durch die Senckenbergische Naturforschende Gesellschaft, Frankfurt/Main 1962

Richter, R.: Einführung in die zoologische Nomenklatur. Kramer, Frankfurt 1948

C   Stammesgeschichte und Evolution

Colbert, E. H.: Die Evolution der Wirbeltiere. Fischer, Stuttgart 1965

Heberer, G. (Hersg.): Die Evolution der Organismen, Fischer, Stuttgart 1967–1974

Jarvik, E.: Théories de l'Evolution des Vertèbres, reconsiderées à la Lumière des Recentes Découvertes sur les Vertèbres Inférieures. Masson, Paris 1960

Joysey, K. A.: Studies in Vertebrate Evolution. Oliver & Boyd, Edinburg 1972

Kuhn-Schnyder, E.: Geschichte der Wirbeltiere. Schwabe, Basel 1953

Mayr, E.: Artbegriff und Evolution. Parey, Berlin 1967

Mayr, E.: Populations, Species and Evolution. Harvard University Press, Cambridge 1970

Romer, A. S.: Vertebrate Palaeontology, 3. Aufl. University of Chicago Press, Chicago 1966

Schmalhausen, I. I.: The Origin of Terrestrial Vertebrates. Academic Press, New York 1968

Thenius, E.: Phylogenie der Mammalia. In: Handbuch der Zoologie, hrsg. von J. G. Helmcke und Mitarb., Bd. VIII/2. de Gruyter, Berlin 1969

D   Zoogeographie

Bartholomew, J. G., W. E. Clarke, P. H. Grimshaw: Atlas of Zoogeography, Bartholomew, Edinburgh 1911

Darlington, Ph. J.: Zoogeography. Wiley, New York 1957

De Lattin, G.: Grundriß der Zoogeographie. Fischer, Stuttgart 1967

Illies, J.: Einführung in die Tiergeographie. Fischer, Stuttgart 1971

Simpson G. G.: The Geography of Evolution. Chilton, Philadelphia 1965

Udvardy, M. D. F.: Dynamic Zoogeography. van Nordstrand, New York 1969

626   Literatur

E Fischähnliche

Agassiz, L.: Recherches sur les Poissons fossiles. Neuchâtel 1833–43

Arombourg, C., L. Bertin: Classe des Chondrichthyens. In: Traité de Zoologie, Bd. III, hrsg. von P. P. Grassé. Masson, Paris 1957

Bigelow, H. B., I. Perez, C. Schroeder: Fishes of the Western North Atlantic. Sears Foundation for Marine Research, Yale University, New Haven 1948

Breder, C. M.: The Locomotion of Fishes. Zu: Zoologica, Bd. IV. New York 1926

Brauer, A.: Die Tiefsee-Fische, Bd. II/A. Wiss. Ergeb. Deutsch. Tiefsee Exped. Valdivia, Bd. XV. Jena 1908

Carey, F. G.: Fishes with warm bodies. Sc. Amer. 228 (1973) 36–44

Cuvier, S., S. Valenciennes: Histoire naturelle des Poissons, Bd. I. Paris 1828

Dean, B.: Fishes, Living and Fossil, Macmillan, New York 1895

Dijkgraaf, S.: Untersuchungen über die Funktion der Seitenorgane an Fischen. Z. vergl. Physiol. 20 (1934)

Fage, L., M. Fontaine: Migrations. In: Traité de Zoologie, Bd. XIII, hrsg. von P. P. Grassé, Masson, Paris 1958

Fritsch, G.: Die elektrischen Fische. Leipzig 1890

Garman, S.: The Plagiostoma (Sharks, Skates and Rays). Mem. Mus. Comp. Zool. Harv. Coll. 36 (1913) 13

Grote, W., C. Vogt, B. Hofer: Die Süßwasserfische von Mitteleuropa, Engelmann, Leipzig 1909

Günther, K., K. Deckert: Zweiter Versuch einer morphologisch-anatomischen Funktionsanalyse der Nahrungserwerbs- und Atmungsapparate von Tiefseefischen. Zool. Beitr. Duncker & Humboldt Berlin 1955

DeHaas, W., F. Knorr: Was lebt im Meer? Kosmos Naturführer. Franckh, Stuttgart 1966

Holly, M.: Cyclostomata. Das Tierreich, hrsg. von R. Mertens u. W. Henning, Bd. IIX, de Gruyter, Berlin 1933

Jordan, D. S.: The Genera of Fishes and a Classification of Fishes. Stanford University Press, Stanford 1963

Kändler, R.: Die sexuelle Ausgestaltung der Vorderextremität der anuren Amphibien. Jena, Z. Med. Naturw. 60 (1924)

Klaatsch, H.: Zur Morphologie der Fischschuppen und der Geschichte der Hartsubstanzgewebe. Morph. Jahrb., Bd. 16, Leipzig 1890

Landolt, H. H.: Über den Zahnwechsel bei Selachiern. Rev. suisse Zool. 54 (1947) 305

Lindberg, G. U.: Fishes of the World, a Key of Families and a Checklist (Leningrad 1971) Wiley, New York 1974

Marinelli, W., A. Strenger: Vergleichende Anatomie und Morphologie der Wirbeltiere. Deuticke, Wien 1956

Millot, J.: „Notre" Coelacanthe. Rev. Madagasc. 17 (1953)

Millot, J.: Les nouveaux Coelancanthes. Nature 3228 (1954)

Millot, J.: Le troisième Coelacanthe. Naturaliste malgache, Suppl. 1 (1954 b)

Millot, J.: Unité spécifique des Coelacanthes actuels. Nature, 3238 (1955 a)

Millot, J.: First Observations on a living Coelacanth. Nature 175 (1955 b)

Millot, J.: The Coelacanth. Sci. Amer. December (1955 c) 34

Muus, B. J., P. Dahlström: Süßwasserfische, BLV Verlagsgesellschaft, München 1967

Rauther, M.: Echte Fische. In: Bronns Klassen und Ordnungen des Tierreichs. 1933

Rauther, M.: Zur Kenntnis der Myxinoidien-Kiemen. Morph. Jb. 75 (1935)

Regan, C. T.: A Classification of the Selachian fishes. Proc. Zool. Soc. 1906

Riedl, R.: Fauna und Flora der Adria. Parey, Hamburg 1963

Schindler, O.: Unsere Süßwasserfische. Franckh, Stuttgart 1968

Stensiö, E. A.: The Downtonian and Devonian vertebrates of Spitsbergen, Fam. Cephalaspidae. Skrifter om Svalbard og Nordishavet. Resultater av de norske statsunderstottede Spetsbergenekspeditioner 12 (1927)

Stensiö, E. A.: Upper Devonian Vertebrates from East Greenland. Medd. om Grn. 86 (1931)

Stensiö, E. A.: a. On the Placodermi of the Upper Devonian of Greenland. I. Phyllolepida and Arthrodira. Medd. om Grn. 97 (1934)

Stensiö, E. A.: On the Placodermi of the Upper Devonian of East Greenland. Bd. III/2, Reitzel, Kopenhagen 1948

Stensiö, E. A.: The acanthodian fishes. Philos. Trans. (B) 228 (1937)

F Amphibien und Reptilien

Bellairs, A.: The Life of Reptiles, Weidenfeld Nicolson, London 1969

Ditmars, R. L.: Reptiles of the World, 12. Nachdr. MacMillan, New York 1955

Frazer, J. F. D.: Amphibians. Wykeham, London 1973

Gans, C., A. Bellairs, T. S. Parsons: Biology of the Reptilia, Academic Press, New York 1969–1974

Goin, C. J., O. B. Goin: Introduction to Herpetelogy, 2. Aufl. Freeman, San Francisco 1972

Gorham, S. W.: Gymnophiona. In: Das Tierreich, hrsg. von R. Mertens u. W. Hennig, Bd. LXXVIII de Gruyter, Berlin 1962

Griffiths, I.: The phylogeny of the saliientia. Biol. Rev. 38 (1963)

Herter, K.: Lurche. Sammlung Göschen. De Gruyter, Berlin 1955

Herter, K.: Kriechtiere. Sammlung Göschen. De Gruyter, Berlin 1960

Mertens, R., H. Wermuth: Die Amphibien und Reptilien Europas. Kramer, Frankfurt 1960

Mertens, R., H. Wermuth, J. A. Peters: Liste der rezenten Amphibien und Reptilien. In: Das Tierreich, hrsg. von R. Mertens u. W. Hennig, Bd. LXXIX–LXXXI. De Gruyter, Berlin 1963–1965

Moore, J. A.: Physiology of the Amphibia. Academic Press, New York 1964

Noble, G. K.: The Biology of Amphibia. Mc Graw-Hill, New York 1931

Peters, J. A.: Dictionary of Herpetology. Hafner, New York 1964

Porter, K. R.: Herpetology. Saunders, Philadelphia 1972

Smith, M.: The British Amphibians and Reptiles. Collins, London 1951

Stebbins, R.: Amphibians of Western North America. University of California Press, Berkeley/Kalif. 1951

Steward, J. W.: The Tailed Amphibians of Europe. David & Charles, Newton Abot 1969

Underwood, G.: A contribution to the classification of snakes. Brit. Mus. nat. Hist. (Lond.) 1967

Vial, J. L.: Evolutionary Biology of the Anurans, contemporary Research on Major Problems. University of Missouri Press, Columbia 1973

Werner, F.: Amphibia. In: Handbuch der Zoologie, hrsg. von J. G. Helmcke u. H. v. Lengerken, Bd. VI. de Gruyter, Berlin 1939

G Vögel

Berndt, R., W. Meise: Naturgeschichte der Vögel, Bd. I–III. Franckh, Stuttgart 1959–1966

Clements J. F.: Birds of the World: A Check List. The Two Continents Publishing Group, New York 1974

Glutz v. Blotzheim, U. N.: Die Brutvögel der Schweiz. Aargauer Tagblatt, Aarau 1962

Glutz v. Blotzheim, U. N., K. M. Bauer, E. Bezzel: Handbuch der Vögel Mitteleuropas. Akademische Verlagsgesellschaft, Frankfurt 1966–1973

Farner, D. S., J. R. King: Avian Biology, Bd. I–IV. Academic Press, New York 1971–1974

Mayr, E., D. Amadon: A classification of recent birds. American Museum Novitates 1469 (1951)

Peters, J. L.: Check-list of birds of the World, Bd. I–XV, hrsg. von E. Mayr, J. C. Greenway. Cambridge Mass. 1934–1972

Peterson, R., G. Mountfort, P. A. D. Hollom: Die Vögel Europas, 10. Aufl. Parey, Hamburg 1973

Storer, R. W.: Classification of Birds. Avian Biology. Academic Press, New York 1971

Thomson, A.: A New Dictionary of Birds. Nelson, London 1964

van Tyne, J., A. J. Berger: Fundamentals of Ornithology. Wiley, New York 1959

Voous, K. H.: Die Vogelwelt Europas und ihre Verbreitung. Parey, Hamburg 1960

Wallace, G. J.: An Introduction to Ornithology. Macmillan, New York 1963

Witherby, H. F., F. C. R. Jourdain, N. F. Ticehurst, B. W. Tucker: The Handbook of British Birds. Witherby, London 1965

H Säugetiere

Cockrum, E. L.: Introduction to Mammalogy. Ronald Press, New York 1962

Ewer, R. F.: The Carnivores. Weidenfeld & Nicolson, London 1973

Gregory, W. K.: The orders of mammals. Bull. Amer. Mus. nat. Hist. (N. Y.) 1910

Gregory, W. K.: The monotremes and the palimpsest theory. Bull. Amer. Mus. nat. Hist. (N. Y.) 1947

Haltenorth, Th.: Säugetiere. In: Das Tierreich VII/6. Sammlung Göschen, de Gruyter, Berlin 1969

Krumbiegel, I.: Biologie der Säugetiere. AGIS, Baden-Baden 1955

Matthews, L. H.: The Life of Mammals. Weidenfeld & Nicolson, London 1971

Simpson, G. G.: The principles of classification and a classification of mammals. Bull. Amer. Mus. nat. Hist. (N. Y.) 1945

Thenius, E.: Phylogenie der Mammalia. Stammesgeschichte der Säugetiere (einschließlich der Hominiden). de Gruyter, Berlin 1969

Thenius, E., H.: Hofer: Stammesgeschichte der Säugetiere. Springer, Berlin 1960

Vaughan T. A.: Mammalogy. Saunders, Philadelphia 1972

Walker, E. P.: Mammals of the World. Johns Hopkins Press, Baltimore 1964

Weber, M.: Die Säugetiere, 2. Aufl. Fischer, Jena 1904

I Zeitschriften und Schriftenreihen

The Auk. Hrsg. The American Ornithologists Union. Allen Press. Lawrence, Kansas

The Condor. Hrsg. Cooper Ornithological Society. Allen Press, Lawrence, Kansas

Evolution. Intern. Journal of organic evolution. Hrsg. The Soc. for the Study of Evolution. Allen Press, Lawrence, Kansas

Forma et Functio. Intern. Journal of Functional Biology. Vieweg, Braunschweig

The Ibis. Journal of the British Ornithologists Union. Academic Press, London

Journal of Mammalogy. Hrsg. Amer. Soc. of Mammalogists. Allen Press, Lawrence, Kansas

Journal für Ornithologie, Hrsg. Deutsche Ornithologen Gesellschaft. Friedländer, Berlin

Mammalia, Hrsg. CNRS, Paris

Die Neue Brehm-Bücherei. ca. 500 Einzelbändchen über einzelne Tier- und Pflanzengruppen. Ziemsen, Wittenberg

Salamandra. Z. für Herpetologie und Terrarienkunde. Dtsch. Ges. f. Herpetologie u. Terrarienkunde. Frankfurt a. M.

Säugetierkundliche Mitteilungen. BLV. Verlagsgesellschaft, München

Systematic Zoology. Hrsg. Society of systematic zoology. Allen Press, Lawrence, Kansas

Das Tierreich. Zusammenstellung und Kennzeichnung der rezenten Tierformen. de Gruyter, Berlin 1897–1966

The Wilson Bulletin. Hrsg. Wilson, Ornithological Society. Allen Press, Lawrence, Kansas

Zeitschrift für Morphologie der Tiere. Hrsg. von W. E. Ankel u. Mitarb. Springer, Berlin

Zeitschrift für Säugetierkunde. Hrsg. Dtsch. Ges. f. Säugetierkunde. Parey, Hamburg

Zeitschrift für zoologische Systematik und Evolutionsforschung. Hrsg. W. Herre u. Mitarb. Parey, Hamburg

The Zoological Record. Hrsg. The Zoological Society of London, London

Tiernamenverzeichnis

Hinweise auf Abbildungen **halbfett**

A

Abrocomidae 591
Accipiter gentilis 405, 460
Accipitres 458
Accipitridae 460
Acinonychinae 485, 601
Acrocephalus scirpaceus **418**
Acrochordidae 369
Adler s. *Aquila*
Adlerkolibri s. *Eutoxeres aquila*
Aegothelidae 467
Aepyornithes 376, 440
Agama agama 300
Agamen s. Agamidae
Agamidae 289, 306, 307, 310, 323, 332, 346, 347, 363
Agkistrodon contortrix 319
Agutis s. Dasyproctidae
Ahaetulla nasuta 337
Alaska-Elch s. *Alces alces gigas*
Alaudidae 476
Albatrosse s. Diomedeidae
Alcedinidae 434, 471
Alces alces gigas **491**
Alcidae 417, 419, 444, 455, 457
Alcinae 613
Alken s. Alcidae
Alligator 287, **404**
Alligatoren s. Alligatoridae
Alligatoridae 349, 357 f.
Allosaurus 282, **283**
Alouattinae 548, 579
Alpaka 607
Alpenmurmeltier s. *Marmota marmota*
Alpensalamander s. *Salamandra atra*
Alpenschneehase 502
Alpenschneehuhn 621
Altweltaffen 505, 523
Altweltfinken s. Fringillidae
Altweltgeier s. Accipitridae
Altwelt-Schneckennattern s. Pareinae
Altwelt-Stachelschweine s. Hystricidae
Amblypoda **485**
Amblyrhynchus cristatus 298, 309, 321, 345
Ameisenbären s. Myrmecohagidae

Ameisenbeutler s. Myrmecobiidae
Ameisenfresser s. Formicariidae
Ameisenigel s. Tachyglossidae
Ameiva chrysolaema 343
Ammern s. Emberizinae
Amphichelydia 352
Amphisbaena **287**
Amphisbaenia 321, 329, 360, 367
Amphisbaeniden s. Amphisaenia
Amsel 417, 419
Amur-Rotfußfalke 425
Anapsida 280, 281, 283, 284, 352
Anas platyrhynchos 387 f., 400, 405, 419 f.
Anatidae 399, 403, 406, 409, 419, 450 ff.
Anatinae 390 f., 394, 398, 410, 412, 417, 450, 452
Anchitherien 557
Andenhirsch 613
Anguidae 365
Anguimorpha 365
Anguis fragilis 304, 332, 337, 342
Anhimidae 390, 450
Anhingidae 447
Aniliidae 293, 369
Anniella pulchra **340**
Anniellidae 365
Anoa 615
Anodorhynchus hyacinthinus **389**
Anolis 306, 339
Anolis carolinensis **340**
Anolis lineatopus 337
Anomalopterygidae 439 f.
Anomaluridae 586
Anser **404**
Anseranatinae 452
Anseres 376, 419, 432, 450
Anserinae 382, 417, 450, 452
Anthracosauria 279
Anthropoidea 577, 579
Antilocapra americana **491**
Antilocapridae 612
Antilopen s. Antilopinae
Antilopinae 614
Aotinae 579
Apodes s. Macrochires
Apodidae 396, 417, 422 f. 434, 469

Aproterodon 314
Aptenodytes forsteri 417, 420 f., 442 f.
Aptenodytes patagonica 417, 443
Apteryges 376, 431 f., 439
Apterygidae 439 f.
Apteryx 381, 389, 403, 406, 420 f., **430**
Apus 382
Apus apus **389**, 400
Aquila 382
Aquila chrysaëtos **389**, 417, 420
Ara chloroptera 405
Araeoscelidia 280, 281, 352
Aramidae 454
Archaeoceti 594
Archaeopteryx 372, **374**, 375, 618
Archaeosuchia 282, 284
Archosauria 280, 281, **282**, **283**, 284, 288, 352, 357, 372
Arctocephalus 550, 602
Arctocynoidea 616
Ardeidae 382, 390, 394, 396, 406, 410, 417, 422, 449
Artamidae 477
Artiodactyla 485, 490, 496, 503, 519, 523, 529, 582, 594, 606 f., 610, 616
Asinus 557, 609
Äskulapnatter s. *Elaphe longissima*
Atelinae 579
Atractaspidinae 370
Atractaspis 315
Atrichornithidae 476
Auerochse 615
Austernfischer s. Haematopodidae
Aves 3, 281, **282**, 284, 286, 288, 372, 375, 398, 402, 406
Axishirsch 613
Aythyinae 452

B

Bachstelze 417, 422
Bachstelzen s. Motacillidae
Baird's Tapir s. *Tapirus bairdi*
Balaenidae 595
Balaenopteridae 595

Bänderschwanzameive 327
Bankivahuhn s. *Gallus bankiva*
Banteng 615
Bär 499, 518, 549
Bären s. Ursidae
Bartenwale s. Mysticeti
Bartstrichweber s. Sporopipinae
Bartvögel s. Capitonidae
Basiliscus 297
Basilisk s. *Basiliscus*
Bathygeridae 592
Bauchdrüsenotter s. *Maticora*
Baumhopfe 471
Baumläufer s. Certhiidae
Baummarder 499
Baumnattern s. Colubridae
Baumrutscher s. Certhiidae
Baumschlange s. *Dendrophis*
Baumschlangen 306, 321
Baumschliefer 604
Baumschnüffler s. *Ahaetulla nasuta*
Baumstachler s. Erethizontidae
Bauriamorha 483
Bekassine, japanische 425
Berberskink 327
Bergeidechse 346
Bergfink 414, 425, 621
Bergtapir s. *Tapirus pinchaque*
Beuteldachs 548, 553
Beuteldachse s. Peramelidae
Beutelflughörnchen 373, 499
Beutelmarder s. Dasyiuridae
Beutelmarder s. Dasyurinae
Beutelmaulwürfe s. Notoryctidae
Beutelmäuse s. Phascogalinae
Beutelmeise 417, 478
Beutelratte s. *Didelphis marsupialis*
Beutelratten s. Didelphida
Beutelratten s. Didelphidae
Beuteltiere s. Marsupialia
Beutelwolf s. *Thylacinus*
Beutelwölfe s. Thylacinae
Bezoarziege 614
Biber 553
Biber s. Castoridae
Bienenfresser s. Meropidae
Binsenhühner s. Heliornithidae
Binturong 601
Birkhuhn 417
Bisamratte s. *Ondatra zibethica*
Bison 615
Bison bonasus 498, 615

Bitis arietans 319
Bitis cornuta 301
Bitis gabonica 287, 330
Blanus 340
Bläßhuhn 382, 417, 453
Blatthühnchen s. *Jacana*
Blatthühnchen s. Jacanidae
Blattnasen s. Phyllostomatidae
Blattnasennatter s. *Langaha nasuta*
Blaumeise 420
Blauracke 417
Blauschaf 614
Blauvögel s. Irenidae
Blauwal 482, 502, 518, 549, 551, 595
Blauwürger s. Vangidae
Blindmaus 543
Blindmäuse s. Spalacidae
Blindschlange s. *Leptotyphlops*
Blindschlange s. *Typhlops*
Blindschlangen s. Typhlopidae
Blindschleiche s. *Anguis fragilis*
Blindschleichen s. Anguidae
Blindwühlen s. Caeciliidae
Blindwühlen s. Gymnophiona
Boa s. *Epicrates subflavus*
Boa constrictor 327, 330
Boas s. Boinae
Boaschlange s. *Trachyboa boulengeri*
Boaschlangen s. Boinae
Boidae 293 f., 299, 308, 310, 317, 321, 324, 327, 330, 332
Boinae 294, 348, 369
Boiginae 370
Bombycillidae 477
Borhyaenidae 486, 565
Borstenigel s. Tenrecidae
Borstenköpfe s. Psittrichasinae
Bos 506, 514, 517
Botaurus 389, 449
Bothrops ammodytoides 346
Bovidae 485, 496, 499, 508, 511, 513, 528, 532, 543, 612, 614
Bovinae 615
Brachschwalben s. Glareolidae
Bradypodidae 499, 503, 516, 531, 581
Bradypus 517
Brandente 417, 422
Braunachselgoldregenpfeifer s. *Pluvialis dominica*

Braunbär 551, 552
Braunellen s. Prunellidae
Braunfische s. Phocoenidae
Breitmaulnashorn 513, 609
Breitmäuler s. Eurylaimidae
Brillenbär 513
Brillenpinguine s. *Spheniscus*
Brillenvögel s. Zosteropidae
Brillenwürger s. Prionopidae
Brontosaurus 282
Brontotherium 606
Brückenechse s. *Sphenodon punctatus*
Brüllaffen s. Alouattinae
Bubalornithinae 479
Bucconidae 472
Buceros bicornis 418
Bucerotidae 434, 471
Buchfink 417
Buchfinken s. Fringillinae
Buchstabenschildkröte s. *Pseudemys scripta*
Buckelwal s. *Megaptera novaeangliae*
Budorcatinae 615
Büffel 615
Büffelweber s. Bubalornithinae
Bülbül s. *Pycnonotus*
Bulldogg-Fledermäuse s. Molossidae
Bungarus caeruleus 319
Buntbock 614
Buntfuß-Sturmschwalbe s. *Oceanites oceanicus*
Burhinidae 455, 457
Bürzelstelzer s. Rhinocryptidae
Büschelbrauenotter s. *Bitis cornuta*
Busch-Großfußhuhn 420
Buchmeister s. *Lachesis muta*
Bussarde 460

C

Cacatuinae 464
Caeciliidae 269
Caecilia s. Gymnophiona
Caenolestia 554, 566
Caenolestidae 566
Caenophidia 367
Cairininae 452
Calamarinae 370
Calidris alba 426
Callaeidae 431, 481
Callimicoinae 579
Callithricidae 523, 554, 579
Calotes versicolor 307

Camelidae 485 f., 489, 513, 516, 607
Camelus 499, 500, 531
Camelus bactrianus 607
Camelus dromedarius 607
Campephagidae 476
Canidae 486, 515, 600
Caniden s. Canidae
Caninae 600
Canis lupus 494, 499, 518, 520, 551, 553
Capitonidae 472
Capra falconeri 491, 614
Capreolus capreolus 491, 502 f., 518, 549, 613
Caprimulgi 376, 411, 417, 466 ff., 470
Caprimulgidae 398, 422, 467
Caprinae 614
Capromyidae 485, 591
Captorhinidae 279
Captorhinomorpha 279
Captorhinus 283
Capybara s. Hydrochoerus
Carduelinae 479
Carduelis chloris 393, 419
Caretta 304 f., 322
Carettochelydidae 349, 356
Carettschildkröte s. Caretta
Cariamidae 451, 454
Carinatae 434
Carnivora 485, 485, 493, 495, 502, 504, 508, 511, 512, 518, 520, 522, 527, 529, 531 f., 541, 546, 548 f., 559, 598 ff.
Carnosauria 282
Castoridae 485 f., 591
Casuarii 376, 431 f., 438 f.
Casuariidae 386, 435, 438 f.
Casuarius 382, 430
Cathartae 458
Cathartidae 421, 460
Caudata s. Urodela
Causus 315
Caviidae 590
Caviomorpha 584 f., 590 f.
Cebidae 554
Cebinae 579
Cephalophinae 614
Cephalophus 499, 501, 614
Cerastes 297
Cercopithecidae 579
Cercopithecinae 579
Cercopithecus 537
Cereopsinae 452
Certhiidae 478
Cervidae 496, 612 f.
Cervinae 613
Cervus elaphus canadensis 491, 613

Cervus unicolor 501, 613
Cetacea 485, 489, 492 f., 495, 511, 519, 522 f., 527 f., 530 ff., 539, 541 ff., 546, 549, 560, 594 f., 624
Ceylon-Elefant 603
Ceylon-Wühle s. Ichthyophis glutinosus
Chalcides seps 342
Chamaeleo 318, 322, 324
Chamaeleo jacksonii 301
Chamaeleon s. Chamaeleo
Chamaeleons s. Chamaeleontidae
Chamaeleontidae 306 f., 318, 323, 332 f., 337, 338, 345, 363
Charadriidae 457
Chelidae 353
Chelonia 280, 281, 284, 286, 288, 304, 316, 322, 329, 335, 338, 341, 343, 346, 350 ff., 353, 618
Chelonia 342
Cheloniidae 305, 356
Chelonioidea 316, 324, 338, 344, 346, 356
Chelydridae 320, 327, 354
Chinchillaratten s. Abrocomidae
Chinchillas s. Chinchillidae
Chinchillidae 591
Chionididae 455 f.
Chironectes 565
Chiroptera 485, 492, 495, 499, 507, 519 f., 523, 525, 527 f., 531 f., 537, 541 ff., 548, 552 f., 569, 573 f.
Chlamydosaurus kingii 301
Chrysochloridae 502, 591
Ciconiidae 399, 419, 422, 449
Cinclidae 477
Civetten s. Hemigalinae
Clamatores haploophonae 474
Clamatores tracheophonae 474
Coccothraustes coccothraustes 389
Coelurosaurier 281
Coleonyx variegatus 337
Colii 376, 431, 468
Coliidae 468
Colobinae 579
Colubridae 310, 314, 321, 330, 337, 338, 346, 370
Colubriden s. Colubridae
Columbae 376, 392, 396, 398, 406, 411 f., 414, 422, 435 f., 455, 461
Columbidae 461 ff.

Columbinae 463
Condylarthra 485, 606 f., 616
Connochaetes gnou 491
Conopophaga 433
Coraciae 376, 396, 470 f., 474
Coraciidae 471
Corallus enydris 334
Cordylidae 364
Corvidae 423, 480
Corvus corax 405, 417, 420
Cotylosauria 280, 281, 283, 284, 286, 352 f.
Cracidae 431, 459
Cracticidae 480
Creodonta 485, 594, 599
Creodontier s. Creodonta
Cricetidae 588
Cricetulus 506
Crocodylia 279, 281, 282, 286, 288, 295, 298, 310, 322, 323, 325, 327, 329, 330, 338, 341, 346 f., 352, 357 f., 406
Crocodylidae 349, 357 f.
Crocodylus 290
Crocodylus niloticus 316, 340, 344
Crocodylus palustris 330
Crotalinae 299, 318, 334, 370
Crotalus 301, 309
Crotalus atrox 319, 343
Crotalus durissus 319
Crotaphytus 297
Cryptodira 284, 352 f., 354, 356
Cryptoproctinae 601
Crypturi 376, 431 f., 438, 441
Ctenodactylidae 586
Ctenodontidae 218
Ctenomyidae 553, 591
Ctenosaura 287
Cuculi 376, 458, 461
Cuculidae 394, 396, 434, 461
Cyclagras gigas 330
Cyclocorus 311
Cygninae 399, 417, 450 ff.
Cygnus 378, 401
Cynocephalidae 573
Cynodontia 280, 483

D

Dachs 549, 552 f.
Dachse s. Melinae
Daeodon 607
Damhirsch 552, 613
Damwild s. Damhirsch
Darwinkfinken s. Geospizinae
Dasypeltinae 292, 316, 320, 370

Dasypeltis 292, 316, **318**
Dasypodidae 492, 499, 503, 510, 513, 531, 548, 553, 559, 577, 580 f.
Dasyproctidae 590
Dasyuria 566 f.
Dasyuridae **525**, 567
Dasyurinae 567
Daubentoniidae 578
Davidhirsch 613
Delichon urbica 417, **418**
Delphin s. Delphinus
Delphine 516, 596
Delphinidae 596
Delphinus **494, 512,** 549
Deltatheridia 570, 616
Dendrophis 298
Dendroaspis angusticeps 319
Dendrocygninae 452
Denisonia 313
Dermatemydidae 349, 354
Dermochelydidae 304, 323 f., 356
Dermoptera 373, 485, 499, 554, 570, 573 f.
Desmodontidae 508, 516, 518, 520, 575
Desmodus 517
Diacromyodae s. Oscines
Diadectidae 279
Diatryma 375
Diatryma steini 377
Diatrymidae 451
Dibamidae 362
Dibamus 307
Dicaeidae 391, 478
Diceros bicornis **491,** 511, 513, 609
Dickichtvögel s. Atrichornithidae
Dicruridae 480
Dicynodontia 280
Didelphida 554, 565 f.
Didelphidae 565
Didelphis marsupialis **504**
Didolontidae 616
Didunculinae 463
Dikdik 614
Dimetrodon 280, **283**
Dimorphodon **283**
Dingo 598
Dinictis 486, **509**
Dinomyidae 590
Dinornis maximus 377
Dipnoi 619
Dinornithes 280
Dinornithidae 439 f.
Dinosauria 3, 281, **282, 283,** 284, 288, 357, 372, 618
Dinosaurier s. Dinosauria
Dinotherium **509**

Dinotherien 556, 603
Diomedeidae 422, 443 f., 621
Diplodocus 282, **283**
Dipnoi 619
Diprotodontidae 568
Dipsadidae 313 ff., 370
Dipsadinae 370
Dipsosaurus dorsalis 321, 324
Dipteridae 218
Distira **322**
Docodonta 483, **484**
Dohle 417
Dolichonyx oryzivorus **426**
Doppelhornvogel s. Buceros bicornis
Doppelschleiche s. Amphisbaena
Doppelschleiche s. Blanus
Doppelschleichen s. Amphisbaenia
Dornschwanz, afrikanischer s. Uromastix acanthinurus
Dornschwanzhörnchen s. Anomaluridae
Dracaena guianensis 309, 310
Draco volans 290, 292, 297, 298, 373
Dreihornchamaeleon s. Chamaeleo jacksonii
Drepanididae 431, 435, 478, 624
Dromadidae 456
Dromaeidae 435, 438 f.
Dromaeus 385, 421, 430
Dromedar s. Camelus dromedarius
Dromornithidae 438
Dromotherium 506
Drongos s. Dicruridae
Dronten s. Rhaphidae
Drosseln s. Turdidae
Drosselstelzen s. Grallinidae
Ducker s. Cephalophus
Ducker s. Cephalophinae
Dugong 507, 546
Dugongidae 555, 605
Dugongs s. Dugongidae

E

Echimyidae 591
Echsen s. Sauria
Echsen, beinlose 291, 293, 329
Echsen, einheimische 342
Edaphosaurus 280
Edelhirsch s. Hirsch
Edentata 485, 493, 511, 518 f., **524,** 527 f., 554, 559, 577, 580
Egretta alba 405

Egretta garzetta **418**
Eichelhäher 420
Eichhörnchen 499, 503, **514,** 520, 542, 552 f., 586
Eidechsen s. Lacertidae
Eidechsennatter s. Malpolon
Eiderente 387
Eiderenten s. Somateriinae
Eierschlangen s. Dasypeltinae
Eierschlange s. Dasypeltis
Eisvogel 417, 419, 471
Eisvögel s. Alcedinidae
Elachistodon 292
Elaphe longissima 340
Elapidae 310 f., 313, 315, 318 ff., 330, 346, 370
Elapinae 348, 370
Elasmosaurus 280
Elch 613
Elche s. Alcinae
Elefant, afrikanischer s. Loxodonta
Elefant, indischer s. Elephas
Elefant, malaiischer 603
Elefanten s. Elephantidae
Elefanten s. Proboscidea
Elenantilope 614
Elephantidae 489, 493, 502, 507 f., 511, 513, 520, 522, 543, 549, 554, 556, 600, 603
Elephas **501,** 503, 506, **525,** 529, 532, 551, 556, 603
Eleutherornis 438
Elopteryx 375
Elster 417, 422, 480
Emballonuridae 575
Emberizidae 479
Emberizinae **424,** 479
Emu s. Dromaeus
Emus s. Dromaeidae
Emydidae 324, 327, 349, 354
Enaliornis 375
Enhydrina schistosa 319
Ensifera ensifera **389**
Enten s. Anatinae
Entenartige s. Anatidae
Entenvögel s. Anatidae
Entenwale s. Hyperoodontidae
Eohippus s. Hyracotherium
Eosuchia 280, **281,** 288, 352, 367
Epicrates subflavus 337
Equidae 485 f., 489, 499, 507, 515, 518 f., 523, **525,** 542, 546, 554, 557, 608, 616
Equus **494,** 497, 500, 503, 506, 510, 522, 529 ff., 551
Equus przewalskii 557, 609
Erdferkel s. Orycteropidae

Erdferkel s. *Orycteropus afer*
Erdottern s. Atractaspidinae
Erdracken 471
Erdschlangen s. Xenopeltidae
Erdtauben 463
Erdwölfe 601
Erethizontidae 520, 590
Eretmochelys imbricata 303, 324
Erinaceidae 570, 572
Erinaceus europaeus 497, **498**, 502, 518, **521**, 529, 537, 551 f.
Erpeton tentaculatum 301
Erzschleiche s. *Chalcides seps*
Eschrichtiidae 595
Eselspinguine s. *Eudyptes*
Estrildidae 417, 419, 480
Eudocimus albus 389
Eudyptes 443
Eudyptula 442
Eulen s. Striges
Eulen s. Strigidae
Eulen s. Striginae
Eulenpapageien s. Strigopinae
Eumeces 345
Eumeces obsoletus 345
Euplectinae 480
Euryapsida 280, **281, 283,** 352
Eurylaimi 474 f.
Eurylaimidae 475
Eurypygidae 453
Eusmilus 486
Eusuchia 281, 284
Eutheria s. Placentalia
Eutoxeres aquila 389

F

Falbkatze 601
Falcones 376, 390, 394, 396, 403, 406, **409,** 410, 417, 419, 422, **424,** 432, 436, 446, 448, 458
Falconidae 460
Falken s. Falcones
Falken s. Falconidae
Fanaloka 601
Fasane s. Phasianidae
Fasane s. Phasianinae
Faultier 492
Faultier s. *Bradypus*
Faultiere s. Bradypodidae
Faulvögel s. Bucconidae
Feldhase s. *Lepus europaeus*
Feldsperling 419
Felidae 511, 513, 520, 555, 601
Felinae 486, 601

Felis 517, 518, 521, **525,** 542, 547, 551
Felis silvestris **512,** 601
Felsenpython 345
Felsenratten s. Petromyidae
Felsentauben 463
Ferkelratten s. Capromyidae
Fettschwalme s. Steatornithidae
Feuersalamander s. *Salamandra salamandra*
Feuerweber s. Euplectinae
Feyliniidae 364
Fichtenkreuzschnabel s. *Loxia curvirostra*
Fidschinatter s. *Ogmodon*
Fingertiere s. Daubentoniidae
Finken s. Fringillidae
Finnwal 502, 529, 594 f.
Fischadler s. *Pandion haliaetus*
Fischadler s. Pandionidae
Fischernatter s. *Natrix piscator*
Fischertukan s. *Rhamphastos sulfuratus*
Fischotter 485, 553
Flachbrustvögel s. Ratitae
Flachlandtapir s. *Tapirus terrestris*
Flamingo s. *Phoenicopterus*
Flamingos s. Phoenicopteri
Flaumfußtauben s. Treroninae
Fleckenlaubenvogel **424**
Fledermaus 549
Fledermaus s. *Scotophilus*
Fledermäuse s. Microchiroptera
Fledermäuse, blutleckende s. Desmodontidae
Fledermauspapageien 465
Fledertiere s. Chiroptera
Fledertiere, fruchtfressende 513
Fleischfresser s. Carnivora
Fliegenschnäpper s. Muscicapidae
Flossenfüßer s. Pygopodidae
Flötenwürger s. Cracticidae
Flugdrache s. *Draco volans*
Flugfuchs 492
Flughörnchen 373, 485, 499, 586
Flughühner s. Pteroclidae
Flughund s. *Pteropus*
Flughunde s. Megachiroptera
Flugsaurier s. Pterosauria
Flußdelphin s. *Platanista gangetica*
Flußdelphine s. Susuidae

Flußpferde s. Hippopotamidae
Formicariidae 475
Fossa 601
Fregatidae 447
Fregattvögel s. Fregatidae
Fregilupus varius 383
Freischwänze s. Emballonuridae
Frettkatzen s. Cryptoproctinae
Fringillidae 417, 419, **424,** 435 f., 479
Fringillinae 479
Fruchttauben s. Treroninae
Fuchs 505, 520, 529, 548, 551, 553, 600
Furchenwale s. Balaenopteridae
Furienfledermäuse s. Furipteridae
Furipteridae 575
Furnariidae 475
Furnarioidea 475
Furnarius **418**

G

Gabelhornantilope s. *Antilocapra americana*
Gabelhornantilopen s. Antilocapridae
Gabunviper s. *Bitis gabonica*
Galagidae 578
Galagos s. Galagidae
Galapagos-Meerechse s. *Amblyrhynchus cristatus*
Galbulidae 472
Galidiinae 601
Galli 376, 390, 411 f., 417, 419, 432, 455, 459
Gallornis 375
Gallus bankiva **382**
Gans s. *Anser*
Gänse s. Anserinae
Gänsevögel s. Anseres
Gartenboa s. *Corallus enydris*
Gaur 615
Gavia stellata 405
Gaviae 376, 445
Gaviale s. Gavialidae
Gavialidae 358
Gaviidae 445
Gazellen s. Gazellinae
Gazellinae 614
Gecko s. *Tarentola mauretanica*
Geckos s. Gekkonidae
Geier s. Cathartidae
Geierschildkröte 327

Gekko gekko 301
Gekkonidae 324, 328 f., 335 f., 341, 362
Gekkota 362
Gelbaugenpinguine s. *Megadyptes*
Gemse s. *Rupicapra rupicapra*
Geomyidae 586
Geomys 509
Geospizinae 431, 479, 624
Gepard 485, 520
Geparde s. Acionychinae
Gibbon s. *Hylobates*
Gibbons s. Hylobatidae
Giftnattern s. Elapidae
Giftnattern s. Elapinae
Gilatier s. *Heloderma suspectum*
Ginsterkatzen s. Viverrinae
Giraffa 491, 550, 612
Giraffe s. *Giraffa*
Giraffen s. Giraffidae
Giraffengazelle 614
Giraffidae 485, 489, 508, 511, 513, 520, 525, 554, 612
Gitterflügelelsterchen s. *Spermestes bicolor poensis*
Glanzelsterchen s. *Spermestes bicolor*
Glanzvögel s. Galbulidae
Glareolidae 455 f.
Glasschleichen 345
Glattnasen s. Vespertilionidae
Glattnatter, brasilianische s. *Cyclagras gigas*
Glattwale s. Balaenidae
Gleitflieger s. Dermoptera
Gliridae 589
Glyphodon 313
Glyptodon 492, 512, 520, 554, 580
Glyptodontidae 580
Gnu 614
Goldhähnchen 477
Goldhamster 549
Goldmulle s. Chrysochloridae
Goldregenpfeifer 421
Goldregenpfeifer, kanadischer 425
Goldschnepfen s. Rostratulidae
Gopherus polyphemus 343
Goral 614
Gorilla s. *Gorilla gorilla*
Gorilla gorilla 496, 523, 548, 553, 579
Gorilla gorilla beringei 498
Gouldamadine 388
Gourinae 463
Grallinidae 481
Grauammer 417

Graubrust-Strandläufer 425
Graureiher 420
Grauschnäpper 417
Grauwale s. Eschrichtiidae
Greifschwanzaffen s. Cebidae
Greifstachler 549
Gressores 376, 432, 446, 448 ff., 458
Grönland-Steinschmätzer 425
Großflugbeutler 569
Großfußhühner s. Megapodiidae
Großkatzen s. Pantherinae
Großkopf-Schildkröten s. Platysternidae
Großmoas s. Dinornithidae
Großohrfledermaus 551
Großpinguine 443
Großtrappe 398
Grottenolm 621
Grubenottern 334
Grues 376, 432, 451, 453, 455
Gruidae 417, 454
Gründelwale s. Monodontidae
Grünfink s. *Carduelis chloris*
Grünflügelara s. *Ara chloroptera*
Guanako s. *Lama guanacoë*
Gürtelechsen s. Cordylidae
Gürteltiere s. Dasypodidae

H

Haarvögel s. Pycnonotidae
Habicht s. *Accipiter gentilis*
Haematopodidae 455 f.
Haftscheibenfledermäuse, amerikanische s. Thyropteridae
Haftscheibenfledermäuse, madagassische s. Myzopodidae
Häher 480
Halbaffe s. *Propithecus diadema*
Halbaffe, eozäner s. *Pronycticebus*
Halbaffen s. Prosimii
Halbesel s. *Hemionus*
Halsbandleguan s. *Crotaphytus*
Halsberger s. Cryptodira
Halswender s. Pleurodira
Hamster 485, 513, 520, 552 f., 588
Hase s. *Lepus europaeus*
Haselmaus 552, 589
Hasen s. Leporidae
Hasenfledermäuse s. Noctilionidae

Hasenmäuse s. Chinchillidae
Hasentiere s. Lagomorpha
Haubentaucher s. *Podiceps cristatus*
Haushuhn 407, 415, 417, 419
Hauskatze s. *Felis*
Hausmaus 529, 551
Hausrind s. *Bos*
Haussperling 400, 417, 419
Haustaube 400
Heliornithidae 453
Heloderma 308, 310 f., 312, 320, 327
Heloderma horridum 309, 310
Heloderma suspectum 310
Helodermatidae 347, 366
Hemachatus 313
Hemigalinae 601
Hemionus 557, 609
Henophidia 367, 369
Hermelin 503, 601
Herpestinae 601
Herrentiere s. Primates
Hesperornis 445
Hesperornis regalis 375
Hesperornis victor 377
Heteralocha acutirostris 389
Heterodon 311
Heterolepis 311
Heteromeri 436
Heteromyidae 586
Hipparion 557
Hippopotamidae 493, 516, 520, 548, 554, 611
Hipposideridae 575
Hippotigris grevyi 557
Hippotigris quagga 557
Hirsch 491, 502, 551, 613
Hirsche s. Cervidae
Hirsche, echte s. Cervinae
Hirsche, plesiometacarpale 613
Hirsche, telemetacarpale 613
Hirscheber 508
Hirschziegenantilope 614
Hirundinidae 412, 419, 423, 435, 476
Höckerechsen s. Xenosauridae
Höckernattern s. Xenoderminae
Höckerschwan s. *Cygnus*
Höhenläufer s. Thinocoridae
Hohlnasen s. Nycteridae
Hohltaube 419 f.
Hokkohühner s. Cracidae
Homalopsidae 313 f., 370
Homalopsinae 370
Hominidae 579
Hominoidea 537

Homo sapiens 492, 496, 499, 504, 505, **506**, 507, 510, 518, **525**, **530**, 531, 535, 537, 539, 542, 549, 559 f., 579
Homoeomeri 436
Honiganzeiger s. Indicatoridae
Honigbeutler 520, 569
Honigdachse s. Mellivorinae
Honigfresser s. Meliphagidae
Honigsauger 391
Hoplophoneinae 486
Hörnchenartige s. Sciuromorpha
Hornrabe 471
Hornviper s. *Cerastes*
Hufeisennasen s. Rhinolophidae
Hufeisennasen s. Hipposideridae
Huftiere 493, 495 f., 508, 520, 522, 526, 531, 541, 549, 559, 598
Huhn s. Haushuhn
Hühnergänse s. Cereopsinae
Hühnervögel s. Galli
Hund 529 ff., 539
Hunde, eigentliche s. Caninae
Hundeartige s. Canidae
Hundsaffen s. Cercopithecidae
Hundskopfgleitflieger s. Cynocephalidae
Hüpfmäuse s. Zapodidae
Hyänen 520, 601
Hyänenhund 503, 520, 600
Hyänenhunde s. Lycaoninae
Hyaenidae 530, 601
Hyaenodonta s. Deltatheridia
Hyaenodontidae 486
Hyazinthara s. *Anodorhynchus hyacinthinus*
Hydrobatidae 443 f.
Hydrochoeridae 590
Hydrochoerus 506, 540
Hydropotinae 613
Hydrophiinae 320, 323, 346, 348, 370
Hylobates 579
Hylobatidae 499, 554, 579
Hyopsodontidae 616
Hyperoodontidae 596
Hypsilophodon 283
Hypsiprymnodontinae 569
Hyracoidea 485, 518, 603 f., 616
Hyracotherium 557, 606
Hystricidae 502, 553, 592
Hystricomorpha 584 f., 592

I

Ibisse 449
Ichneumons 601
Ichthyopterygia 280, **281**, 283, 284, 352
Ichthyornis 375
Ichthyosauria **281**, **283**, 284, 286, 288, 352, 618, 624
Ichthyosaurus 283
Icteridae 417, 422 f., 435, 479
Ictidosauria 483
Igel s. Erinaceidae
Igel s. *Erinaceus europaeus*
Iguana 363
Iguanidae 289, 306 f., 323, 327, 332, 346, **347**, 363
Iltis s. *Mustela putorius*
Indicatoridae 422 f., 472
Indricotherium 606
Indridae 554, 578
Indris s. Indridae
Insectivora **485**, 486, 495 f., 502, 507, 510, **512**, 513, 515, 518, 520, 522, **525**, 527 f., **530**, 531 ff., 542, 548, 552 f., 555, 570, 576, 616
Insectivora i. e. S. 570, 572
Insektenfresser s. Insectivora
Irenidae 431, 476

J

Jacana 382
Jacanidae 455 f.
Jagdfasan s. *Phasianus colchicus*
Jaguar s. Pantherinae

K

Kagus s. Rhinochetidae
Kahnschnabel 449
Kaimane s. Alligatoridae
Kaiserpinguin s. *Aptenodytes forsteri*
Kakadus s. Cacatuinae
Kamel s. *Camelus*
Kamelartige s. Tylopoda
Kamele s. Camelidae
Kamele, altweltliche 607
Kamele, neuweltliche s. Lamas
Kammfinger s. Ctenodactylidae
Kammratten s. Ctenomyidae
Kampfläufer 388, 417
Kampfwachteln s. Turnicidae
Kamtschatkabär 549
Kanarienvogel 407

Känguruh s. *Macropus*
Känguruhratte 531, 552
Känguruhs s. Macropodidae
Känguruhs, eigentliche s. Macropodinae
Kaninchen s. *Oryctolagus cuniculus*
Kaninchenkänguruhs s. Potoroinae
Kapuzineraffe 529
Kapuzineraffen s. Cebinae
Kardinäle s. Pyrrhuloxiinae
Karettschildkröte s. *Caretta*
Karettschildkröte s. *Eretmochelys imbricata*
Karibu s. *Rangifer tarandus*
Karmingimpel 621
Kasuar s. *Casuarius*
Kasuare s. Casuariidae
Kasuarvögel s. Casuarii
Katze s. *Felis*
Katzen s. Felidae
Katzenartige s. Felidae
Katzennatter s. *Telescopus*
Kegelrobben 602
Keilschwanzsittiche 465
Kettenviper s. *Vipera russeli*
Kielbrustvögel s. Carinatae
Kinosternidae 304 f., 354
Kirschkernbeißer s. *Coccothraustes coccothraustes*
Kiwi s. *Apteryx*
Kiwis s. Apteryges
Kiwis s. Apterygidae
Klaffmäuler s. Megadermatidae
Klammeraffen s. Atelinae
Klapperschlange s. *Crotalus*
Klapperschlange s. *Crotalus atrox*
Klapperschlange s. *Crotalus cerastes*
Klapperschlangen s. Crotalinae
Klappmützen 602
Klappnasen s. Rhinopomatidae
Kleiber s. Sittidae
Kleidervögel s. Drepanididae
Kleinböckchen s. Neotraginae
Kleinelsterchen s. *Spermestes cucullata*
Kleinmoas s. Anomalopterygidae
Kleinkatzen s. Felinae
Kletterbeutler s. Phalangeridae
Kletterbeutler, eigentliche s. Phalangerina
Kletterbeutler, tasmanischer 552

636 Tiernamenverzeichnis

Klippschliefer 553, 604
Klippspringer 614
Kloakentiere s. Monotremata
Koala 520, 569
Koboldmakis s. Tarsiidae
Kobra s. *Naja*
Kobra, indische s. *Naja naja*
Kolibri 400
Kolibris s. Trochilidae
Kolkrabe s. *Corvus corax*
Königsalbatros 420
Königsboa s. *Boa constrictor*
Königskobra 345
Königspinguin s. *Aptenodytes patagonica*
Königs-Riesenschlange s. *Boa constrictor*
Korallenschlange s. *Micrurus*
Kormorane s. Phalacrocoracidae
Kragenechse s. *Chlamydosaurus kingii*
Krähe s. Rabenkrähe
Krait s. *Bungarus caeruleus*
Krallenaffen s. Callithricidae
Kraniche s. Gruidae
Kranichvögel s. Grues
Kreuzotter s. *Vipera berus*
Kreuzschnabel 425, 621
Kriechtiere s. Reptilia
Krokodil s. *Crocodylus*
Krokodile s. Crocodylia
Krokodile s. Crocodylidae
Krokodile s. Eusuchia
Krokodilteju s. *Dracaena guianensis*
Krontauben s. Gourinae
Krötenechse s. *Phrynosoma*
Krustenechsen s. *Heloderma*
Krustenechsen s. Helodermatidae
Kuckuck 422 f.
Kuckucke s. Cuculidae
Kudu s. *Tragelaphus strepsiceros*
Kuehniosaurus 292
Kuhantilope 614
Kupferkopf s. *Agkistrodon contortrix*
Kurol 471
Kurzschwanzturmtaucher s. *Puffinus tenuirostris*
Kuskus 569
Küstenseeschwalbe 425, 426
Kusus 569

L

Lacerta 344
Lacerta lepida 337

Lacerta viridis 321, 327, 330, 332
Lacertidae 339, 364
Lacertilia s. Sauria
Lachesis muta 319, 334
Lagomorpha 485, 507 f., 513, 518 f., 542, 548, 582 f.
Lagopus 382, 388
Lagurus 506
Lama 607
Lama guanacoë 607
Lama vicugna 607
Lamas 525, 607
Landnattern s. Colubridae
Landschildkröte, griechische 343
Landschildkröten s. Testudinidae
Langaha nasuta 301
Langschwanztenrek 492
Langur s. *Presbytis*
Laniidae 477
Lanius 385, 419
Lanius collurio 427
Lanthanotidae 366
Lanzenschlange s. *Bothrops ammodytoides*
Lappenhopf s. *Heteralocha acutirostris*
Lappenkrähen s. Callaeidae
Lappenpittas s. Philepittidae
Lappentaucher s. Podicipedes
Laridae 455, 457
Larinae 832, 406, 412, 455, 457
Laro-Limicolae 376, 432, 445, 451, 455 f., 461
Larus argentatus 405
Laticauda 313
Laubenvögel s. Ptilinorhynchidae
Laubsänger s. Sylviidae
Laubwürger s. Vireonidae
Lederschildkröten s. Dermochelydidae
Leguan, grüner 316, 327
Leguane s. Iguanidae
Leierantilope 614
Leierschwänze s. Menuridae
Lemminge 553, 588
Lemuren s. Lemuridae
Lemuridae 546, 554, 578
Leopard 503, 520, 601
Lepidochelys 287
Lepidosauria 280, 281, 288, 352, 357, 367
Leporidae 485, 516, 583
Leptotyphlopidae 293, 320, 368
Leptotyphlops 337, 345
Lepus europaeus 512, 551 f.

Lepus timidus 559
Lerchen s. Alaudidae
Lessonia rufa 426
Lieste 471
Limikolen 455
Liophis 311
Lippenbär s. 513
Litopterna 485, 554, 616
Löffelhund 600
Löffelhunde s. Otocyoninae
Löffler 422, 449
Löffler s. *Platalea*
Lonchura flaviprymna 424
Loris s. Lorisidae
Loris s. Trichoglossinae
Lorisidae 578
Löwe s. *Panthera leo*
Loxia curvirostra 389
Loxocneminae 369
Loxodonta 550, 556, 603
Luchse s. Lyncinae
Luscinia luscinia 621
Luscinia megarhynchos 621
Lutrinae 601
Lycaenops 283
Lycaoninae 600
Lycodontinae 314 f., 370
Lyncinae 601
Lygosoma 342

M

Mabuya 337, 345
Macaca mulatta 545, 548, 551
Machaeroides 616
Machairodontidae 486
Macrochelys 304
Macrochires 376, 432, 466, 468 f., 474
Macropisthodon 311
Macroplata 283
Macropodidae 485, 496, 499, 508, 516, 533, 568 f.
Macropodinae 569
Macropus 494, 512
Macropus giganteus 549, 550, 551
Macroscelididae 570, 572
Madagaskarstrauße s. Aepyornithes
Madagaskarmungos s. Galidiinae
Mähnenrobben 523, 602
Mähnenschaf 614
Mähnentauben 463
Mähnenwolf 600
Makake s. *Macaca mulatta*
Makaken s. Papiinae

Malayenbär 513
Malpolon 314
Maluridae 477
Mamba 370
Mamba, grüne s. *Dendroaspis angusticeps*
Mammalia 3, 281, 284, 286, 482 f.
Mammonteus 509, 556, 603
Mammut s. *Mammonteus*
Manatidae s. Trichechidae
Manatis s. Trichechidae
Mandrill 503, 548
Mangusten 601
Manidae 580
Mara 520, 590
Marabus 449
Marder 549, 601
Marder s. Mustelidae
Marderartige s. Mustelidae
Marderbeutler s. Dasyuria
Marderhund 600
Marmota marmota 512, 552 f.
Marsupialia 482 f., **484**, 493, 496 f., 504, 510 f., **512**, 519, 523 f., 527 f., 531 f., **533**, 534, 541 f., 544, 548 f., 554, 559, 564, 617 f.
Maskarenenstar s. *Fregilupus varius*
Mastodonten 556, 603
Mastomys erythroleucus 504
Mauereidechse 327
Mauerläufer s. Certhiidae
Mauersegler s. *Apus apus*
Maulwurf s. *Talpa europaea*
Maulwurf, südeuropäischer 543
Maulwürfe s. Talpidae
Mäuse s. Muridae
Mäuseartige s. Myomorpha
Mäusebussard 400
Mausvögel s. Colii
Maticora 313
Maxrauchenia 616
Meerenten 422
Meeresschildkröte s. *Caretta*
Meeresschildkröten s. Chelonioidea
Meerkatze s. *Cercopithecus*
Meerkatzen s. Cercopithecinae
Meerschweinchen 523, 529, 547, 590
Meerschweinchenartige s. Caviomorpha
Megachiroptera 520, 574
Megadermatidae 575
Megadyptes 442

Megapodiidae 408, 417, 421 f, 431, 459
Megaptera novaeangliae 558
Megatheridae 580
Mehlschwalbe s. *Delichon urbica*
Meisen s. Paridae
Meleagrididae 431
Melinae 601
Meliphagidae 478
Mellivorinae 601
Meniscotheriidae 616
Mensch s. *Homo sapiens*
Menschen s. Hominidae
Menschenaffen s. Hominoidea
Menschenaffen s. Pongidae
Menurae 474, 476
Menuridae 476
Mephitinae 601
Merginae 452
Mergus 389
Meropidae 471
Mesomyodae s. Tyranni
Mesoenatidae 453
Mesonychoidea 616
Mesosauria 280, **281**, 352
Mesosuchia 284
Metatheria s. Marsupialia
Miacidae 599
Microchiroptera 520, 575
Micropsittinae 464
Microsauria 280
Micrurus 313, 346, 370
Micrurus fulvius 319
Mimetozoon 298
Mimidae 477
Miodon 314
Mississippi-Alligator 324, 344
Mistelfresser s. Dicaeidae
Moas 440
Moeritherien 556, 603
Moloch horridus 301
Molossidae 576
Mönchsrobben 602
Monodon 508, **509**, 594, 596
Monodontidae 596
Monotremata 293, 390, 482 f., **484**, 486, 492 f., 495 f., 503, 518, 524, 527 f., 531 f., **533**, 541 f., 544, 554, 562 f., 618
Moorschneehuhn 621
Moorschneehuhn, schottisches 621
Morganucodon **484**
Mornellregenpfeifer 419
Mornellregenpfeifer, sibirischer 425
Moropus 606

Moschinae 613
Moschusente 390
Moschusenten s. Cairininae
Moschushirsche s. Moschinae
Moschusochsen s. Ovibovinae
Moschusrattenkänguruhs s. Hypsiprymnodontinae
Moschustier 613
Moschustiere 548, 612
Motacillidae 477
Möwe 422
Möwen s. Larinae
Möwen-Watvögel s. Laro-Limocolae
Mückenfresser s. *Conopophaga*
Mufflon s. *Ovis musimon*
Multituberculata 483, **484**, 563
Mungo 560 f.
Muntiacinae 613
Muntjak 613
Muntjaks s. Muntiacinae
Muridae 549, 588
Murmeltier s. *Marmota marmota*
Murmeltiere s. Sciuromorpha
Musang 601
Muscicapidae 476
Musophagidae 387, 434, 461
Mustela putorius 520, 537, 601
Mustelidae 601
Mustelinae 601
Mutterkuchentiere s. Placentalia
Myocastor coypus **512**
Myomorpha 585, 588
Myrmecobiidae 511, 513, 520, 522, 567
Myrmecophagidae 511, 513, **514**, 520, 522, 531, 581
Mystacinidae 576
Mysticeti 511, 513, 520, 523, 541, 594 f.
Myzopodidae 575

N

Nabelschweine s. Tayassuidae
Nachtaffen s. Aotinae
Nachtechse s. *Xantusia vigilis*
Nachtechsen s. Xantusiidae
Nachtgecko s. *Coleonyx variegatus*
Nachtigall s. *Luscinia megarhynchos*
Nachtschwalben s. Caprimulgidae

Nacktmulle s. Bathygeridae
Nagetiere s. Rodentia
Naja 312, 313, 319 f, 370
Naja naja 319, 345
Naja nigricollis 315, 330
Nandu s. *Rhea*
Nandus s. Rheae
Narwal s. *Monodon*
Nasenaffe 548
Nasenaffen s. Colobinae
Nasenbär s. Procyonidae
Nasenbeutler s. Peramelia
Nashorn s. *Rhinoceros*
Nashörner s. Rhinocerotidae
Nashornvögel s. Bucerotidae
Natalidae 575
Natricidae 314, 370
Natrix 295, 321, 330
Natrix piscator 320
Nectariniidae 391, 478
Nektarvögel s. Nectariniidae
Nemidochorus 344
Neofelis 486
Neophron percnopterus 379
Neotraginae 614
Nesia 307
Nestorinae 464
Nestorpapageien s. Nestori-
  nae
Netzpython s. *Python reticu-
  lata*
Neuguinea-Weichschildkröten
  s. Carettochelydidae
Neuseeland-Fledermäuse s.
  Mystacinidae
Neuseelandzaunkönige s. Xe-
  nicidae
Neuweltaffen 523
Neuweltfinken s. Emberizidae
Neuweltgeier s. Cathartae
Neuweltgeier s. Cathartidae
Neuwelt-Schneckennattern s.
  Dipsadinae
Nichtwiederkäuer s. Nonru-
  minantia
Nilgau 614
Nilkrokodil s. *Crocodylus ni-
  loticus*
Nilpferd 549, 551
Nilvaran 344 f.
Nimaravinae 486
Noctilionidae 575
Nonruminantia 607, 610 f.
Notechis scutatus 319
Nothosauria 280, 281
Notoryctidae 485, 543, 567
Notoungulata 485, 554, 616
Numidinae 459
Nutrias s. Capromyidae
Nycteridae 575
Nyctibiidae 467

O

Oceanites oceanicus 426
Ochotonidae 583
Octodontidae 591
Odobenus 508, 509, 510
Odobenidae 602
Odocoilinae 613
Odontoceti 510, 541, 594 ff.
Ogmodon 313
Ohrenrobben s. Otariidae
Ohrfledermaus 529
Okapi 612
Ondatra zibethica 512, 537
Ophiacodon 283
Ophidia s. Serpentes
Ophisaurus harti 307
Opossum 507, 520, 542,
  551, 553, 559
Opossummäuse s. Caenolestia
Opossummäuse s. Caenole-
  stidae
Orang s. *Pongo pygmaeus*
Organisten 479
Oriolidae 480
Ornithischia 281, 282, 283,
  352
Ornithorhynchidae 562 f.
Ornithosuchus 283
Orycteropodidae 589
Orycteropus afer 492, 499,
  506, 511, 513, 515, 520,
  522, 525, 552
Oryctolagus cuniculus 514,
  537, 549
Oryx 614
Oscines 382, 392, 395 f., 406,
  412, 415, 419, 422, 474,
  476 ff.
Otariidae 602
Otididae 435, 454
Otocyoninae 600
Otter s. Lutrinae
Otterspitzmäuse s. Potamoga-
  lidae
Oxyaena 616
Ovis aries 503, 512, 518, 547
Ovis musimon 491, 614
Ovibovinae 615
Oxyurinae 452
Ozelot 601

P

Paarhufer s. Artiodactyla
Pakas s. Dasyproctidae
Pakaranas s. Dinomyidae
Palmschmätzer s. Bombycilli-
  dae
Palmatogecko 298
Pan paniscus 579

Pan troglodytes 550, 551, 579
Panda, großer 600
Panda, kleiner 600
Pandion haliaetus 382, 390,
  424, 428, 434, 458, 621
Pandionidae 460
Panthera leo 487, 520, 529,
  548, 550, 601
Pantherinae 601
Pantholopinae 614
Pantotheria 483, 484, 569
Panzernashorn s. *Rhinoceros
  unicornis*
Papageiamandine 621
Papageien s. Psittaci
Papageien s. Psittacidae
Papageien, echte s. Psittacinae
Papiinae 579
Paradisaeidae 431, 481
Paradiesvögel s. Paradisaeidae
Paradoxurinae 601
Paralepididae 166
Parascaniornis 375
Pardelroller 601
Pareiasaurier 302
Pareinae 370
Paridae 417, 419, 478
Parulidae 479
Passeres 376, 399, 432, 434 f.,
  470, 474 ff.
Passerinae 480
Pavian 523, 548
Paviane s. Papiinae
Pavo cristatus 393
Pedetidae 554, 586
Pekari s. *Tayassu*
Pekaris s. Tayassuidae
Pelecanidae 392, 394, 419,
  447
Pelecanoididae 444
Pelecanus 381, 391
Pelikan s. *Pelecanus*
Pelikane s. Pelecanidae
Pelomedusa-Schildkröten s.
  Pelomedusidae
Pelomedusidae 353
Pelycosauria 279, 280, 281,
  283, 288, 292, 352, 482
Pelzflatterer s. Dermoptera
Perameles 564
Peramelia 492, 566 ff.
Peramelidae 553, 566 f.
Periptychidae 616
Perissodactyla 485, 490, 496,
  519, 529, 533, 606, 608 f.,
  616
Perlhühner s. Numidinae
Petromyidae 592
Pfau s. *Pavo cristatus*
Pfeifgänse s. Dendrocygninae
Pfeifhasen s. Ochotonidae

Pferd s. *Equus*
Pferdeartige s. Equidae
Phaetontidae 447
Phalacrocoracidae 419, 422, 447
Phalangeria 566, 567 f.
Phalangeridae 568 f.
Phalangerinae 569
Pharaonenratten 601
Pharomachrus mocinno 470
Phascogalinae 567
Phascolarctinae 569
Phasianidae 458 f.
Phasianinae 385, 388, 459
Phasianus colchicus 405
Phenacodontidae 616
Philepittidae 475
Philetairus socius 418
Phoca 517, 518, 549, 551
Phocidae 602
Phocoenidae 596
Phoenicopteri 376, 390, 392, 448, 450
Phoenicopteridae 448
Phoenicopterus 389
Pholidota 485, 499, 511, 513, 514, 520, 531, 546, 580
Phrynosoma 306, 316
Phyllostomatidae 575
Physeteridae 594, 596
Pici 376, 432, 470, 472 ff.
Picidae 382, 391, 394, 399, 417, 422, 434 f., 472
Picus 389
Pieper s. Motacillidae
Pinguin s. *Pygoscelis*
Pinguine s. Sphenisci
Pinnipedia 485, 489, 496, 508, 519 f., 528, 531 f., 543, 560, 599, 602, 624
Pinselzungenpapageien s. Trichoglossinae
Pipridae 475
Pirole s. Oriolidae
Pitheciinae 579
Pittas s. Pittidae
Pittidae 475
Placentalia 482 f., 484, 485, 496, 524, 531 f., 534, 544, 569 ff., 617 f.
Placodontia 280, 286, 288, 352
Placodus 280
Platacanthomyidae 589
Platalea 389
Platanista gangetica 543
Plattschweifsittiche 465
Platybelodon 603
Platysternidae 354
Plesiosauria 280, 281, 283, 284, 618

Pleurodira 284, 304, 352 f.
Pliohippus 557
Ploceidae 436, 479
Ploceinae 388, 412, 417, **418**, 480
Pluvialis dominica 426
Podargidae 467
Podiceps cristatus 417, **418**, 419, 422
Podicipedes 376, 382, 394, 445 f.
Podicipidae 445
Pongidae 492 f., 523, 552, 579
Pongo pygmaeus 579
Potamogalidae 485, 555, 571
Potoroinae 569
Potto 499
Pottwale s. Physeteridae
Prachtfinken s. Estrildidae
Präriehund 552 f.
Presbytis 517
Primaten s. Primates
Primaten, platyrhine 554
Primates 485, 497, 499, 507, 527 f., 531 ff., 534, 537, 539, 542 f., 548, 570, 574, 576 ff.
Prionopidae 477
Proavis 373, **374**
Proboscidea 485, 529, 531, 548, 556, 600, 603, 616
Procaviidae 604
Procellaria 393
Procellariidae 444
Procyonidae 600
Proganochelydia 280, 352
Pronycticebus 506
Propithecus diadema 498
Prosimii 496, 500, 510, 519, 523, 533, 537, 541, 552, 577
Prosymna 332
Protoinsectivoren 580
Protosuchia 284
Prototheria s. Monotremata
Protrogomorpha 584 f.
Prunellidae 477
Pseudemys scripta 327
Pseudosuchia 372
Psittaci 376, 378, 391 f., 394, 396, 406, 410, 417, 423, 434 f., 462
Psittacidae 462, 464
Psittacinae 462, 464 f.
Psittrichasinae 464
Psophiidae 454
Pteranodon 283
Pteroclidae 455 f., 461
Pteropidae 574
Pteropus 494

Pterosauria 281, **282**, 283, 284, 288, 352
Pterydactyloidea 284
Ptilinorhynchidae **424**, 481
Ptyas mucosus 312, 320
Ptychozoon 298
Pudu 613
Puffinus 389
Puffinus griseus 426
Puffinus tenuirostris 426
Puffotter s. *Bitis arietans*
Puma 549, 601
Putzerfisch s. *Labroides*
Pycnonotidae 476
Pycnonotus 433
Pygopodidae 362
Pygoscelis 381, 443
Pyrenäensteinbock 621
Pyrrhuloxiinae 479
Python 316
Python, indische s. *Python molurus bivittatus*
Python molurus bivittatus 345
Python reticulata 287, 345
Pythoninae 345, **348**, 369
Pythons s. Pythoninae
Pythonschlangen s. Pythoninae

Q

Quezal s. *Pharomachrus mocinno*

R

Rabenkrähe 378, 400, 422, 480
Rabenvögel s. Corvidae
Racken s. Coraciidae
Rackenvögel s. Coraciae
Rallen s. Rallidae
Rallenkraniche s. Aramidae
Rallidae 419, 422, 453
Rangifer tarandus **491**, 613
Rangiferinae 613
Rappenantilope 614
Ratitae 403, **430**, 434, 438
Ratte 560
Ratte s. *Rattus norvegicus*
Ratten s. Muridae
Rattenigel 511
Rattenschlange s. *Ptyas mucosus*
Rattus norvegicus 550
Raubmöwen s. Stercorariidae
Raubtiere s. Carnivora
Raubvögel s. Falcones
Rauhfußhühner s. Tetraoninae

Rebhuhn 419 f.
Recurvirostra 389
Recurvirostridae 456
Regenpfeifer s. Charadriidae
Reh s. *Capreolus capreolus*
Reiher s. Ardeidae
Reiherente 422
Reiherläufer s. Dromadidae
Reisstärling s. *Dolichonyx oryzivorus*
Rennmäuse 588
Rentier 613
Rentiere s. Rangiferinae
Reptilia 3, 222, 279 ff., 346, 351 f., 483, *506*, 618
Reptilien, anapside s. Anapsida
Reptilien, diapside 280 f., 367
Reptilien, euryapside s. Euryapsida
Reptilien, säugetierähnliche s. Theromorpha
Reptilien, synapside s. Synapsida
Reptilien, therapside s. Therapsida
Rhamphastidae 434, 472
Rhamphastos sulfuratus 389
Rhadinaea 311
Rhamphorhynchoidea 284
Rhaphidae 461
Rhea 419, 430
Rheae 376, 395 f., 431 f., 438, 441
Rheidae 438
Rhinoceros 494, 506
Rhinoceros unicornis 525, 609
Rhinocerotidae 502, 531, 608
Rhinochetidae 453
Rhinocryptidae 475
Rhinolophidae 523, 575
Rhinopomatidae 575
Rhizomyidae 588
Rhynchocephalia 280, 281, 284, 288, 352, 357, 367
Rhynchopidae 455, 457
Rhynchosauridae 280
Rhynchosaurier 284
Rhynchotherien 603
Rhytinidae 605
Riedbock 614
Riesenfaultier 554, 580
Riesengürteltier s. *Glyptodon*
Riesenkänguruh s. *Macropus giganteus*
Riesenschildkröten 355
Riesenschlangen s. Boidae
Rind s. *Bos*

Rinder s. Bovidae
Rinder s. Bovinae
Rinderartige s. Bovidae
Ringbeutler s. Phascolarctinae
Ringelechsen s. Anniellidae
Ringelnatter 306, 317, 327
Ringelrobben 602
Ringelschleiche, kalifornische s. *Anniella pulchra*
Ringeltaube 419
Ringhalskobra s. *Hemachatus*
Robben s. Pinnipedia
Rodentia 485, 493, 495, 499, 503, 506, 507 f., 512, 513, 515, 518, 520, 527, 530, 531 f., 539, 542, 548, 552 f., 561, 569, 582 ff.
Rohrdommel s. *Botaurus*
Röhrennasen s. Tubinares
Röhrenzähner s. Tubulidentata
Rohrratten s. Thryonomyidae
Rohrsänger 417, 477
Roller s. Paradoxurinae
Rollschlangen s. Aniliidae
Rostratulidae 455 f.
Rothirsch s. Hirsch
Rotkehl-Anolis s. *Anolis carolinensis*
Rotohrvireo s. *Vireo olivaceus*
Rotrückenwürger s. *Lanius collurio*
Rotschwanz 417
Rotwolf 520, 600
Ruderenten s. Oxyurinae
Ruderfüßer s. Steganopodes
Ruderschwanz-Seeschlange s. *Enhydrina schistosa*
Ruminantia 504, 505, 507, 512, 513 ff., 518 f., 525, 530, 533, 542, 546, 548, 607, 610, 612 ff.
Rupicapra rupicapra 491, 501, 505, 548, 559, 614
Rüsselbeutler s. Tarsipedinae
Rüsselspringer s. Macroscelididae
Rüsseltiere s. Proboscidea
Ruß-Sturmtaucher s. *Puffinus griseus*

S

Säbelschnäbler s. *Recurvirostra*

Säbelschnäbler s. Recurvirostridae
Säbelzahnkatze s. *Smilodon*
Säbelzahntiger 486
Säger s. *Mergus*
Säger s. Merginae
Sägeracken s. Momotidae
Sagittariidae 458, 460
Saiga s. Saiginae
Saiginae 614
Salanganen 391
Salangidae 164
Salmo salar 621
Salzkrautbilche s. Seleviniidae
Sambar s. *Cervus unicolor*
Sandgräber s. Bathyergidae
Sanderling s. *Calidris alba*
Sarkastodon 570, 616
Satansaffen s. Pitheciinae
Säugetiere s. Mammalia
Säugetiere, fossile 616
Säugetiere, marsupiale s. Marsupialia
Säugetiere, placentale s. Placentalia
Sauria 281, 284, 286, 288, 310, 321, 330, 346, 352, 360, 362 ff., 365 ff.
Saurischia 281, 282, 283, 352
Sauropoda 282
Sauropsida 372
Sauropterygia 280, 281, 286, 288, 352
Schabrackentapir s. *Tapirus indicus*
Schaf s. *Ovis aries*
Schafe s. Caprinae
Schakale s. Caninae
Schattenvögel s. Scopidae
Scheidenschnäbel s. Chionididae
Schellente 399
Scheltopusik 310
Scherenschnäbel s. Rhynchopidae
Schienenechsen s. Teiidae
Schildkröten s. Chelonia
Schildschlangen s. Uropeltidae
Schilffink, gelber s. *Lonchura flaviprymna*
Schimpanse s. *Pan troglodytes*
Schirrantilope 614
Schläfer s. Gliridae
Schlafmaus 552
Schlammschildkröten s. Kinosternidae
Schlangen s. Serpentes

Schlangen, aglyphe 311, 314, 320
Schlangen, eierfressende s. Dasypeltinae
Schlangen, einheimische 342
Schlangen, glyphodonte 311
Schlangen, opisthoglyphe 314, 320
Schlangen, proteroglyphe 296, 313, 320
Schlangen, solenoglyphe 296, 314 f., 320
Schlangenechsen, afrikanische s. Feyliniidae
Schlangenechsen, amerikanische s. Anelytropsidae
Schlangenhalsschildkröten s. Chelidae
Schlangenhalsvögel s. Anhingidae
Schlangenschleiche s. Dibamus
Schlangenschleichen s. Dibamidae
Schlankaffen s. Colobinae
Schlankskink s. Lygosoma
Schleiche, südchinesische s. Ophisaurus harti
Schleichkatzenartige s. Viverridae
Schleiereule 419, 427, 621
Schleiereulen s. Tytoninae
Schliefer s. Hyracoidea
Schliefer s. Procaviidae
Schlingnatter 345
Schlitzrüßler s. Solenodontidae
Schmutzgeier s. Neophron percnopterus
Schnabeligel s. Tachyglossidae
Schnabeligel s. Tachyglossus
Schnabeligel s. Tachyglossus aculeatus
Schnabeltier 492, 501, 551 ff.
Schnabeltiere s. Ornithorhynchidae
Schnabelwale 492, 594, 596
Schnappschildkröten s. Chelydridae
Schneckennattern 320
Schneehase s. Lepus timidus
Schneehuhn s. Lagopus
Schneeleopard 601
Schneeziege 614
Schnepfen s. Scolopacidae
Schnurrvögel s. Pipridae
Schönechse, indische s. Calotes versicolor
Schopfhirsch 613

Schopfpinguine s. Pygoscelis
Schraubenziege s. Capra falconeri
Schreitvögel s. Gressores
Schuhschnabel 449
Schuppenkriechtiere s. Squamata
Schuppentiere s. Manidae
Schuppentiere s. Pholidota
Schwalben s. Hirundinidae
Schwalbenwürger s. Artamidae
Schwalme s. Podargidae
Schwan s. Cygnus
Schwäne s. Cygninae
Schwanzmeise 478
Schwarzkopfente 422
Schwarzleguan s. Ctenosaura
Schwarznatter 321
Schwarzwale s. Hyperoodontidae
Schwein s. Sus
Schweine s. Suidae
Schweineartige s. Suidae
Schweinswale s. Phocoenidae
Schwertschnabelkolibri s. Ensifera ensifera
Schwertwale s. Delphinidae
Schwielensohler s. Tylopoda
Schwimmenten s. Anatinae
Scincidae 338, 341, 346, 364
Scincomorpha 364
Sciuridae 586
Sciuromorpha 584 ff.
Scolecophidia 367 ff.
Scolopacidae 455, 457
Scopidae 448 f.
Scotophilus 545
Seebären s. Otariidae
See-Elefant 548, 602
Seehund s. Phoca
Seehunde s. Phocidae
Seekühe s. Sirenia
Seelöwe s. Arctocephalus
Seeotter 520
Seeschildkröten s. Cheloniidae
Seeschlange s. Distira
Seeschlange s. Laticauda
Seeschlangen s. Hydrophiinae
Seeschwalbe s. Sterna
Seeschwalben s. Sterninae
Seetaucher s. Gavia stellata
Seetaucher s. Gaviae
Segler s. Apodidae
Segler s. Apus
Seidenreiher s. Egretta alba
Seidenreiher s. Egretta garzetta
Seidenschwanz 425, 621

Seidenschwänze s. Bombycillidae
Sekretäre s. Sagittariidae
Selachii 618
Seleviniidae 589
Serau 614
Seriemas s. Cariamidae
Serpentes 280, 281, 284, 286, 288, 291, 300, 310, 328, 330, 334, 335, 338, 344, 346, 352, 360, 367 ff., 370 f.
Serval s. Felinae
Seymouriamorpha 280
Siamang s. Symphalangus
Sibynophinae 370
Siedelweber s. Philetairus socius
Siedleragame s. Agama agama
Siegelringelnatter 345
Sikahirsch 613
Silbermöwe s. Larus argentatus
Singdrossel 423
Singvögel s. Oscines
Sirenen s. Sirenia
Sirenia 485, 485, 492 f., 495, 520, 525, 531, 555, 603 ff., 616
Sittidae 417, 478
Sivatherien 607
Skink s. Eumeces
Skink s. Mabuya
Skink s. Nesia
Skinke s. Scincidae
Skorpion-Krustenechse s. Heloderma horridum
Skunke s. Mephitinae
Smaragdeidechse s. Lacerta viridis
Smilodon 486, 509
Solenodontidae 554, 555, 571
Somateriinae 452
Sonnenrallen s. Eurypygidae
Sorex cooperi 482
Soricidae 485, 520, 543, 546, 570, 572
Spalacidae 588
Spalacotherium 506
Spaltenschildkröte, afrikanische 344
Spaltfußgänse s. Anseranatinae
Specht s. Picus
Spechte s. Pici
Spechte s. Picidae
Spechtpapageien s. Micropsittinae
Speikobra s. Naja nigricollis

Sperling 399, 422
Sperlinge s. Passerinae
Sperlingsvögel s. Passeres
Spermestes bicolor 624
Spermestes cucullata 424
Sphenisci 376, 391, 394,
    421 f., 427, 441 ff., 624
Spheniscidae 441
Spheniscus 442
Sphenodon punctatus 221,
    280, 284, 286, 287, 291,
    293, 295, 298, 316, 321,
    322, 323, 327, 331, 338,
    340, 342, 344, 347, 349
Sphenodontidae 347
Spießhirsch 613
Spitzhörnchen s. Tupaiidae
Spitzmaulnashorn s. *Diceros
    bicornis*
Spitzmaus 499, 529
Spitzmaus s. *Sorex cooperi*
Spitzmäuse s. Soricidae
Sporntyrann s. *Lessonia rufa*
Sporopipinae 479
Spottdrosseln s. Mimidae
Spötter 423
Springfrosch 229
Springhasen s. Pedetidae
Springmäuse s. Dipodidae
Springtamarins s. Callimico-
    inae
Squamata 280, 281, 288,
    338, 346, 350, 352,
    360 ff., 367
Stachelbilche s. Platacan-
    thomyidae
Stachelbürzler s. Campepha-
    gidae
Stachelratten s. Echimyidae
Stachelschweinartige s. Hy-
    stricomorpha
Stachelschweine s. Hystrici-
    dae
Staffelschwänze s. Maluridae
Star 411
Stare s. Sturnidae
Stärklinge s. Icteridae
Steatornithidae 467
Steganopodes 376, 382, 432,
    446 ff.
Stegodonten 556, 603
Stegodontidae s. Stegodonten
Stegonotus 311
Stegosaurus 283
Steinadler s. *Aquila chrysa-
    etos*
Steinbock 614
Steinmarder 551
Steinschmätzer 477
Steißfüße s. Podicipedes
Steißhühner s. Crypturi

Stellers Seekuh s. Rhytinidae
Stelzenrallen s. Mesoenatidae
Steppenelefant 603
Steppenlemming s. *Lagurus*
Stercorariidae 455, 457
Sterna 418
Sterninae 391, 412, 417,
    455, 457
Stinktiere 601
Stockente s. *Anas platyrhyn-
    chos*
Storch s. Weißstorch
Störche s. Ciconiidae
Strauß s. *Struthio camelus*
Strauß, arabischer 430
Strauße s. Struthiones
Streifenskink 345
Striges 376, 382, 388, 390,
    398, 409, 409 ff., 419,
    422, 424, 434, 436, 466
Strigidae 466
Striginae 466
Strigopinae 464
Strumpfbandnatter s. *Tham-
    nophis*
Struthio camelus 382, 386,
    390, 393, 396, 399, 400,
    417, 419, 420, 430
Struthiones 376, 432, 435,
    437 f.
Struthionidae 437
Stummelaffen s. Colobinae
Stummelschwanzhörnchen
    s. Protrogomorpha
Stumpfschwanzpapageien
    465
Sturmschwalben s. Hydroba-
    tidae
Sturmvogel s. *Procellaria*
Sturmvogel s. *Puffinus*
Sturmvögel s. Procellariidae
Sturnidae 423, 479
Subungulata 603
Suidae 496, 502, 508, 513,
    518, 520, 525, 532, 546,
    548, 594, 607, 611
Sulidae 406, 447
Sumatra-Elefant 603
Sumatranashorn 609
Sumpfbiber s. *Myocastor
    coypus*
Sumpfkrokodil s. *Crocodylus
    palustris*
Sumpfschildkröte 316
Sumpfschildkröten s. Emydi-
    dae
Suppenschildkröte 344, 346,
    356
Sus 517, 540, 547
Susuidae 510, 595
Sylviidae 477

Symmetrodonta 483, 484
Symphalangus 579
Synapsida 281, 282, 284,
    352, 482
Synthetoceras 607

T

Tabasco-Schildkröten s.
    Dermatemydidae
Tachydromus 307
Tachyglossidae 502, 511,
    513, 520, 562 f.
Tachyglossus 540, 552
Tachyglossus aculeatus 504
Tagschläfer s. Nyctibiidae
Takins s. Budorcatinae
Talpa europaea 485, 493,
    495, 499, 511, 512, 540,
    548, 551, 553
Talpidae 553, 570, 572
Tangaren s. Thraupidae
Tannenhäher 425, 621
Tapir s. *Tapirus*
Tapir, indischer s. *Tapirus
    indicus*
Tapire s. Tapiridae
Tapiridae 531, 558, 608
Tapirus 494
Tapirus bairdi 558, 609
Tapirus indicus 558, 609
Tapirus pinchaque 558, 609
Tapirus terrestris 558, 609
Tarentola mauretanica 337
Tarsiidae 578
Tarsipedinae 569
Taschenmäuse s. Heteromyi-
    dae
Taschenratte s. *Geomys*
Taschenratten s. Geomyidae
Tauben s. Columbae
Tauben s. Columbidae
Taubwarane s. Lanthanoti-
    dae
Tauchenten s. Aythyinae
Tauchsturmvögel s. Peleca-
    noididae
Tayassu 517, 523
Tayassuidae 516, 611
Teichhuhn 419, 453
Teichrohrsänger s. *Acroce-
    phalus scirpaceus*
Teiidae 327, 343, 364
Teju-Echsen s. Teiidae
Teleostei 618
Telescopus 312
Tenrecidae 552, 554, 555,
    570 f.
Tenreks s. Tenrecidae

Testudines s. Chelonia
Testudinidae 303, 304, 321, 327, 329, 332, 343 f., 347, 354
Testudinoidea 354
Tetraclaenodon 606
Tetralophodonten 603
Tetraoninae 396, 459
Texasklapperschlange s. Cro- talus atrox
Thamnophis 342, 346
Thar 614
Thecodontia 281, 282, 302, 372, 352
Therapsida 280, 281, 283, 288, 293, 352, 482 f., **484**
Theria 484
Theriodontia 280
Theromorpha 279, 286, 289, 482
Theropoda 282
Thinocoridae 455 f.
Thoatherium 616
Thraupidae 435, 479
Threskiornithidae 449
Thryonomyidae 592
Thylacinae 567
Thylacinus 485, 567
Thylacosmilus 486, 509
Thyropteridae 575
Tibetantilope s. Pantholopi- nae
Tiger 520, 542, 551, 601
Tigerotter s. *Notechis scu- tatus*
Timalien s. Timaliidae
Timaliidae 477
Tinamidae 441
Tinamus s. Tinamidae
Todidae 471
Todis s. Todidae
Tokee s. *Gekko gekko*
Tölpel s. Sulidae
Tomodon 314
Töpfervogel s. *Furnarius*
Töpfervögel s. Furnariidae
Toxodontidae 616
Trachyboa boulengeri 290
Tragelaphus strepsiceros **491**, 614
Tragulidae 612
Trampeltier s. *Camelus bac- trianus*
Trappen s. Otididae
Treroninae 463
Triceratops **283**
Trichechidae 555, 605
Trichoglossinae 391, 464
Trichterohren s. Natalidae
Triconodon **506**
Triconodonta 483, 484, 510

Triele s. Burhinidae
Trionychidae 304 f., 356
Trionychoidea 356
Trionyx 342
Trituberculata 484, 510
Tritylodontia 483
Tritylodontoidea 280
Trochilidae 381, 386 f., 391, 399, 417, 420, 422, 469
Troglodytidae 477
Trogone s. Trogones
Trogones 376, 434, 468
Trogonidae 468
Trompetervögel s. Psophii- dae
Tropikvögel s. Phaetontidae
Trughirsche s. Odocoilinae
Trugnattern s. Boiginae
Trugratten s. Octodontidae
Truthuhn 400
Truthühner s. Meleagrididae
Tschiru 614
Tubinares 376, 394, 396, 407, 435, 442 ff.
Tubulidentata 485, 511, 531, 554, 598, 616
Tukane s. Rhamphastidae
Tümmler s. *Tursiops*
Tupaja 546
Tupajas s. Tupaiidae
Tupaiidae 522, 570, 576, 578
Tüpfelhyäne 533, 548
Turakos s. Musophagidae
Turdidae 477
Turnicidae 417, 453
Tursiops 517, **525**, 596
Turteltauben 463
Tylopoda 516, 528, 607, 610
Typhlopidae 293, 320 f., 336, 368
Typhlops 316, **340**
Tyrannen s. Tyrannidae
Tyranni 136, 474 f.
Tyrannidae 475
Tyrannoidea 475
Tyrannosaurus 282
Tytoninae 466

U

Uferschwalbe 417
Ungleichzahnnattern s. Xe- nodontinae
Unpaarhufer s. Perissodac- tyla
Upupidae 470 f.
Urhuftiere s. Condylarthra
Uromastyx 324

Uromastix acanthinurus **309**
Uropeltidae 369
Ursidae 518, 528, **530**, 553, 599, 600
Urwale s. Archaeoceti

V

Vampirfledermaus s. *Des- modus*
Vampirfledermäuse s. Des- modontidae
Vangawürger s. Vangidae
Vangidae 431, 477, 624
Varan s. *Varanus*
Varane s. Varanidae
Varanidae 298, 310, 317, 323, 327, 329, 338, 344 f., 366
Varanomorpha 366
Varanus 290, **322, 335**
Varanus bengalensis **343**
Varanus monitor **307**
Vespertilionidae 575
Viduinae 422 f., 480
Vielfraß 601
Vielzahnnattern s. Sibyno- phinae
Vielzitzenmaus s. *Mastomys erythroleucus*
Vikugna s. *Lama vicugna*
Viper s. *Vipera*
Vipera **312**
Vipera berus 328, **337**, 346
Vipera russelli 319
Viperidae 310, 314 f., 318 ff., 321, 330, 344 ff., 370
Viperinae 299, 370
Vipern s. Viperinae
Vireo olivaceus **426**
Vireonidae 478
Virginiahirsch 613
Viscachas s. Chinchillidae
Viverra 499, **501**, 601
Viverridae 601
Viverrinae 601
Vögel s. Aves
Vombatidae 553, 568
Vorbären s. Procyonidae

W

Wachsschnabelpapageien 465
Wachtel 419
Waldelefant 603
Waldhund 600
Waldhunde s. Speothoninae

Waldmaus 499, 520
Waldsänger s. Parulidae
Waldspitzmaus 518
Wale s. Cetacea
Walroß s. *Odobenus*
Walrosse s. Odobenidae
Wanderalbatros 386
Wanderfalke 422, 427
Wanderratte 518, 520, 542
Wapiti s. *Cervus elaphus canadensis*
Waran s. *Varanus bengalensis*
Waran s. *Varanus monitor*
Warane s. Varanidae
Warzenschlangen s. Acrochordidae
Warzenschwein 520
Waschbär 600
Wasseramseln s. Cinclidae
Wasserbock 614
Wassermokassinschlange 327, 345
Wassernatter s. *Erpeton tentaculatum*
Wassernattern s. Natricidae
Wasserreh 613
Wasserrehe s. Hydropotinae
Wassersäugetiere 531 f., 534, 537, 539, 542 f.
Wasserschildkröten 298, 321, 323 f., 328 f., 332, 344
Wasserschwein s. *Hydrochoerus*
Wasserschweine s. Hydrochoeridae
Wasserspitzmaus 485
Wassertreter 419
Wassertrugnattern s. Homalopsinae
Watvögel 419
Weber s. Ploceinae
Webervögel s. Ploceidae
Webervögel s. Ploceinae
Wehrvögel s. Anhimidae
Weichschildkröte s. *Trionyx*

Weichschildkröten s. Carettochelydidae
Weichschildkröten s. Trionychidae
Weichschildkröten s. Trionychoidea
Weihen 460
Weißibis s. *Eudocimbus albus*
Weißstorch 400, 425
Weißschwanzgnus s. *Connochaetes gnou*
Weißwale s. Monodontidae
Weißwedelhirsch 613
Wendehals 419
Wendehalsfrösche s. Phrynomeridae
Wiedehopf 390, 419
Wiedehopfe s. Upupidae
Wiederkäuer s. Ruminantia
Wiesel 542, 552, 601
Wildesel s. *Asinus*
Wildkatze s. *Felis silvestris*
Wildpferd s. *Equus przewalskii*
Wildschwein 508, 551 f.
Wisent s. *Bison bonasus*
Witwen s. Viduinae
Wolf s. *Canis lupus*
Wölfe 600
Wolfzahnnattern s. Lycodontinae
Wombats s. Vombatidae
Wühlmäuse 553, 588
Wühlschlangen 298
Würfelnatter 306
Würger s. *Lanius*
Würger s. Laniidae
Wurmschlangen s. Leptotyphlopidae
Wurzelratten s. Rhizomyidae
Wüstenleguan s. *Dipsosaurus dorsalis*

X

Xantusia vigilis 345

Xantusiidae 362
Xenarthra s. Edentata
Xenicidae 475
Xenoderminae 370
Xenodon 311
Xenodontinae 314 f., 370
Xenopeltidae 369
Xenosauridae 365

Z

Zahnarme s. Edentata
Zahnlose s. Edentata
Zahntauben s. Didunculinae
Zahnvögel 375
Zahnwale s. Odontoceti
Zalambdodonta 570 f., 616
Zapodidae 589
Zaunkönig 410, 419
Zaunkönige s. Troglodytidae
Zebras 557, 608
Zehenbeutler s. Phalangeria
Zeisige s. Carduelinae
Zibetkatze s. *Viverra*
Ziegen s. Caprinae
Ziegenmelker s. Caprimulgi
Ziesel 552 f.
Zigeunerhühner s. Opisthocomidae
Zitronenzeisig 621
Zosteropidae 478
Zuckervögel s. Thraupidae
Zwergbeutelratte 552
Zwergböckchen 614
Zwergböckchen s. Tragulidae
Zwerghamster s. *Cricetulus*
Zwergpinguine s. *Eudyptula*
Zwergschimpanse s. *Pan paniscus*
Zwergschlangen s. Calamarinae
Zwergschwalme s. Aegothelidae
Zwergtauben 463

Sachverzeichnis

Hinweise auf Abbildungen **halbfett**

A

Abdominalporus 13, 14
Abdominalschild 303, 304
Abyssal 622
Acetabulum 226, 293, 380
Acrodonte Zahnbefestigung 309, 310
Actinotrichia 83, 96
Adamantoblast 505
Adaptive Radiation 623
Adnasale 77
Adrenalorgan s. Nebenniere
Adultkleid 503
Aegithognathie 432, 433
Afterflosse s. Analflosse
Afterschaft 384 ff., 385
Agamodromes Wanderverhalten 141 f.
Aglypher Giftapparat 311, 312, 313 ff.
Akinetischer Schädel 288, 349
Akkomodation, Agnatha 17
– Amphibia 251
– Aves 411
– Chondrichthyes 53
– Mammalia 541 f.
– Osteichthyes 127
– Reptilia 336
Alisphenoid 77, 488
Allopatrie 621
Alluvium s. Holozän
Altersbestimmung, Mammalia 510
– Osteichthyes 95, 124
Amboß s. Incus
Amnion 3, 219, 279, 285, 341, 342, 415, 482, 544, 545
Amphibiont 141 f.
Amphirhinie 434
Amphistylie 29, 60, 61
Amplexus 259 ff., 261, 268
Anadromes Wanderverhalten 141 f.
Analflosse 84, 86
Analogie 623
Analporen 306
Analschild 303, 304
Anapsider Schädel 280, 284, 286 f., 288, 349 ff.
Angulare 77, 79, 223, 224, 287, 288 f., 379, 482 f., 486
Anisodactylie 382, 434
Anisognathie 512

Annex s. Amplexus
Anosmat 539
Antebrachium 224, 226
Anulus tympanicus 251, 541
Aorta descendens 322, 326, 401, 524
– dorsalis 42, 45, 112, 243, 326
– ventralis 42, 45
Aortenbogen 242, 243, 243 f., 322, 325 ff., 401, 524 f., 525, 526
Aparietales Schädeldach 186
Appendices pyloricae 41, 103
Äquatoriale Zone 147 f.
Arachnoidzelle 7
Arboreal 622
Archipterygium 82, 83
Arctogaea 619
Arcus orbitalis 487
– zygomaticus 489
Area centralis 542
Areal 621
– Größe 621
– Kontinuität 621
Arealkunde s. Chorologie
Aritaenoidknorpel s. Cartilago arytaenoidea
Armdecken 385
Armschwingen 383, 386 ff., 436
Art 624
Arteria afferens 45
– branchialis 42, 44, 112
– cardiaca 242
– carotis 111, 112, 242, 243, 322, 325 f., 399, 401, 526
– caudalis 42, 243, 525
– coeliaca 42, 322, 326, 401, 525
– coeliacomesenterica 112
– digitalis 526
– efferens 42, 44
– femoralis 526
– gastrica 243, 326
– hypobranchialis 42
– iliaca 42, 243, 326, 525
– interossea 527
– ischiadica 526
– jugularis 42
– lingualis 526
– mediana 526
– mesenterica 42, 322, 326, 401
– oesophagea 401
– ophthalmica 243

Arteria orbitalis 243, 526
– pulmocutanea 243
– pulmonalis 112, 322, 524
– radialis 526
– renalis 42, 322, 525
– stapedius 526
– sternoclavicularis 401
– subclavia 42, 322, 326, 401, 526
– thoracica 401
– ulnaris 526
– vertebralis 401
Articulare 77, 79 ff., 223, 224, 287, 289, 335, 486
Articulatio sacroiliaca 493
Äschenregion 148
Astralagus 224, 226
Atemfrequenz 325, 400, 529
Atemlabyrinth 107, 108
Atlas 291, 490
Atmungssystem, Agnatha 9, 10 f.
– Amphibia 238 ff., 239
– Aves 397 ff., 398
– Chondrichthyes 41 f., 42
– Mammalia 521 ff., 521
– Osteichthyes 105 ff., 108
– Reptilia 321 ff., 322
Atrioventricularknoten 525, 526
Atzen 392
Auge s. Sehsinn
Augendrüsen 252
Augenfenster 302, 337, 338
Augenlid 268, 338, 543
Augenreduktion 17, 129, 252, 269
Augenspalt 542
Ausbreitung 556 f.
Ausrottung 560
Außenfahne 385
Autostylie 29, 60, 61
Axialskelett s. Wirbelsäule
Axillarschild 303, 304
Axis 291, 492

B

Backentasche 513
Backenzahn, hinterer 505, 512
– vorderer 505, 512
Ballendrüse 505
Balz 417
Barbenregion 148

Barten 513, 598
Basalganglion 403
Basibranchiale 30, 33, 80
Basidorsale 77, 80
Basioccipitale 77, 486, 488
Basisphenoid 432, 433, 488
Basiventrale 77, 80
Bast 490, 491
Bauchflosse 29, 32, 85, 86
– bauchständige 85, 86
– brustständige 85, 86
– kehlständige 85, 86
Bauchpanzer s. Plastron
Beckengürtel, Amphibia
  224, 226
– Aves 279, 380 ff., 381 f.
– Chondrichthyes 30, 31
– Mammalia 487, 493
– Osteichthyes 82, 83
– Reptilia 290, 293
Benthos 622
Beringstraße 559
Beutelknochen 564
Biddersches Organ 247, 248,
  268
Blättermagen 516, 517
Blätterpapillen 538
Blattkiemen 239, 255
Blinddarm 395 f., 514, 516,
  518
Blut, Agnatha 12
– Amphibia 245
– Aves 399
– Chondrichthyes 46
– Mammalia 528
– Osteichthyes 113
– Reptilia 327
Bogenstrahl 384, 385
Borsten 502
Borstenfeder 385, 386 f.
Brachiopterygium 82, 83
Brachsenregion 148
Brille 338
Bronchiallunge 322
Brunstdrüse 501
Brustbeinkamm   s.   Carina
  sterni
Brustflosse 29, 32, 85, 86
Brustmuskulatur 376, 383
Brustschultergürtel, – arcife-
  rer 225, 226, 267
– firmisterner 225, 226, 267
Brut, Dauer 420 f.
– Gebiet 621
– Kleid 388
– Parasitismus 422 f.
– Revier 417
Brutbeutel 139, 140
Brüten 344, 372, 416
Brutpflege, Amphibia
  261, 262 f.

Brutpflege, Aves 416 ff., 418
– Mammalia 482
– Osteichthyes 137 f., 139
– Reptilia 345
Bulbus olfactorius 118, 119
Bulla tympanica 560
Buntsandstein 618
Bursa fabricii 395
Bürzeldrüse 385, 390, 435
Büschelkiemen 238, 239

C

Calcaneum s. Fibulare
Camptotrichia 83, 96
Caninus 505, 507 ff., 512
Carapax 303, 304 ff.
Cardia 515 f., 517
Carina sterni 378, 379, 434
Carotisdrüse s. Carotis-Laby-
  rinth
Carotis-Labyrinth 243, 245
Carpaldrüse 501
Carpale 224, 226, 293, 380,
  487, 493, 494
– Synonym 495
Carpometacarpus 379, 380,
  381
Cartilago apicalis 227
– arytaenoidea   227, 289,
  488, 523
– cricoideus 289, 488, 523
– cricotrachaealis 227
– thyreoidea 523
Centrale 290, 380
Ceratobranchiale 30, 33, 80
Ceratotrichia 83, 96
Cerebralisations-Index   405,
  537
Cervicalschild 303, 305
Chalaze 413, 415
Chemischer Sinn 249
Chiasma opticum 537
Chiropatagium 494
Choane, – primäre 78, 101,
  489
– sekundäre 488, 489
Chorda dorsalis, Agnatha 3,
  5, 6
– Amphibia 223, 228
– Chondrichthyes 29 f., 30
– Osteichthyes 80
– Wirbeltiere 1
Chorio-Allantoisplacenta 548
Chorioidea 126, 409, 541
Chorioidealkörper 127, 251
Chorion 342
Chorologie 618 f.
Ciliarkörper 17, 127, 336,
  411, 541

Cirren 7, 9, 22
Cisterna chyli 525, 528
Claustrum 123, 124
Clavicula 82, 83, 225, 226,
  492 f., 560
Cleithrum 82, 83, 226, 293
Clitoris 533
Coccyx 271
Cochlea 408
Colon 514, 516, 518
Columella   224, 250, 251,
  335, 409, 482
Commissura anterior 482
– hippocampi 482
– pallii 535
Condylus occipitalis 219, 223,
  279, 285, 291, 483, 486
Conus arteriosus 42, 45, 243
Coprodaeum 330, 395
Copula s. Basibranchiale
Coracoid 225, 226, 291,
  292 f., 303, 378, 379, 434,
  492, 494, 560, 562 ff.
Cornea 17, 53, 126, 409,
  410 f.
Coronoid 79, 223, 224, 287,
  289
Corpus callosum 482
– cavernosus 331
Cortisches Organ 540
Cosmin 92 ff., 93
Cosmoidschuppe 92 ff., 93
Costale 303, 305, 492
Costalschild s. Pleuralschild
Crista sterni 379, 380
Ctenoidschuppe 92 ff., 93
Cycloidschuppe 92 ff., 93
Cyclomores Wachstum 92 ff.
Cytologie 562

D

Darm, Agnatha 8
– Amphibia 236
– Aves 395 f., 436
– Chondrichthyes 39 f., 40
– Mammalia 516 ff.
– Osteichthyes 102, 103
– Reptilia 316
Darmlänge 316, 518
Darmschleifenanordnung,
  cyclocoele 436
– orthocoele 436
Dauergebiß 511
Daunenfeder 386
Deckhaar 502
Dentale 77, 79, 223, 224, 287,
  289, 378, 482 ff., 488, 489,
  507
Dentin 91 ff., 93, 505, 506

Descensus testiculorum 531
Desmognathie 432, 433
Devon 618
Diagnose, Agnatha 4
– Amphibia 219
– Aves 372
– Chondrichthyes 27
– Mammalia 482
– Osteichthyes 74
– Reptilia 279
Diaphragma 342, 482, 497, 521
Diapophyse 490
Diapsider Schädel 280 f., 286 f., 349 f., 372, 378
Diastataxie 435
Diastema 508 f., 509, 512
Digitigradie 600 f.
Dilambdodontie 570
Diluvium s. Pleistozän
Dimorphismus 388
Diphyodontie 511
Diplospondylie 77, 80
Diprotodontie 565, 568
Disjunktion 265, 621
– arkto-alpine 559
– oreale 559
Divergenz 623
Dogger 618
Dogielsches Körperchen 540
Dottersackplacenta 548
Drohstellung 264
Drohverhalten 553
Drüsenmagen 392 f., 393, 436
Duftdrüse 231, 305 f., 390 f., 503, 548
Ductus arteriosus 242, 243 f., 322
– biliferus 519
– Botalli 242, 243, 322, 399
– caroticus 242, 243, 322, 325, 399
– cochlearis 335, 408, 540
– choledochus 519
– Cuvieri 242, 243, 322
– cysticus 519
– deferens 532
– endolymphaticus 29, 52 f., 123, 250, 251
– hepaticus 519
– nasolacrimalis 522
– nasopalatinus 489
– nasopharyngicus 489
– pneumaticus 108, 109 f.
– thoracicus 525, 527
Duftmarkierung 553
Duodenum 514, 516, 518
Durodentin 36, 36, 92, 93
Duvernoysche Drüse 308, 311
Dyssospondylie 77, 80

E
Echopeilung 541, 574, 594, 599
Eckzahn s. Caninus
Ectopterygoid 78, 223
Ei, Agnatha 13, 18 f.
– Amphibia 254, 260 f., 261
– Aves 413 ff., 415
– Bildung 413
– Chondrichthyes 55 f., 56
– Mammalia 544
– Osteichthyes 131 f., 132, 136
– Reptilia 341
Eimersches Organ 540
Eischale 413 f., 415
Eischwiele 341
Eiszeit 559, 603, 617
Eizahn 302, 341, 415
Elasmoidschuppe 94 ff., 93
Elektrisches Organ, – Rajiformes 34, 69 f.
– Teleosteer 88 f., 88, 119
Embolomeri 75, 220, 221
Embryoblast 544, 545
Embryonalhülle 3, 132, 133, 341, 342,
Embryonalzeit, Amphibia 259
– Osteichthyes 131
– Reptilia 342
Endemismen 431, 554
Endemit 619
Endolymphkanal s. Ductus endolymphaticus
Endolymphsack 250, 251, 335
Endostyl 18
Endothermie 485
Entoglossum 77
Entökie 105
Entoplastron 303, 305
Entwicklung, Agnatha 18 f.
– Amphibia 254 ff., 256 f.,
– Aves 413 ff., 415
– Chondrichthyes 54 ff., 56
– Mammalia 544 ff., 545, 547
– Osteichthyes 130 ff., 132
– Reptilia 340 ff.
Eozän 617
Epibranchiale 30, 33, 80
Epicentralgräte 77
Epicoracoid 225, 226
Epiglottis 522
Epineuralgräte 77
Epiphyse s. Pinealorgan
Epiplastron 303, 305
Epipleurale 29, 30, 77, 81, 223
Epipterygoid 78, 488

Episternum 225, 226, 291, 293
Epistitie 105
Epistropheus s. Axis
Epithelkörper s. Parathyreoidea
Erdaltertum s. Paläozoikum
Erdbau 553
Erdgeschichte 617
Erdmittelalter s. Mesozoikum
Erdneuzeit s. Känozoikum
Eremial 622
Ernährung, Agnatha 10
– Amphibia 237 f.
– Aves 397
– Chondrichthyes 41
– intrafolliculäre 133
– intraovarielle 133 f.
– Mammalia 519 ff.
– Osteichthyes 104 f.
– Reptilia 317 f., 318
Ethmoid 78, 488, 489
Ethmoturbinale 489
Eustachische Röhre s. Tuba Eustachii
Eutaxie 435
Euter 504
Exethmoid 77
Exoccipitale 77, 223, 224, 486
Extracolumella 251, 335
Extremitäten, Amphibia 224, 226 f.
– Aves 279, 380 ff., 381 f.
– Chondrichthyes 31, 32
– Mammalia 493 ff., 494, 498
– Osteichthyes 82 ff., 83
– Reptilia 290, 293 f.
Extremitätenskelett 494

F
Fadenfeder 385, 386 ff.,
Familie 624
Fangzahn s. Caninus
Farbpolymorphismus 388
Farbsehen 336 ff.
Färbung 386 f., 502 f.
Farbwechsel, Amphibia 233 f.
– Fische 91
– Reptilia 300, 306 f.
Faunistik 619 f.
Feder 372, 384 ff., 385
– Entwicklung 387
Federfahne 384, 385
Federflur 385
Federfolge 388
Federgeneration 387

Federpulpa 387
Federradius 384 ff., 385
Federrain 385
Federramus 384 ff., 385
Federscheide 385
Federspule 385
Feindabwehr 264
Fell 502
Femoraldrüse 305 f., 501
Femoralschild 303, 304
Femur 224, 226, 290, 294, 378, 487, 494, 496
Fenestra vestibuli 541
Fettkörper 247, 248
Fibula 290, 294, 373, 379, 487, 494, 496
Fibulare 224, 226, 290, 296
Flossenformel 85, 149
Floßnest 418
Flug, Amphibia 229, 230
– Aves 376 f.
– Mammalia 485, 499
– Osteichthyes 87, 90
– Reptilia 292, 297, 298, 373
Flügelschlagfrequenz 400
Fluggeschwindigkeit 400
Flughaut 290, 495, 571
Foramen, incisivum 489
– nervi obturatorii 293
– obturatum 293
– panizzae 322, 325
Forellenregion 148
Fortbewegung, Agnatha 6
– Amphibia 229, 230
– Aves 384
– Chondrichthyes 34 f.
– Mammalia 497 f.
– Osteichthyes 87, 89, 90
– Reptilia 297 ff., 297
Fortpflanzung, Agnatha 19 f.
– Amphibia 259 ff., 261
– Aves 416 ff., 418
– Chondrichthyes 57
– Mammalia 548 ff., 550,
– Osteichthyes 134 ff., 135, 139
– Reptilia 343 ff., 343
Fortpflanzungsperiodik 416 f.
Fortpflanzungsreife 551
Fortpflanzungszyklus 551
Fossa glenoidalis 224, 226, 379
Fovea centralis 128, 338
Freßgemeinschaft 553
Frontale 77, 78, 224, 287, 315, 488, 489, 491
Fundus 515 f., 517
Furcula 373, 379, 380, 434
Fuß, Aves 382
Fußballen 500

Fußbeschilderung 432, 435
– endaspid 432, 433
– exaspid 432, 433
– geschient 432, 433
– holaspid 432, 433
– laminiplantar 432, 433
– pycnaspid 432, 433
– taxaspid 432, 433

G

Gabelbein s. Furcula
Gallenblase 519
Galopp 499
Gamodromes Wanderverhalten 141 f.
Ganglia habenulae 14, 15
Ganoidschuppe 23, 92 ff., 93
Ganoin 92 ff., 93
Gasaustausch 241, 324
Gasdrüse 108, 109 ff., 112
Gastralia 304
Gastrostega 295
Gattung s. Genus
Gaumen, harter 513
– hörnerner 390 f.
– primärer 483
– sekundärer 482 f., 488, 489
Gaumendrüse 308
Gaumenleiste 514
Gaumenzahn 308
Gebiß 511
Geburt 549
Geburtsgewicht 549
Gefieder, Farbe 386 ff.
– Zeichnung 386 ff.
Gehen 229, 230, 499
Gehirn, Agnatha 14, 15
– Amphibia 249
– Aves 403 ff., 404
– Chondrichthyes 47 ff., 48
– evertiertes 117, 118, 150 f.
– gyrencephales 534
– invertiertes 117
– lissencephales 534
– Mammalia 483, 534 ff.
– Osteichthyes 117 f.
– Reptilia 332 f.
Gehirnnerven, Agnatha 14 f., 15
– Amphibia 249
– Aves 405
– Chondrichthyes 48, 49 ff.
– Mammalia 537 f.
– Osteichthyes 118, 119 f.
– Reptilia 333
Gehörgang 482
Gehörknöchelchen 483 f., 486

Gelbaal 144
Gelbkörper 329
Gelegegröße 344 f., 419 f.
Genitalporus 116
Genus 624
Geruchsinn, Agnatha 17
– Amphibia 250
– Aves 406 f.
– Chondrichthyes 51
– Mammalia 538 f.
– Osteichthyes 121 f., 124
– Reptilia 333, 334
Geschlechtsdimorphismus 134 f., 135, 332, 548
Geschmackssinn, Agnatha 16
– Amphibia 249 f.
– Aves 407
– Chondrichthyes 51
– Mammalia 438
– Osteichthyes 121 f.
– Reptilia 333
Gesichtsmuskulatur 482, 498
Geweih 490, 491, 606, 612 f.
Giftapparat 285, 309, 310 ff.
– aglypher 311, 312, 313 ff.
– opisthoglypher 289, 312, 313 ff.
– proteroglypher 289, 311, 312, 313 ff.
– solenoglypher 309, 314 ff.
Giftdrüse, Amphibia 231 f., 232
– Chondrichthyes 36 f., 70, 72
– Mammalia 562
– Osteichthyes 86, 87, 89
– Reptilia 310 ff., 312
Giftwirkung 205, 231, 318 ff.
Glasaal 132, 134, 144
Glenoidgrube 583
Gliedmaßen s. Extremitäten
Glomus 12, 13
Glyphodontie 311
Golgi-Mazzinisches Körperchen 540
Gonadenhormon 254
Gonopodien 115, 116
Gotlandium 618
Graben 229, 298, 499
Grandrysches Körperchen 407, 408
Grannen 502
Gräte 77, 81
Grätschtaucher 446, 452
Greiffuß 382
Großlebensräume 622
Grubenorgan 334
Gründeln 452
Gulare 77, 78
Gularschild 300, 302, 304
Gynopädium 553

H

Haar 482, **501,** 502 f.
Haarbalgdrüse 503, **504**
Haardichte 502
Haarfollikel **501,** 502
Haarmuskel **501**
Haarwurzel **501,** 502
Haftorgane, Amphibia 229, **256**
– Fische 87
Hagelschnur s. Chalaze
Hakenfortsatz s. Processus uncinatus
Hakenstrahl 384, **385**
Halsrippe 483
Halswirbel 379, **487, 490**
Halswirbelzahl 378, 434, 490
Haemacanthus 81
Hammer s. Malleus
Handdecken **385,** 386
Handschwingen **383, 385,** 386 ff., **436**
Hangeln 499
Hardersche Drüse 252, 308, **312,** 334, 338
Harnblase **247,** 330, 331, 402, 529, 530 f.
Harnleiter, primärer 40, 46, **106, 115** f., **246, 247,** 330, 331, 402, 403, 528
– sekundärer 40, 46, 247, 329, **330,** 528
Harnröhre s. Urethra
Harnsäure 329, 401
Harnstoff 46, 329, 530 f.
Hauer 508, **509**
Hauptschaft 384 ff., **385**
Hautatmung 239, 241, 328
Hautdrüse 390
– ekkrine **501,** 503
– monoptyche **501,** 503
– polyptyche **501,** 503
Hautknochenplatte 300, 302 f.
Hautmuskulatur 497, **498**
Hautpanzer 95
Häutung, Amphibien 231
– Reptilia 302
Hemibranchie 42, **43,** 106, **108**
Hemipenis **330,** 331
Herbstsches Körperchen 407, **408**
Herde 553
Herkunft, Agnatha 4
– Amphibia **75,** 219
– Aves 472 ff.
– Chondrichthyes 27
– Mammalia 482 ff.
– Osteichthyes 74 f., 75

Herkunft, Reptilia 279 ff., 372 ff.
– Vertebrata 1
Herz, Agnatha 11
– Amphibia 241 f., **243**
– Aves 399, **401**
– Chondrichthyes **42,** 44 f.
– Mammalia 524 ff.
– Osteichthyes 111 f., **112**
– Reptilia 325
Herzgröße 327, 400, 529
Herzschlagfrequenz 327, 399 f., **529**
Herzseptum 279, **322,** 325, 372, 399, 482, 524
Herzskelett 526
Heterodontie, Mammalia 510
– Osteichthyes 100
– Reptilia 308 ff.
Heteromeri 436
Hissches Bündel **525,** 526
Höchstalter, Amphibia 259
– Mammalia 551
– Reptilia 343
Hoden, Agnatha 14
– Amphibia **247,** 248
– Aves **402,** 403
– Chondrichthyes 46 f.
– Mammalia 531
– Osteichthyes 115, **116**
– Reptilia 329, **330**
Holobiont 141 f.
Holobranchie 42, **43,** 106, **108**
Holonephros 12, 246
Holorhinie 432
Holospondylie 80
Holozän 617
Homodontie, Mammalia 510, **512**
– Osteichthyes 100
– Reptilia 308 ff.
Homoeomeri 436
Homoiothermie 34 f., **88,** 372, 377, 416
Homologie 623
– allgemeine 623
– direkte 623
– seriale 623
Hörbereich, Aves 409
Horn 490, **491,** 499, 606, 612, 614
Hornschnabel 562
Hornzähne 4, 7, **9, 21,** 21 f., 237, **258,** 268
Hornschnabel s. Rhamphotheke
Huf 499, **500**
Humeralschild **303,** 304
Humerus **224,** 226, 290, 379 ff., **381,** 487, 493 ff., **494**

Hüpfen 499
Hyale 77, **488**
Hyoid **224,** 226
Hyoidbogen, Agnatha 23, **24**
– Amphibia 227
– Chondrichthyes 28, 31
– Osteichthyes 80, 111, 149
Hyomandibulare 77, 251
Hyoplastron **303,** 305
Hyostylie 29, **60, 61**
Hypercoracoid 82
Hyperstriatum 372, 403 f.
Hypobranchiale 30, 33, 80
Hypocentrum 77, 80
Hypochorda 225
Hypocoracoid 82
Hypophyse, Agnatha 17 f.
– Amphibia 234, 253
– Aves 412
– Chondrichthyes 54
– Mammalia 543
– Osteichthyes 130 f.
– Reptilia 340
Hypoplastron **303,** 305

I

Ichthyogeographie 147 f.
Ichthyopterygium 82, 83
Ileum **514,** 516
Ilium **224,** 226, 290, 293, 379, 380, **487,** 493
Imponierverhalten 553
Incisivus **505, 506, 507** f., **509, 512**
Incus 482 f., 486, **488,** 541
Inguinalschild **303,** 304
Innenfahne **385**
Integument, Agnatha 7
– Amphibia 229 ff., **232**
– Aves 384 ff., **385,** 389
– Chondrichthyes 35 ff., **36**
– Mammalia 499 ff., **500** ff.
– Osteichthyes 89 ff., **93**
– Reptilia 299 ff., **300** f.
Intercalare 123, **124**
Intercentrum 220, **221**
Interclavicula 493
Interdorsale 77, 80
Intergularschild 304
Interhyale 77
Intermaxillardrüse 308
Intermediale 290
Interoperculare **77,** 78 f.
Interparietale **488**
Interrenalorgan s. Nebenniere
Intertarsalgelenk 372, **379**
Intertemporale 78
Interventrale 77, 80
Intrafolliculäre Ernährung 133

Intraovarielle Ernährung 133 f.
Invasionsvögel 424
Iris 53, 127, 336, 409, 542
Irismuskulatur 542
Ischium 290, 293, 379, 380, 487, 493
Isodontie 510
Isognathie 512
Isopedin 91

J

Jacobsonsches Organ s. Vomeronasalorgan
Jejunum 514, 516
Jetztzeit s. Holozän
Jochbogen 349, 489
Jugale 78, 287, 378, 379, 488, 489
Jugendkleid 503
Jura 618

K

Kambrium 618
Kanonenbein 606
Känozoikum 617
Karbon 618
Katadromes Wanderverhalten 141 f.
Kauen 505
Kaulquappe 219, 257, 258
Kehlatmung 239
Kehlkopf s. Larynx
Kehlkopftasche 523
Kehlsack 398
Kehltasche 392
Keuper 618
Kieferapparat 4
– Chondrichthyes 27, 31, 59
Kiefergelenk, primäres 279, 289
– sekundäres 289, 482 ff.
Kiefermuskulatur 296
Kiemen, Agnatha 9, 10 f.
– Amphibia
– äußere 238, 239
– Chondrichthyes 38, 42, 43 ff.
– innere 238
– Osteichthyes 106 f., 108
Kiemenbogen 23, 30, 33, 41, 80, 112
Kiemenbogenmuskeln 33
Kiemendarm 6 ff., 9, 38 f.
Kiemendeckel s. Operculum
Kiemenhautstrahlen s. Radii branchiostegi

Kiemenkorb 5, 6, 227
Kiemenreusenapparat 101
Kiemensäckchen 9, 10 f.
Kiemenstrahl 106
Kiementasche 4, 6, 9, 41, 42, 107, 108
Kinetischer Schädel 286, 288 f., 349 f.
Kinndrüse 231
Klangspektrogramm 424
Klasse 624
Klassifikation 622 f.
Klassifikationsprinzip 623 f.
Klaue 606
Klebezunge 234, 235
Klebstoffdrüse 235
Kletterfuß 382
Klettern 229, 230, 298, 499
Klima, kontinentales 622
– ozeanisches 622
Klima-Vegetationsgürtel 622
Kloakaldrüse 103
Kloake 248, 316 f., 330, 395, 402
Kniescheibe s. Patella
Knochenpanzer 1, 2, 581
Koilinschicht 393, 394
Kolbenzelle 7
Konturfeder 384 ff., 385
Konturhaar 502
Konvergenz 623
Kopfniere 114, 116
Kopfschild, Schlange 300
Kopulationsorgan, Amphibia 269
– Aves 403
– Chondrichthyes 47, 59
– Mammalia 532
– Osteichthyes 115, 116
– Reptilia 330, 331 f.
Körnerzelle 7
Körpergewicht 400, 420
Körpertemperatur 529
Kosmopolit 427, 428, 621
Kralle 299, 384, 390, 499, 500
Krausescher Endkolben 540
Kreide 618
Kreislaufsystem, Agnatha 11
– Amphibia 241 ff., 243
– Aves 399 ff.
– Chondrichthyes 42, 44 ff.
– Mammalia 523 ff., 525
– Osteichthyes 111 f., 112
– Reptilia 285, 322, 323 ff.
Kreuzbein s. Synsacrum
Kreuzwirbel s. Sacralwirbel
Kriechen 299, 499
Kropf 392 ff., 393
Kropfmilch 392

L

Labmagen 516, 517
Labyrinth, Agnatha 15, 17
– Amphibia 250, 251
– Aves 408 f.
– Chondrichthyes 52 f.
– Mammalia 540
– Osteichthyes 123 ff., 124
– Reptilia 335 f., 335
Labyrinthzähne 219, 280
Lacrimale 77, 78, 287, 488, 489
Lagena 15, 17, 52, 123 f., 251
Lagenith 123
Laich 13, 18 ff., 254, 260 f., 261
Lamina cribrosa 488
Langerhanssche Inseln 339, 396
Larve, Agnatha 19
– Amphibia 255 ff., 256 f.
– Osteichthyes 132, 133 f.
Larynx, Mammalia 489 f., 515, 522
– Reptilia 323
Lateroparietales Schädeldach 160
Laufbeschilderung s. Fußbeschilderung
Laufknochen s. Tarsometatarsus
Lauterzeugung, Amphibia 240 f., 260
– Aves 397 ff., 424
– Mammalia 523
– Osteichthyes 108, 109
– Reptilia 323 f.
Lebensgeschichte 617
Leber, Agnatha 8 f.
– Amphibia 236
– Aves 396
– Chondrichthyes 40
– Mammalia 519
– Osteichthyes 103 f.
– Reptilia 317
Lendenwirbel 487, 492
Lepidomorium 94 ff.
Lepidotrichia 83, 96
Lepospondyli 75, 220, 221
Leptocephaluslarve 132, 134, 142, 144, 159
Leuchtorgan 89 ff., 93
Leuchtpapille 421
Lias 618
Lieberkühnsche Krypte 395, 518
Linse 53, 126, 127, 409, 410 f., 541 f.
Lippe 511, 513
Lippendrüse 308, 311

Lorenzinische Ampulle 48, 52
Luftsack, Reptilia 322, 323 f., 397, 398
Lunge, Amphibia 240 f.
– Aves 397 ff., 398, 401
– Mammalia 521 f., 521
– Osteichthyes 107 f., 108
– Reptilia 321 f., 322
Lymphapophyse 290
Lymphgefäßsystem, Agnatha 11 f.
– Amphibia 243, 245
– Aves 399
– Chondrichthyes 45 f.
– Mammalia 527
– Osteichthyes 112, 113
Lymphherz 243, 245, 291, 399
Lymphknoten 528
Lymphsack 12

M

Macula lagenae 52 f., 123, 251, 540
– utriculi 124, 335
Madreporenfresser 104
Magen, Amphibia 235
– Aves 392 ff., 393
– Chondrichthyes 39
– Mammalia 515 ff., 517
– Osteichthyes 102 f., 102
– Reptilia 316
Makrosmat 539
Malleus 482 f., 486, 488, 541
Mallophage 436
Malm 618
Mamille 504
Mandibulardrüse 308
Mandibulare 23, 24, 79, 223
Marginalschild 303, 304
Markierungsverhalten 553
Mastoideum 486
Maulbrüter 140, 263
Mauser 387 f.
Mauthnersche Zelle 119
Maxillare 77, 78, 223, 224, 287, 288 f., 314 f., 379, 482, 488, 489
Maxillopalatinum 432, 433
Mechanorezeptoren s. Tastsinn
Medioparietales Schädeldach 155
Meeresspiegelsenkung 559
Meißnersche Körperchen 539, 540
Merkelsches Körperchen 407, 408
Mesethmoid 77, 488
Mesocoracoid 82

Mesonephros 13, 114, 116, 246 f., 528
Mesoplastron 303, 305
Mesopterygium 31, 32, 82, 83
Mesoptil 387
Mesorchium 14
Mesovar 14
Mesozoikum 618
Metacarpale 224, 226, 373, 379, 380, 487, 494, 495
Metamorphose, Agnatha 18 f., 22
– Osteichthyes 132, 133 f.
– Amphibia 219, 255 f., 256 f.
Metanephros 328, 402, 528
Metapterygium 31, 32, 82, 83
Metasternum 225, 226
Metatarsale 224, 226, 373, 379, 487, 494, 496
Mikrosmat 539
Milchbrustgang 527
Milchdrüse 482, 503 ff., 504, 562
Milchgebiß 511
Milchleiste 504
Mimikri 346
Miozän 617
Mixopterygium 47
Molar 505, 512
Molchlarve 256
Monimostylie 288
Monogamie 417
Monophyodontie 511, 564
Monospondylie 77, 80
Mormyromasten 157
Moschusdrüse 305
Müllerscher Gang s. Oviduct
Mund, Amphibia 234, 258
– Aves 391 f.
– Mammalia 511 ff., 514
– Osteichthyes 96 f., 97
– Reptilia 307 f., 315
Mundhöhlenatmung 239, 241
Muschelkalk 618
Musculus adductor pollicis 498
– adductor externus 314
– – mandibulae 30, 295, 296
– arrector pili 501
– auricularis 498
– biceps 228, 383, 434
– brachialis 383
– brachiocephalicus 498
– caudofemoralis 228
– cervicomandibularis 297
– constrictor dorsalis 30
– – internus 296
– – superficialis 30, 34
– – ventralis 30, 296

Musculus coracoidalis 228
– costo-cutaneus 295
– cucullaris 383
– cutaneus facialis 498
– – labeorum 498
– deltoideus 498
– depressor mandibulae 295, 497
– digastricus 497
– dorsalis trunci 227, 228, 294, 295
– expansor secundariorum 383, 434
– extensor metacarpi 383
– flexor carpi ulnaris 383
– – digitorum 383, 435
– – hallucis 435
– frontalis 498
– gastrocnemius 228
– geniohyoideus 307
– gluteobiceps 498
– gluteus 498
– hyoglossus 308
– hypoglossus 307
– iliocostalis 294, 295
– interarcuaris 30
– intercostalis 295, 498
– intermandibularis 295, 296
– laryngosyringeus 433
– latissimus dorsi 295, 498
– levator anguli oris 296
– – mandibulae 30
– – nasolabialis 498
– longissimus cervicocapitis 294
– dorsi 294, 295
– malaris 498
– masseter 497, 561
– mastoideus 296
– obliquus abdominalis 498
– – externus 227, 228, 294, 295
– – internus 227 ff., 228, 294, 497
– omotransversius 497
– opercularis 250
– opponens pollicis 497
– orbicularis 498
– pectoralis 383, 498
– peroneus 498
– praeorbitalis 30
– procerus 498
– pronator 383, 498
– quadratus labii 498
– quadriceps femoris 228
– rectus abdominis 228, 498
– – superficialis 295
– retractor bulbi 252, 410
– rhomboideus 498
– risorius 498
– semitendinosus 498

Musculus serrator 498
– serratus 383, 498
– sphincter colli 295, 297
– spinalis capitis 294
– stapedius 541
– sternomandibularis 498
– sternotrachealis 433
– subclavius 498
– subvertebralis 228, 295
– supracoracoideus 228, 383
– syringeus 433
– tensor fasciae latae 498
– – patagii 383, 434
– – transversospinalis 294, 295
– transversus 227, 228, 294, 497
– – abdominis 498
– – thoracis 498
– trapezius 295
– – cervicis 498
– – dorsi 498
– triceps 383
– zygomaticus 498
Muskelanordnung, hystrico-morphe 561, 584
– myomorphe 561, 584
– protrogomorphe 561, 584
– sciuromorphe 561, 584
Muskelmagen 392 ff., 393
Muskulatur, Agnatha 6
– Amphibia 227 f., 228
– Aves 383 f., 383
– Chondrichthyes 30, 33 f.
– epaxonische 31, 227, 228, 294, 295
– hypaxonische 31, 227, 228, 294, 295
– Mammalia 496 f., 498
– Osteichthyes 87 ff., 88
– Reptilia 294 f., 295
Myocomma 30, 30 f., 227, 228
Myomer 30, 33 f., 227, 228
Myoseptum 30, 227, 228

N

Nabelschnur 544 ff., 545
Nachniere s. Metanephros
Nagel 499, 500
Nahrungsbearbeitung 392
Nahrungsfilterer 5, 10
Nares imperviae 432
– perviae 432
Nasale 77, 78, 223, 224, 287, 488, 489
Nase 522
Nasendrüse 308, 522

Nasengaumengang 9, 11, 22, 120 f., 334, 489
Nasenhöhle 406, 522
Nasenöffnung, Agnatha 8, 9, 11
– Amphibia 239
– Aves 406
– Chondrichthyes 51, 60
– Mammalia 522
– Osteichthyes 120 f., 124
Nasopharyngealgang 333, 334
Nebenhoden 402
Nebenniere 402
– Agnatha 18
– Amphibia 253
– Aves 413
– Chondrichthyes 40, 54
– Mammalia 543
– Osteichthyes 128
– Reptilia 339
Nebenschilddrüse s. Parathy-reoidea
Neocortex 534
Neogaea 619
Neopallium 534 f.
Neopulmo 397, 398
Neotenie 256 ff., 269
Nephron 330, 530
Nephronanordnung, radiäre 329, 330
– seriale 328, 330
Nervensystem, Agnatha 14 ff.
– Amphibia 249
– Aves 403 ff., 404
– Chondrichthyes 47 ff.
– Mammalia 534 ff.
– Osteichthyes 117 ff.
– parasympathisches 538
– Reptilia 332 ff.
– sympathisches 538
Nervus terminalis 47
Nestbau, Aves 417 f., 418
– Osteichthyes 137 f., 139
Nestflüchter 415, 421 f., 549, 550
Nesthocker 415, 421 f., 549, 550
Nestlingsdaune 385, 386 f.
Netzmagen 516, 517
Neurale 303, 305
Neurapophyse 490
Neuromasten 51
Nickhaut 252, 338, 410
Nidamentaldrüse 47
Niere, Agnatha 13 f., 13
– Amphibia 246 f., 247, 268
– Aves 401, 402
– Chondrichthyes 40
– einpyramidige 528, 530

Niere, Mammalia 528 f., 529
– mehrpyramidige 528, 530
– Osteichthyes 114 ff., 116
– Reptilia 328 ff., 330
Nierenkreislauf 113, 243, 244
Nierenpfortadersystem 42, 44, 326, 399, 527
Nodus cervicalis 525
– intercostalis 525
– lumbalis 525
Nomenklatur 622 f.
Nördliche boreale Zone 147
Notochord s. Chorda dorsalis
Notogaea 619
Nuchale 303, 305
Nuchalschild s. Cervicalschild
Nuchodorsaldrüse 306

O

Occipitale 486
Oesophagus s. Vorderdarm
Ohr s. statoakustischer Sinn
Ohrmuschel 541
Ohrspeicheldrüse 515
Oligozän 617
Omosternum 225, 226
Ontogenesetyp 420 ff.
Oophagie 55, 58
Operculare 77, 78, 250
Operculum 74, 106, 108, 219
Opisthodontie 310
Opisthoglypher Giftapparat 289, 312, 313 ff.
Opisthonephros 12, 46, 114, 116, 246 f., 246
Opisthoticum 77
Orbita 560
Orbitosphenoid 224, 488
Ordnung 624
Ordovicium 618
Oreal 622
Orientierung, Amphibia 264
– Mammalia 553
Os cordis 526
– dorsale 378
Ostariophysi 111, 123, 124
Oval 108, 109 f., 112
Ovar, Agnatha 13, 14
– Amphibia 247, 248
– Aves 402, 403
– Chondrichthyes 47
– Mammalia 532
– Osteichthyes 115, 116
– Reptilia 329, 330
Ovarröhren 116
Oviduct, Amphibia 247, 248
– Aves 403, 404
– Chondrichthyes 47
– Mammalia 532, 533

Oviduct, Osteichthyes 115, 116
– Reptilia 330
Oviparie, – Amphibia 259 f.
– Chondrichthyes 55 f., 58
– Mammalia 563
– Osteichthyes 132, 133
– Reptilia 345
Ovoviviparie, Amphibia 259
– Reptilia 345
Ovuliparie 133

P

Pacinisches Körperchen 407, 408, 540
Palaeognathie 432, 433
Paläopulmo 397, 398
Paläozän 617
Paläozoikum 618
Palatinum 77, 78, 224, 235, 314, 378, 432, 433, 482, 488, 489
Palatoquadratum 23, 24
Pallium 404
Pamprodactylie 382, 434
Pankreas, Amphibia 236, 253
– Aves 396, 413
– Chondrichthyes 41, 54
– Mammalia 519
– Osteichthyes 104, 130
– Reptilia 317, 339
Panniculus adiposus 503
– carnosus 497
Pansen 516, 517
Panzer, Chelonia 293
Papilla amphibiorum 250
– neglecta 123
Paralleltaucher 347
Parapinealorgan s. Parietal-Organ
Parasitismus 105
Parasphenoid 77, 78 f., 223, 224, 235, 287
Parasternum 292
Parathyreoidea, Amphibia 253
– Aves 412
– Chondrichthyes 53
– Mammalia 543
– Osteichthyes 129
– Reptilia 339
Parietalauge 337, 338
Parietale 77, 78, 287, 315, 488, 489
Parietalfenster 252
Parietalorgan 14, 15, 333
Parökie 105
Parotisdrüse 308
Parovar 402, 403

Parthenogenese 344
Patella 294
Patrogynopädium 553
Paukenbein s. Tympanicum
Pecten 409
Pectoralschild 303, 304
Pelagial 622
Penis 330, 331 f., 532
– appositus 532
– pendulus 532
Penisknochen 532
Perilymphraum 123, 124
Perioticum 486, 488
Peripherale 303, 305
Perm 618
Petrosum 486
Pfortaderherz 11
Pfalange 293, 373, 379, 380 f., 434, 487, 494, 495 f., 500
Pfalangenformel 483, 495
Phanerozoikum 617
Pharyngobranchiale 30, 33, 80
Pharynx 515
Pharynxtasche 101
Phoresie 105
Phylogenie, Amphibia 222 f.
– Aves 375 f.
– Chondrichthyes 27, 28
– Mammalia 482 ff., 484 f.
– Osteichthyes 75
– Reptilia 279 ff.
Physoclisten 108, 109
Physostomen 108, 109
Pigment 233 f.
Pilzpapillen 538
Pinealauge 252
Pinealorgan 14 f., 15, 54, 544
Pisiform 380
Pisoulnare 379, 380
Placenta 546 ff., 547
– cotyledonata 547, 548
– diffusa 547, 548
– discoidalis 547, 548
– endotheliochoriale 546, 547
– haemochoriale 548
– syndesmochoriale 546, 547
– zonaria 547, 548
Placentäres Organ 47, 55, 56, 58, 341, 342
Placoidschuppe 35 f., 36, 92 f., 93
Plagiopatagium 494
Planktonfresser 104
Plantigradie 600 f.
Plastron 303, 304 ff.
Platybasischer Schädel 223
Plesiometacarpal 613
Pleurale 29, 30, 77, 81

Pleuralschild 303, 304
Pleuroccipitale 224, 488
Pleurocentrum 77, 80, 220, 221
Pleurodonte Zahnbefestigung 309, 310
Pleurosphenoid 287
Pliozän 617
Pneumatizität 372, 376 f.
Poikilothermie 327
Polyandrie 417
Polygamie 417
Polygynie 417
Polyphyodontie 235
Polyprotodentie 565, 568
Pons 535 f.
Postcleithrum 82, 83
Postembryonalentwicklung 421 f.
Postfrontale 78, 287, 489
Postorbitale 78, 286 f., 287, 288 f., 489
Postparietale 77, 78, 486, 489
Posttemporale 77, 82 f.
Postzygapophyse 290
Potamobiont 141 f.
Potamotokes Wanderverhalten 141 f.
Präangulare 289
Präarticulare 79, 223, 289
Präaxiale 83
Praemolar 505, 512
Praeoperculare 77, 78
Praesphenoid 488
Praevesica 108, 109
Präfrontale 77, 78, 287, 315
Prägenitaldrüse 501
Präkambrium 618
Prämaxillare 77, 78, 223, 224, 287, 379, 482 488 f., 507
Prävomer s. Vomer
Präzygapophyse 290, 291
Processus uncinatus 292, 372 f., 378 f., 379
– zygomaticus 379, 488, 489
Procoracoid 226
Proctodaeum 330, 395
Pronephros 13
Prooticum 223, 224, 287
Proscapularfortsatz 303
Prostata 532
Proterodontie 310
Proteroglypher Giftapparat 289, 311 ff., 312
Protopterygium 31, 32, 82, 83
Protoptil 387
Pseudo-Amnion 133
Pseudobranchie 42, 43, 106, 108
Pseudo-Chorion 133
Pteroticum 77

Pterygoid 77, 78 f., 223, **224**, 314, 378, 432, **433**, **488**, **489**
Pterygophor 82, **83**, 85, 96
Pterylose 385, 388
Pubis 290, 293, 379, 380, 487, 493
Pupille 251, 337, 338, 542
Putzkralle 449
Pupillenform 251, **268**, 337, 338
Pygale 303, 305
Pygostyl 372, 378, 379
Pylorus 515, 517
Pylorusmagen 394
Pylorusschläuche s. Appendices pyloricae
Pyramidenbahn 535, 537

Q

Quadrato-Articulargelenk 279
Quadratojugale 78
Quadratomaxillare **224**
Quadratum 77, 79 ff., 223, **224**, 287, 314 f., 335, 378, 379

R

Rachen s. Pharynx
Rachenzeichnung 421
Radiale 380
Radiation, adaptive 623
Radius **224**, 226, 290, 379, 380, **381**, 383, 487, 493 f., 494
Radii branchiostegi 77, 80
Raspelzunge **9**
Ratitae 437 ff.
Raubfisch 104
Recessusniere 529, **530**
Rectaldrüse 39, 46
Rectum **514**, 516
Regenwald 427, **429**
Reliktverbreitung 349, 555
Renculusniere 528, **530**
Rennen 297
Respirationsweg 522
Retina 17, **126**, 127 f., 251, 337, 338, **409**, 410 f.
Retinazellen, Reptilia 336 ff., 337
Retinin s. Sehfarbstoff
Retinomotorik **126**, 126 f.
Reusenschnabel 448
Rhachitomi 75, 220, **221**
Rhamphotheke 372, **389**, 390

Riechlamelle 120, **124**
Riechplakode 118
Rippe 267, 292, 295, 379, **487**
– dorsale **29**, 30, 77, 81, 223
– ventrale **29**, 30, 77, 81
Röhrennase 407, 443
Röhrenzahn 506, 511, 599
Rosenstock 613
Rostraldrüse 308
Rostrale 77, 78
Rostralknorpel 29, **30**
Roter Körper 110
Rotliegendes 618
Rückenflosse 29, **32**, 83, 85, **86**
Rückenmark, Agnatha **15**, 16
– Aves 405 f.
– Chondrichthyes 50 f.
– Mammalia 537 f.
– Osteichthyes 120
– Reptilia 333
Rückenpanzer s. Carapax
Rückenwirbel 487, 492
Rudel 553
Ruffinisches Körperchen 539
Rumpfniere 114, **116**
Rumpfrippe 292
Rüssel 601 f., 605, 608, 610

S

Säbelzahn 508, **509**
Sacculith 123, **124**
Sacculus 17, 52, 123 f., **251**, 335
Saccus vasculosus 118
Sackdrüse 55
Sacraldiapophyse 267
Sacralrippe 373
Sacralwirbel 219, 223, **224**, 267, 291, 487, 492
Samenleiter **402**, 403, 532
Samenleiterampulle 47
Samenöffnen **424**
Saugschnappen 237
Savannen-Steppengürtel 622
Scala vestibuli 409
Scaphium 123, **124**
Scapholunare 379, 380
Scapula 82, 83, **225**, 226, **291**, 292 f., **379**, 434, 487, 492 f.
Schädel, Agnatha 5 f., **5**
– akinetischer **288**, 349
– Amphibia 223, **224**
– anapsider 280, 284, **286** f., 288, 349 ff.
– Aves 378 f.
– Chondrichthyes 28 ff., 30

Schädel, diapsider 280 f., **286** f., 349 f., 372, 378
– kinetischer 286, 288 f., 349 f.
– Mammalia 486 ff., **487** f.
– Osteichthyes 76 ff., 77
– platybasischer 223
– Reptilia 285 ff., **286** f.
Schädeldach, aparietales 186
– lateroparietales 160
– medioparietales 155
Schädelkonfiguration **286** f., 349 f.
– anapside 280, 284, **286** f., 288, 349 ff.
– diapside 280 ff., 288, 372, 378
– euryapside 280, 288
– parapside 280, 284, 288
– synapside 284, 288, 482 f.
Schallblase 241 f., 260, **261**
Schallübertragung, Amphibia 250, **251**
– Osteichthyes 123 ff., **124**
Scheitelfleck 252
Schiebebrusttyp **225**
Schiebekriechen 293
Schild 299 f., 300, 384, 390
Schilddrüse s. Thyreoidea
Schildkrötenpanzer 302 ff., 303
Schizognathie 432, **433**
Schizorhinie 432
Schläfenbrücke 285, **286** f., 349 f.
Schläfenfenster s. Schädelkonfigurartion
Schlammfresser 104
Schlängeln 298
Schlangengift 315, 318 ff.
Schleichen 499
Schleimdrüse 231
Schleimknorpel 5
Schleuderzunge 234, **235**, **318**
Schlingakt 316, **318**, 320
Schlüpfdrüse 55, 233
Schlüpfen 499
Schmelz 505, **506**
Schnabel 388 ff., **389**
Schnauze 513
Schneckengang s. Ductus cochlearis
Schneidezahn s. Incisivus
Schreckfärbung **264**
Schreckreaktion 122
Schreitfuß 382
Schultergürtel, Amphibia 224 ff., **224** f.
– Aves 379, 380
– Chondrichthyes **30**, 31
– Mammalia **487**, 493

Schultergürtel, Osteichthyes 81 f., 83
– Reptilia 290, 292 f.
Schuppen, Chondrichthyes 35 ff., 36
– Mammalia 580
– Osteichthyes 91 ff., 93, 149
– Reptilia 299 ff., 300
– Vögel 390
Schuppenformel 95
Schwanzdecken 385
Schwanzflosse 83 ff., 86
– hemihomocerk 83, 84
– heterocerk 23, 31, 32, 83, 84
– homocerk 31, 32, 83, 84
Schwanzniere 114, 116
Schwanzrassel 299, 300
Schwanzrippe 290
Schwanzwirbel 379
Schwebeeier 137
Schweif 608
Schweißdrüse 503
Schwimmblase 34, 74, 108, 109 ff., 149
Schwimmblasengang s. Ductus pneumaticus
Schwimmen, Amphibia 229
– Reptilia 298
Schwimmfuß 382
Schwimmhaut 382
Schwimmlappen 382
Schwingenformel 386, 436
Schwungfeder 376, 384 f., 385, 386 f.
Sclera 126, 337, 338, 409, 410 f.
Scleralring 252, 337, 338, 410
Scrotum 531
Sehfarbstoff 128, 411 f.
Sehsinn, Agnatha 17
– Amphibia 251 f.
– Aves 409 ff., 409
– Chondrichthyes 53
– Mammalia 541 ff.
– Osteichthyes 125 f., 126
– Reptilia 336 ff., 335
Seitenlinienkanal 122
Seitenliniensystem, Agnatha 16 f.
– Amphibia 249
– Chondrichthyes 48, 50 ff.
– Osteichthyes 122 f., 125
Seitenwinden 297, 299
Septomaxillare 287, 489
Septum nasi 488
Serologie 562
Siebbein s. Ethmoid
Silur 618
Sinus coronarius 520, 524, 525

Sinus durae matris 527
– endolymphaticus 124, 125
– frontalis 489
– lymphaticus 112
– pneumaticus 489
– vaginalis 564
– venosus 44, 112, 243, 244, 325, 524
Sinusknoten 525
Skelett, Agnatha 5, 5 ff.
– Amphibia 223 ff., 224, 225
– Aves 377 ff., 379, 381
– Chondrichthyes 28 ff., 30, 32, 60
– Mammalia 486 ff., 487 f.
– Osteichthyes 76 ff., 77, 83
– Reptilia 285 f., 286 f., 290
Sohlengänger s. Plantigradie
Solenoglypher Giftapparat 309, 314 ff.
Sommerkleid 503
Sozialleben 553
Speicheldrüse 391 f., 514, 514 f.
Spermatophor 131, 132, 259 f., 273
Spermatozeugma 131, 132
Spermien, Agnatha 19
– Amphibia 254, 261
– Aves 414
– Chondrichthyes 54
– Mammalia 532
– Osteichthyes 130 f.
– Reptilia 340
Sperren 422
Spezies 624
Sphenethmoid 223, 224
Sphenoid 78, 488
Sphenoticum 77
Spinalfortsatz s. Neurapophyse
Spiraculum 28, 43, 238, 258, 268
Spiraldarm 8, 9, 39 f., 40
Spitzkopfaal 144
Spleniale 79, 223, 224, 289
Sporn 382, 390
Springen 229, 230
Spritzloch s. Spiraculum
Sprung 553
Squamoso-Dentalgelenk 289, 482 ff.
Squamosum 77, 223, 224, 286 f., 287, 289, 315, 482 ff., 486, 488, 489
Stacheln 502
Stamm 624
Stammesgeschichte, Agnatha 28
– Amphibia 75
– Aves 375 f., 376

Stammesgeschichte, Chondrichthyes 28
– Mammalia 482 ff., 484 f.
– Osteichthyes 75
– Placodermi 28
– Reptilia 281 f.
Standvögel 423
Stangengeweih 613
Stanniussches Körperchen 129
Stapes 250, 335, 482 f., 488, 541
Starrbrusttyp 225
Statoakustischer Sinn, Agnatha 15, 17
– Amphibia 250, 251
– Aves 408 f.
– Chondrichthyes 52 f.
– Mammalia 540
– Osteichthyes 122 ff., 124
– Reptilia 335 f., 335
Statolith 123, 124
Steigbügel s. Stapes
Steißbein s. Urostyl
Stenosche Nasendrüse 407, 522
Stenoscher Gang 489
Stereospondyli 75, 220, 221
Sternalrippe 379
Sternum 225, 226, 290, 292, 373, 378, 379, 380, 487, 492 f.
Steuerfeder 376, 384 f., 385, 386 f.
Stillingsche Zellen 253
Stimmbildung 523
Stimmfalte 523
Stirnhöhle s. Sinus frontalis
Stoßtaucher 447, 457
Stoßzahn 509
Streptostylie 288
Strichvögel 423
Subcutis 7
Subgenus 624
Suboperculare 77, 78
Suborbitale 77, 78
Subspezies 624
Südzone 148
Superspezies 624
Supraangulare 287, 289
Supracleithrum 82, 83
Supramarginalschild 304
Supramaxillare 77
Supraoccipitale 77, 287, 486, 488
Suprapygale 303, 305
Suprascapula 224, 226, 292
Supratemporale 78
Surangulare 77, 79, 287, 289
Sutura 490
Symbiose 105, 138

Sympädium 553
Sympatrie 621
Symphagium
Symplecticum 77, 79 f.
Symporium 553
Synapsider Schädel 284, 286 f., 288, 349 ff., 482 ff.
Syncheimadium 553
Synchorium 553
Synchronomores Wachstum 92 ff.
Syndactylie 434
Synepeilium 553
Synsacrum 373, 378, 380, 560
Syrinx 397, 435
– trachealer 433
– tracheobronchialer 433
Systematik 622 ff.

T

Tabulare 78, 486, 489
Talon 506, 510
Talonid 506, 510
Tapetum cellulosum 541
– fibrosum 541
– lucidum 53, 541
Tarsale 294, 487, 494, 496
Tarsalia, Synonyme 496
Tarsometatarsus 379, 381, 384, 433
Tasthaar 502
Tastsinn, Amphibia 249
– Aves 392, 407 f., 408
– Mammalia 539, 539 f.
– Osteichthyes 121, 121
– Reptilia 333 f.
Taucher 347, 446 f., 452, 457
Tauchtiefe, Wal 594
Tauchzeit, Reptilia 324
Taxonomie 622 ff.
Taxonomische Merkmale,
– Agnatha 21, 21 f.
– Amphibia 267 f.
– Aves 432 ff., 433
– Chondrichthyes 58, 59
– Mammalia 560 ff.
– Osteichthyes 149
– Reptilia 349 ff.
Telemetacarpal 613
Teloptil 387
Temperatursinn, Mammalia 539
– Reptilia 334
Temporale 486
Temporaldrüse 501
Tentakel 7, 9, 22
Tentakelorgan 250, 269
Territorialität 264
Territorialverhalten 345 f.

Tertiär 617
Thalassobiont 141 f.
Thalassotokes Wanderverhalten 141 f.
Thecodonte Zahnbefestigung 281, 309, 310
Thermorezeptoren 121
Thoracalatmung 324
Thrombozyt 528
Thymus, Agnatha 18
– Aves 412
– Chondrichthyes 53
– Mammalia 544
Thyreoidea, Agnatha 18
– Amphibia 252
– Aves 412
– Chondrichthyes 53
– Osteichthyes 129
– Reptilia 339
Tibia 373, 487, 494, 496
Tibiafibula 224, 226 f.
Tibiale 290
Tibiotarsus 379, 380
Trab 499
Tracheallunge 321, 322
Trächtigkeit 549, 551
Tractus olfactorius 118, 119
Tragjunges 549, 550
Tragzeit 551
Tränendrüse 543
Tränennasengang 522
Trias 618
Tribus 624
Trinken 320
Tripoden 123 f., 124
Trommelfell 219, 250, 251, 335, 541
Trophoblast 544, 545
Trophonema 47, 55, 58
Trophotaenium 134
Truncus arteriosus 112, 241 f., 243, 526
– brachiocephalicus 401
– bronchiomediastinalis 525
– intestinalis 527
– lumbalis 527
Tuba Eustachii 251, 335, 486
Tundra 622
Tundral 622
Tundrengürtel 559
Turbinalia 489, 560
Tympanicum 482 f., 486, 488

U

Überart s. Superspezies
Überfamilie 624
Übernutzung 560
Überordnung 624
Überwinterungsgebiet 621

Ulna 290, 378, 380 f., 381, 383, 487, 493 ff., 494
Ultimobranchialer Körper 53, 129
Ultraschall 523
Unterart s. Subspezies
Unterfamilie 624
Untergattung s. Subgenus
Unterkieferdrüse 515
Unterklasse 624
Unterordnung 624
Unterstamm 624
Unterzungendrüse 308
Ureter 40, 46, 247, 329, 330, 528
Urethra 529, 530
Urethraldrüse 532
Urniere s. Mesonephros
Urodaeum 330, 395
Urogenitalsystem, Agnatha 12 f., 13
– Amphibia 246 ff., 247
– Aves 401 ff., 402
– Chondrichthyes 40, 46 f., 56
– Mammalia 528 ff., 530, 533
– Osteichthyes 114 f., 116
– Reptilia 328 ff., 330
Uropatagium 494
Urostyl 224, 267
Uterus 532, 533
– bicornis 533
– bipartitus 532, 533
– duplex 532, 533
– paariger 532, 533
– simplex 533
Utriculith 123, 124
Utriculus 17, 52, 123 f., 335

V

Vagina 532, 533
Valva bicuspidalis 524 f.
– tricuspidalis 526
Valvula cerebelli 118, 119
– coronarii 524
– semilunaris 526
– venae cavae 524
Vena abdominalis 112, 243, 244, 322
– axillaris 243, 244
– azygos 244, 525
– brachialis 112, 401
– cardinalis 42, 44, 112, 243, 244, 322
– caudalis 42, 112, 322, 326, 525
– cava 42, 112, 113, 242, 243, 244, 322, 326 f., 401, 524, 525 f.

Vena cordis **524**
– cutanea **112**, 113, **243**, 244, **401**
– digitalis 527
– femoralis 527
– hemiazygos 525
– hepatica **42**, **112**, 244, **322**
– iliaca **42**, **112**, 243, 527
– jugularis **42**, **45**, 112, **243**, 322, **401**, 525, 527
– lateralis 42
– lingualis **243**
– pelvica **243**
– portae **42**, **112**, 322, 326
– pulmonalis **112**, 322, 525
– renalis **243**, 244, 326
– saphena 527
– subcardinalis 327
– subclavia **42**, **112**, 243, 322, 326, **401**, 525
– submaxillaris **243**
– vitellina 327
Verbreitung, Agnatha 20
– Amphibia 264 f., **266**
– Aves 427 ff., **430**
– Chondrichthyes 57 f.
– disjunkte 555, 558 f.
– kosmopolitische 555
– küstennahe 555
– Mammalia 554
– Osteichthyes 144 ff., 146
– Reptilia 346 ff., **347** f.
Verdauungssystem, Agnatha 9, 9 f.
– Amphibia 234 ff.
– Aves 391 ff., **393**, 436
– Chondrichthyes 37 ff., **38**, 40
– Mammalia 505 ff., **506**, 509, **512**, **514**
– Osteichthyes 96 ff., **97**, 99, 102
– Reptilia 307 ff., **307**, 309, 312
Verhalten, Aves 420 ff., **424**, 436 f.
– Mammalia 549 ff.
– Reptilia 343, 345 f.
Verhornung 230 f.
Vesica natatoria 110
Violdrüse 505, **548**
Vitrodentin s. Durodentin
Viviparie, Amphibia 259 ff.
– Chondrichthyes 55 ff., 58
– Mammalia 482
– Osteichthyes **132**, 133 ff.
– Reptilia 341, **342**
Vogelflügel **383**
Vogelzug 423 ff., **426**
Vomer 77, 78, 224, 235, 432, **433**, 488, 489

Vomeronasalorgan, Agnatha 17
– Amphibia 250
– Mammalia 489, 539
– Reptilia 307, 332 f., **334**
Voraugendrüse 501
Vorderarm, Amphibia 235 f.,
– Aves 391 ff., **393**
– Mammalia 514 ff., **514**, 517
– Osteichthyes 102 f., **102**
– Reptilia 316
Vorniere s. Pronephros
Vorzugsnahrung 321

W

Wachstum, cyclomores 92 ff.
– synchronomores 92 ff.
Waldgürtel 622
Wallpapille 538
Wanderraum 621
Wanderung, Agnatha 20
– Mammalia 554 ff.
– Osteichthyes 141 ff., **142**, 143
– Reptilia 346
Wanderverhalten, agamodromes 141 f.
– anadromes 141 f.
– gamodromes 141 f.
– katadromes 141 f.
– potamotokes 141 f.
– thalassotokes 141 f.
Wange 511
Webersche Luftkammer 123 f., **124**
Webersches Knöchelchen 123 f., **124**
Wehrkralle 382
Wendezehe 382, 434
Wiederkäuen 505, 517, **518**
Wimpern 543
Wintergemeinschaft 553
Winterkleid 503
Winterschlaf 552
Wirbel, amphicoeler 267, 271
– aspidospondyler 221 f.
– asterospondyler 29, 30
– cyclospondyler 29, 30
– diplasiocoeler 267, 276
– diplospondyler 77, 80
– dyssospondyler 77, 80
– embolomerer 220, **221**
– haplospondyler 490
– heterocoeler 378
– holospondyler 80
– lepospondyler 220, **221**, 222, 269
– monospondyler 77, 80

Wirbel, opisthocoeler 225, 275
– procoeler **225**, 276
– pseudo-amphicoeler 267, 274
– rhachitomer 220, **221**
– stereospondyler 220, **221**
– tectospondyler 29, 30
Wirbelentwicklung 225
Wirbelsäule, Agnatha 5, 6
– Amphibia 223 ff., **224** f.
– Aves 378 f.
– Chondrichthyes 29 f., **30**
– Mammalia 487, 490 ff.
– Osteichthyes 77, 80 f.
– Reptilia 289 f., **290**
– Wirbeltiere 1
Wohnraum 621
Wolffscher Gang **40**, 46, 115 f., **106**, 246, 247, 330, 331, **402**, 403, 528
Wollfettdrüse 503
Wollhaar 502
Wühlen 499
Wurfgröße 551
Wüsten 622

X

Xiphiplastron **303**, 305
Xiphisternum **225**, 226
Xiphosternum 492

Z

Zahn, Amphibia 235
– brachyodonter 505, **506**
– bunodonter 510
– Chondrichthyes 37, **38**
– haplodonter **506**
– hypselodonter 505, **506**
– lophodonter **506**
– Mammalia 505 ff., **506**, 509
– Osteichthyes 98 ff., **99**
– plicodonter 510
– polylophodonter **506**
– Reptilia 308 ff., **309**, 312
– selenodonter **506**
– selenolophodonter **506**
– triconodonter **506**, 508
– trigonodonter **506**
Zahnbefestigung, acrodonte 309, 310
– pleurodonte 309, 310
– thecodonte 281, 309, 310
Zahnersatz 310
Zahnformel 511
Zahnkrone **506**, 510
Zahnstellung 512

Zahnwurzel 506, 508
Zalambdodontie 570
Zechstein 618
Zehenbeugersehne 434
Zehengänger s. Digitigradie
Zehenreduktion 437
Zehenstellung, Aves 381 f.,
  382, 434
Zeichnung 503
Zirbeldrüse 544
Zitze 504
Zone, äquatoriale 147 f.
– nördliche boreale 147
Zoogeographie 618
– biozönotische 619

Zoogeographie, historische
  619
– ökologische 619
– Regionen 619
– systematische 619
Zoogeographische Region,
– Aethiopische 619, 620
– Australische 619, 620
– Nearktische 619, 620
– Neotropische 619, 620
– Orientalische 619, 620
– Palaerktische 619, 620
Zugstraße 426
Zugvogel 423
Zugweg 621

Zunge, Amphibia 234 f., 235
– Aves 391
– Mammalia 513 f.
– Osteichthyes 98
– Reptilia 307 f., 307
Zungenbeinapparat 289
Zungendrüse 308
Zwerchfell s. Diaphragma
Zwischeneiszeit 560
Zwitter 115
Zyganthrum 292
Zygapophyse 490
Zygodactylie 382, 434
Zygomaticum 489
Zygophen 292